电子电路设计、仿真与制作

医用电子电路设计及应用

（第2版）

周润景　武立群　编著

電子工業出版社
Publishing House of Electronics Industry
北京·BEIJING

内容简介

本书介绍了26个典型的医用电子电路设计案例，从简单的视觉疲劳检测与消除电路设计开始，一直到较复杂的声光听诊器电路设计，知识点涵盖模拟电路设计、单片机程序设计、芯片应用等，有助于读者全面认识医用电子电路的设计、制作与调试，启发读者的创新能力，提高读者的动手能力。这些案例均来源于作者多年的实际科研项目，因此具有很强的实用性。通过对本书的学习和实践，读者可以很快掌握常用医用电子电路设计的基础知识及应用方法。

本书适合电子电路设计爱好者自学使用，也可作为高等学校相关专业课程设计、毕业设计及电子设计竞赛的指导书籍。

图书在版编目（CIP）数据

医用电子电路设计及应用/周润景，武立群编著．—2版．—北京：电子工业出版社，2021.9
（电子电路设计、仿真与制作）
ISBN 978-7-121-41970-6

Ⅰ．①医…　Ⅱ．①周…　②武…　Ⅲ．①医用电气机械-电子电路-电路设计-研究　Ⅳ．①TH772
②TN702

中国版本图书馆CIP数据核字（2021）第181103号

责任编辑：张　剑（zhang@phei.com.cn）　　文字编辑：刘真平
印　　刷：北京天宇星印刷厂
装　　订：北京天宇星印刷厂
出版发行：电子工业出版社
　　　　　北京市海淀区万寿路173信箱　邮编　100036
开　　本：787×1092　1/16　印张：21　字数：538千字
版　　次：2017年5月第1版
　　　　　2021年9月第2版
印　　次：2024年7月第4次印刷
定　　价：108.00元

凡所购买电子工业出版社图书有缺损问题，请向购买书店调换。若书店售缺，请与本社发行部联系，联系及邮购电话：（010）88254888，88258888。

质量投诉请发邮件至zlts@phei.com.cn，盗版侵权举报请发邮件至dbqq@phei.com.cn。

本书咨询联系方式：zhang@phei.com.cn。

前　言

本书通过一系列特定案例分析，向读者详细地介绍了医用电子电路的设计思路和方法，是一本独特的实用技术书籍。

全书介绍了26个电路设计案例，包括视觉疲劳检测与消除电路设计，精神压力自测电路设计，助听、催眠、增强记忆三用电路设计，声光电子催眠电路设计，视力保护测光电路设计，脉冲电疗电路设计，心率检测电路设计，血管弹性测量电路设计，呼吸测量电路设计，口吃矫正器电路设计，心音测量电路设计，电子治疗仪电路设计，心电信号显示检测仪电路设计，基于脉搏波的提取电路设计，自动求救报警电路设计，脂肪分析电路设计，脑电信号检测电路设计，体温探测电路设计，眼电信号检测电路设计，肌电信号检测电路设计，人体阻抗测量电路设计，血压测量电路设计，光电脉搏测量电路设计，基于无线传感网的脉搏感测系统设计，人体反应测速电路设计，声光听诊器电路设计。书中详细介绍了电路的设计任务、基本要求、原理及具体的设计、PCB 设计等内容，并且用 Proteus 和 Multisim 软件对电路进行了功能仿真，验证了电路工作的正确性，提高了电路开发效率，降低了开发成本，使读者能够更深刻地理解电路的工作原理，学习医用电子电路的设计方法。

书中多次出现了滤波电路、隔离电路、放大电路的设计，详细论述了生物电信号的放大、处理等多方面技术。电路的设计思路一般为：传感器采集生理信号，转换为电信号后信号比较微弱，易受干扰，所以设计隔离电路（电源隔离、信号隔离）、滤波电路（带阻滤波电路、带通滤波电路）来减少干扰，设计放大电路对电信号进行放大，以便后续的处理。26个电路设计案例，从简单的视觉疲劳检测与消除电路设计开始，一直到较复杂的声光听诊器电路设计，知识点涵盖模拟电路设计、单片机程序设计、芯片应用等，有助于读者全面认识医用电子电路的设计、制作与调试，启发读者的创新能力，提高读者的动手能力。书中内容简明扼要，适合想了解医用电子电路的读者阅读，也适合设计医用电子电路的读者作为参考。

本书力求做到精选内容，推陈出新；讲清基本概念、基本电路的工作原理和基本分析方法。本书语言生动精炼，内容详尽，并且包含了大量可供参考的实例。

为便于读者阅读、学习，特提供本书范例的下载资源，请访问华信教育资源网（www. hxedu. com. cn）下载该资源。需要说明的是：本书是由诸多相对独立的项目组成的，读者可根据自身需要挑选感兴趣的项目进行阅读、学习，为了保持每个项目的独立性和完整性，难免存在些许重复的内容；为了与软件实际操作的结果保持一致，书中未对由软件生成的截屏图进行标准化处理。

本书由周润景、武立群编著。其中，武立群编写了项目14~16，其余项目由周润景编写，全书由周润景统稿。另外，参加本书编写的还有张红敏和周敬。

由于医用电子电路涵盖内容非常广泛，加上作者时间与水平有限，书中可能存在一些错误、遗漏和不当之处，敬请读者批评指正。

编著者

目　　录

项目 1　视觉疲劳检测与消除电路设计

设计任务

设计一个简单的人体视觉疲劳检测与消除电路，通过电路可以初步检测人眼疲劳并初步消除视觉疲劳，同时还可以预防因视觉疲劳而造成的近视等问题。

基本要求

☺ 可以检测出自己是否处于视觉疲劳状态。

☺ 在检测出人眼处于视觉疲劳状态时，能够初步消除视觉疲劳。

设计思路

人的眼睛有一个重要的被称为“视觉暂留特性”（也称“视觉惰性”）的现象，即人眼在观察景物时，光信号传入大脑神经，经过一段短暂的时间，光的作用结束后，视觉形象并不立即消失，这种残留的视觉称为“后像”，视觉的这一现象则被称为“视觉暂留现象”。利用人眼的视觉暂留特性，当人眼处于视觉疲劳的状态时，如果 LED 在一定频率下闪烁，则人眼看不到灯光的闪烁。而利用 4 个 LED 灯依次闪烁，人眼随着 LED 灯闪烁的方向转动，可消除视觉疲劳。本设计通过对 AT89C51 单片机进行编程来控制 LED 灯的闪烁及灯的闪烁频率，从而初步实现视觉疲劳检测与消除。

系统组成

视觉疲劳检测与消除电路主要分为以下 4 部分。

☺ 第一部分：电源电路，为整个电路提供+5V 的电压。

☺ 第二部分：调节按键电路，长按可以切换工作区域，点按可以调节大灯的频率。

☺ 第三部分：LED 电路。

☺ 第四部分：单片机最小系统电路。

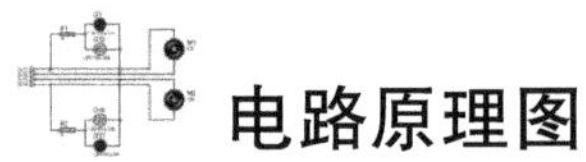

电路原理图

电路原理图如图 1-1 所示。

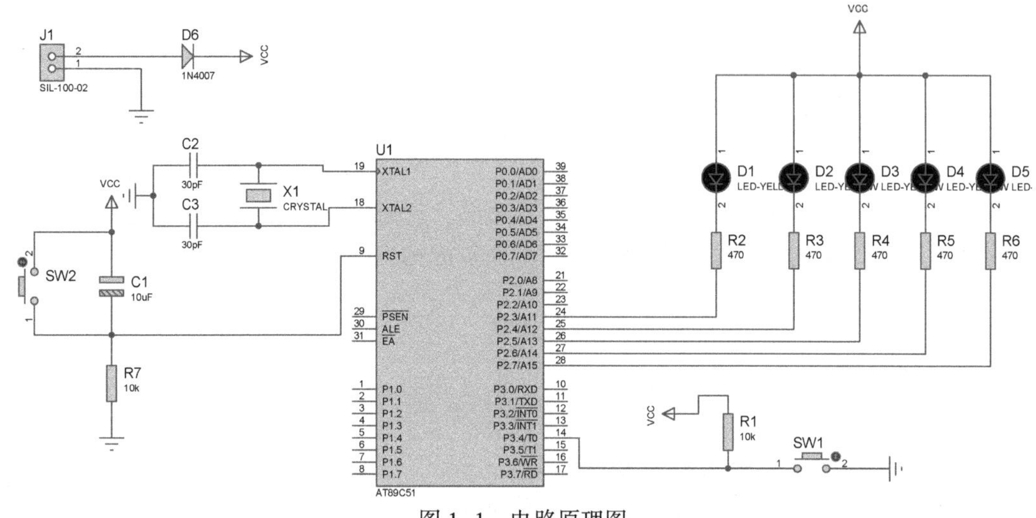

图 1-1　电路原理图

模块详解

1. 电源电路

电源电路如图 1-2 所示。其输出为+5V 电压，由 1N4007 整流二极管承受较强的浪涌，使得输出电压稳定。

1N4007 的参数如下。

☺ 较强的正向浪涌承受能力：30A。

☺ 最大正向平均整流电流：1.0A。

☺ 极限参数为 VRM≥50V。

☺ 最高反向耐压：1000V。

☺ 最大反向漏电流：5μA。

☺ 正向压降：1.0V。

☺ 最大反向峰值电流：30μA。

☺ 典型热阻：65℃/W。

☺ 典型结电容：15pF。

☺ 工作温度：-50～150℃。

2. 调节按键电路

调节按键电路如图 1-3 所示，通过程序和按键来选择工作区域，调节 LED 灯闪烁的频率。长按频率调节按键可以通过程序来改变工作区域，点按频率调节按键可以控制

LED 灯在 10~60Hz区间工作。

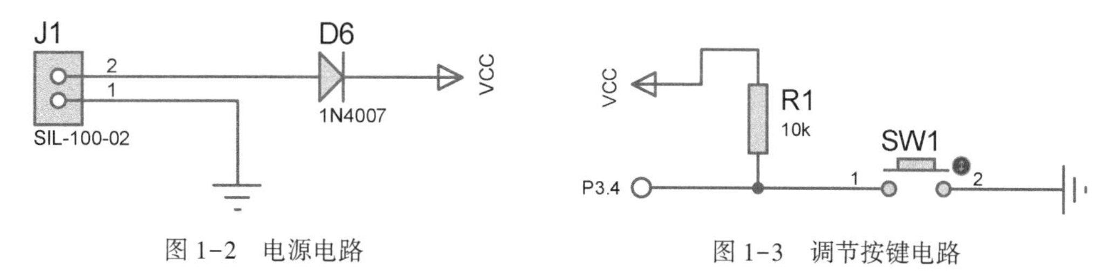

图 1-2　电源电路　　　　　　　　图 1-3　调节按键电路

3. LED 电路

5 个 LED 灯分别接到单片机 P2.3、P2.4、P2.5、P2.6、P2.7 引脚，5V 供电，低电平驱动，如图 1-4 所示。

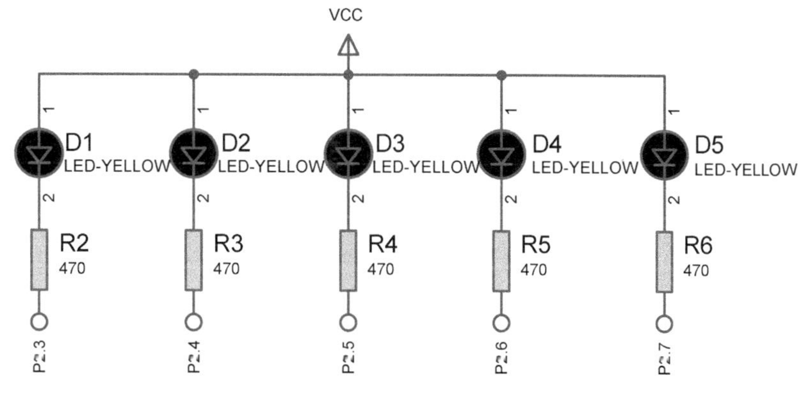

图 1-4　LED 电路

4. 单片机最小系统电路

单片机最小系统电路如图 1-5 所示。

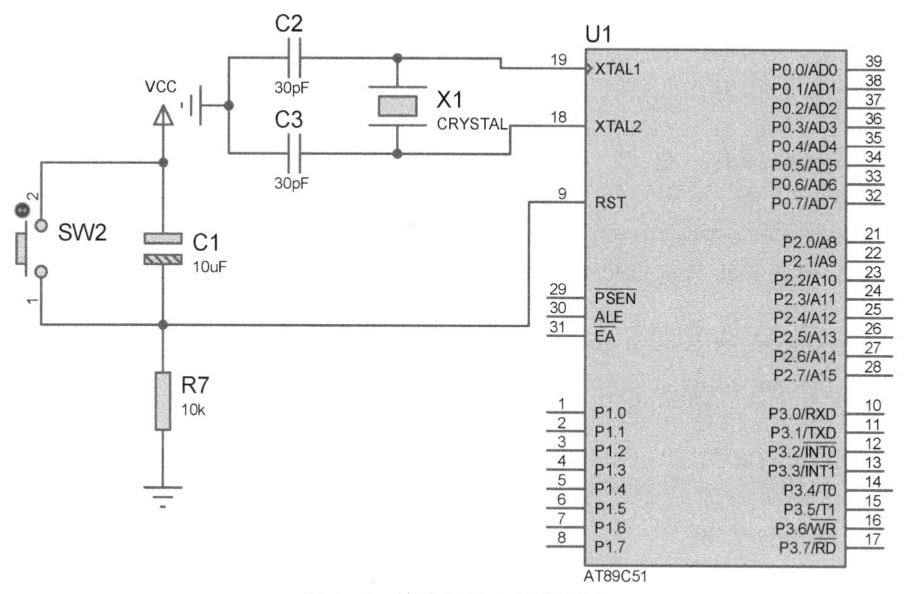

图 1-5　单片机最小系统电路

软件设计

本设计中，软件解决的主要问题是通过按键控制大 LED 灯和小 LED 灯之间的转换及改变灯闪烁的频率。程序设计流程如图 1-6 所示。

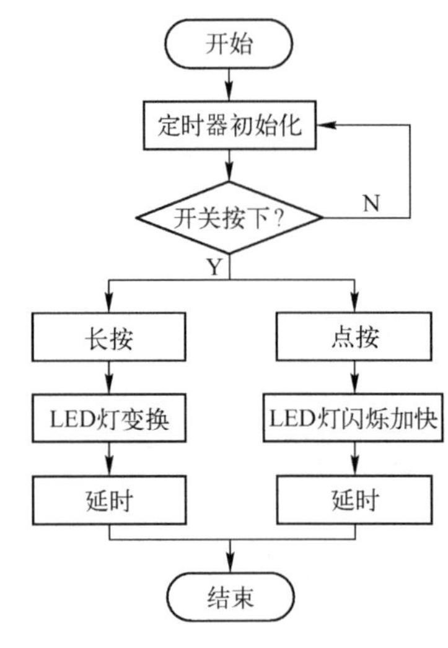

图 1-6　程序设计流程

程序：

```
#include<reg52.h>    //包含头文件，一般情况不需要改动，头文件包含特殊功能寄存器的定义
sbit KEY_0=P3^4;            //定义 IN 输入端口
sbit LED_0=P2^7;            //定义 OUT 输出端口
sbit LED1=P2^6;             //定义 OUT 输出端口
sbit LED3=P2^4;             //定义 OUT 输出端口
sbit LED2=P2^5;             //定义 OUT 输出端口
sbit LED4=P2^3;             //定义 OUT 输出端口
#define Frq_Max   8
unsigned char ucTime_Get=0;     //现在的频率
unsigned int code   Frq_table[8]=
{
    0x3CB0,//5
    0x3CB0, //10
    0X7DCB,//15
    0X9E58,//20
    0xB1E0,//25
    0XBEE5,//30
    0XC832,//35
    0XCF2C,//40
```

```
};
/*------------------定时器初始化子程序----------------*/
void Init_Timer0(void)
{
    TMOD|=0x01;  //使用模式1，16位定时器，使用"|"符号可以在使用多个定时器时不受影响
    TH0=(65536-50000)/256;                      //赋值 50ms
    TL0=(65536-50000)%256;
    EA=1;                                       //总中断打开
    ET0=1;                                      //定时器中断打开
    TR0=1;                                      //定时器开关打开
    PT1=1;
}
void Init_Timer1(void)
{
    TMOD |=0x10; //使用模式1，16位定时器，使用"|"符号可以在使用多个定时器时不受影响
    TH1=(Frq_table[ucTime_Get])/256;
    TL1=(Frq_table[ucTime_Get])%256;
    ET1=1;                                      //定时器中断打开
    TR1=1;                                      //定时器开关打开
}
unsigned char ucKEY_Down_Flag=0;
unsigned char ucDis_Mode=0;
void Time_Change(void)
{
    if((ucKEY_Down_Flag&0x80)==0x00)            //没有按键按下
    {
        if(KEY_0==0)
        {
        ucKEY_Down_Flag++;
        if(ucKEY_Down_Flag&0x40==0x00)
            {
                if(ucKEY_Down_Flag>=14)
                    {
                        ucKEY_Down_Flag|=0x40;
                    }
            }
        else if(ucKEY_Down_Flag&0x40==0x40)
                {
                    if(ucKEY_Down_Flag>=100)  //长按
                    {
                        ucKEY_Down_Flag=0x80;
                        if(ucDis_Mode==0)
                        {
                            ucDis_Mode=1;
                            LED1=1;
```

```
                    LED2=1;
                    LED3=1;
                    LED4=1;
                }
                else
                {
                    LED_0=1;
                    ucDis_Mode=0;
                }
            }
        }
    }
    else
        {
            if(ucKEY_Down_Flag &0x40==0x40)   //短按
            {
                if(ucDis_Mode !=0)
                {
                ucTime_Get++;
                if(ucTime_Get>=Frq_Max)
                    {
                        ucTime_Get=0;
                    }
                }
            }
            ucKEY_Down_Flag=0;
        }
    }
    else if((ucKEY_Down_Flag&0x80)==0x80)            //没有按键按下
    {
        if(KEY_0==1)
        {
            ucKEY_Down_Flag=0;
        }
    }
}
/*------------------------------------------------
  主程序
------------------------------------------------*/
main()
{
Init_Timer0();
Init_Timer1();
EA=1;
while(1);
```

```
}
/*------------------------------------------------
定时器中断子程序
------------------------------------------------*/
char   cRand_Val=0;
char   cStep=0;
char   cTime_Total=0;
void Timer0_isr(void) interrupt 1 using 1
{
    TH0=(65536-5000)/256;
    TL0=(65536-5000)%256;
    Time_Change();
if(ucDis_Mode==0)
    {
        if(++cTime_Total>=60)
        {
            cTime_Total=0;
            cRand_Val=TH1%10;
        if(cRand_Val>3)
            {
                cRand_Val /=3;
            }
                switch(cRand_Val)          // 1 1 1 1 1 1 1 1
                    {
                        case 0:            //LED1   P2.6
                            LED1=0;
                                LED2=1;
                                LED3=1;
                                LED4=1;
                                break;
                        case 1:            //LED1   P2.5
                                LED1=1;
                                LED2=0;
                                LED3=1;
                                LED4=1;
                                break;
                        case 2:            //LED1   P2.4
                            LED1=1;
                                LED2=1;
                                LED3=0;
                                LED4=1;
                                break;
                        case 3:            //LED1   P2.3
                            LED1=1;
                                LED2=1;
```

```
                                        LED3=1;
                                        LED4=0;
                                        break;
                        default: break;
                        }
                }
            }
    }
    void Timer1_isr(void) interrupt 3
    {
    static char cTime_Count=0;
        TH1=(Frq_table[ucTime_Get])/256;
        TL1=(Frq_table[ucTime_Get])%256;
        if(ucDis_Mode !=0)
        {
        if(ucTime_Get==0)//5HZ
            {
                cTime_Count++;
                if(++cTime_Count>2)
                    {
                        cTime_Count=0;
                        LED_0=~LED_0;
                    }
            }
            else
            {
                LED_0=~LED_0;
                cTime_Count=0;
            }
        }
    }
```

调试与仿真

通过长时间地按键，电路处于视觉疲劳检测模式，即通过 LED 灯 D5 快速闪烁，来测试眼睛是否处于视觉疲劳状态，因为人眼的视觉暂留特性，如果人眼处于视觉疲劳状态，则 LED 灯以一定的频率闪烁时，人眼看不出灯的闪烁。视觉疲劳检测模式仿真效果如图 1-7（a）、（b）所示。

现在设置电路处于疲劳消除模式，利用 4 个 LED 灯（D1、D2、D3、D4）依次闪烁，人眼随着 LED 灯闪烁的方向转动，可消除视觉疲劳。仿真效果如图 1-8（a）、（b）所示。

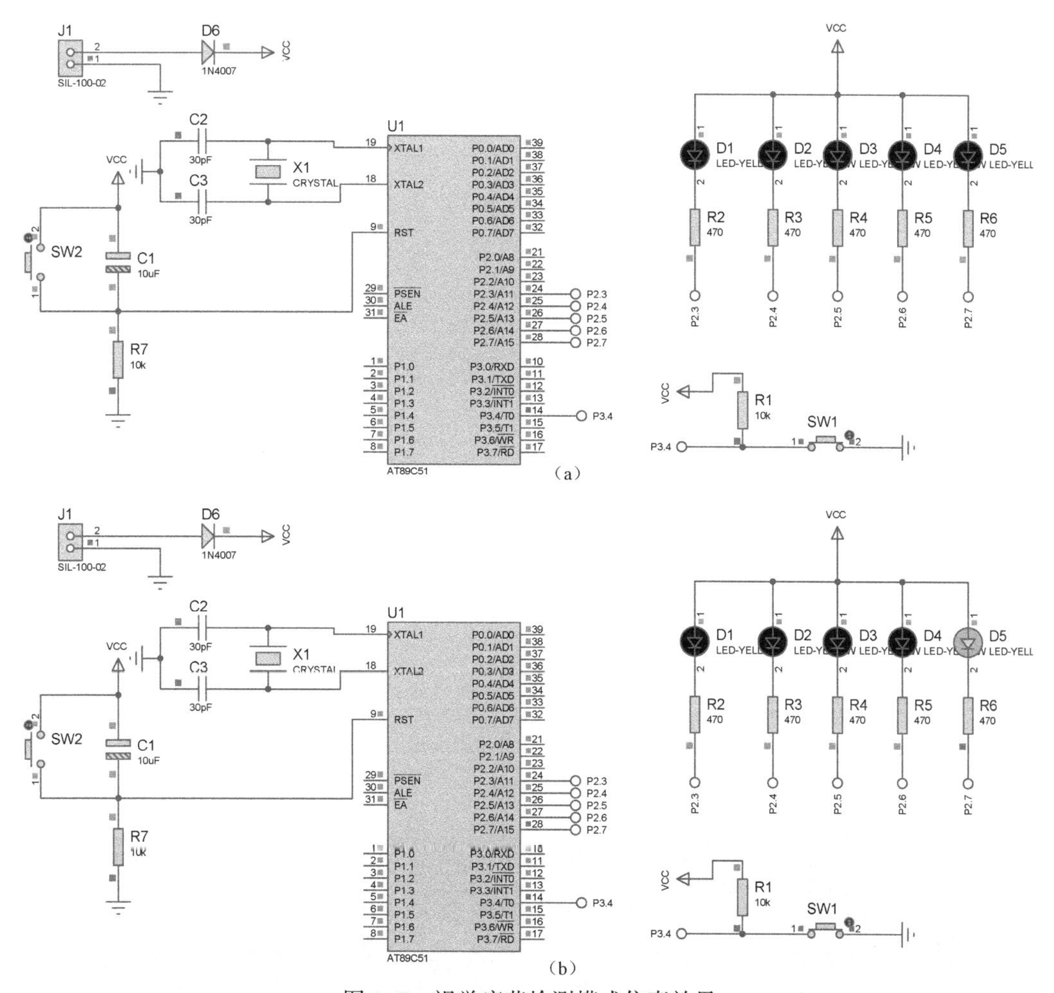

图 1-7　视觉疲劳检测模式仿真效果

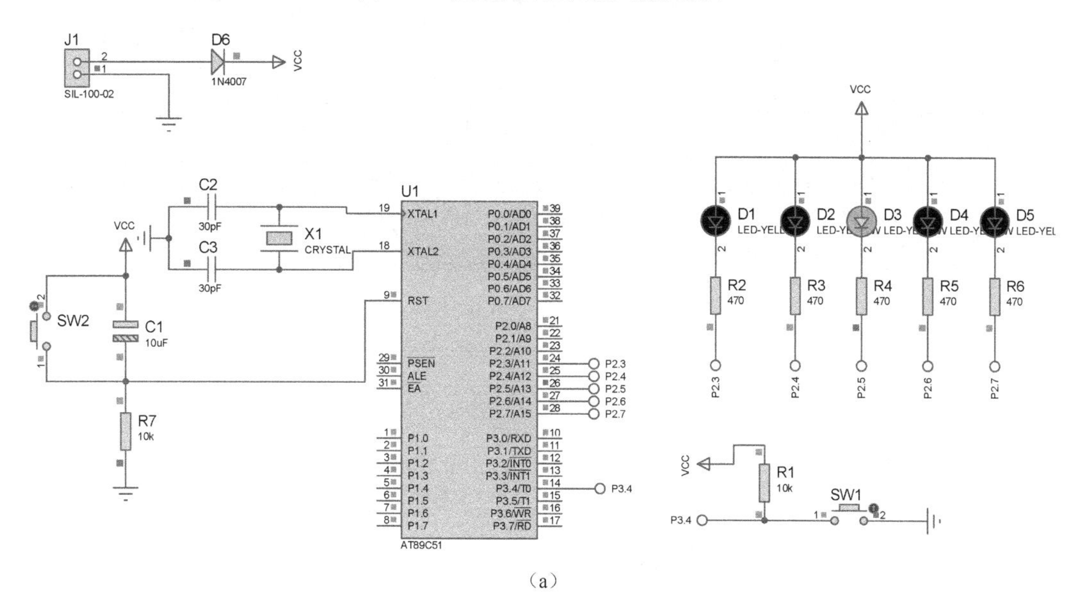

图 1-8　视觉疲劳消除模式仿真效果

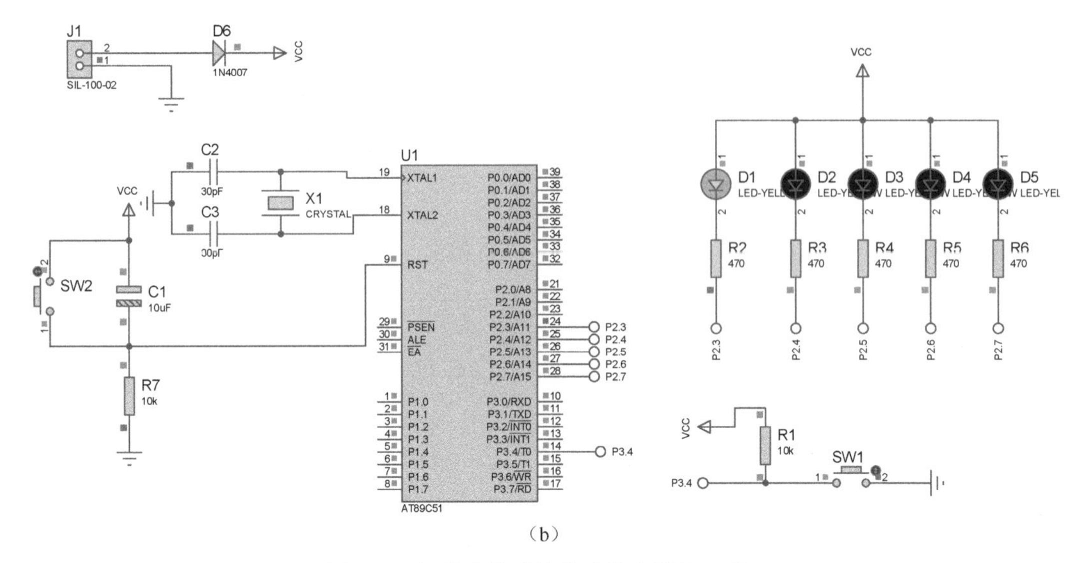

（b）

图 1-8　视觉疲劳消除模式仿真效果（续）

 电路 PCB 设计图

电路 PCB 设计图如图 1-9 所示。

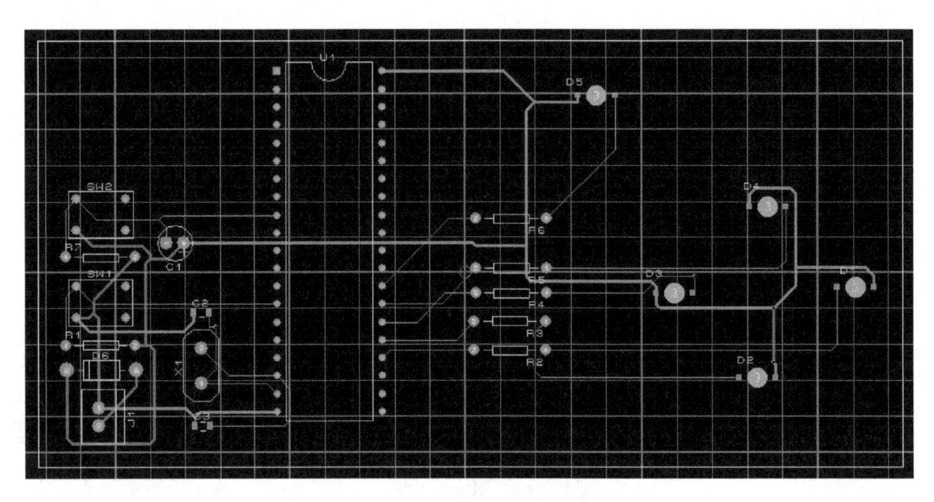

图 1-9　电路 PCB 设计图

 实物测试

实物图如图 1-10 所示，测试图如图 1-11 所示。

图 1-10　实物图

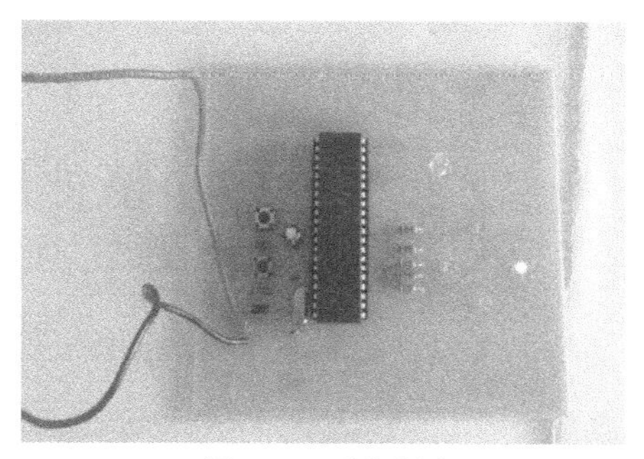
图 1-11　测试图

在实际应用中，LED 灯的排列可以进一步分散开来，灯的个数也可以酌情增加。

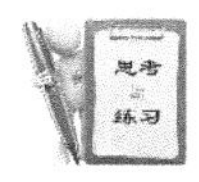

思考与练习

（1）AT89C51 外扩的程序存储器和数据存储器可以有相同的地址空间，但不会发生数据冲突，为什么？

答： AT89C51 外扩的程序存储器和数据存储器可以有相同的地址空间，但不会发生数据冲突，这是因为它们的控制信号不同。

☺ 对于外扩程序存储器，PSEN 信号为其控制信号；对于外扩数据存储器，RD 与 WR 信号为其控制信号。

☺ 指令不同，程序存储器用 MOVC 读取，数据存储器用 MOVX 存取。

（2）什么是人眼的视觉暂留现象？

答： 物体在快速运动时，当人眼所看到的影像消失后，人眼仍能继续保留其影像 0.1~0.4s，这种现象称为视觉暂留现象。

项目 2　精神压力自测电路设计

设计任务

设计一个通过医用电极片采集人体阻抗来表征精神压力大小的电路，并采用一定的人机交互模块表征精神压力的大小。

基本要求

☺ 初步检测用户精神压力等级。

☺ 当精神压力过高时，发出警告。

设计思路

此精神压力检测装置用医用电极片测试人体皮肤阻抗的大小来反映精神压力的大小。本装置主要是根据人的皮肤电阻会随其情绪状态而改变的原理设计的。如果人的精神压力大，出汗多，则皮肤的电阻小；反之，如果人处于松弛状态，出汗少，则其皮肤电阻就高。这是因为在高的精神压力下，提供给皮肤的血液增加，因此电流增大了。电路设计思路为：通过 8~16V 电压供电，通过医用电极片来采集人体皮肤电阻并将其转换为电压信号，此电压信号经过处理后，输入到 LM3915 的信号输入端，然后在 LM3915 驱动的 5 个 LED 灯上显示相应的状态。

系统组成

精神压力自测电路主要分为以下 3 部分。

☺ 第一部分：人体阻抗采集电路，用医用电极片采集人体阻抗，将其电压信号经三极管放大电路送入 LM3915。

☺ 第二部分：LM3915 控制电路。

☺ 第三部分：LED 显示电路，为精神压力级别指示电路。根据输入信号的不同，LM3915 输出不同的电平，从而控制不同的 LED 灯及蜂鸣器来表征人体精神压力等级。

系统模块框图如图 2-1 所示。

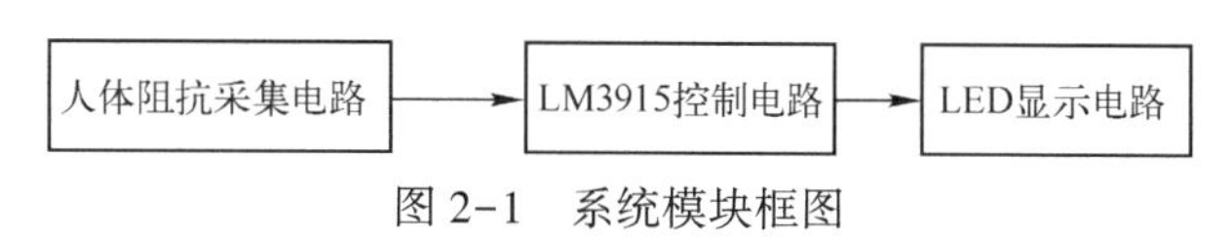

图 2-1　系统模块框图

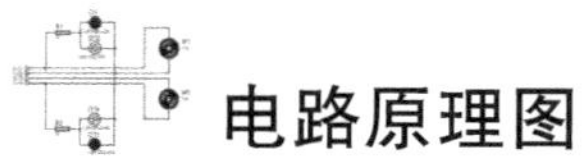

电路原理图

电路原理图如图 2-2 所示。调试电路的两个可变电阻器使电路处于初始状态（就是测量一个精神压力正常的人的状态）。初始化完成的电路在测试一个精神压力正常的人的时候是 D1 发光；如果精神压力增高，则会点亮不同的灯；最后如果精神压力过高，则 D5 发光且蜂鸣器会响。

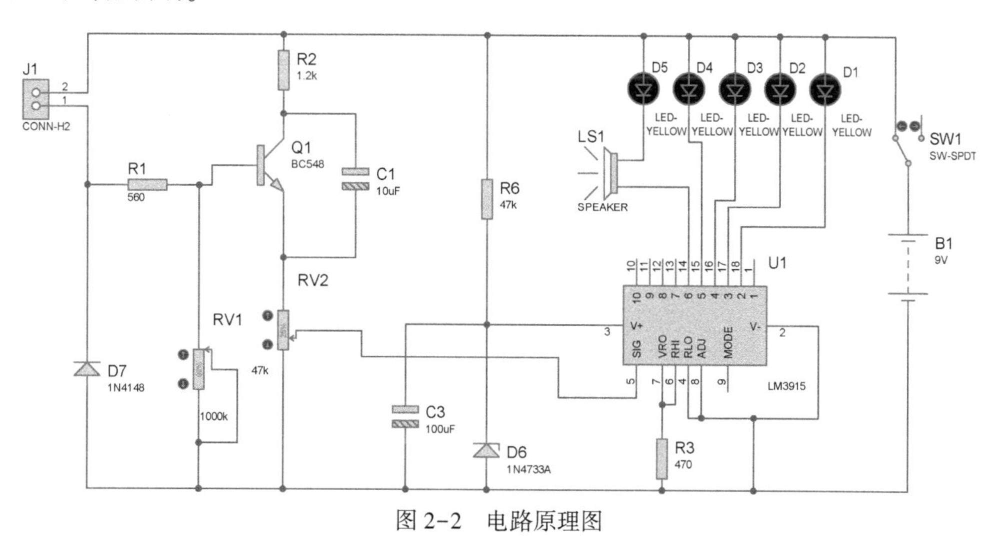

图 2-2　电路原理图

模块详解

1. 人体阻抗采集电路

本设计中人体阻抗采集主要采用医用电极片（其实物见图 2-3）来实现。医用电极片的用途有很多种，下面介绍医用电极片的特点及其应用。

☺ 具有远红外射线，可以更好地促进血液循环，缩短治疗时间。

☺ 无电干扰，无电解作用，安全性好。

☺ 导电性好。

☺ 电极片使用柔软，有弹性，可贴于身体任何部位。

人体阻抗采集电路如图 2-4 所示，图中，J1 代表医用电极片的接口，进行人体阻抗的测量。测量到的人体阻抗值经过三极管电路转换为电压值，且数值较小。因为电路需要初始化（即在测量正常精神压力状态时，灯 D1 亮，其他灯灭），以及电路元器件可能含有一定误差，所以电路中的一些电阻设定为可变电阻器，即 RV1 和 RV2，以此来调节采集电路输出的电压 SIG。

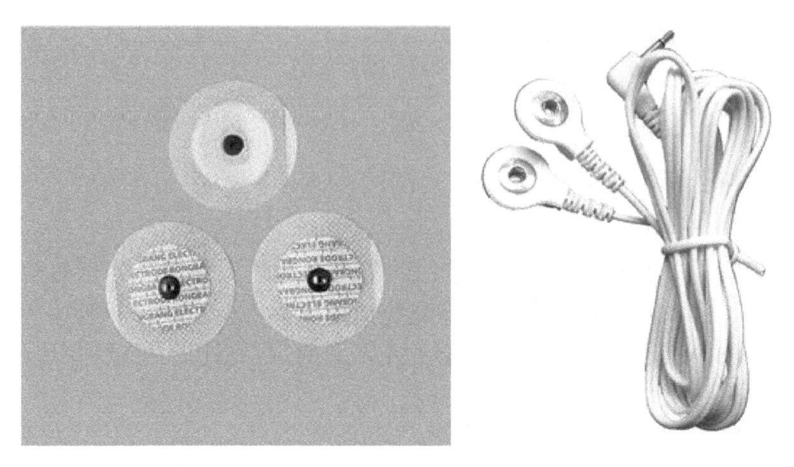

图 2–3　医用电极片实物

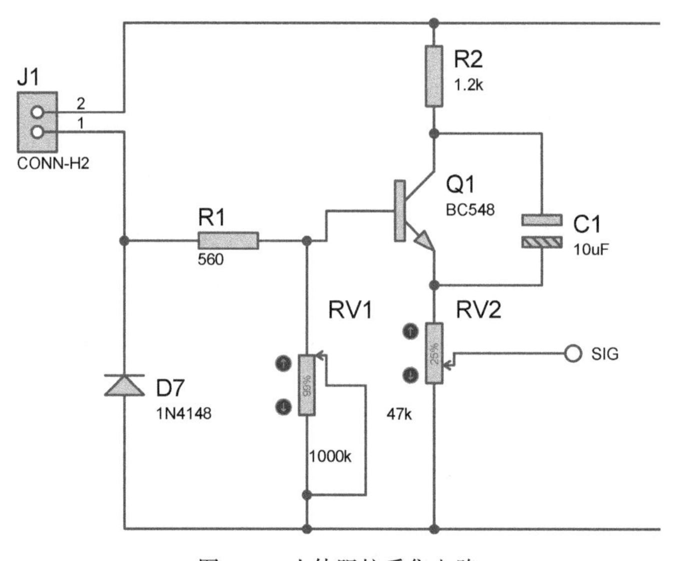

图 2–4　人体阻抗采集电路

2. LM3915 控制电路及 LED 显示电路

LM3915 是一款感测模拟电压并且可以驱动 10 个 LED、LCD 或真空荧光显示器的单片集成电路（本电路驱动 5 个 LED），提供了对数 3dB/步的模拟显示。其典型应用电路如图 2–5 所示。

如果到 LED 供电的导线是 6in 或者更长，则电容 C1 是必须加的。

电路在 dot 模式的应用是广泛的。如果应用于 bar 模式，则连接 9 脚和 3 脚。V_{LED}必须保持低于 7V 或者使用降压电阻去限制芯片的电源损耗。

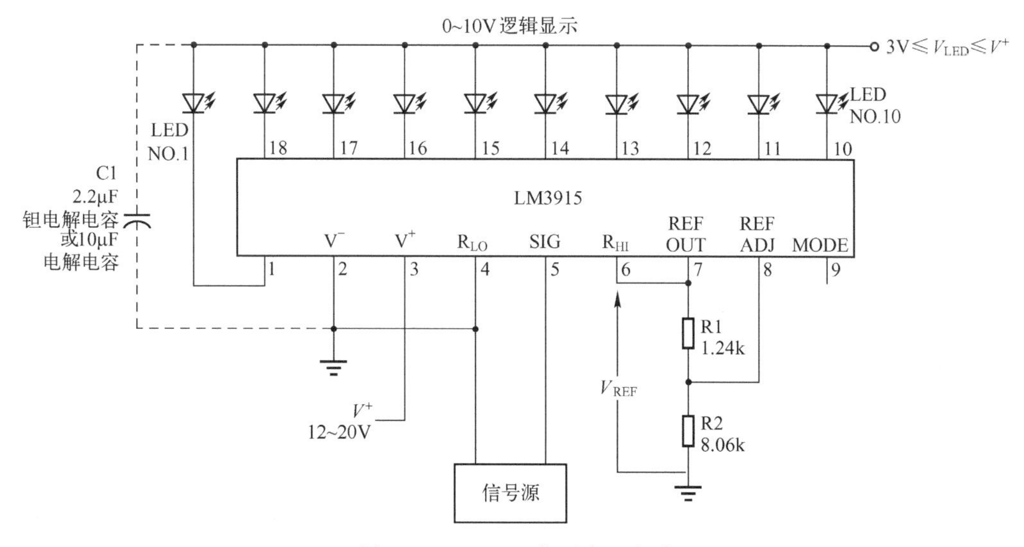

图 2-5　LM3915 典型应用电路

$$V_{REF}=1.25\text{V}\times\left(1+\frac{R_2}{R_1}\right)+R_2\times80\mu\text{A} \tag{2-1}$$

$$I_{LED}=\frac{12.5\text{V}}{R_1}+\frac{V_{REF}}{2.2\text{k}\Omega} \tag{2-2}$$

图 2-6 所示为本装置中 LM3915 控制电路及 LED 显示电路部分。医用电极片感知人体皮肤的电压变化，并送入 LM3915 的输入端 5 脚，可驱动 5 个 LED。经过仿真测量，当输入 5 脚的电压约为 80mV 时，D1 发光；当电压升高至约 440mV 时，D5 发光，同时蜂鸣

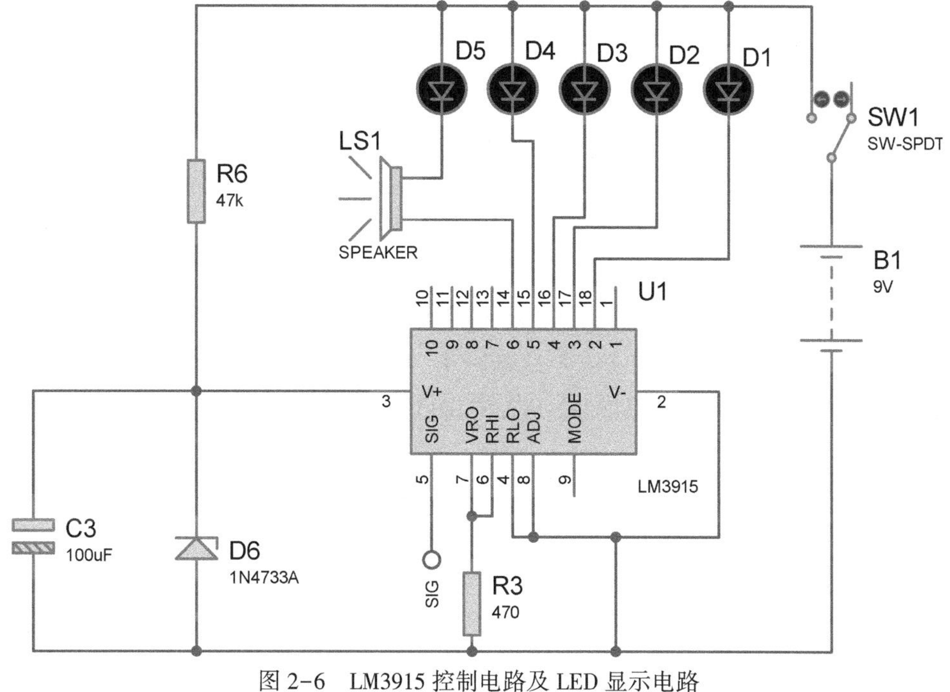

图 2-6　LM3915 控制电路及 LED 显示电路

器发声。由上面 LM3915 的资料可知，本控制电路中 $V_{REF}=1.25V$，$I_{LED}=27mA$，即电阻 R3 维持 LED 电流在 27mA 左右。

Proteus 仿真

用 Proteus 软件仿真是为了使结果更加简洁明了。人体表皮 0.05~0.2mm 厚的角质层的电阻很大，皮肤干燥时，人体电阻为 6~10kΩ，甚至高达 100kΩ。所以这里用了一个范围为 0~100kΩ 的可变电阻器 RV3 来代表人体皮肤电阻。在可变电阻器 RV2 和 LM3915 的 5 脚之间设置了一个电压探针来实时监控 LM3915 的输入电压。

首先将代表人体皮肤的可变电阻器 RV3 的阻值设置到较大处，然后调节可变电阻器 RV1、RV2，使 D1 发光，此时代表人的正常精神状态，观察电压探针可知此时输入到 LM3915 的电压大概为 81mV，如图 2-7 所示。

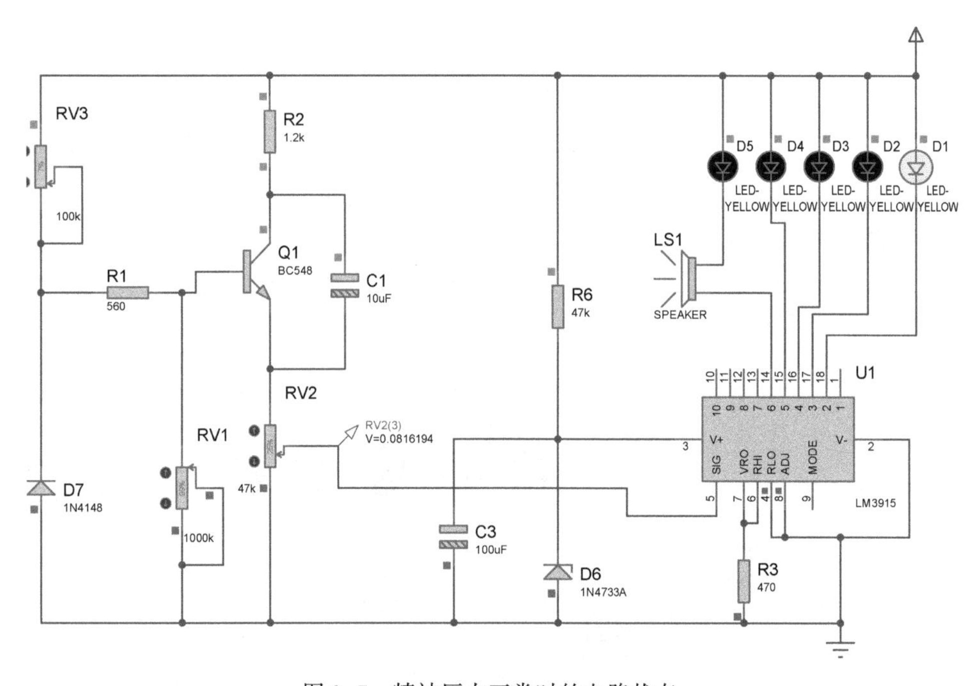

图 2-7　精神压力正常时的电路状态

随着人的精神压力升高，皮肤电阻逐渐减小。所以接着慢慢调小 RV3 接入电路的阻值，可得到电路的第二状态，D2 发光，此时 LM3915 的输入电压约为 113mV，如图 2-8 所示。

随着人的精神压力继续升高，皮肤电阻继续减小。继续调小 RV3 接入电路的阻值，可得到电路的第三状态、第四状态，即 D3、D4 发光。直到精神压力升到特别高，RV3 接入电路的阻值很小时，达到电路的第五状态，D5 发光，蜂鸣器响，发出警告。蜂鸣器发出声音可由其两端的电压差推测出来，如图 2-9 所示。

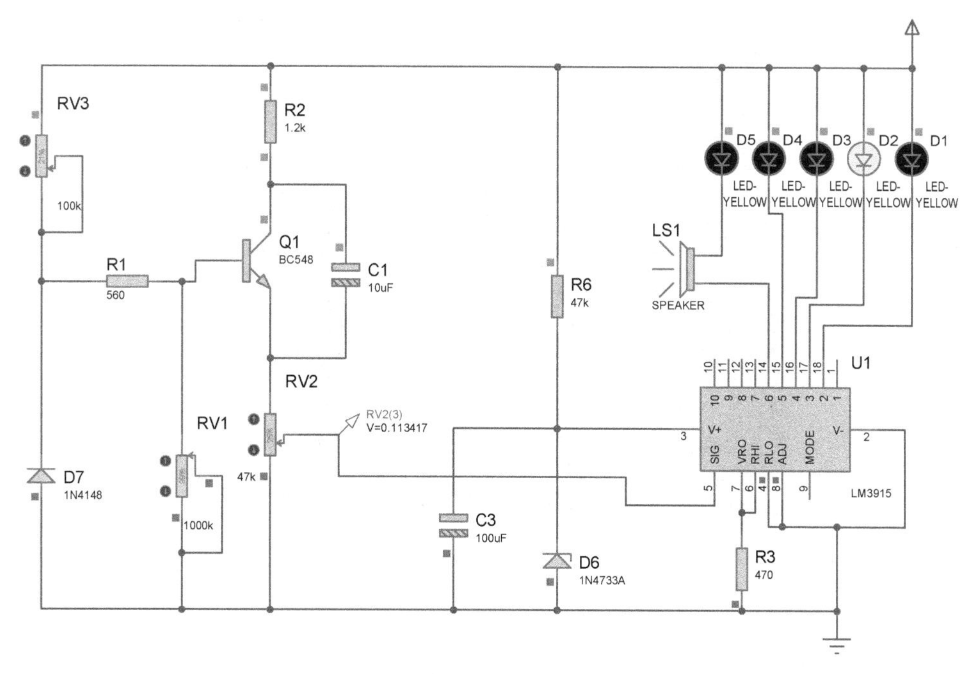

图 2-8 精神压力稍高时的电路状态

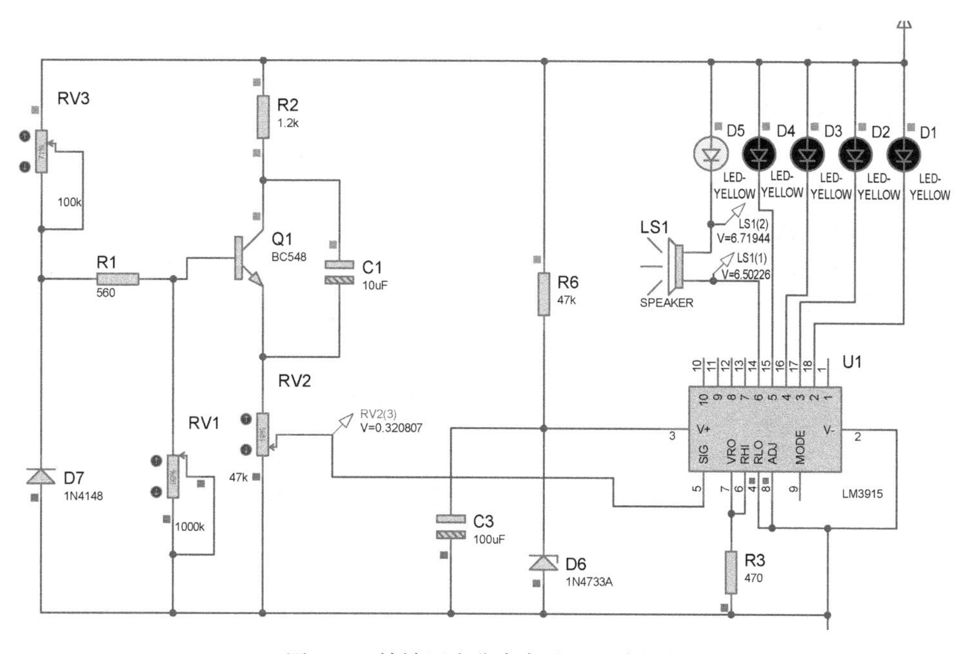

图 2-9 精神压力非常高时的电路状态

电路 PCB 设计图

本电路 PCB 文件使用 Altium Designer 软件绘制，如图 2-10 所示。

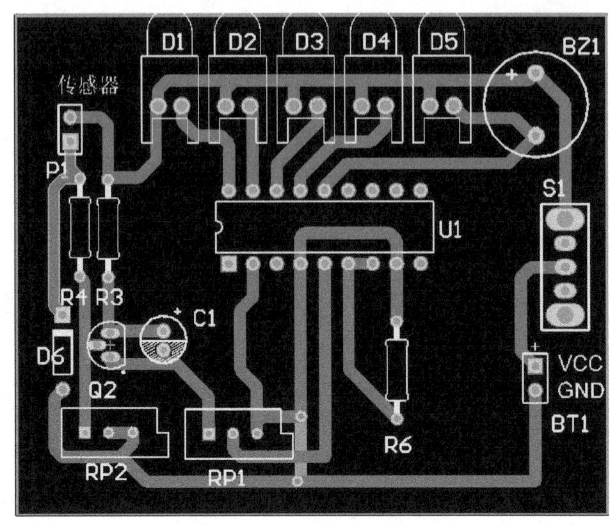

图 2-10　电路 PCB 设计图

实物测试

实物图如图 2-11 所示，测试图如图 2-12 所示。

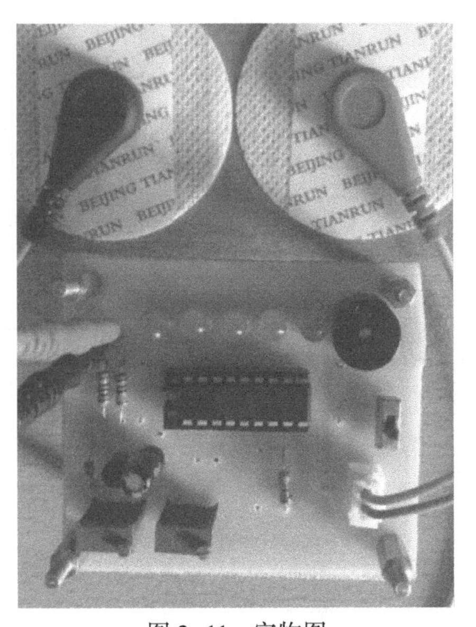

图 2-11　实物图

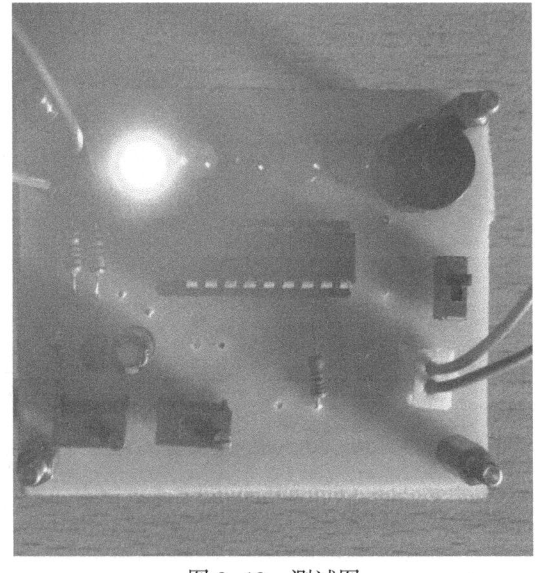

图 2-12　测试图

思考与练习

（1）本设计的根据是什么？

答： 本设计是根据人的皮肤电阻会随其情绪状态而改变的原理设计的。如果人的精神压力大，皮肤电阻就小；反之，如果人处于松弛状态，其皮肤电阻就高。这是因为在高的精神压力下，提供给皮肤的血液增加，因此电流增大了。

（2）论述医用电极片的优点。

答：医用电极片的用途有很多种，尤其是博科医疗器械研发生产的水凝胶医用电极片适用于各种中低频治疗仪。水凝胶医用电极片具有以下优点：具有远红外射线，可以更好地促进血液循环，缩短治疗时间；无电干扰，无电解作用，安全性好；导电性好；电极片柔软、有弹性，可贴于身体任何部位。

项目3　助听、催眠、增强记忆三用电路设计

设计任务

设计一个助听、催眠、增强记忆三用电路，由耳机将输入信号输出。

基本要求

☺ 具有助听功能：将外界的声音放大，使人在耳机中可以听到声音。

☺ 具有催眠功能：在耳机中可以听到“嗒嗒”的拍点声，类似于下雨时的声音，让人放松，从而起到催眠的作用。

☺ 具有增强记忆功能：用双耳机可以有效隔绝外部干扰。

设计思路

助听、催眠、增强记忆三用电路的功能实现方式为：助听功能表现在驻极体话筒将外界的声音进行放大，使人在耳机中可以听到声音；催眠功能表现在0.7Hz的低频信号经放大，在耳机中可以听到“嗒嗒”的拍点声，类似于下雨时的声音，让人放松，从而起到催眠的作用；而做增强记忆时，用双耳机听课减少外部干扰。

助听、催眠、增强记忆三用电路的主要器件是一个CMOS六反相器，U1:A～U1:D组成一个奇数级负反馈放大器，U1:E和U1:F构成一个低频信号发生器，它是一个最简单的CMOS多谐振荡器。且U1:C和U1:D并联，M1和2kΩ的电阻构成拾音电路。在助听时，开关置于拾音电路，M1将外界的声音转化为电信号进入放大器进行放大，再由耳机输出。而且双耳机可减少外界干扰，增强记忆。做催眠器时，开关置于低频信号发生电路，0.7Hz的低频信号经放大使人能在耳机中听到，从而起到催眠的作用。

系统组成

助听、催眠、增强记忆三用电路主要由以下4部分组成。

☺ 第一部分：拾音电路，M1将外界的声音信号转换为电信号再输入到反馈放大器中。

☺ 第二部分：负反馈放大电路，将 M1 采集到的声音信号转换为电信号放大，并输入到耳机插座处，由耳机输出。

☺ 第三部分：低频信号发生器电路，多谐振荡器振荡频率为 0.7Hz，经变压器放大由耳机输出。

☺ 第四部分：耳机接口电路，整个电路的输出部分，将信号由耳机输出。

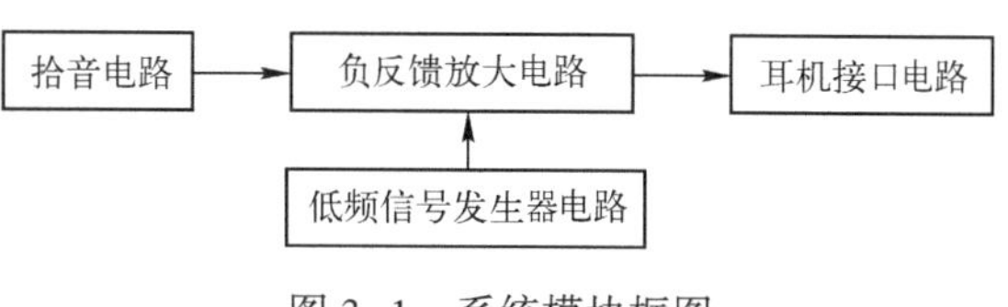

图 3-1　系统模块框图

系统模块框图如图 3-1 所示。

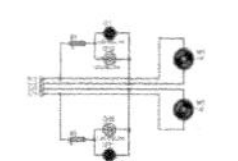

电路原理图

电路原理图如图 3-2 所示。

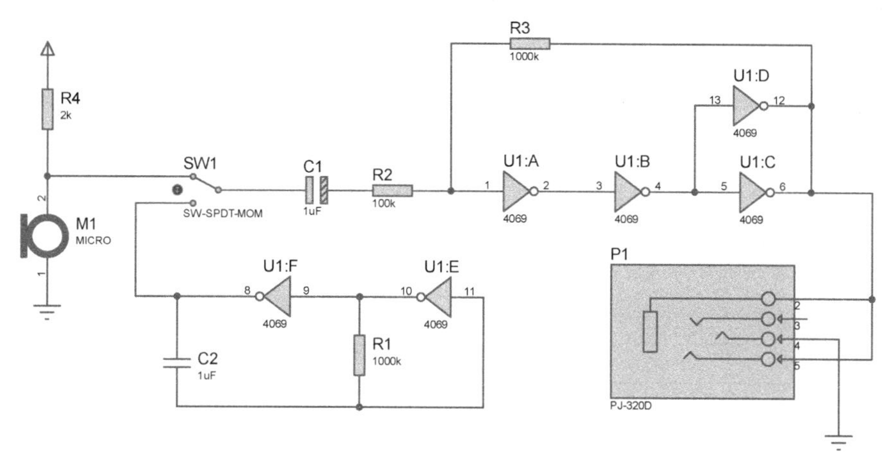

图 3-2　电路原理图

模块详解

1. 拾音电路

拾音电路是整个系统的输入电路，如图 3-3 所示。

工作原理：由静电学可知，对于平行板电容，有如下的关系式：

$$C=\varepsilon S/d \tag{3-1}$$

式中，ε 为极板间介质的介电常数；S 为极板面积；d 为极板间的距离。即电容的容量与介质的介电常数成正比，与两个极板的面积成正比，与两个极板之间的距离成反比。

另外，当一个电容充有 Q 量的电荷时，电容两个极板间要形成一定的电压，有如下关系式：

$$C=Q/U \tag{3-2}$$

驻极体话筒由声电转换和阻抗变化两部分组成。其声电转换的关键元件是驻极体振动膜。对于一个驻极体话筒，内部存在一个由振膜、垫片和极板组成的电容器，因为膜片上充有电荷，并且是一个塑料膜，因此当膜片受到声压强的作用时，膜片会产生振动，从而改变了膜片与极板之间的距离、电容两个极板之间的距离，使其产生了一个 Δd 的变化，由式（3-1）可知，必然要产生一个ΔC的变化；由式（3-2）又知，由于 ΔC 有变化，充电电荷又是固定不变的，因此必然产生一个 ΔU 的变化。这样就初步完成了一个由声信号到电信号的转换。由于这个信号非常微弱，内阻非常高，不能直接使用，因此还要进行阻抗变换和放大。所以，在话筒内接入一只结型场效应管来进行阻抗变化。场效应管是一个电压控制元件，漏极的输出电流受源极与栅极电压的控制。由于电容器的两个极是接到场效应管的 S 极（源极）和 G 极（栅极）的，因此相当于在场效应管的 S 极与 G 极之间加了一个 ΔU 的变化量，漏极电流 I 就产生一个ΔI_d的变化量，这个电流的变化量就在电阻 R 上产生一个 ΔV_d的变化量。因此，整个驻极体话筒就完成了一个声电的转换过程，如图 3-4 所示。

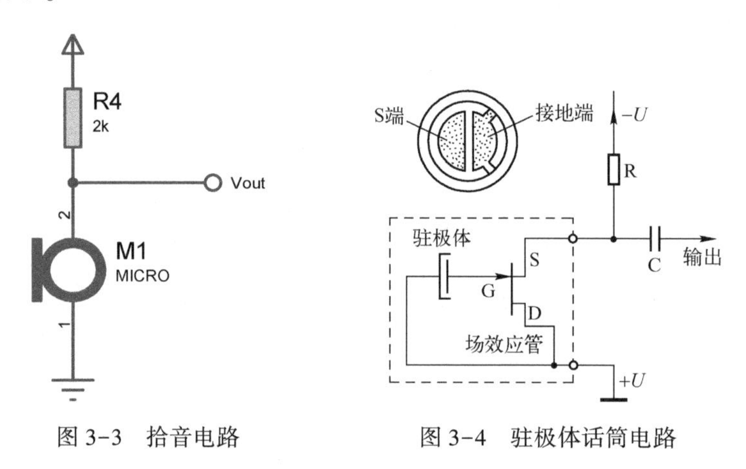

图 3-3　拾音电路　　　　图 3-4　驻极体话筒电路

R4 的阻值为经验取值，精度要求不高。

2. 负反馈放大电路

负反馈放大电路如图 3-5 所示，它是把输出信号的一部分或全部送回输入端，以改变放大性能的放大电路。由输出端送回输入端的信号称为反馈信号。反馈信号在输入端与外加信号相加（或相减）组成放大器的净输入。反馈信号使净输入减弱从而使增益下降时，称为负反馈。

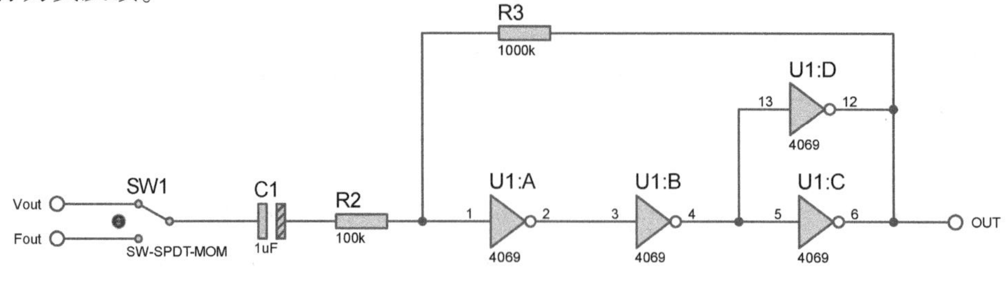

图 3-5　负反馈放大电路

本设计中反相器采用的是 CD4069 芯片。CD4069 是常规的 6 路反相器，每一路反相器都是相对独立的。CD4069 采用单电源供电，供电范围为 3~15V。没有使用的输入端必须接电源、地或其他输入端。CD4069 具有较宽的温度使用范围（-40~125℃）。

图 3-5 中 U1:A~U1:D 组成奇数级负反馈放大器，U1:C、U1:D 并联可以增大放大器的负载能力。R3 为反馈电阻，调节 R_3 和 R_2 的比值可以调节电压增益，其典型增益可达 100 倍。

助听功能仿真如下。

由于电路具有助听功能，即将外界的声音进行放大，通过耳机传入人耳，而电路的音频信息采集是使用驻极体话筒来实现的，拾音电路输出的是变化的电压信号，所以直接使用模拟脉冲信号源来代替拾音电路进行仿真。由上面介绍的拾音电路可知，输出电压范围为 0~V_{dd}（电源电压）。本设计中电源电压设为 5V，所以输入的脉冲信号源高电平设为 5V，低电平设为 0V，上升和下降时间均为 1μs，频率为 1Hz，如图 3-6 所示。

采用音频图表来观测助听功能输出的音频。将音频图表添加到窗口后，选择刚才设置的输出位置处的电压指针，并将其拖到音频图表中。本例中设置音频图表的“Stop time”为 4s，如图 3-7、图 3-8 所示。

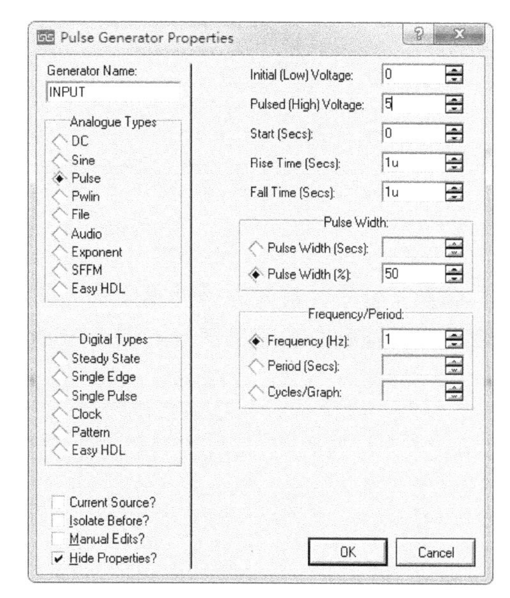

图 3-6　脉冲激励源属性设置对话框

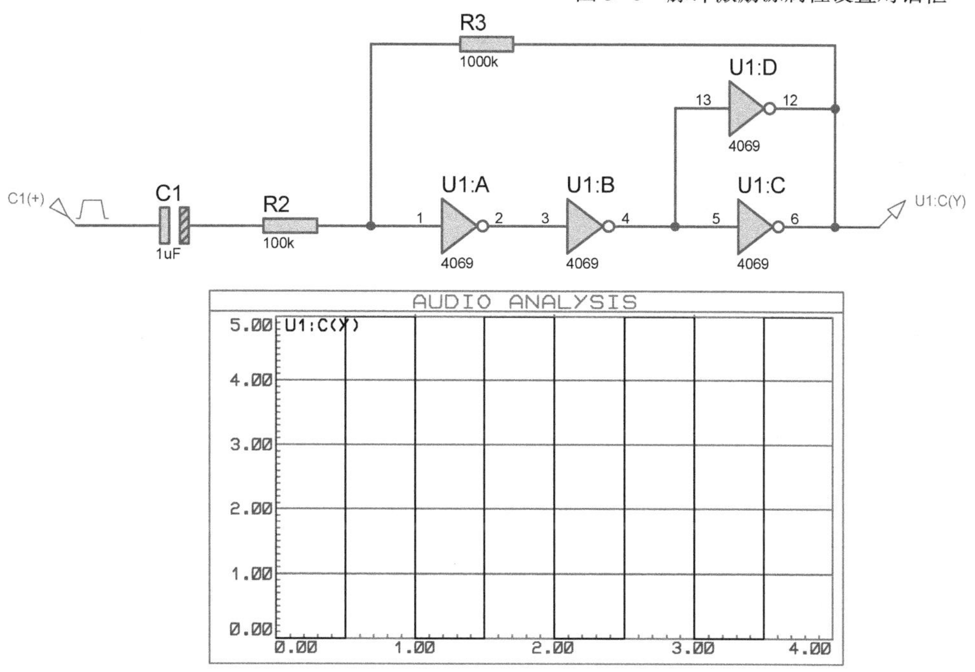

图 3-7　添加音频图表查看电路助听功能输出

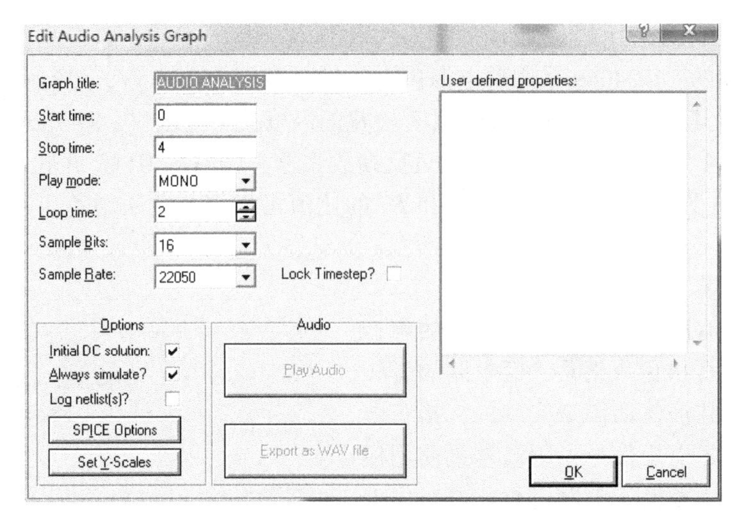

图 3-8　音频图表属性设置

设置完毕后，将鼠标指针置于音频图表上，然后按下空格键，对音频图表进行仿真。助听模式下音频图表输出信号如图 3-9 所示。

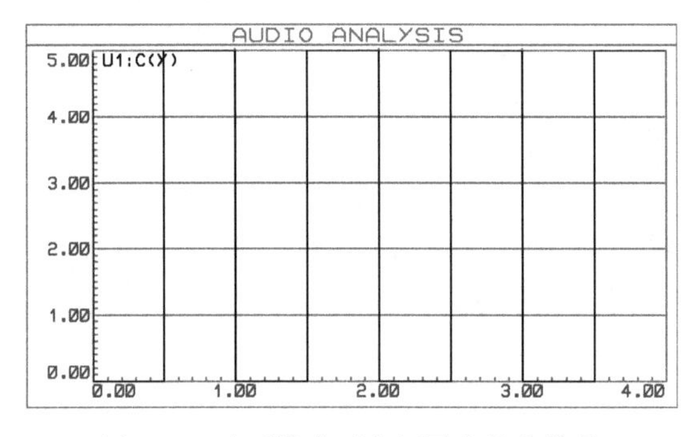

图 3-9　助听模式下音频图表输出信号

3. 低频信号发生器电路

图 3-10 中，U1:E 和 U1:F 构成一个低频信号发生器，它是一个最简单的 CMOS 多谐振荡器。其振荡周期 $T=1.4RC=1.4\text{s}$，则振荡频率 $f=\dfrac{1}{T}\approx 0.7\text{Hz}$。改变 C_2 或 R_1，可以改变其振荡频率。

由 CMOS 门电路组成的多谐振荡器如图 3-11 所示，其原理如下。

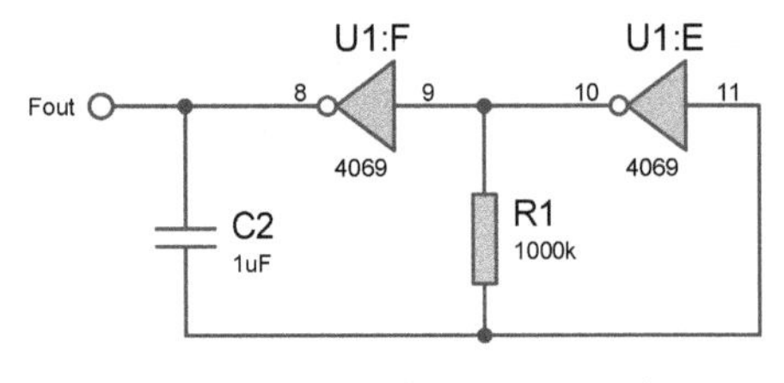

图 3-10　低频信号发生器电路

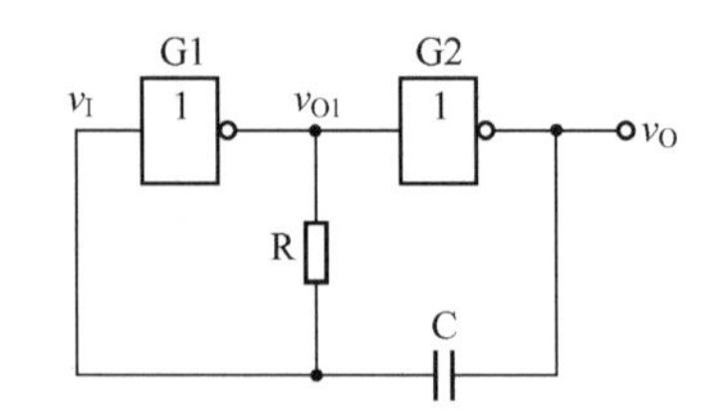

图 3-11　由 CMOS 门电路组成的多谐振荡器

假定门电路的电压传输特性曲线为理想化的折线，即开门电平V_{ON}和关门电平V_{OFF}相等，这个理想化的开门电平或关门电平称为门槛电平或阈值电平，记为V_{TH}，且设$V_{TH}=\frac{V_{DD}}{2}$。

假定在$t=0$时接通电源，电容C尚未充电，电路初始状态为：ν_I为低电平，ν_{O1}为高电平，ν_O为低电平，即第一暂稳态。此时，电源V_{DD}给电容C充电，随着充电时间的增加，ν_I不断上升，当$\nu_I \geqslant V_{TH}$时，必然引起如图3-12所示的正反馈，从而使ν_{O1}迅速变成低电平，而ν_O迅速变成高电平，电路进入第二暂稳态。ν_O由0V上跳到V_{DD}，由于电容两端电压不突变，则ν_I也将上跳至V_{DD}。本应升至$V_{DD}+V_{TH}$，但由于保护二极管的钳位作用，ν_I仅上跳至$V_{DD}+\Delta V+$。随后，电容C放电，使ν_I下降，当ν_I降至V_{TH}时，电路又产生如图3-13所示的正反馈，从而使ν_{O1}迅速变成高电平，ν_O迅速变成低电平，电路又回到第一暂稳态。此后，电路重复上述过程，周而复始地从一个暂稳态翻转到另一个暂稳态，在反相器G2的输出端得到方波。

图3-12　第一次正反馈过程　　　图3-13　第二次正反馈过程

由上述分析不难看出，多谐振荡器的两个暂稳态的转换过程是通过电容C的充放电作用来实现的。其振荡周期$T=RC\ln 4\approx 1.4RC$。

催眠功能仿真如下。

同样采用音频图表来观测催眠功能输出的音频。此次设置音频图表的“Stop time”为5s。设置完毕后，对音频图表进行仿真。催眠模式下音频图表输出信号如图3-14所示。

4. 耳机接口电路

耳机接口电路如图3-15所示，为整个电路的输出，通过连接耳机使得助听、催眠电路的输出信号显示出来。

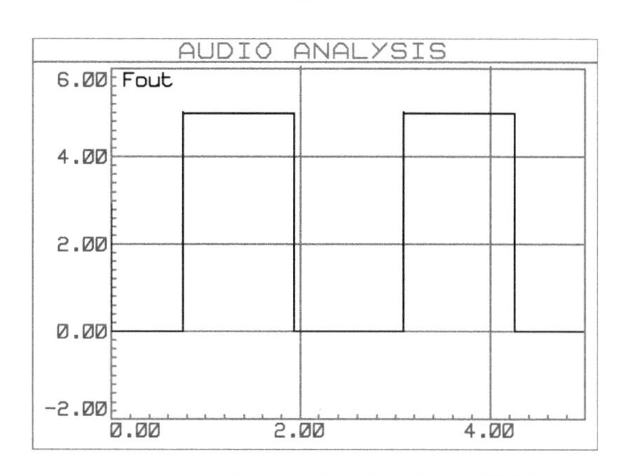

图3-14　催眠模式下音频图表输出信号

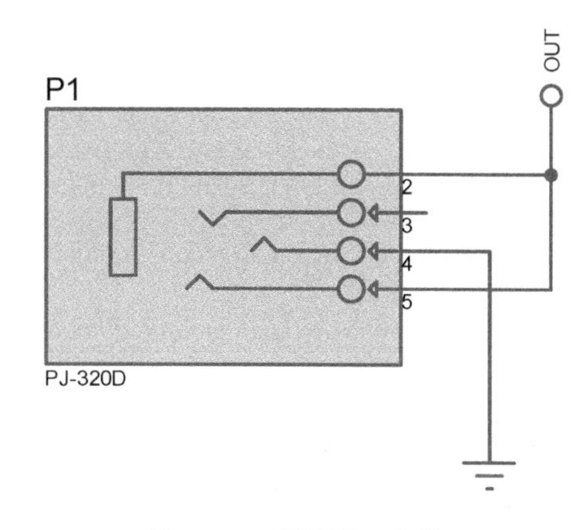

图3-15　耳机接口电路

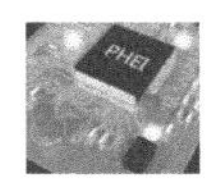

电路 PCB 设计图

电路 PCB 设计图如图 3-16 所示。

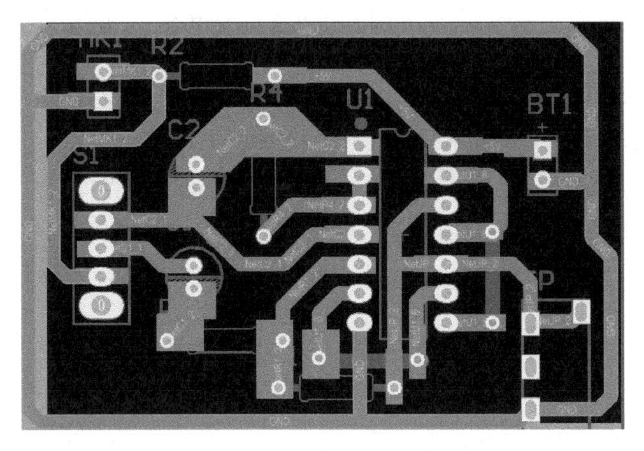

图 3-16　电路 PCB 设计图

实物图

实物图如图 3-17 所示。

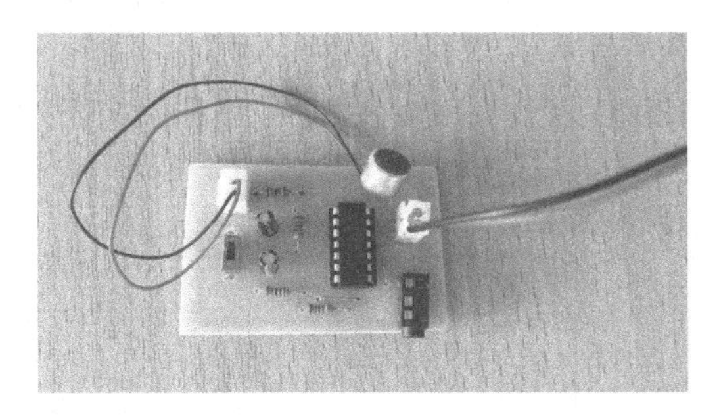

图 3-17　实物图

思考与练习

（1）本电路中使用的 CMOS 反相器原理是什么？

答：如图 3-18 所示为反相器原理图。CMOS 反相器由两个增强型 MOS 场效应管组成，其中 V1 为 NMOS 管，称为驱动管；V2 为 PMOS 管，称为负载管。NMOS 管的栅源开启电压 U_{TN}为正值，PMOS 管的栅源开启电压是负值，其数值范围为 2～5V。为了使电路

能正常工作，要求电源电压 $U_{DD}>(U_{TN}+|U_{TP}|)$，其中，U_{TP} 为 PMOS 管的栅源开启电压。U_{DD} 可在 3~18V 之间工作，其适用范围较宽。

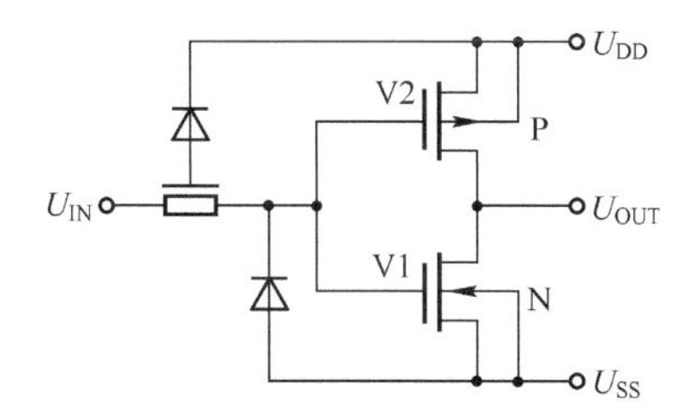

图 3-18　反相器原理图

（2）在负反馈放大电路中，R3 为反馈电阻，其最大阻值可为多少？如果调节 R_3 和 R_2 的比值，其典型增益可达多少倍？

答： R_3 最大可为 10MΩ，调节 R_3 和 R_2 的比值可调节电压增益，其典型增益可达 100 倍。

（3）当电路做催眠器时，该电路如何工作？

答： 做催眠器时，开关置于 S2 处（单刀双掷开关向下为 S2），0.7Hz 的低频信号经变压器放大，在耳机中可以听到“嗒嗒”的拍点声，类似于下雨时的声音，让人放松，从而起到催眠的作用。

特别提醒

在调试电路时应注意直流电源对电路的影响，尤其是耳机接口部分。

项目 4　声光电子催眠电路设计

设计任务

设计一个控制声音和光亮的电子电路来实现催眠功能。

基本要求

☺ 通过声音和光亮，来实现催眠。

设计思路

系统硬件电路包括电源电路、主控电路、按键电路、LED 驱动电路、蜂鸣器驱动电路。软件设计主要包括 LED 发光程序、蜂鸣器控制程序及按键检测程序等。系统采用 12V 电源供电，采用 STC89C52 为主控芯片，通过蜂鸣器的响/不响、3 组共 13 个 LED 的亮/不亮来实现声光电子催眠功能。

系统组成

电路采用 STC89C52 单片机为主控芯片，加晶振电路、复位电路组成单片机最小系统，即主控电路。按键电路决定系统是否工作，电源电路负责为系统提供稳定电压。

声光电子催眠电路主要分为以下 5 部分。

☺ 第一部分：电源电路。

☺ 第二部分：主控电路。

☺ 第三部分：按键电路。

☺ 第四部分：LED 驱动电路。

☺ 第五部分：蜂鸣器驱动电路。

系统结构框图如图 4-1 所示。

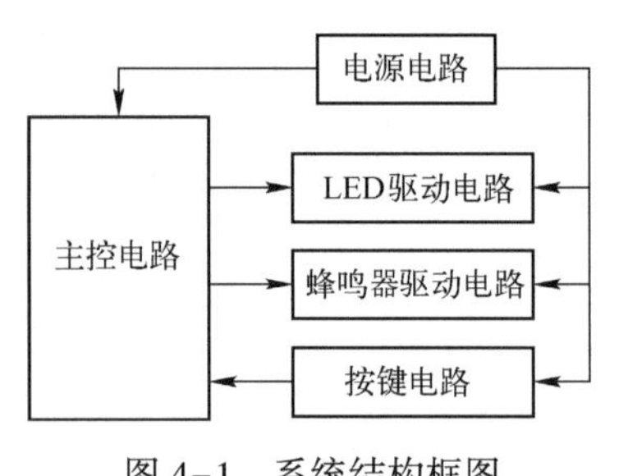

图 4-1　系统结构框图

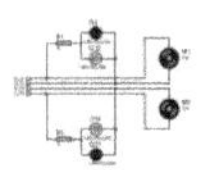

电路原理图

电路原理图如图 4-2 所示。电路工作过程为：当按下电源按键后，电路开始工作，

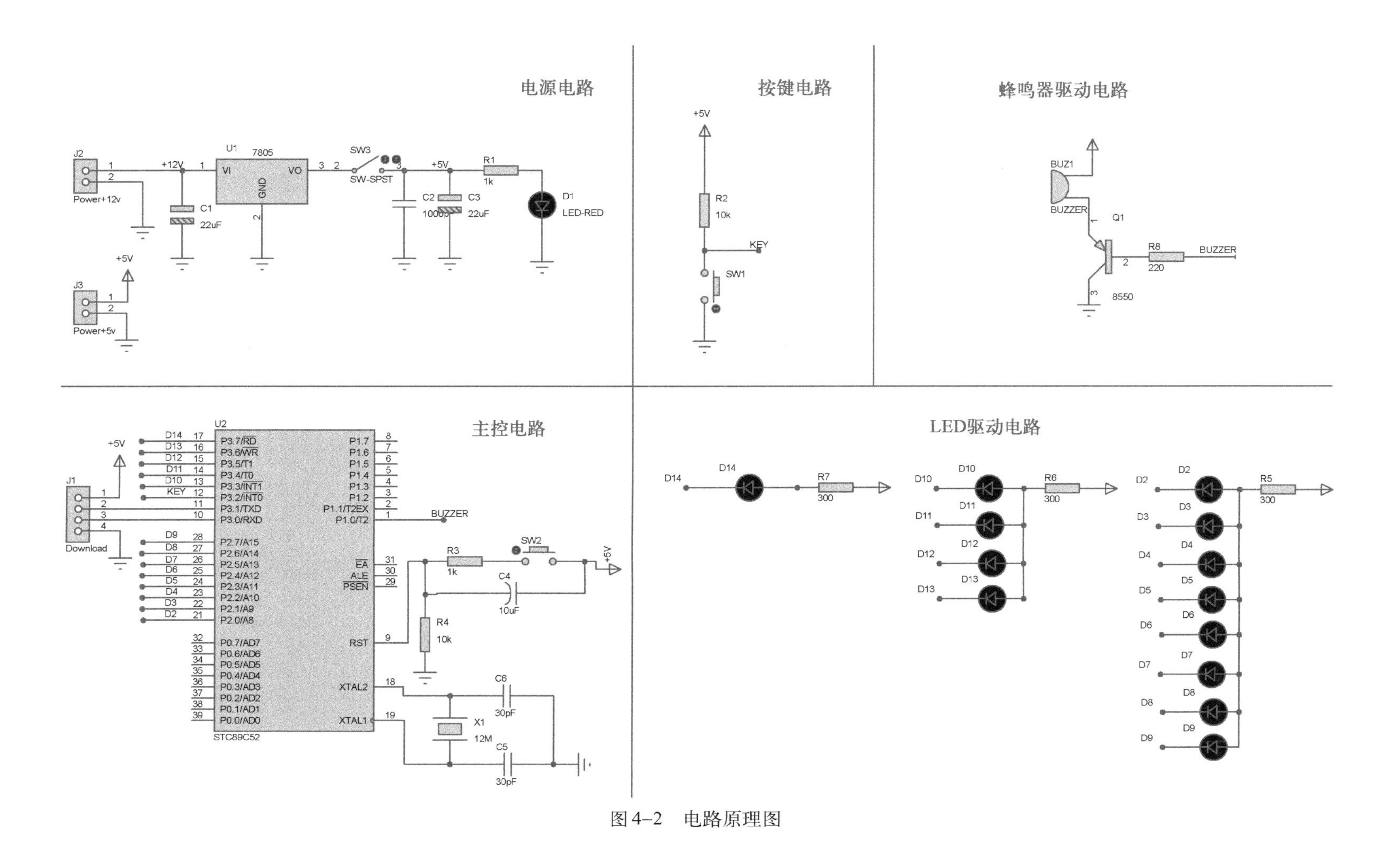

电源电路
按键电路
蜂鸣器驱动电路
主控电路
LED驱动电路
J2
Power+12v
J3
Power+5v
+12V
+5V
U1
7805
VI
GND
VO
C1
22uF
C2
1000pF
C3
22uF
SW3
SW-SPST
R1
1k
D1
LED-RED
R2
10k
KEY
SW1
BUZ1
BUZZER
Q1
8550
R8
220
J1
Download
U2
STC89C52
P3.7/RD
P3.6/WR
P3.5/T1
P3.4/T0
P3.3/INT1
P3.2/INT0
P3.1/TXD
P3.0/RXD
P2.7/A15
P2.6/A14
P2.5/A13
P2.4/A12
P2.3/A11
P2.2/A10
P2.1/A9
P2.0/A8
P0.7/AD7
P0.6/AD6
P0.5/AD5
P0.4/AD4
P0.3/AD3
P0.2/AD2
P0.1/AD1
P0.0/AD0
P1.7
P1.6
P1.5
P1.4
P1.3
P1.2
P1.1/T2EX
P1.0/T2
EA
ALE
PSEN
RST
XTAL2
XTAL1
SW2
R3
1k
C4
10uF
R4
10k
C6
30pF
C5
30pF
X1
12M
R7
300
R6
300
R5
300
D2
D3
D4
D5
D6
D7
D8
D9
D10
D11
D12
D13
D14

图 4–2　电路原理图

第三圈的 LED 开始以 800ms 的周期循环闪亮，占空比为 50%；同时，蜂鸣器发出持续 200ms 的响声。接着，第二圈的 LED 开始以 1200ms 的周期循环闪亮，占空比为 50%；同时，蜂鸣器发出持续 400ms 的响声。最后，第一圈的 LED 开始以 2600ms 的周期循环闪亮，占空比为 50%；同时，蜂鸣器发出持续 600ms 的响声。通过控制 LED 和蜂鸣器亮/响的频率，使之越来越慢，以此来达到声光电子催眠作用。

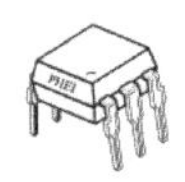

模块详解

1. 电源电路

电源电路如图 4-3 所示。系统中使用两种幅值的电源，分别为 12V 和 5V。12V 给整个电路供电，通过 7805 电压转换芯片，将 12V 的电压转换为 5V，给主控电路、LED 驱动电路、蜂鸣器驱动电路、按键电路供电。

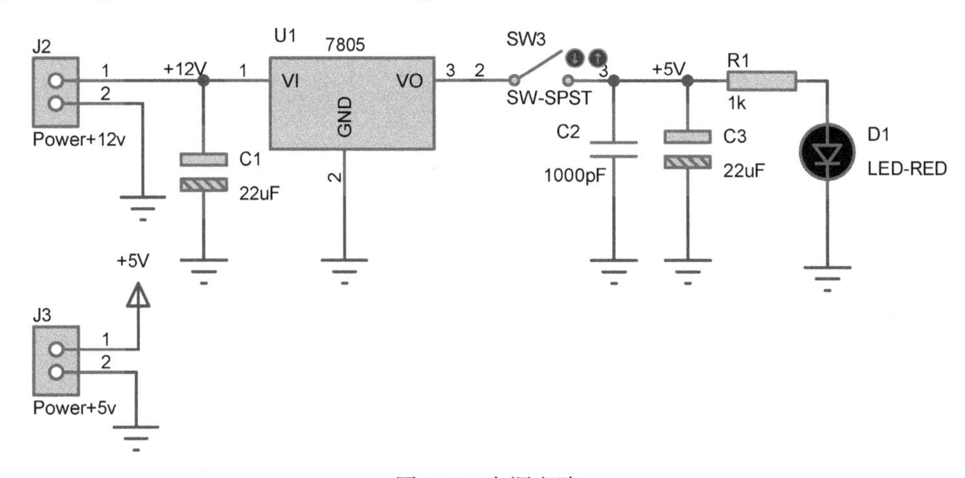

图 4-3　电源电路

7805 是常用的三端稳压集成芯片，用此芯片组成稳压电源所需的外围器件少，电路内部还有过流、过热及调整管的保护电路，使用起来可靠、方便，而且价格便宜。

注意

作为稳压芯片，在实际应用中要注意散热，必要时需要安装散热器，否则稳压管温度过高时稳压性能将变差，甚至损坏。

电源电路仿真如下。

在仿真时需要去掉接口 J2、J3，在 7805 左侧接入+12V 电源，在右侧开关后接入电压探针观察输出结果，如图 4-4 所示。

首先在开关 SW3 打开的情况下进行仿真，得到电压探针输出结果接近 0V，如图 4-5 所示。

接下来在开关 SW3 关闭的情况下进行仿真，得到电压探针输出结果接近 5V，说明 7805 芯片稳压成功，电源指示灯 D1 亮，如图 4-6 所示。

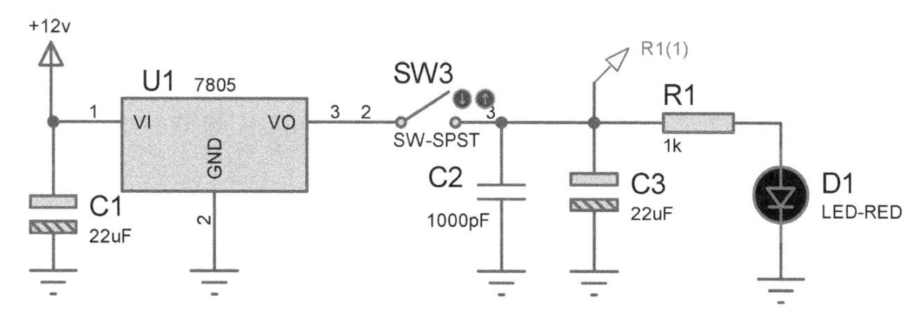

图 4-4　电源电路仿真设置

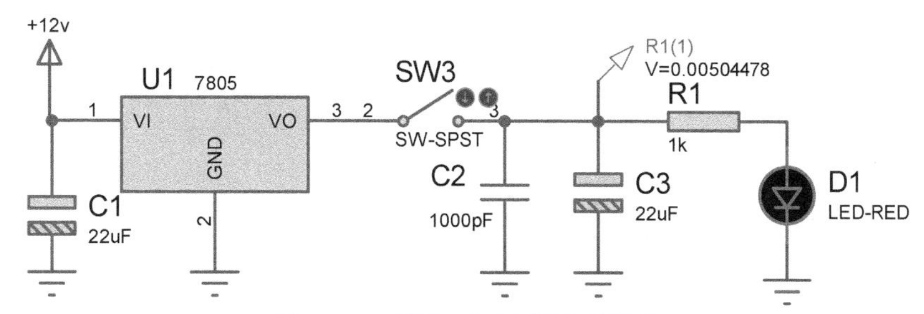

图 4-5　开关打开时电源电路输出

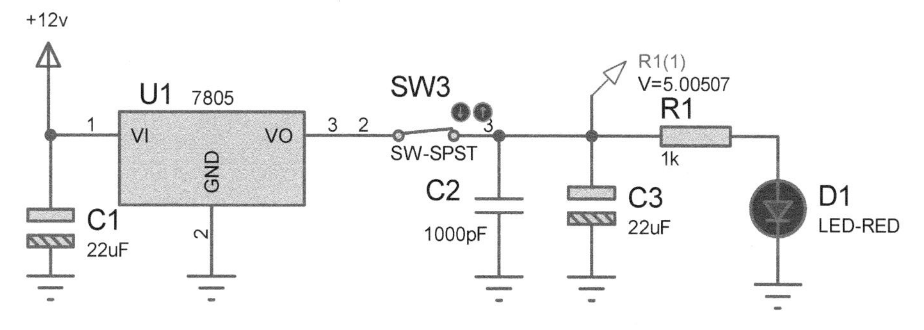

图 4-6　开关关闭时电源电路输出

2. 主控电路

在本系统的设计中，从价格、简易程度及满足系统的需求等方面考虑，主控芯片采用了 STC89C52 单片机。STC89C52 是一种低功耗、高性能 CMOS 8 位微控制器，具有 8K 系统可编程 Flash 存储器。在单芯片上，拥有灵巧的 8 位 CPU 和系统可编程 Flash，使得 STC89C52 为众多嵌入式控制应用系统提供高灵活、超有效的解决方案。STC89C52 单片机芯片的引脚（见图 4-7）介绍如下。

☺ 引脚 1~8：P1 口，8 位准双向 I/O 口，可驱动 4 个 LS 型 TTL 负载。

☺ 引脚 9：RESET 复位键，单片机的复位信号输入端，对高电平有效。当进行复位时，在 RST 引脚要保持大于两个机器周期的高电平时间。

☺ 引脚 10~17：P3.0 为 RXD 串口输入，P3.1 为 TXD 串口输出，P3.2 为 $\overline{INT0}$ 中断 0，P3.3 为 $\overline{INT1}$ 中断 1，P3.4 为计数脉冲 T0，P3.5 为计数脉冲 T1，P3.6 为 $\overline{WR}$ 写控制，P3.7 为 $\overline{RD}$ 读控制输出端。

☺ 引脚 18、19：晶体振荡器的接入引脚，接外部晶振源，为单片机正常工作提供时钟信号。

☺ 引脚 21~28：P2 口，8 位准双向 I/O 口，与地址总线（高 8 位）复用，可驱动 4 个 LS 型 TTL 负载。

☺ 引脚 29：$\overline{\text{PSEN}}$片外 ROM 选通端，单片机对片外 ROM 操作时 29 脚输出低电平。

☺ 引脚 30：ALE/$\overline{\text{PROG}}$ 地址锁存器。

☺ 引脚 31：$\overline{\text{EA}}$ ROM 取指令控制器，高电平片内取，低电平片外取。

☺ 引脚 32~39：P0 口，双向 8 位三态 I/O 口，此口为地址总线（低 8 位）及数据总线分时复用口，可驱动 8 个 LS 型 TTL 负载。

☺ 引脚 20、40（图中未给出）：芯片的电源引脚，引脚 20 接 GND，引脚 40 接 VCC，其电压范围为 5.5~3.3V（5V 单片机）或 3.8~2.0V（3V 单片机）。

单片机为整个系统的核心，控制整个系统的运行，其主控电路如图 4-7 所示。在 Proteus 软件中，一般省略芯片的电源引脚 20 和 40，默认其连接到 VCC 和 GND。

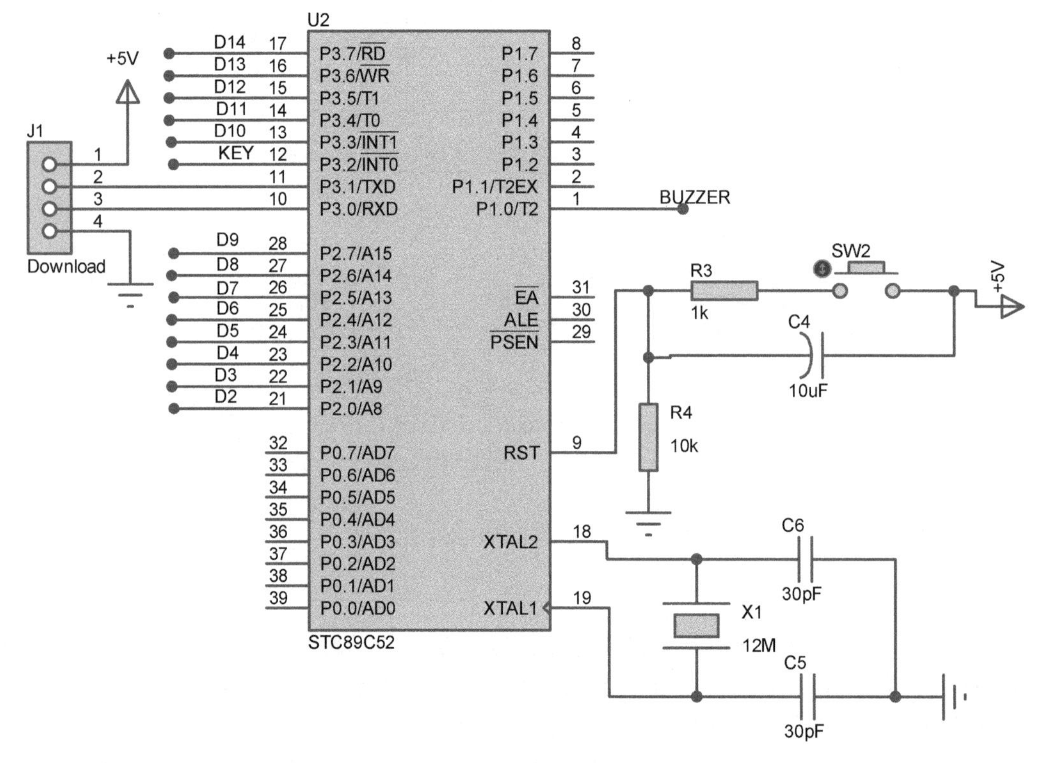

图 4-7　主控电路

3. 按键电路

按键电路如图 4-8 所示。该电路的功能主要是停止整个电疗过程，当按键按下时，电路停止工作。

按键电路仿真如下。

按键电路原理很简单，当按键 SW1 未按下时，电路输出端 KEY 输出高电平；当按键 SW1 按下时，电路输出端 KEY 接地，输出低电平。所以直接在输出端 KEY 放置电压探针，查看输出结果，如图 4-9 所示。

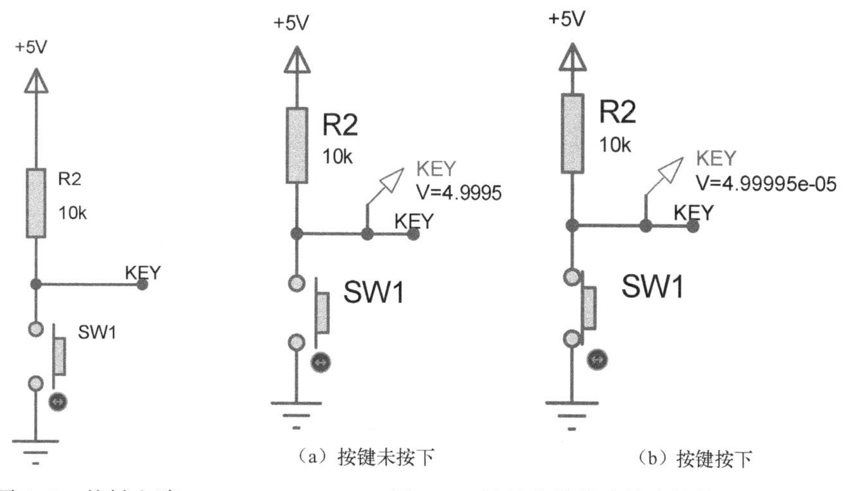

（a）按键未按下　　（b）按键按下

图 4-8　按键电路　　图 4-9　按键电路仿真输出结果

4. LED 驱动电路

该电路的功能主要是采取一定的策略点亮不同的 LED，并配合蜂鸣器的响声实现催眠功能。

当按下电源按键后，电路开始工作，LED 以 800ms 的周期开始循环亮灭，亮灭时间比为 1∶1；同时，蜂鸣器发出持续 200ms 的响声。接着，LED 以 1200ms 的周期开始循环亮灭，亮灭时间比为 1∶1；同时，蜂鸣器发出持续 400ms 的响声。最后，LED 以 2600ms 的周期开始循环亮灭，亮灭时间比为 1∶1；同时，蜂鸣器发出持续 600ms 的响声。通过控制 LED 亮和蜂鸣器响的频率，使其越来越慢，以此来达到声光电子催眠作用。

为避免无谓的电流消耗，设计单片机的负载电路时，采用了“灌电流负载”的电路形式。当负载主要是灌电流负载时，若单片机输出低电平则 LED 亮；若单片机输出高电平则没有任何电流，此时不产生额外的耗电，如图 4-10 所示。

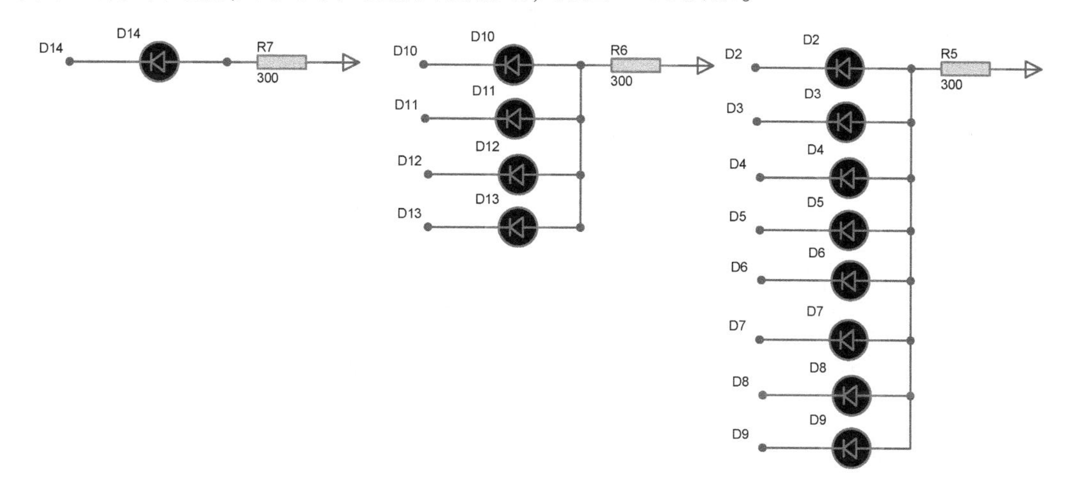

图 4-10　LED 驱动电路

5. 蜂鸣器驱动电路

系统中设计了蜂鸣器驱动电路，主要用于配合 LED 的闪烁实现催眠功能。本系统采用的是无源蜂鸣器，当单片机输出低电平时，三极管导通，蜂鸣器发出声音；当单片机输出高电平时，三极管不导通，蜂鸣器不发出声音。蜂鸣器驱动电路如图 4- 11 所示。

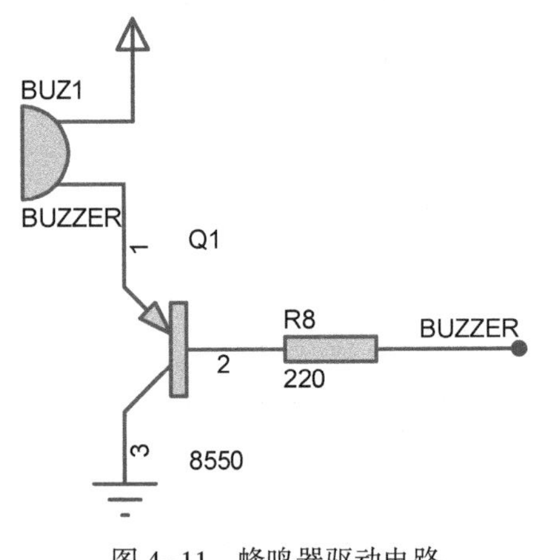

图 4-11　蜂鸣器驱动电路

电路功能仿真如下。

为了使 LED 闪烁明显，本仿真 LED 灯采用了 Proteus 元件库中的黄色 LED。在实际设计中，可以更换颜色，采用对人类视觉刺激更加温和的颜色。蜂鸣器响声采用音频图表来显示，由电路原理图可知，蜂鸣器只有一端接高电压，另一端为低电压时才能正常响起，所以图表中低电压段显示的是蜂鸣器响声持续的时间。在蜂鸣器除接电源外的另一端放置电压探针 Q1，电压输出结果采用 AUDIO ANALOGUE 音频图表显示。将 Q1 拖入音频图表中，设置音频图表“Start time”为 0，“Stop time”为 1，如图 4-12 所示。

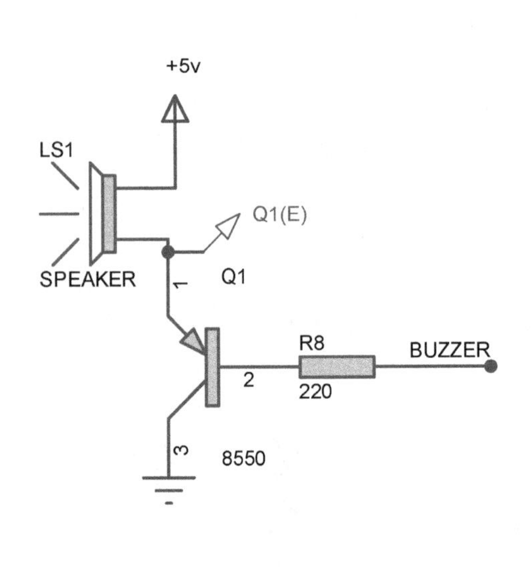

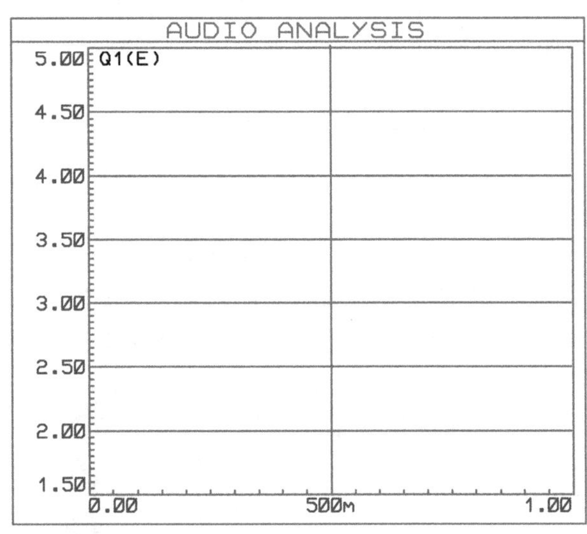

图 4-12　对蜂鸣器进行音频图表仿真

图 4-13、图 4-14 显示当按下电源按键后，电路开始工作，第一次 LED 以 800ms 的周期开始循环闪亮，占空比为 50%；同时，蜂鸣器发出持续 200ms 的响声。此结果可由音频图表读取，音频图表显示低电压持续时间约为 200ms，即蜂鸣器响声持续 200ms。

图 4-15、图 4-16 显示第二次 LED 以 1200ms 的周期开始循环闪亮，占空比为 50%；同时，蜂鸣器发出持续 400ms 的响声。由于蜂鸣器发声频率变慢，声音持续时间增加，所以将音频图表“Stop time”设为 2。

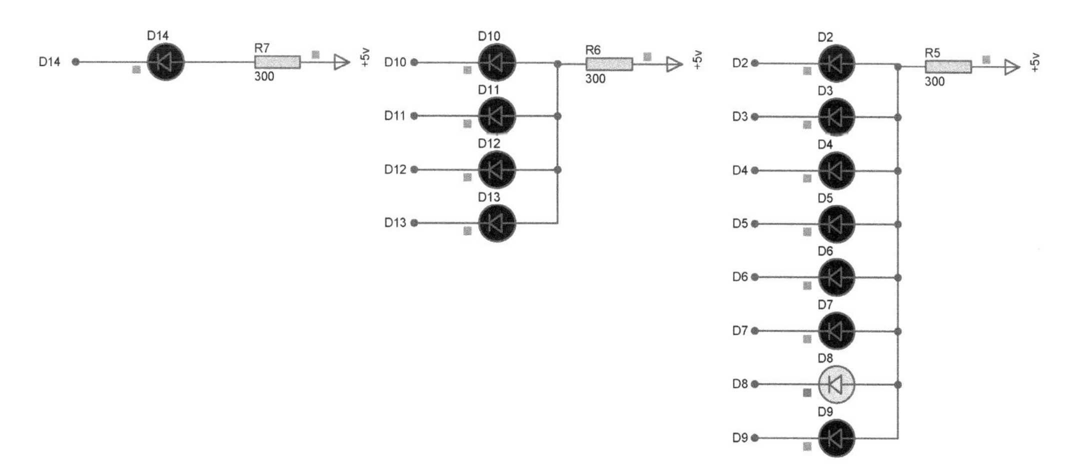

图 4-13　LED 以 800ms 周期循环闪烁

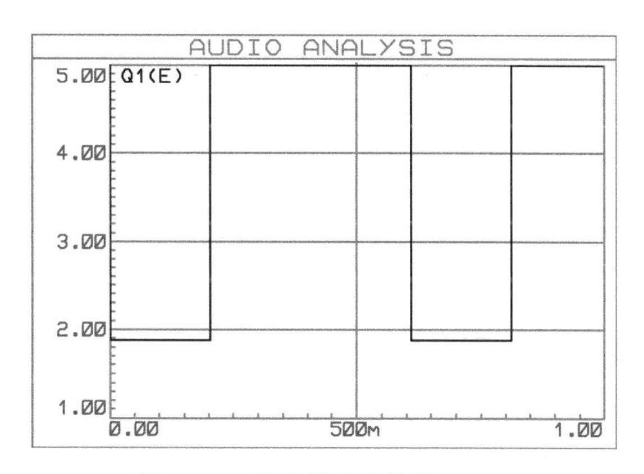

图 4-14　蜂鸣器响声持续 200ms

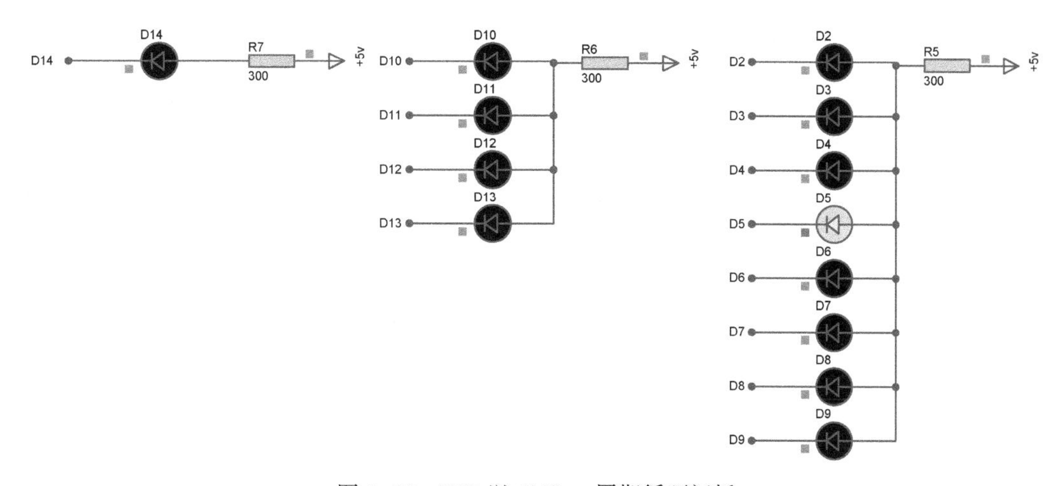

图 4-15　LED 以 1200ms 周期循环闪烁

图 4-17、图 4-18 显示第三次 LED 以 2600ms 的周期开始循环闪亮，占空比为 50%；同时，蜂鸣器发出持续 600ms 的响声。由于蜂鸣器发声频率继续变慢，声音持续时间继续增加，所以将音频图表“Stop time”设为 5，以便观察。

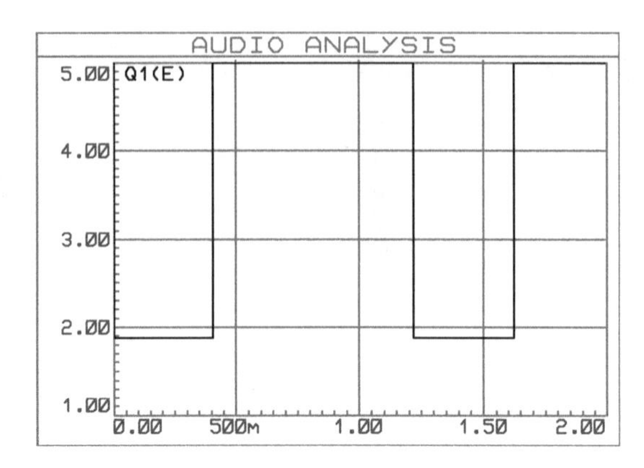

图 4-16　蜂鸣器响声持续 400ms

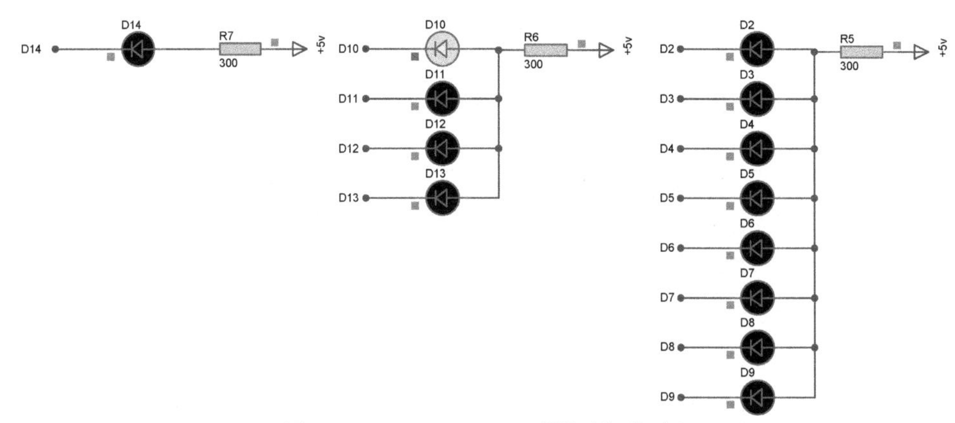

图 4-17　LED 以 2600ms 周期循环闪烁

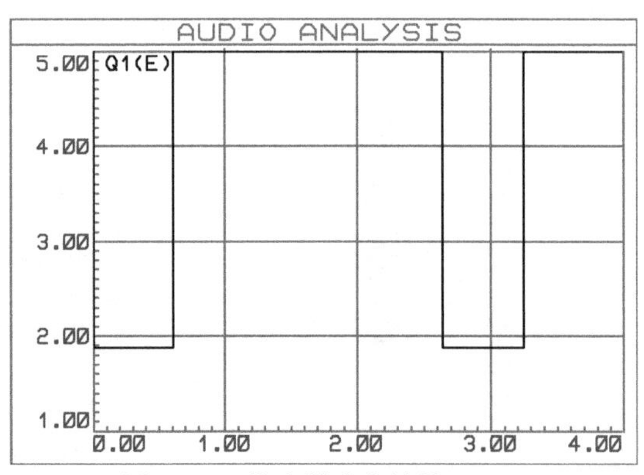

图 4-18　蜂鸣器响声持续 600ms

软件设计

本设计中，程序解决的主要问题是通过 P2、P3 引脚输出的高、低电平来控制 LED 灯的周期性、规律性的闪烁，配合 P1.0 引脚控制的蜂鸣器的响声来达到催眠的目的。电路运行过程中会一直查询接按键的引脚的状态来决定是否停止工作。程序设计流程如

图 4-19所示。

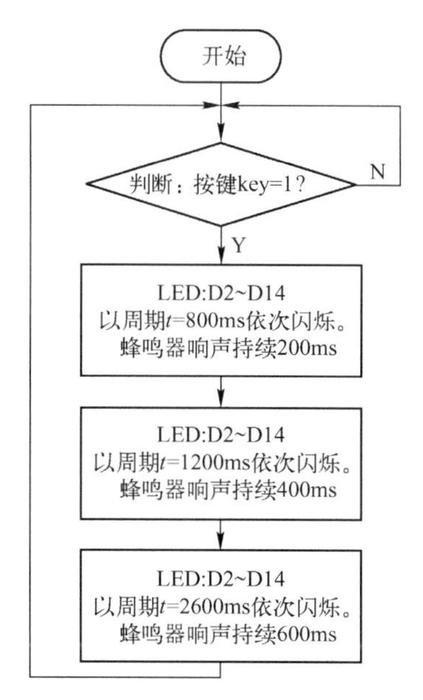

图 4-19　程序设计流程

程序：

```
#include" reg52. h"
sbit LED_D2=P2^0;
sbit LED_D3=P2^1;
sbit LED_D4=P2^2;
sbit LED_D5=P2^3;
sbit LED_D6=P2^4;
sbit LED_D7=P2^5;
sbit LED_D8=P2^6;
sbit LED_D9=P2^7;
sbit LED_D10=P3^3;
sbit LED_D11=P3^4;
sbit LED_D12=P3^5;
sbit LED_D13=P3^6;
sbit LED_D14=P3^7;
sbit key=P3^2;
sbit buzzer=P1^0;
#define  uchar   unsigned char
#define  uint   unsigned int
uint i,j;
/ ************ 延时 ms 子程序,12MHz 晶振下 ****************************** /
void delay_ms( unsigned int time)
{
```

```
    unsigned int i,j;
    for(i=1;i<=time;i++)
        for(j=1;j<=125;j++);
}
/ ************ 蜂鸣器 ************************************************** /
void Buzzer(unsigned int time)
  {
        buzzer=0;
        delay_ms(time);
        buzzer=1;
  }
/ *********************** 主函数 ****************************************** /
void main()
{
    P2=0xff;
    P3=0xff;
/ **************** 第一次循环 ************************************ /
    while(key)
    {
         for(i=0;i<8;i++)
        {
            if(!key) break;
            P2=~(0x80>>i);
            Buzzer(200);
            delay_ms(400);
        }
        P2=0xff;
        delay_ms(400);
        for(i=0;i<5;i++)
        {
            if(!key) break;
            P3=~(0x08<<i);
            Buzzer(200);
            delay_ms(400);
        }
        if(!key) break;
        P3=0xff;
        delay_ms(400);
        P2=0x00;
        Buzzer(200);
        delay_ms(400);
        P2=0xff;
        P3=0x87;
```

```
        Buzzer(200);
        delay_ms(400);
        P2=0xff;
        P3=0x7f;
        Buzzer(200);
        delay_ms(400);
        P2=0x00;
        P3=0x00;
        delay_ms(500);
        P2=0xff;
        P3=0xff;
        delay_ms(2000);
/****************第二次循环**************************************/
        for(i=0;i<8;i++)
        {
            if(!key) break;
            P2=~(0x80>>i);
            Buzzer(400);
            delay_ms(800);
        }
        P2=0xff;
        delay_ms(800);
        for(i=0;i<5;i++)
        {
            if(!key) break;
            P3=~(0x08<<i);
            Buzzer(400);
            delay_ms(800);
        }
        if(!key) break;
        P3=0xff;
        delay_ms(800);
        P2=0x00;
        Buzzer(400);
        delay_ms(800);
        P2=0xff;
        P3=0x87;
        Buzzer(400);
        delay_ms(800);
        P2=0xff;
        P3=0x7f;
        Buzzer(400);
        delay_ms(800);
```

```
        P2=0x00;
        P3=0x00;
        delay_ms(800);
        P2=0xff;
        P3=0xff;
        delay_ms(2000);
/****************第三次循环*************************************/
    for(i=0;i<8;i++)
        {
            if(!key) break;
            P2=~(0x80>>i);
            Buzzer(600);
            delay_ms(2000);
        }
        P2=0xff;
        delay_ms(2000);
        for(i=0;i<5;i++)
        {
            if(!key) break;
            P3=~(0x08<<i);
            Buzzer(600);
            delay_ms(2000);
        }
        if(!key) break;
        P3=0xff;
        delay_ms(2000);
        P2=0x00;
        Buzzer(600);
        delay_ms(2000);
        P2=0xff;
        P3=0x87;
        Buzzer(600);
        delay_ms(2000);
        P2=0xff;
        P3=0x7f;
        Buzzer(600);
        delay_ms(2000);
        P2=0x00;        //所有灯亮三次，结束
        P3=0x04;
        delay_ms(2000);
        P2=0xff;
        P3=0xff;
        delay_ms(2000);
```

```
            P2=0x00;
            P3=0x00;
            delay_ms(2000);
            P2=0xff;
            P3=0xff;
            delay_ms(2000);
            P2=0x00;
            P3=0x00;
            delay_ms(2000);
            P2=0xff;
            P3=0xff;
            delay_ms(10000000);
        }
    }
```

 电路 PCB 设计图

电路 PCB 设计图如图 4-20 所示。

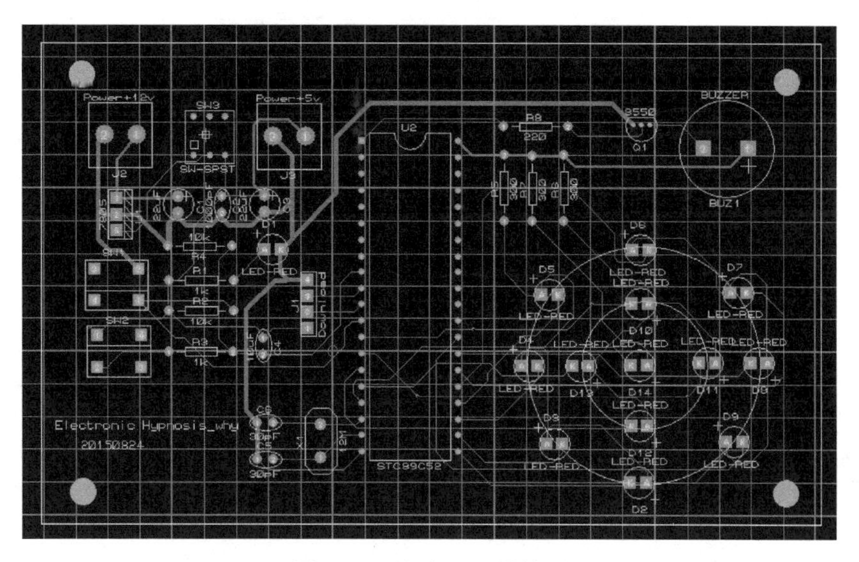

图 4-20　电路 PCB 设计图

 实物图

实物图如图 4-21 所示。

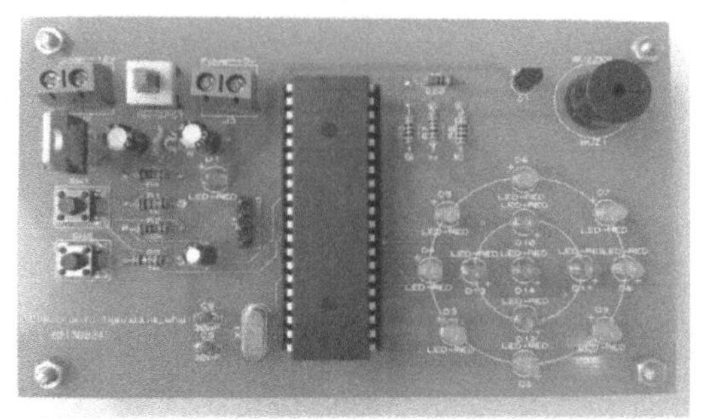

图 4-21　实物图

实际运行

在实际焊接时，将 LED 按环形排列，从最外圈 LED 开始闪烁，最外圈 LED 逆时针闪烁（见图 4-22），中间圈 LED 顺时针闪烁（见图 4-23），直至中心的 LED 闪烁，在所有 LED 闪烁（见图 4-24）完毕后，还加了一些效果，比如所有 LED 同时闪烁等，以达到催眠的效果。

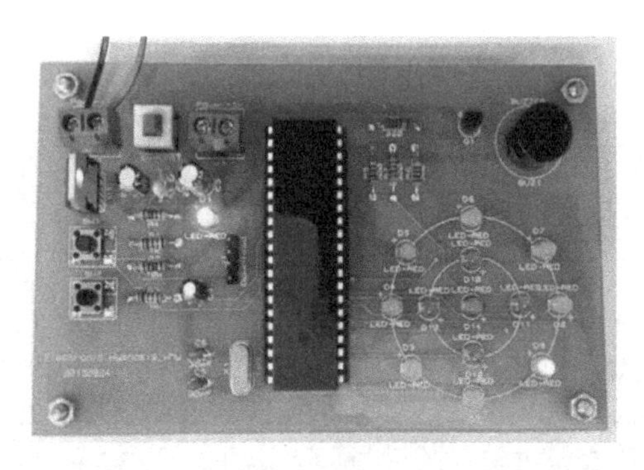

图 4-22　最外圈 LED 逆时针闪烁

图 4-23　中间圈 LED 顺时针闪烁

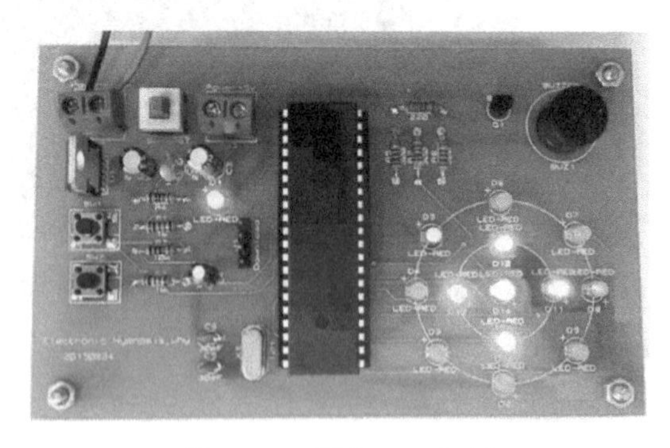

图 4-24　所有 LED 闪烁

由于最外圈是 8 个 LED 并联，中间圈是 4 个 LED 并联，中心只有 1 个 LED，所以在实际运行中，最外圈的 LED 最暗，中间圈的 LED 较亮，中心的 LED 最亮，必要时可以通过加大电压或减小电阻来改善。

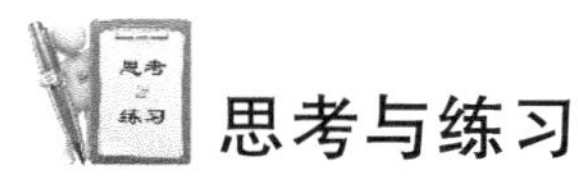

思考与练习

(1) 简述主控电路中复位电路和晶振电路的作用。

答: 由于复位时高电平有效，在刚接上电源的瞬间，电容两端相当于短路，即相当于给 UART 引脚一个高电平，等充电结束时（这个时间很短暂），电容相当于断开，这时已经完成了复位动作。

晶体振荡电路用于产生单片机工作时所需的时钟信号，从而保证各部分工作的同步。

(2) 系统中设计单片机的负载电路时，采用了什么样的电路形式？原因是什么？

答: 采用了“灌电流负载”的电路形式，是为了避免无谓的电流消耗。当负载为灌电流负载时，若单片机输出低电平，则 LED 亮；若单片机输出高电平，则没有任何电流，此时就不产生额外的耗电。

(3) 设计的蜂鸣器电路中，是高电平驱动还是低电平驱动？

答: 本系统采用的是无源蜂鸣器，当单片机输出低电平时，三极管导通，蜂鸣器发出声音；当单片机输出高电平时，三极管不导通，蜂鸣器不发出声音。

项目 5　视力保护测光电路设计

设计任务

设计一个视力保护测光电路，使其能够测量环境光强，针对不同光强的情形设计相应的指示电路来进行提醒，以此达到保护视力的功能。

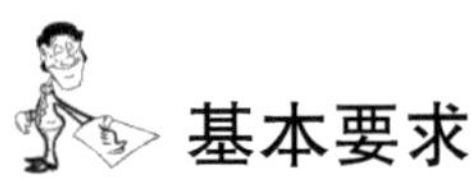

基本要求

☺ 使用感光元件感测环境光强。
☺ 量化环境光强并显示。
☺ 指示电路提醒光强等级。

设计思路

系统设计包括硬件电路设计和软件设计。系统采用 AT89C52 单片机作为控制核心，硬件电路主要包括光电转换电路、AD 转换电路和显示电路等；软件设计主要包括主控制程序及 AD 转换模块、显示模块等子程序。利用光敏电阻的感光效应，对其由于光亮变化所引起的电压进行采集，然后进行 AD 转换，并将转换后的数据送入单片机进行处理，最终在显示模块上实时显示测量的光强，并针对不同光强的情形点亮相应的 LED。

系统组成

视力保护测光电路主要分为以下 5 部分。
☺ 第一部分：电源电路。
☺ 第二部分：主控电路。
☺ 第三部分：LED 电路。
☺ 第四部分：数码管显示电路。
☺ 第五部分：AD 转换电路。

系统结构框图如图 5-1 所示。

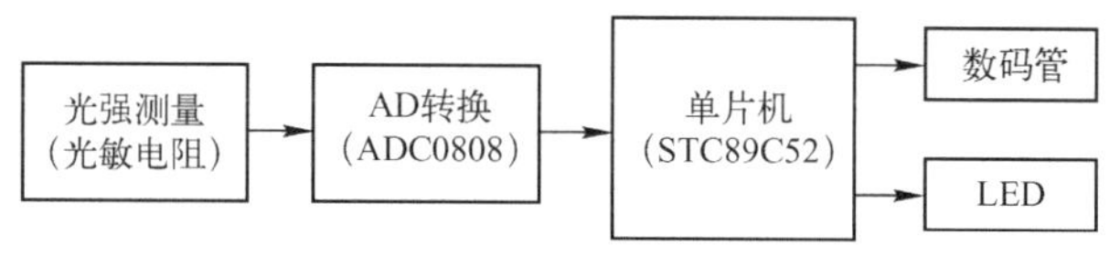

图 5-1　系统结构框图

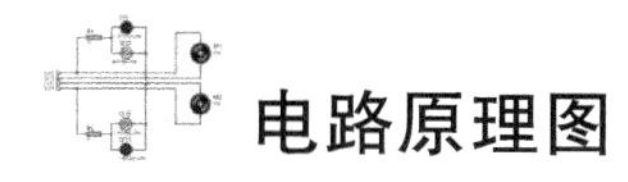

电路原理图

由于仿真环境 Proteus 中没有 STC 系列单片机，故采用 AT89C52 代替 STC89C52。在实际应用中，两者在硬件结构上是一样的，可以通用。电路原理图如图 5-2 所示，它包括电源电路、主控电路、LED 电路、数码管显示电路及最重要的 AD 转换电路。经过实物测试，环境光强增大与减小，电路显示值也会相应增大与减小，而且不同光强的情形也会导致不同的 LED 亮，从而能更加直观地感受到光的强弱。在误差范围内，设计的电路基本满足了设计要求。

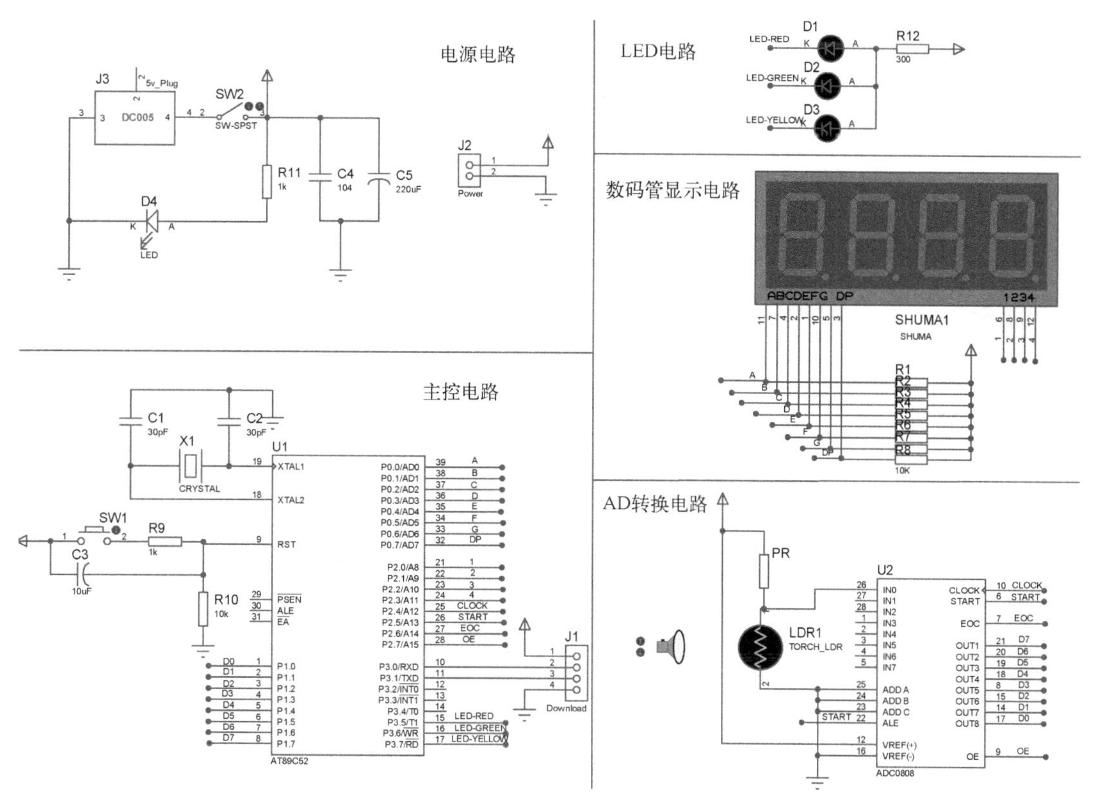

图 5-2　电路原理图

模块详解

1. 电源电路

系统中使用的电源电压为+5V，电源电路如图 5-3 所示。D4 是电源指示灯，电路上电以后，该灯亮表示电源正常。同时，通过电容 C4、C5 进行电源去耦及滤波，滤除电源的杂波和交流成分，稳定电路工作状态，以此来提高电源完整性。电容取值大小与滤除杂波的频率有关。

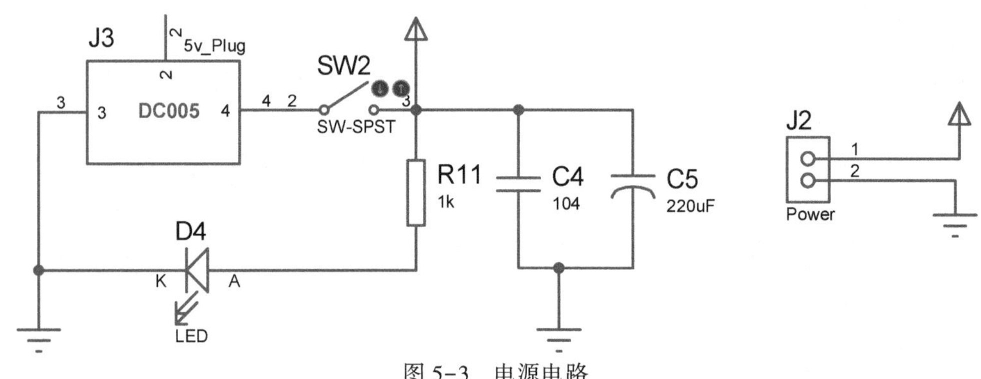

图 5-3　电源电路

DC005 是一种三脚插座，其实物图片如图 5-4 所示。

图 5-4　DC005 实物图片

2. 主控电路

在本系统的设计中，从价格、简易程度及满足系统的需求等方面考虑，主控芯片采用了 AT89C52 单片机。AT89C52 的具体资料参考前面电路的介绍。AT89C52 单片机为整个系统的核心，控制整个系统的运行，其最小系统电路如图 5-5 所示。

3. LED 电路

本设计中，针对不同光强的情形，通过测量结果来点亮相应的 LED。当测量到的光强高于设定的最大阈值时，通过单片机控制 D1（红色 LED）亮；当测量到的光强低于设定的最小阈值时，通过单片机控制 D3（黄色 LED）亮；当测量到的光强正常时（大于最小值、小于最大值），通过单片机控制 D2（绿色 LED）亮。LED 电路如图 5-6 所示。

4. 数码管显示电路

本设计采用的是 4 位一体的共阴数码管 3461AS，用单片机的 P0 口驱动数码管的 8 位段选信号，P2. 0~P2. 3 驱动数码管的 4 个位选信号，由于数码管是共阴极，所以控制信号需为高电平来驱动显示电路。段选口接 10kΩ 的上拉电阻，保证电路能输出稳定的高电平。整个数码管显示采用多位数码管动态扫描显示的方法。4 位共阴数码管显示电路如图 5-7 所示。

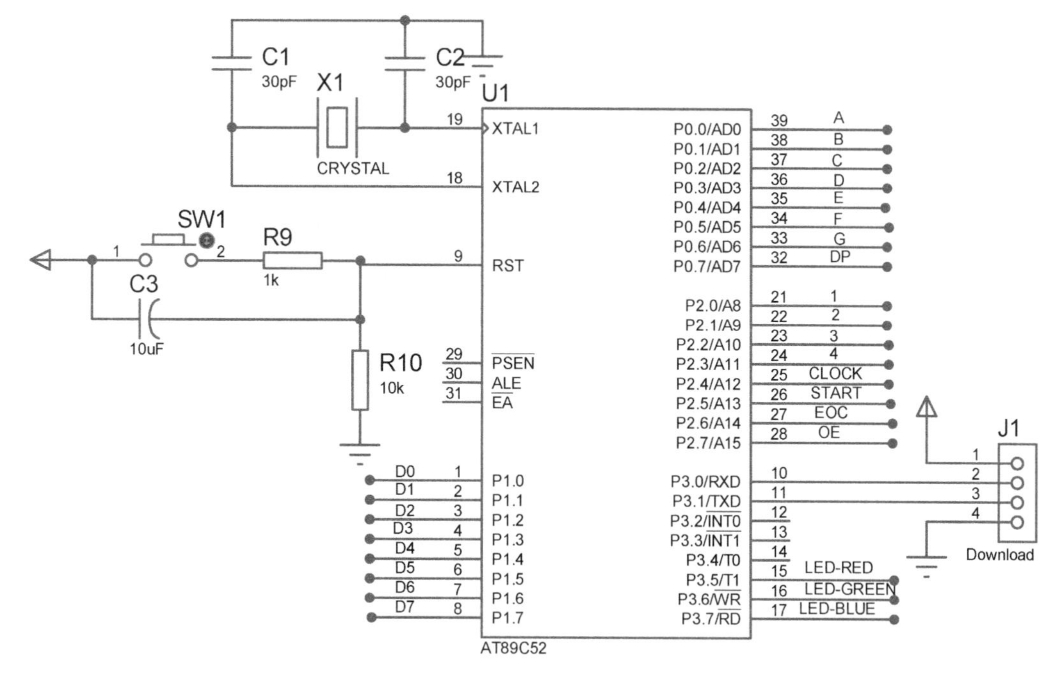

图 5-5　AT89C52 主控最小系统电路

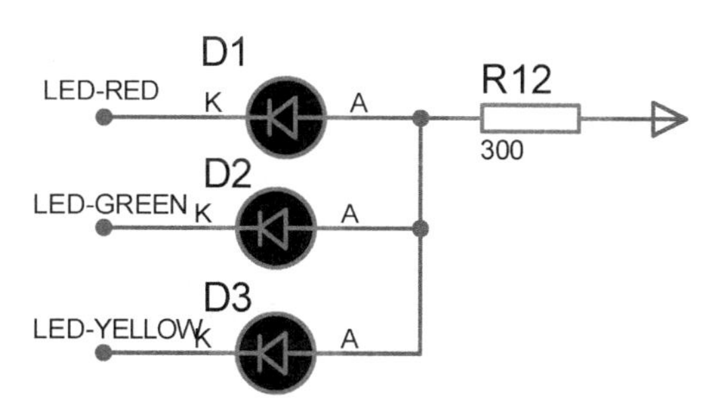

图 5-6　LED 电路

5. AD 转换电路

本设计采用模拟通道 IN0 采集模拟量，模拟通道地址选择信号 ADD A、ADD B、ADD C 都接地，这样地址信号为 000 则选中的转换通道为 IN0。地址锁存允许信号 ALE 高电平有效。当此信号有效时，A、B、C 三位地址信号被锁存，译码选通对应模拟通道。AD 转换启动信号 START 正脉冲有效。ALE 和 START 信号连在一起，以便同时锁存通道地址和启动 AD 转换。本电路设计为单极电压输入，所以 VREF(+)正参考电压输入端接+5V，用于提供片内 DC 电阻网络的基准电压。转换结束信号 EOC 在 AD 转换过程中为低电平，转换结束时为高电平，与单片机的 P2.6 口相连，当其转换结束时，单片机读取数字转换结果。输出允许信号 OE 接单片机的 P2.7 口，高电平有效。当单片机将 P2.7 口置 1 时，ADC0808 的输出三态门打开，使转换结果通过数据总线被读取。在中断工作方式下，该信号往往是 CPU 发出的中断请求响应信号。OUT1～OUT8 为 AD 转换后的数据输出端，为三态可控输出，故可直接和单片机 P1 口数据线连接。AD 转换电路如图 5-8 所示。

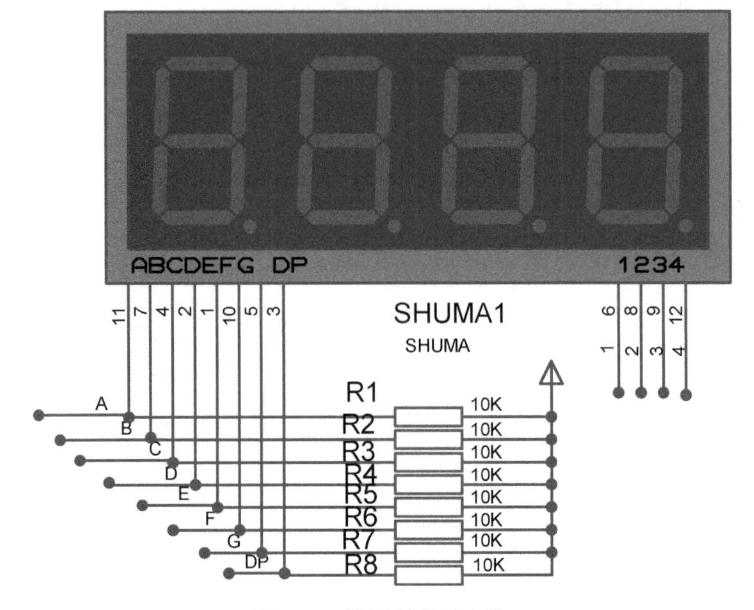

图 5-7　数码管显示电路

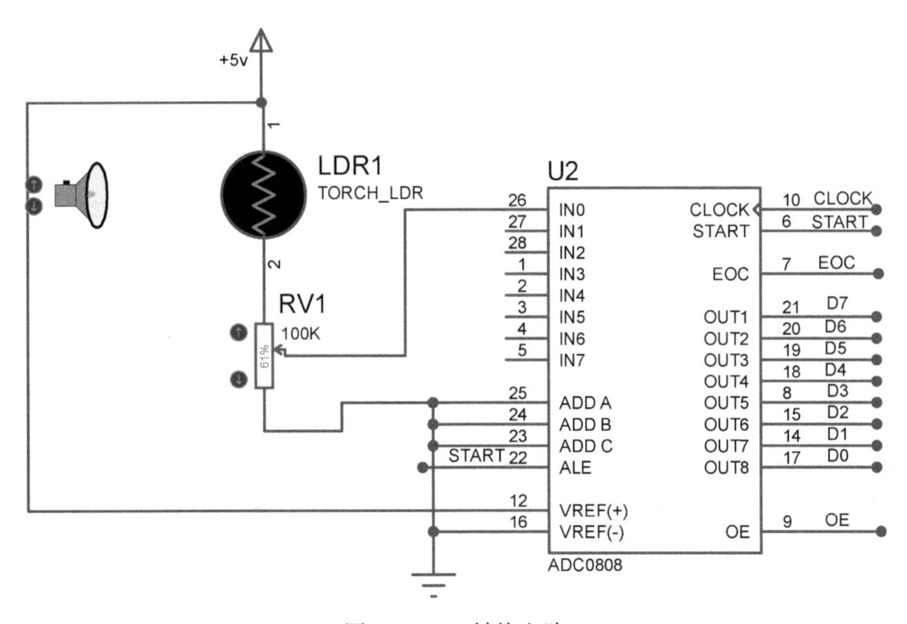

图 5-8　AD 转换电路

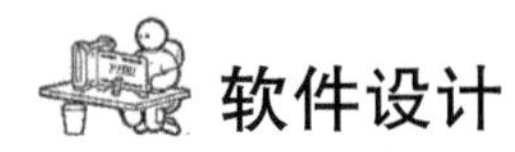

软件设计

本设计中，程序解决的主要问题是控制芯片 ADC0808 进行模数转换并读取转换后的值，使用 4 位数码管显示，且根据转换后的光强值的大小点亮代表相应等级的 LED 灯。程序设计流程如图 5-9 所示。

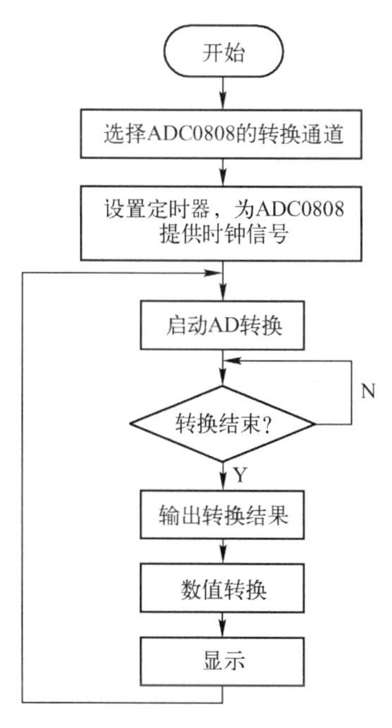

图 5-9　程序设计流程

程序：

```
#include <reg52. h>        //加载程序所需头文件
#include <intrins. h>
sbit EOC=P2^6;             //定义 AD 转换相关功能引脚
sbit START=P2^5;
sbit OE=P2^7;
sbit CLK=P2^4;
sbit led_red=P3^5;         //光线太强亮
sbit led_green=P3^6;       //光线正常亮
sbit led_yellow=P3^7;      //光线太暗亮
long int    a;
int b,c,d,e,f,g;
unsigned char code table[ ] = {0x3f,0x06,0x5b,0x4f,0x66,0x6d,0x7d,0x07,0x7f,0x6f,0x80};
//共阴数码管显示数值编码
/************************ 延时 ********************************/
void delay_display(unsigned int z)
{
    unsigned int x,y;
    for(x=z;x>0;x--)
    for(y=110;y>0;y--);
}
/********************** ADC0808 工作 ****************************/
void ADC0808()
{
```

```
    if(!EOC)            //如果 EOC 为低电平，则产生一个脉冲，这个脉冲用于启动 AD 转换
    {
        START=0;
        START=1;
        START=0;
    }
    while(!EOC);        //等待 AD 转换结束
    START=1;            //转换结束后，再产生一个脉冲，这个脉冲为 AD 转换启动信号
    START=0;
    while(EOC);
}
/**************编码/根据光强的不同点亮不同的 LED******************/
void bianma()
{
    START=0;
    ADC0808();
    a=P1*100;           // 8 位 AD 转换结果为 0~255 的一个值，但实际值为 0~5V
    a=a/51;
    if (a>250)          //光线太强，红色 LED 亮
    {
        led_red=0;
        led_green=1;
        led_yellow=1;
    }
    else if (a<200)     //光线太暗，黄色 LED 亮
    {
        led_red=1;
        led_green=1;
        led_yellow=0;
    }
    else if (a>200&&a<250)              //光线正常，绿色 LED 亮
    {
        led_red=1;
        led_green=0;
        led_yellow=1;
    }
}
/*************译码/确定个、十、百、千位数值************************/
void yima()
{
    b=a/1000;           //取出千位
    c=a-b*1000;
    d=c/100;            //取出百位
```

```
    e=c-d * 100;
    f=e/10;            //取出十位
    g=e-f * 10;        //取出个位
}
/********************** 四位数码管显示 ****************************/
void display()
{
    P2=0xfe;
    P0=table[b];
    delay_display(2);
    P2=0xfd;
    P0=table[d];
    delay_display(2);
    P2=0xfd;
    P0=table[10];
    delay_display(2);
    P2=0xfb;
    P0=table[f];
    delay_display(2);
    P2=0xf7;
    P0=table[g];
    delay_display(2);
    P0=0;              //避免闪烁
}
/**************************** 主程序 ***************************/
void main()
{
    EA=1;
    TMOD=0X02;         //定时器 T0 的工作模式为工作方式 2
    TH0=216;           //定时器初始值填充
    TL0=216;           //对 12MHz 的晶振，定时 39μs，39×12/12=39，则初值为 255-39=216
    TR0=1;
    ET0=1;
    led_red=1;         //初始不亮
    led_green=1;       //初始不亮
    led_yellow=1;      //初始不亮

    while(1)
    {
        bianma();
        yima();
display();
    }
```

```
}
/****************************中断***************************/
/*--interrupt 1 表示该函数是一个定时器0中断函数；using 0 表示使用工作寄存器组 0--*/
void t0() interrupt 1 using 0
{
    CLK=~CLK;
}
```

Proteus 仿真

为了便于仿真，光敏电阻采用 Proteus 库中的 TORCH-LDR 元件，如图 5-10 所示。只要改变灯的位置即可改变光强，从而改变光敏电阻的阻值，共有 10 级可调。

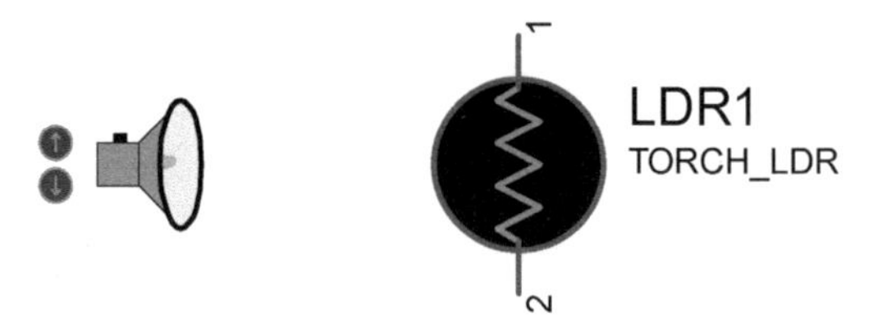

图 5-10　Proteus 中的光敏电阻

下面进行仿真。首先将灯的位置调到最远，即意味着此时环境中光强较弱（见图 5-11）。可以看到，此时数码管显示的光强量化值为 0.29（见图 5-12），黄色 LED 灯亮，表示现在环境中的光较弱（见图 5-13）。

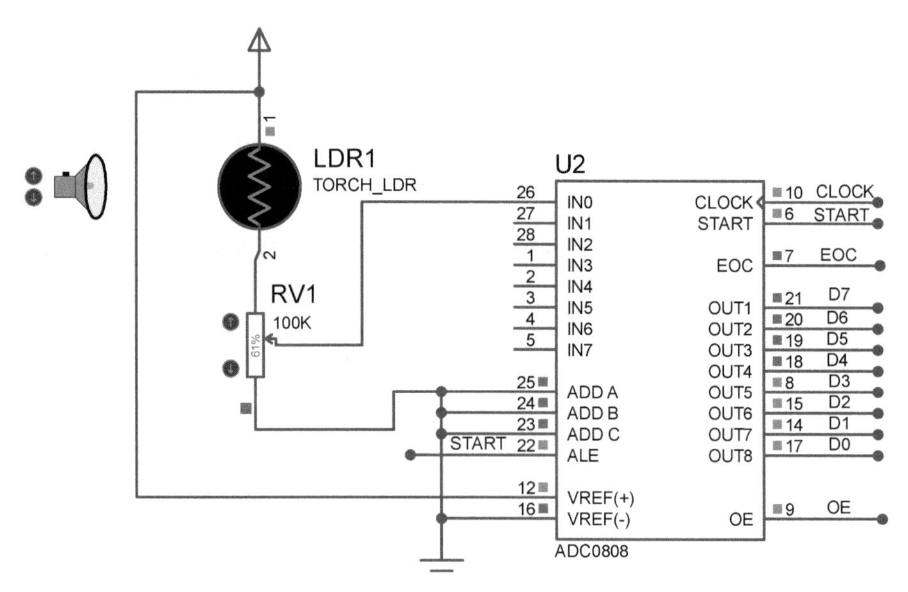

图 5-11　光强较弱的情况

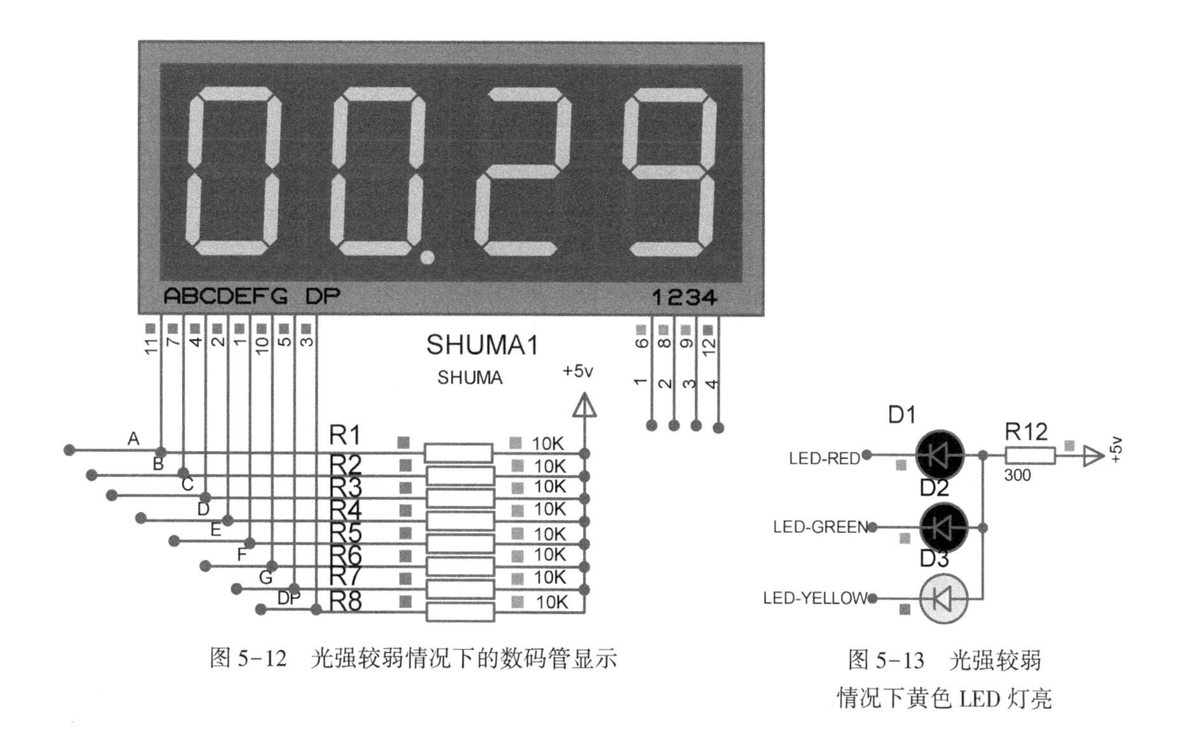

图 5-12　光强较弱情况下的数码管显示

图 5-13　光强较弱情况下黄色 LED 灯亮

接下来将灯的位置逐渐调近，即意味着此时环境中光强渐渐增强。直到绿色 LED 灯点亮，意味着现在环境中的光强属于正常范围（见图 5-14）。可以看到，此时数码管显示的光强量化值为 2.03（见图 5-15），属于程序中设定的正常范围 2~2.5，绿色 LED 灯亮，表示环境中的光强正常（见图 5-16）。

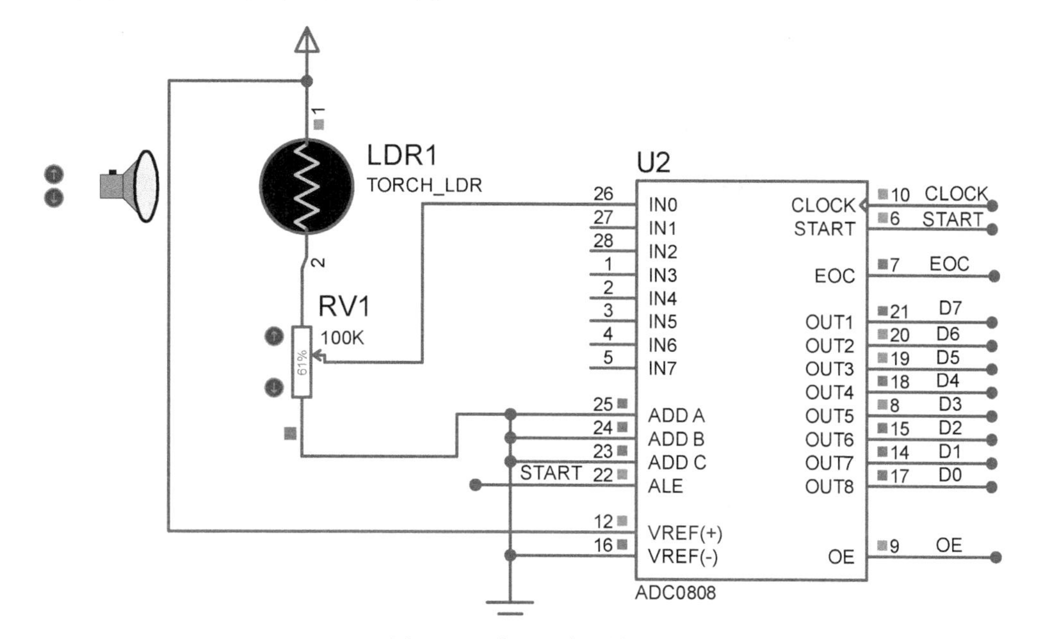

图 5-14　光强正常的情况

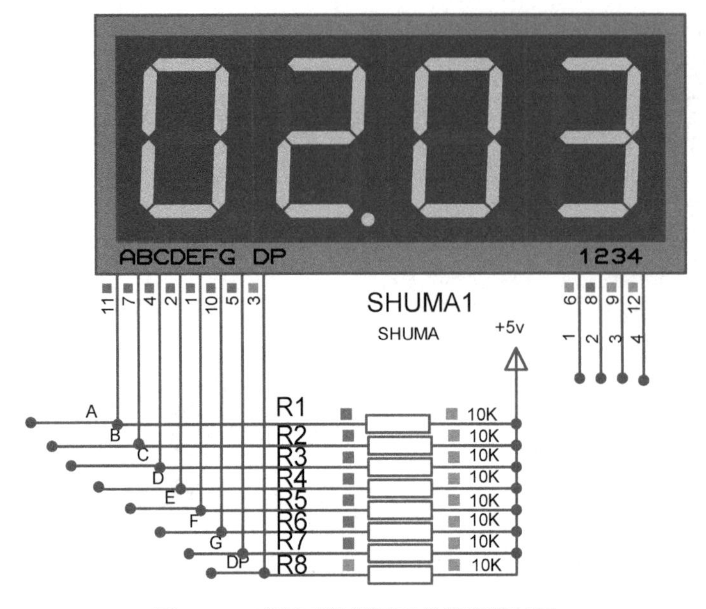

图 5-15 光强正常情况下的数码管显示

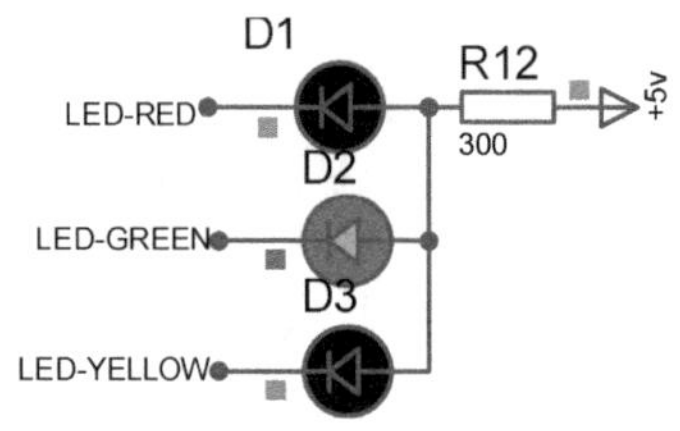

图 5-16 光强正常情况下绿色 LED 灯亮

下面将灯的位置继续调近，即意味着此时环境中光强还在逐渐增强。直到灯的位置达到最近，此时环境中光的亮度最大，红色 LED 灯亮，提示现在的环境光强属于超高范围，数码管显示的光强量化值为 3.03，如图 5-17～图 5-19 所示。

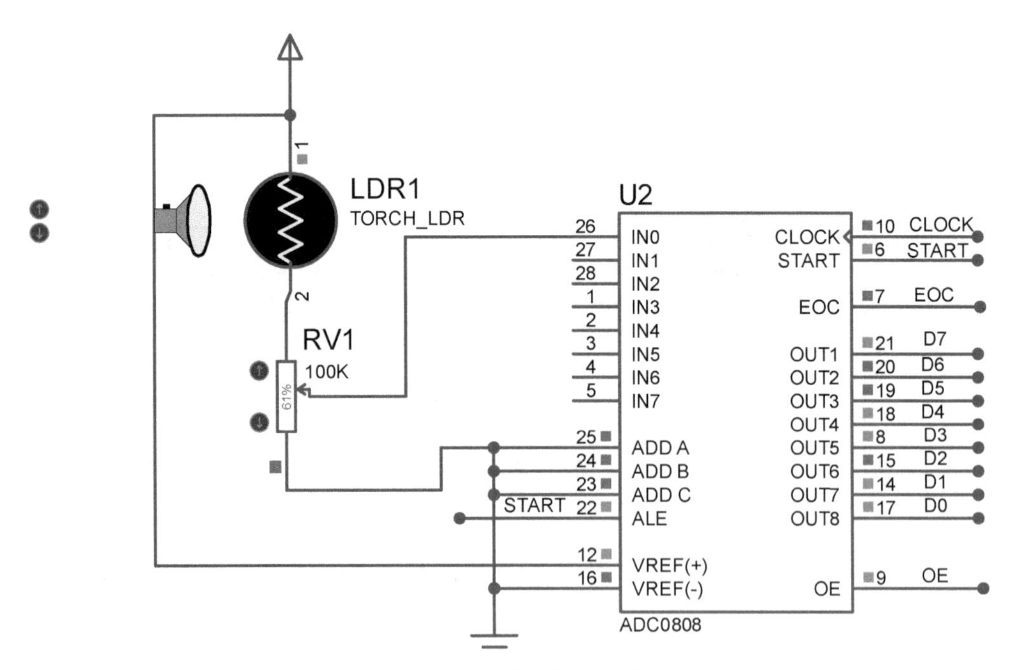

图 5-17 光强超高的情况

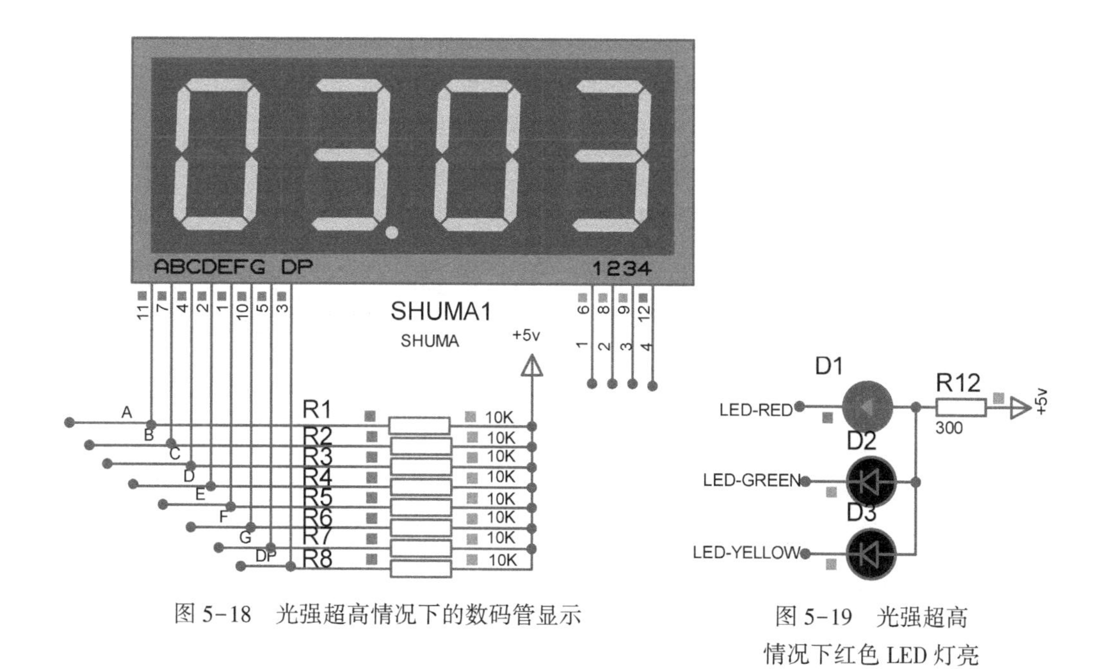

图 5-18　光强超高情况下的数码管显示

图 5-19　光强超高情况下红色 LED 灯亮

整个电路的测光灵敏度可以通过串联光敏电阻的可变电阻器 RV1 来调节。在电路开始运行时，需要对电路进行初始化，调节 RV1，找到光强适中的范围。

 电路 PCB 设计图

电路 PCB 设计图如图 5-20 所示。

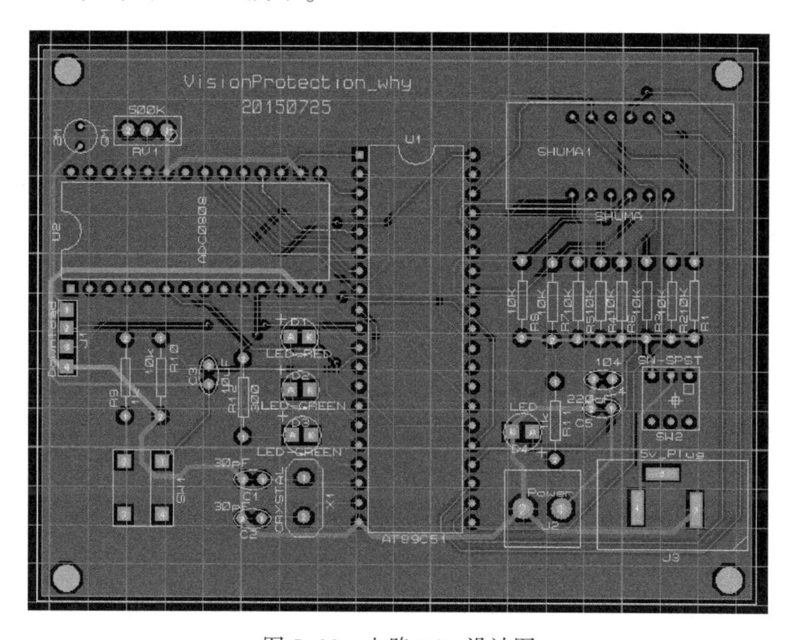

图 5-20　电路 PCB 设计图

实物测试

实物图如图 5-21 所示，测试图如图 5-22 所示。

图 5-21　实物图

图 5-22　测试图

思考与练习

（1）视力保护测光的原理是什么？

答：利用光敏电阻的感光效应，对其由于光亮变化所引起的电压进行采集，然后进行 AD 转换，并将转换后的数据送入单片机进行处理，最终在显示模块上实时显示测量的光强。针对不同光强的情形点亮相应的 LED。

（2）为什么要在 P0 口加上拉电阻？

答：因为 P0 口要驱动共阴数码管，加上拉电阻可以保证电路输出稳定、可靠的高电平。

（3）多位数码管动态显示的原理是什么？

答：各个数码管的段码都由 P0 口输出，即各个数码管在每一时刻输入的段码是一样的。为了使其显示不同的数字，可采用动态显示的方法，即先让最低位选通显示，经过一段延时，再让次低位选通显示，再延时，以此类推。由于视觉暂留，只要延时的时间足够短，就能使数码管的显示看起来稳定、清楚。

特别提醒

（1）在设计印制电路板时，晶体管和电容应尽可能安装在单片机附近，以减小寄生电容，保证振荡器稳定和可靠工作。为了提高稳定性，应采用 NPO 电容。

（2）在调试过程中，如果发现数码管某些显示位不亮或者闪烁，可以修改程序中数码显示的延时时间。

项目 6　脉冲电疗电路设计

设计任务

使用变压器与电位器构成脉冲电疗电路。利用 555 定时器设计一个能产生方波信号的多谐振荡器，以方波信号和达林顿管驱动变压器，使变压器升压后输出，经电位器调节后作为电疗仪。

基本要求

☺ 使用 555 芯片设计多谐振荡器。
☺ 使用达林顿管放大方波信号驱动变压器。
☺ 变压器将脉冲信号升压后用于电疗。

设计思路

变压器及 555 多谐振荡器的供电电压为 12V，首先要设计电源电路供电电压为 12V，为了设计方便，直接用两脚接插件外接 12V 电源，给整个系统供电。由于要驱动变压器工作，脉冲信号的占空比必须小于 50%，且使用的变压器将 12V 电压转换成 150V 左右电压时的工作频率为 48Hz，所以这里利用 555 芯片设计了一个能产生 48Hz 占空比小于 50% 的方波信号的多谐振荡器，并运用达林顿管来放大信号以达到驱动变压器的目的，用变压器的次级线圈输出电压构成脉冲电疗电路。

系统组成

脉冲电疗电路主要分为以下 3 部分。
☺ 第一部分：电源电路。
☺ 第二部分：555 多谐振荡器电路。
☺ 第三部分：达林顿管驱动变压器电路。
系统结构框图如图 6-1 所示。

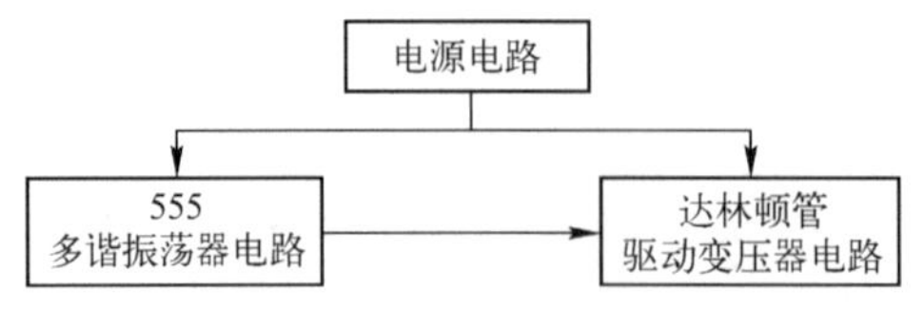

图 6-1　系统结构框图

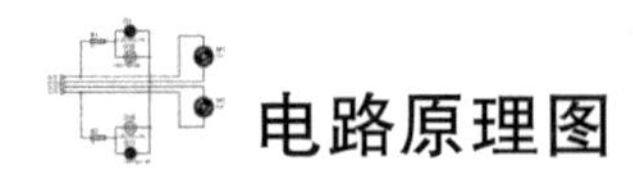

电路原理图

电路原理图如图 6-2 所示，它包括电源电路、555 多谐振荡器电路及达林顿管驱动变压器电路。

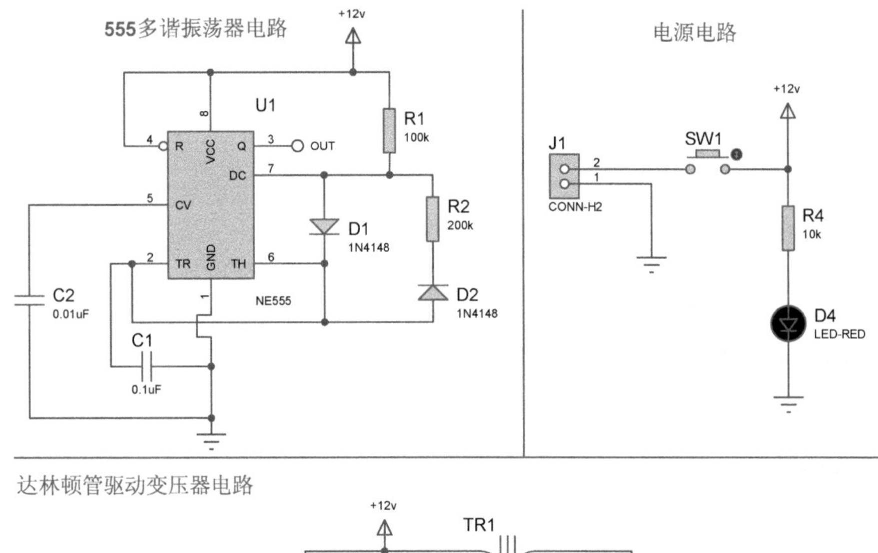

图 6-2　电路原理图

模块详解

1. 电源电路

由于本设计要给 555 多谐振荡器及变压器的初级线圈提供 12V 供电电压，这里为了设计方便，直接用接线端子外接 12V 直流电源给系统供电，并运用 LED 来指示电源是否供电正常。电源电路如图 6-3 所示。

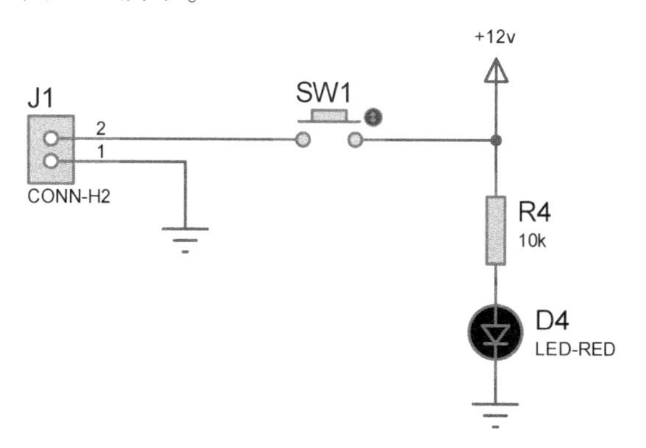

图 6-3　电源电路

接口 J1 外接 12V 电源，SW1 为开关，D4 为电源显示 LED，R4 为限流电阻，防止损毁 LED。

2. 555 多谐振荡器电路

本文设计的 555 多谐振荡器电路如图 6-4 所示。

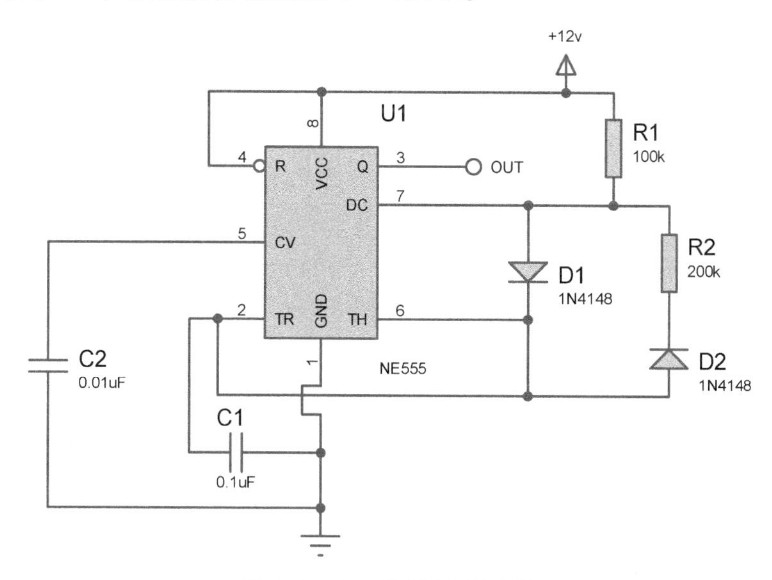

图 6-4　555 多谐振荡器电路

由 555 芯片构成多谐振荡器电路，芯片 1 脚与 6 脚（2 脚）之间的电容 C1 起到充放电的作用。在 C1 充电过程中，引脚 3 输出为高电平；在 C1 放电过程中，引脚 3 输出为低电平，因此得到方波信号，其振荡周期为

$$T=T_1+T_2 \tag{6-1}$$

式中，T_1为电容充电时间；T_2为电容放电时间。从图 6-4 中可以看到，加入了二极管 D1 和 D2，电容的充电电流和放电电流流经不同的路径，充电电流只流经 R1，放电电流只流经 R2，这时电容 C1 的充电时间为

$$T_1=R_1C_1\ln2\approx0.7\,R_1C_1 \tag{6-2}$$

放电时间为

$$T_2=R_2C_1\ln2\approx0.7\,R_2C_1 \tag{6-3}$$

所以方波的振荡周期为

$$T=T_1+T_2=\ln2(R_1+R_2)C_1\approx0.7(R_1+R_2)C_1 \tag{6-4}$$

则方波的振荡频率为

$$f=\frac{1}{T}\approx\frac{1.43}{(R_1+R_2)C_1} \tag{6-5}$$

从上述可知，设定 R_1 为 100kΩ，R_2 为 200kΩ，C_1 为 0.1μF，输出的方波信号频率约为 48Hz，占空比为 34%，小于 50%，满足要求。

555 多谐振荡器电路仿真如下。

首先仿真调试 555 多谐振荡器电路。如图 6-5 所示，在 555 芯片的输出引脚 3 处添加电压探针，在图中适当位置放置 ANALOGUE 仿真图表，且将指针“OUT”拖入图表。由前面分析可知，理论上 555 电路输出的信号频率为 48Hz，即脉冲周期 T 约为 21ms，所以设置图表停止时间为 60ms（见图 6-6），使其仿真后界面出现 2~3 个波形，以便于分析。

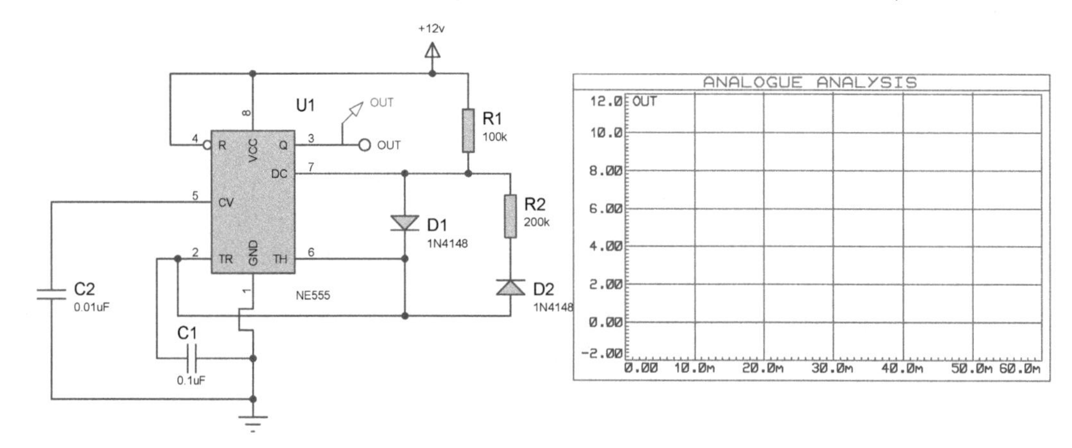

图 6-5　555 多谐振荡器电路仿真设置

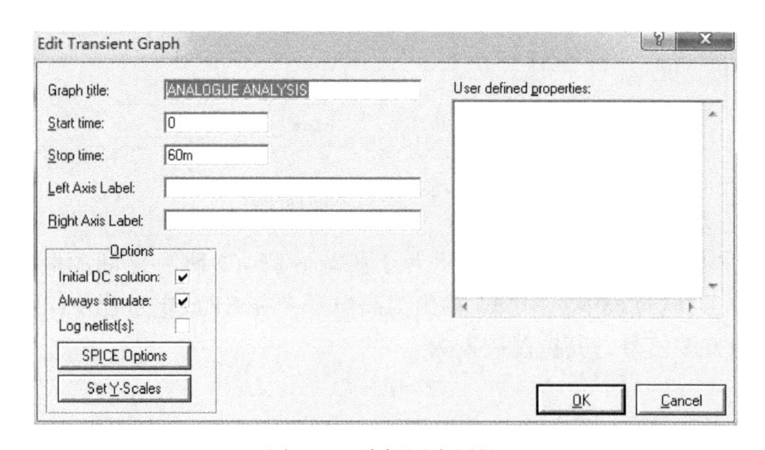

图 6-6　编辑图表属性

将鼠标指针放在图表上，按下空格键（或者将鼠标指针置于图表上，右击，选择“Graph-Simulate”菜单命令），即可进行仿真，555 多谐振荡器输出波形如图 6-7 所示。

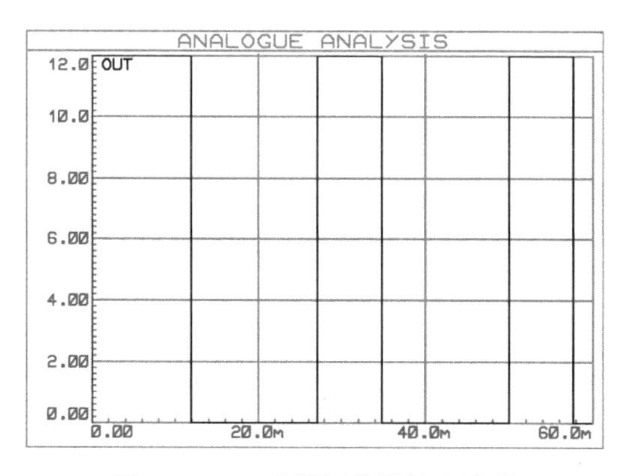

图 6-7　555 多谐振荡器输出波形

分析图 6-7 所示波形，可得脉冲周期 T 约为 23ms，占空比约为 30%，在误差允许的范围内，与设计目标相近。

3. 达林顿管驱动变压器电路

达林顿三极管又称复合三极管，它将两只三极管组合在一起，以组成一只等效的新的三极管。达林顿三极管的放大倍数是两只三极管放大倍数之积。达林顿三极管可以看作一种直接耦合的放大器，三极管之间直接串接，没有加任何耦合元件。这样的晶体管串接形式最大的作用是：提供电路放大增益。

达林顿管的极性由前面的三极管决定，即图 6-8（a）、图 6-9（a）所示接法为 NPN 型达林顿管，图 6-8（b）、图 6-9（b）所示接法为 PNP 型达林顿管。前面的三极管的基极为达林顿管的基极，后面的三极管的发射极为达林顿管的发射极。

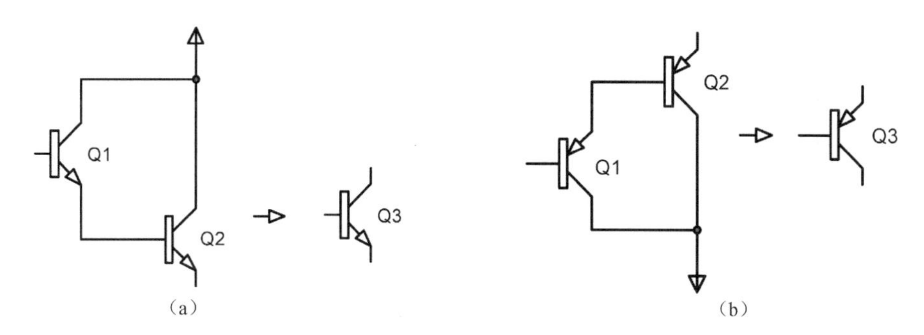

图 6-8　同极型达林顿三极管接法

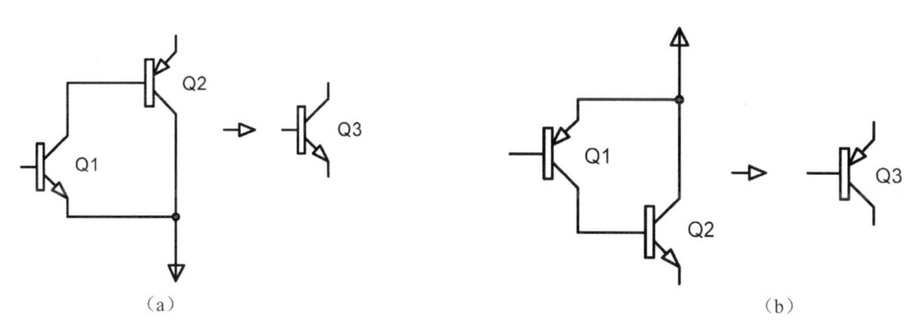

图 6-9　异极型达林顿三极管接法

达林顿管具有放大倍数大（可达数千倍）、驱动能力强等优点，现已广泛应用于大功率放大器、开关电源、电动机调速、逆变等电路中。

达林顿三极管根据串接的三极管的类型分为两种：同极型达林顿三极管和异极型达林顿三极管。两只三极管同为 NPN 型，将前级三极管的射极电流直接引入下一级的基极，当作下级的输入，这种使用相同类型的三极管组成的达林顿管称为同极型达林顿管，如图 6-8所示。使用不同类型的三极管组成的达林顿管称为异极型达林顿管，如图 6-9 所示。

接下来介绍变压器。变压器是利用电磁感应原理，从一个电路向另一个电路传递电能或传输信号的一种电器，是变换交流电压、电流和阻抗的器件。变压器可将一定电压的交流电变换为同频率的不同电压的交流电。变压器的主要部件由一个铁芯（或磁芯）和套在铁芯（或磁芯）上的线圈组成，线圈有两个或两个以上的绕组，如图 6-10 所示。

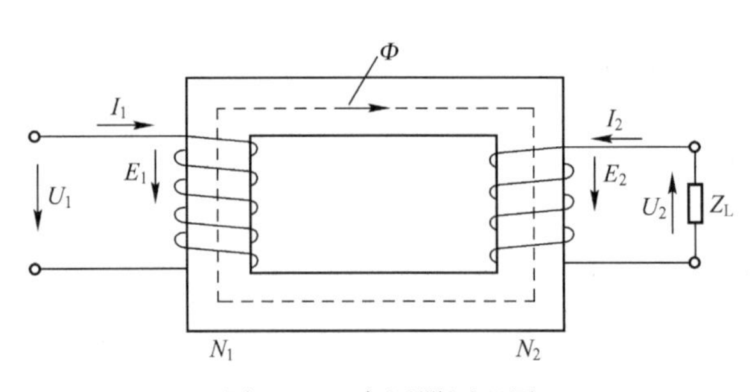

图 6-10　变压器原理图

与电源相连的线圈接收交流电能，称为一次绕组（或初级线圈、原边线圈），与负载相连的线圈送出交流电能，称为二次绕组（或次级线圈、副边线圈）。此变压器工作原理为：当对变压器的一次绕组施以交变电压 U_1 时，便在一次绕组中产生一个交变电流 I_1，这个电流在铁芯中产生交变磁通 Φ，因为一、二次绕组在同一个铁芯上，所以当磁通 Φ 穿过二次绕组时，便在变压器二次绕组中产生感应电动势 E_2（即变压电压）。变压器中感应电动势的大小和线圈的匝数、磁通的大小及电源的频率成正比。

变压器中感应电动势的计算公式为

$$E=4.44fN\Phi \tag{6-6}$$

式中　E——感应电动势（V）；

f——电源频率（Hz）；

N——线圈匝数（匝）；

Φ——磁通（Wb）。

由于磁通 Φ 穿过一、二次绕组而闭合，所以一、二次绕组感应电动势分别为

$$E_1=4.44fN_1\Phi \tag{6-7}$$

$$E_2=4.44fN_2\Phi \tag{6-8}$$

两个公式相除得

$$\frac{E_1}{E_2}=\frac{N_1}{N_2}=K \tag{6-9}$$

式中，K 称为变压器的变比，$K=1$ 的变压器称为理想变压器。

在一般的电力变压器中，绕组电阻压降很小，可以忽略不计，因此在一次绕组中可以认为电压 $U_1=E_1$。由于二次绕组开路，电流 $I_2=0$，它的端电压 U_2 与感应电动势 E_2 相等，即 $U_2=E_2$。所以由上面的一、二次绕组感应电动势得

$$\frac{U_1}{U_2}=\frac{N_1}{N_2}=K \tag{6-10}$$

式（6-10）表明，变压器一、二次绕组的电压比等于一、二次绕组的匝数比，因此如果要一、二次绕组有不同的电压，只要改变它们的匝数即可。当 $N_1>N_2$ 时，$K>1$，变压器降压；当 $N_1<N_2$ 时，$K<1$，变压器升压。

对于已经制成的变压器而言，其 K 为定值，故二次绕组电压和一次绕组电压成正比，也就是说二次绕组电压随着一次绕组电压的升高而升高，随着一次绕组电压的降低而降低。但加在一次绕组两端的电压必须小于等于额定值。因为，当外加电压比额定电压略有超过时，一次绕组中通过的电流将大大增加，如果把额定电压为 220V 的变压器错误地接到 380V 的线路上，则一次绕组的电流将急剧增大，致使变压器烧毁。

把变压器二次绕组负载接通后，在二次绕组电路中有电流 I_2 流过，此时，称变压器负载运行。由于二次绕组中电流 I_2 也将在铁芯中产生磁通（即自感应现象），这种磁通对于一次绕组电流所产生的磁通而言，是起去磁作用的，即铁芯中的磁通应为一次、二次绕组中电流产生的磁通的合成。但在外加电压 U_1 和电源频率 f 不变的条件下，有近似公式

$$U_1=E_1=4.44f\Phi N_1 \tag{6-11}$$

由式（6-11）可以看出，合成磁通 Φ 应基本保持不变。因此，随着 I_2 出现，一次绕组中通过的电流 I_1 将增加，这样才能使得一次绕组中的磁通一面抵消二次绕组的磁通，另一方面维持铁芯中的合成磁通不变。由此可知，变压器一次绕组电流的大小是由二次绕组电流 I_2 的大小来决定的。

从能量观点来看，变压器一次绕组从电源吸取的功率 P_1 应等于二次绕组的输出功率 P_2（忽略变压器的线圈电阻和磁通的传递损耗），即

$$P_1=P_2 \quad 或 \quad I_1U_1=I_2U_2 \tag{6-12}$$

所以变压比为

$$K=\frac{U_1}{U_2}=\frac{N_1}{N_2}=\frac{I_2}{I_1} \tag{6-13}$$

由此可见，变压器一次、二次绕组的电流比与它们的匝数比或电压比成反比。例如，一台变压器的匝数 $N_1<N_2$，是升压变压器，则电流 $I_1>I_2$；如果绕组匝数 $N_1>N_2$，为降压变压器，则电流 $I_2>I_1$。也就是说，电压高的一边电流小，而电压低的一边电流大。

在仿真中，变压器采用 TRAN-2P2S，目的是将 12V 脉冲信号升压到 144V，变压比为 1∶12。在实际电路中，采用功率为 3W 的音频变压器即可实现电路功能。

由图 6-11 可知，Q1 为达林顿管 2SD633，变压器的一次绕组上端接 12V 电源，下端接到达林顿管的集电极，二次绕组接到可变电阻器 RV1 再接到电压输出端 J2，可变电阻器起到调节输出电压的作用，图中二极管 D3 起到保护电路的作用，达林顿管基极接 1kΩ 的电阻再接到 555 多谐振荡器的输出端，发射极接地。当 555 多谐振荡器引脚 3 输出为高电平时，达林顿管导通；当引脚 3 输出为低电平时，达林顿管截止。达林顿管还起到放大

电流的作用，用来驱动变压器正常工作，变压器的二次绕组输出电压经过一个电位器接到接线端子 J2，J2 的两脚接两个探头，作为电疗仪。

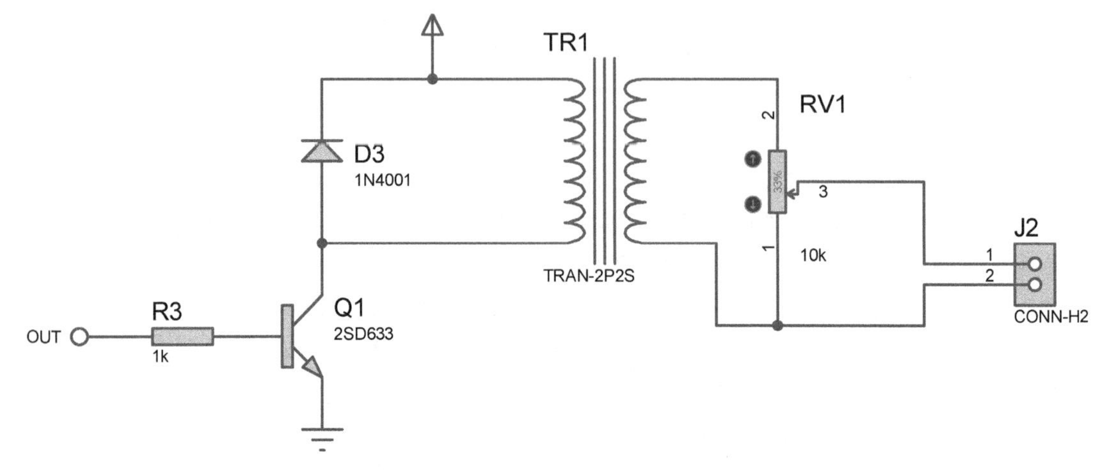

图 6-11　达林顿管驱动变压器电路原理图

达林顿管驱动变压器电路仿真如下。

由于 Proteus 元件库里没有 2SD633，所以用普通 NPN 三极管代替。并且为便于仿真，对电路稍加修改，去掉电阻 R3 和可变电阻器 RV1，如图 6-12 所示。添加脉冲信号 Q1(B) 作为输入信号，设置其幅值为 1V，频率为 50Hz，脉冲宽度为 50%。

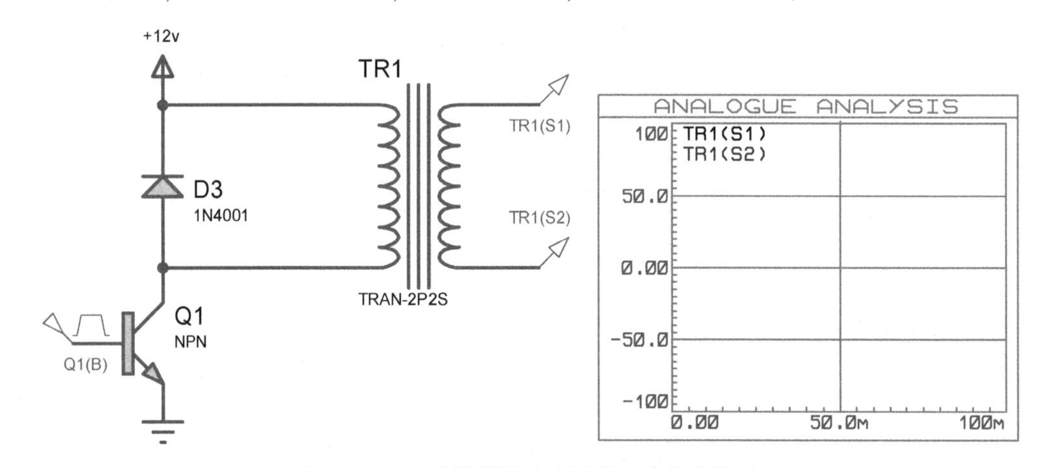

图 6-12　达林顿管驱动变压器电路仿真设置

变压器的输入为 0~12V 的信号，为实现变压功能，使变压器输出信号升压到 150V 左右，设置变压器的升压比为 1:12。在变压器参数设置中，设置一次绕组电感（Primary Inductance）为 1H，二次绕组电感（Secondary Inductance）为 144H（$12^2=144$），如图 6-13 所示。

输出采用模拟仿真图表（ANALOGUE ANALYSIS）显示。在变压器 TR1 输出端接两个电压探针，将其拖入图表中，使其在图表中同时显示。设置模拟图表仿真时间为 0~100ms，如图 6-14 所示。

将鼠标指针置于图表上，按下空格键进行仿真（或者将鼠标指针置于图表上，右击，选择

Simulate Graph 选项，进行仿真)。达林顿管驱动变压器电路仿真结果如图 6-15 所示。

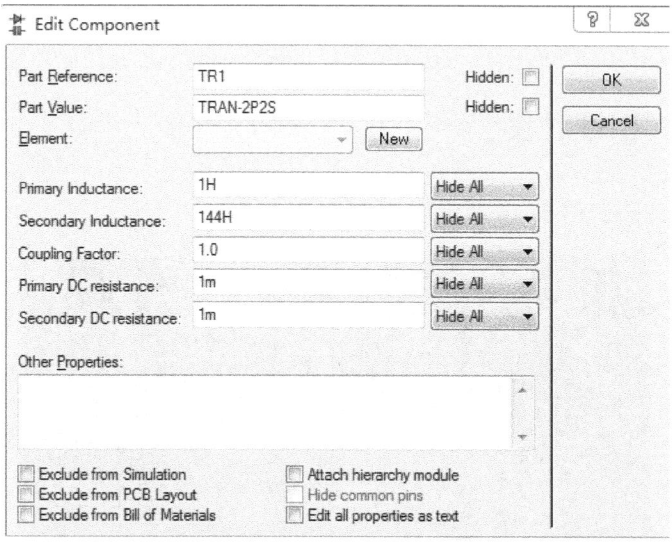

Edit Component

Part Reference: TR1 Hidden:
Part Value: TRAN-2P2S Hidden:
Element: New
OK
Cancel
Primary Inductance: 1H Hide All
Secondary Inductance: 144H Hide All
Coupling Factor: 1.0 Hide All
Primary DC resistance: 1m Hide All
Secondary DC resistance: 1m Hide All
Other Properties:
Exclude from Simulation
Exclude from PCB Layout
Exclude from Bill of Materials
Attach hierarchy module
Hide common pins
Edit all properties as text

图 6-13　变压器参数设置

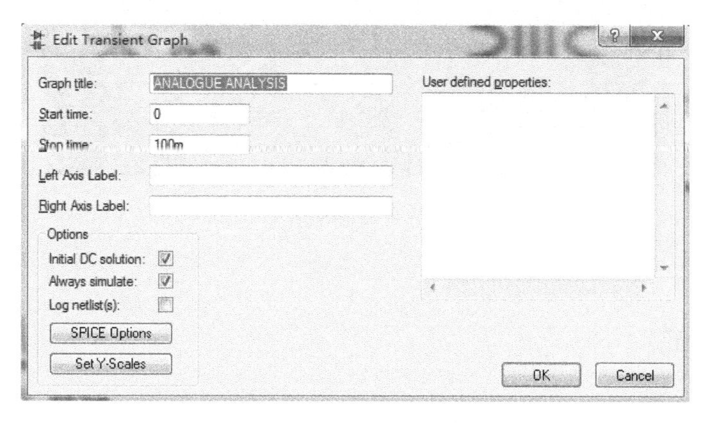

图 6-14　模拟仿真图表参数设置

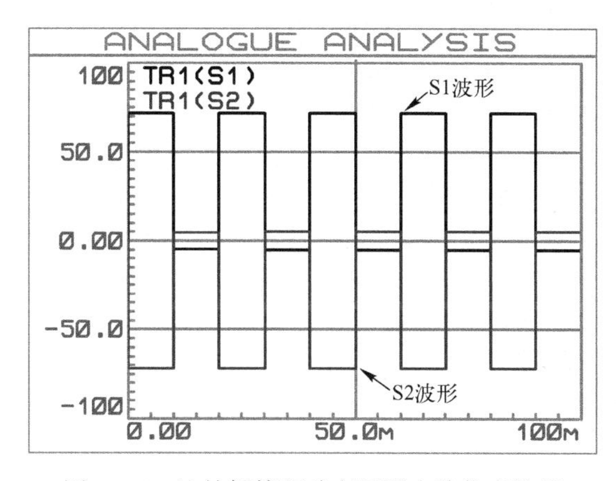

图 6-15　达林顿管驱动变压器电路仿真结果

可以看到，输出波形周期为 20ms，频率与输入信号的 50Hz 对应，两波形相减，幅值差为 150V 左右，实现了变压器的升压功能，电路功能正常。

电路 PCB 设计图

电路 PCB 设计图如图 6-16 所示。

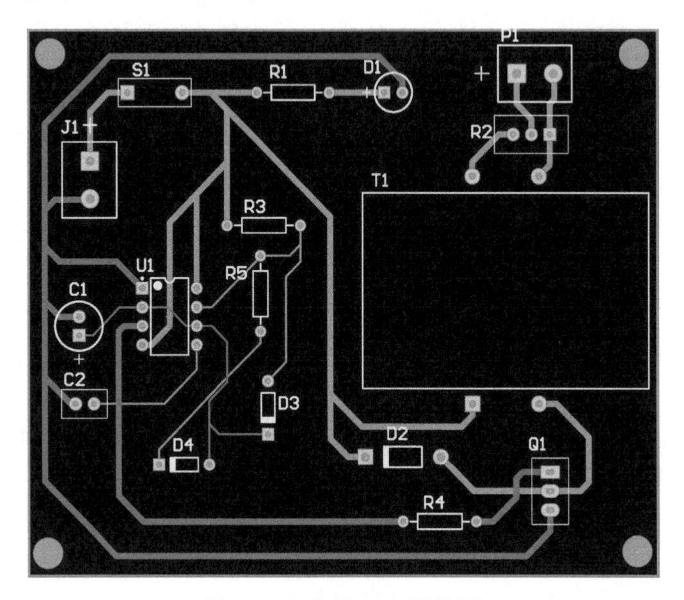

图 6-16　电路 PCB 设计图

实物测试

实物图如图 6-17 所示，测试图如图 6-18 所示。

图 6-17　实物图

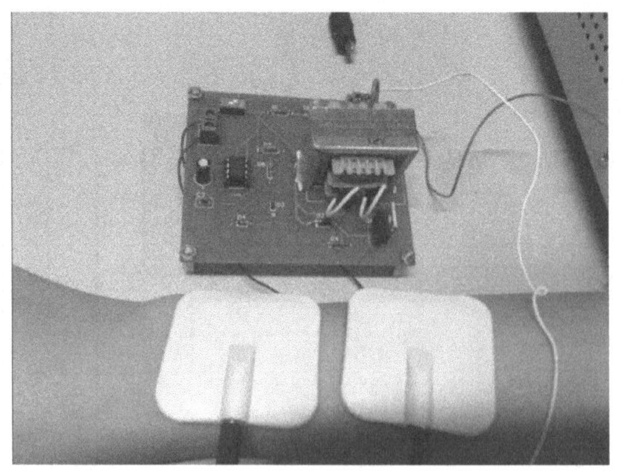

图 6-18　测试图

思考与练习

（1）本设计所使用的变压器为什么需要用脉冲信号来驱动？

答：因为本项目设计的是脉冲电疗电路，运用变压器升压，必须要用脉冲信号来触发，而且脉冲信号的占空比必须小于50%。

（2）本设计中的达林顿管是如何导通和截止的？

答：本设计中达林顿管发射极接地，当基极为高电平时，达林顿管导通；当基极为低电平时，达林顿管截止。

（3）本设计中若用555多谐振荡器产生48Hz占空比为34%的方波信号，应如何配置电容和电阻？

答：由振荡频率公式得$f=\frac{1}{T}\approx\frac{1.43}{(R_1+R_2)C_1}$，占空比$=\frac{R_1}{R_1+R_2}\times100\%$，所以配置$C_1=0.1\mu F$，$R_1=100k\Omega$，$R_2=200k\Omega$。

项目 7　心率检测电路设计

设计任务

传统的脉搏测量方法主要有 3 种：一是从心电信号中提取；二是通过测量血压时压力传感器测到的波动来计算频率；三是光电容积法。用前两种方法提取信号都会限制病人的活动，如果长时间使用会增加病人生理和心理的不舒适感，而光电容积法脉搏测量作为监护测量中最普遍的方法之一，具有以下特点。

☺ 测量的探测部分不侵入机体，不造成机体创伤，通常在体外。

☺ 传感器可重复使用，且速度快、精度高。

☺ 测试的适用电压为 5V 直流电压。

☺ 稳定性好、磨损小、寿命长、维修方便。

☺ 由于结构简单，因此体积小、质量轻、性价比优越。

☺ 测量的有效范围为 50~199 次/min。

使用光电容积法，最终设计、制作出能检测心率的电路，并使用单片机控制 LCD 正确显示。

基本要求

☺ 检测人体心率。

☺ 使用 LCD 正确显示心率。

设计思路

随着心脏的跳动，血管中血液的流量将发生变化。系统以 AT89S52 单片机为核心，以红外 LED 和红外接收二极管为传感器，利用单片机系统内部定时器来计算时间，由红外接收二极管感应产生脉冲，单片机通过接收到的脉冲累加得到一定时间的心脏搏动次数，然后计算得出心率，并将数值显示到 LCD 上。

系统组成

心率检测电路主要分为以下 3 部分。

☺ 第一部分：信号采集电路。

☺ 第二部分：单片机处理电路。

☺ 第三部分：液晶显示电路。

系统结构框图如图 7-1 所示。

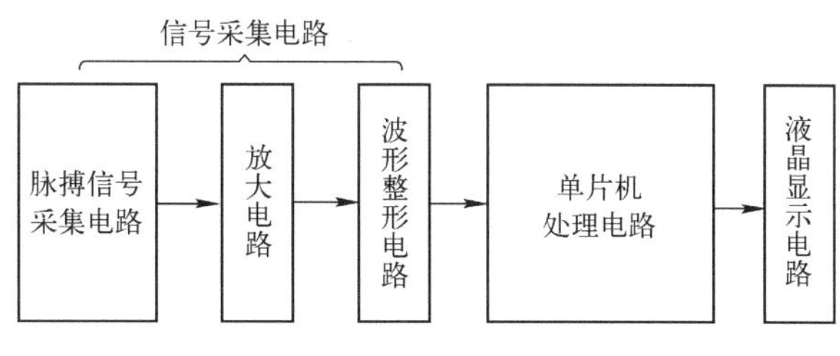

图 7-1　系统结构框图

将手指放在红外线发射二极管和接收二极管中间，由于手指放在光的传递路径中，血管中血液饱和程度的变化将引起光强的变化，因此和心跳的节拍相对应，红外接收二极管的电流也跟着改变，这就导致红外接收二极管输出脉冲信号。该信号经放大、滤波、整形后输出，输出的脉冲信号作为单片机的外部中断信号。单片机处理电路对输入的脉冲信号进行计算处理后把结果送到液晶屏显示。

电路原理图

本系统基于 51 系列单片机来实现，选择了比较普通的 AT89S52 单片机来实现系统设计。电路原理图如图 7-2 所示。经过实物测试，电路能够捕获到随着心脏跳动而引起的血管中血液流量的电压变化，再经过调理电路和单片机处理，最终通过液晶屏实时显示心率测量的结果，测得的心率约为 80 次/min，满足实际情况，设计的电路基本满足设计要求。

模块详解

1. 信号采集电路

信号采集电路又分为以下 3 部分。

1）脉搏信号采集电路

图 7-3 所示是脉搏信号采集电路，IRL1 是红外发射和接收装置，由于红外发射二极管中的电流越大，发射角度越小，产生的发射强度就越大，所以对 R_3 的选取要求较高。R_3 选择 330Ω 也是基于红外接收二极管感应红外光灵敏度考虑的。R_3 过大，通过红外发射二极管的电流偏小，红外接收二极管无法区别有脉搏和无脉搏时的信号。反之，R_3 过小，通过的电流偏大，红外接收二极管也不能准确地辨别有脉搏和无脉搏时的信号。当手指离开传感器或检测到较强的干扰光线时，输入端的直流电压会出现很大变化，为了使它不致泄漏到 U2：A 输入端而造成错误指示，用 C4 耦合电容将它隔断。

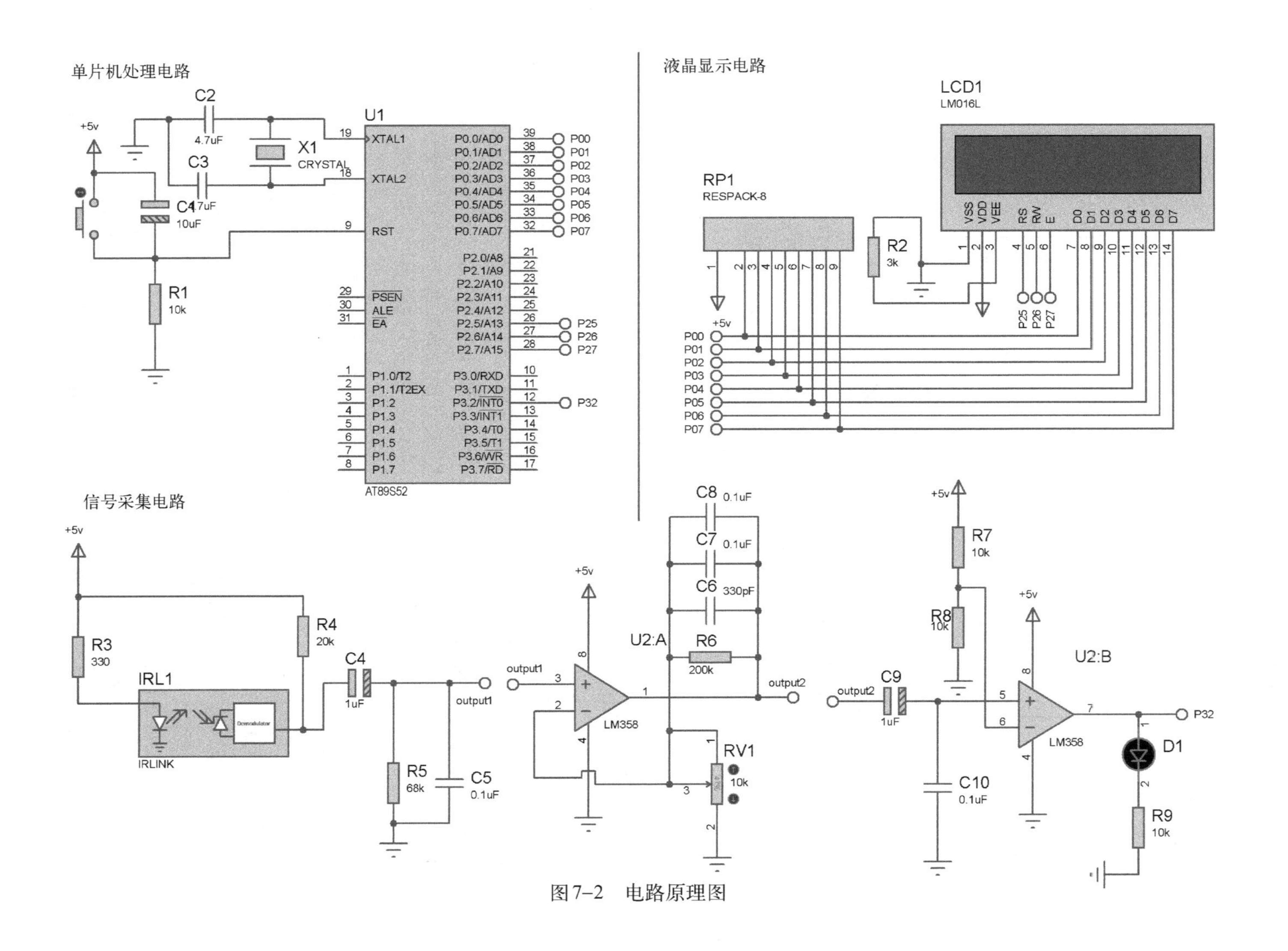

单片机处理电路
液晶显示电路
信号采集电路
U1
AT89S52
XTAL1
XTAL2
RST
PSEN
ALE
EA
P0.0/AD0
P0.1/AD1
P0.2/AD2
P0.3/AD3
P0.4/AD4
P0.5/AD5
P0.6/AD6
P0.7/AD7
P2.0/A8
P2.1/A9
P2.2/A10
P2.3/A11
P2.4/A12
P2.5/A13
P2.6/A14
P2.7/A15
P3.0/RXD
P3.1/TXD
P3.2/INT0
P3.3/INT1
P3.4/T0
P3.5/T1
P3.6/WR
P3.7/RD
P1.0/T2
P1.1/T2EX
P1.2
P1.3
P1.4
P1.5
P1.6
P1.7
X1
CRYSTAL
C2
4.7uF
C3
4.7uF
C4
10uF
R1
10k
+5v
LCD1
LM016L
VSS
VDD
VEE
RS
RW
E
D0
D1
D2
D3
D4
D5
D6
D7
R2
3k
RP1
RESPACK-8
P00
P01
P02
P03
P04
P05
P06
P07
P25
P26
P27
P32
IRL1
IRLINK
R3
330
R4
20k
C4
1uF
R5
68k
C5
0.1uF
output1
output2
U2:A
LM358
C8
0.1uF
C7
0.1uF
C6
330pF
R6
200k
RV1
10k
C9
1uF
C10
0.1uF
R7
10k
R8
10k
U2:B
LM358
D1
R9
10k

图 7-2　电路原理图

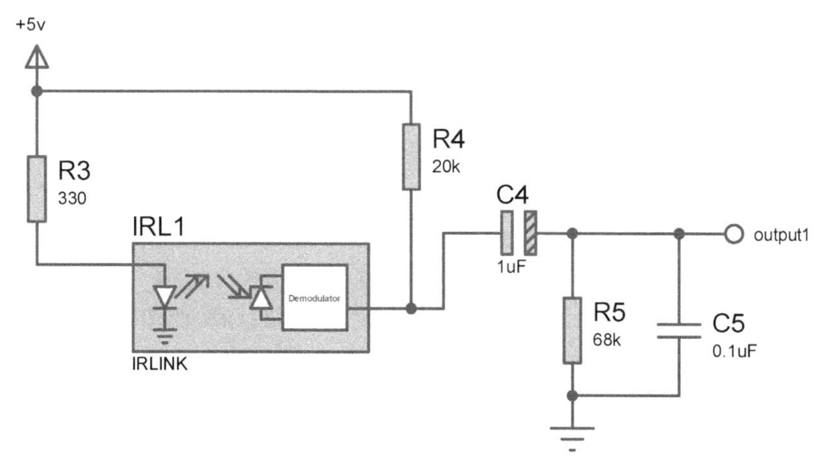

图 7-3　脉搏信号采集电路

当手指处于测量位置时，会出现两种情况：一是无脉期，虽然手指遮挡了红外发射二极管发射的红外光，但是由于红外接收二极管中存在暗电流，会造成输出电压略低；二是有脉期，当有跳动的脉搏时，血脉使手指透光性变差，红外接收二极管中的暗电流减小，输出电压上升。但该传感器输出信号的频率很低，如当脉搏只有 50 次/min 时，频率只有 0.78Hz，脉搏为 200 次/min 时频率也只有 3.33Hz，信号首先经 R5 滤除高频干扰。

由于 Proteus 中没有集成的红外发射和接收对管元件的仿真模型，所以这里不进行脉搏信号采集电路的仿真。

2）放大电路

按人体脉搏在运动后跳动次数达 200 次/min 来设计低通放大器，如图 7-4 所示。RV1、C6、C7、C8 组成低通滤波器以进一步滤除残留的干扰，截止频率由 R_6、C_6、C_7、C_8决定，运放 LM358 将信号放大，放大倍数由 R_6和 R_{V1}的比值决定。

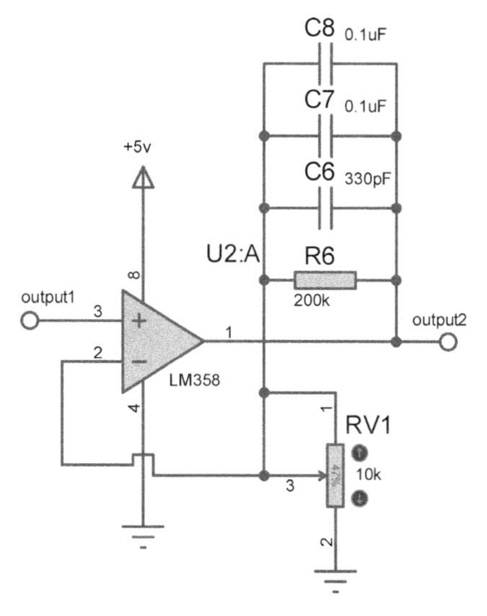

图 7-4　放大电路

根据一阶有源滤波电路的传递函数，可得

$$A(s)=\frac{V_0(s)}{V(s)_i}=\frac{A_0}{1+\frac{s}{w_c}} \quad (7-1)$$

按人体脉搏跳动为 200 次/min 时的频率是 3.3Hz 考虑，低频特性是令人满意的。

放大电路仿真如下。

当人运动后，人体脉搏跳动次数可达 200 次/min，红外对管输出信号频率约为 3.3Hz，而幅值较小，所以这里采用频率为 3.3Hz，幅值为 100mV 的脉冲信号源来代替脉搏信号采集电路的输出信号。放大电路输出采用 ANALOGUE 图表表示。将输入信号 U2：A(+IP)、输出信号 R6(2)拖入图表中，以便观测，如图 7-5 所示。

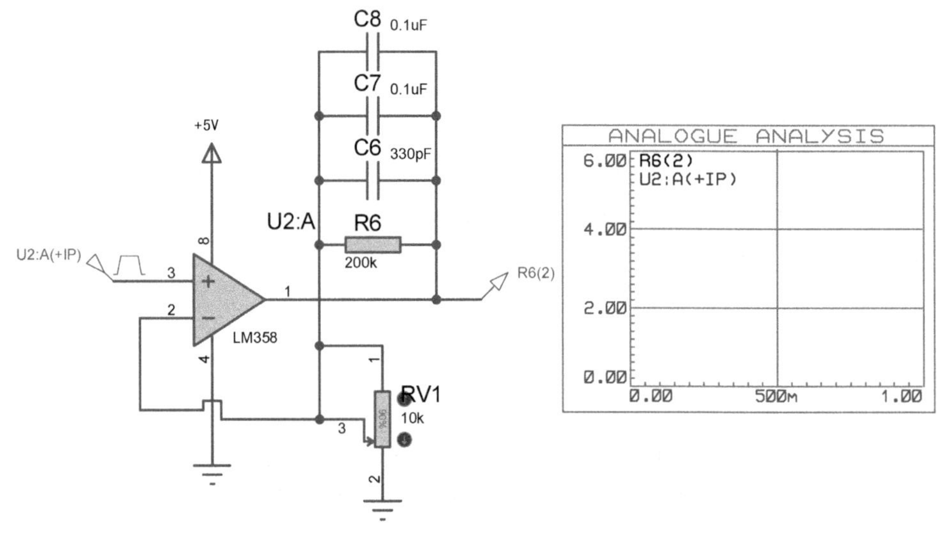

图 7-5　放大电路仿真

调节可变电阻器使其可变引脚位于其阻值的 10%的位置，此时放大倍数理论上为 $A=\frac{200\text{k}\Omega}{10\text{k}\Omega\times(1-10\%)}\approx 22.2$，则放大后的信号幅值应为：$V=100\text{mV}\times 22.2\approx 2.22\text{V}$。仿真图表，得如图 7-6 所示波形，仿真与理论相符。

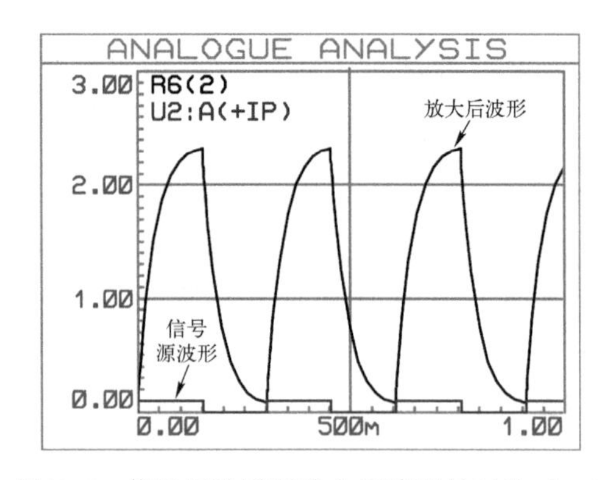

图 7-6　信号源波形和放大后波形的对比（一）

调节可变电阻器使其可变引脚位于其阻值的40%的位置，此时放大倍数理论上为 $A=\frac{200\text{k}\Omega}{10\text{k}\Omega\times(1-40\%)}\approx 33.3$，则放大后的信号幅值应为：$V=100\text{mV}\times 33.3\approx 3.33\text{V}$。仿真图表，得如图7-7所示波形，仿真与理论相符。由此可知，调节可变电阻器改变其接入电路的幅值，即可有效调节电路放大倍数。

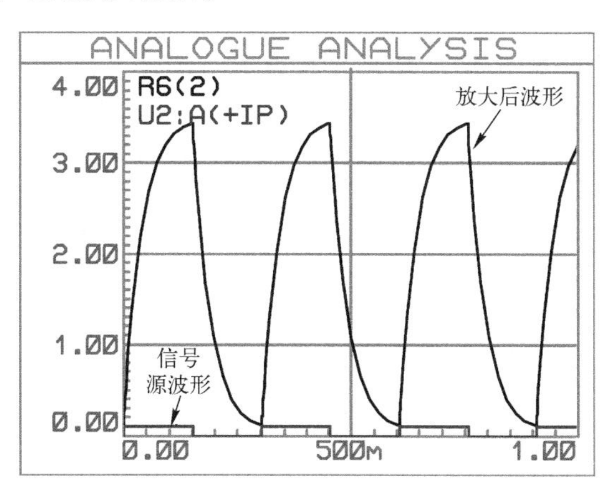

图7-7　信号源波形和放大后波形的对比（二）

注意

如果继续将可变电阻器阻值调大，比如调到90%，则会出现输出信号被限幅的状态（见图7-8）。此时应检查电路的放大倍数，将放大倍数调小或者在可控范围内提高芯片的供电电压。

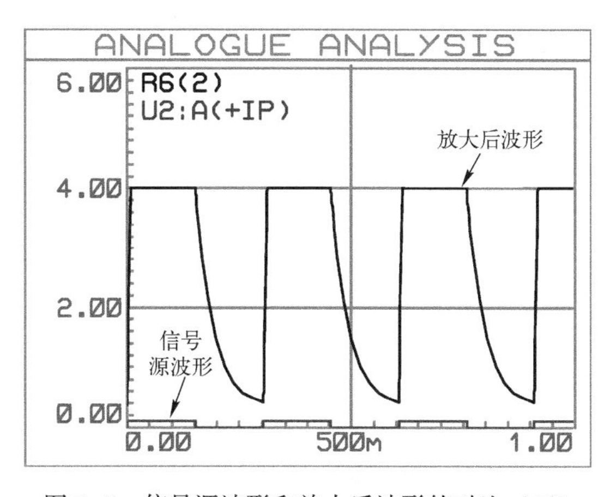

图7-8　信号源波形和放大后波形的对比（三）

3）波形整形电路

波形整形电路如图7-9所示，LM358是一个电压比较器，在电压比较器的负向电压输入端通过R7、R8分压得到2.5V的基准电压，经放大电路放大后的信号通过C9电容耦合进入比较器。当输入的电压低于2.5V时，LM358的引脚7输出高电平，D1亮，并且输入单片机参与运算处理；反之，输出低电平，D1灭。

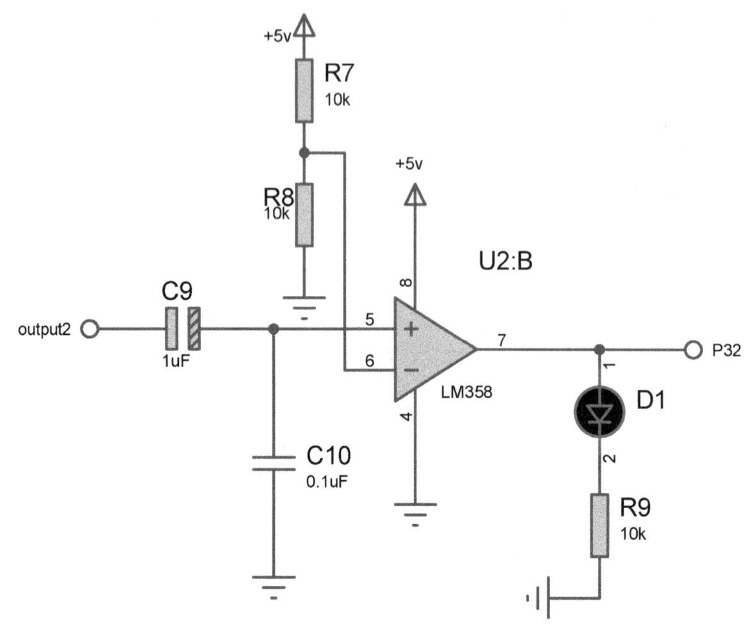

图 7-9　波形整形电路

波形整形电路仿真如下。

波形整形电路以 2.5V 为基准电压，如输入信号低于此电压，则电路输出高电平，D1 亮；如输入信号高于此电压，则电路输出低电平，D1 灭，如图 7-10 所示。电路的输入信号为放大电路的输出，这里用脉冲信号源代替。为了便于观测波形整形电路的作用，设置脉冲信号 output2 幅值为 5V，频率为 3.3Hz，上升时间和下降时间为 50ms，如图 7-11 所示。在电路输出位置放置电压探针，输出结果显示采用模拟分析图表。将输出结果 P32 及输入信号 output2 同时拖入图表中进行仿真，以便对比结果。

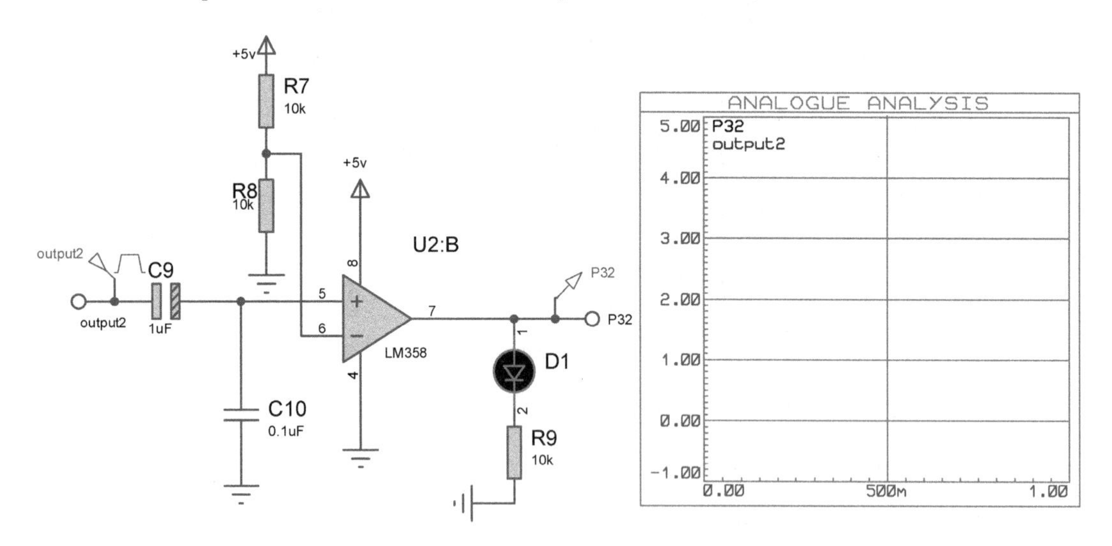

图 7-10　波形整形电路仿真

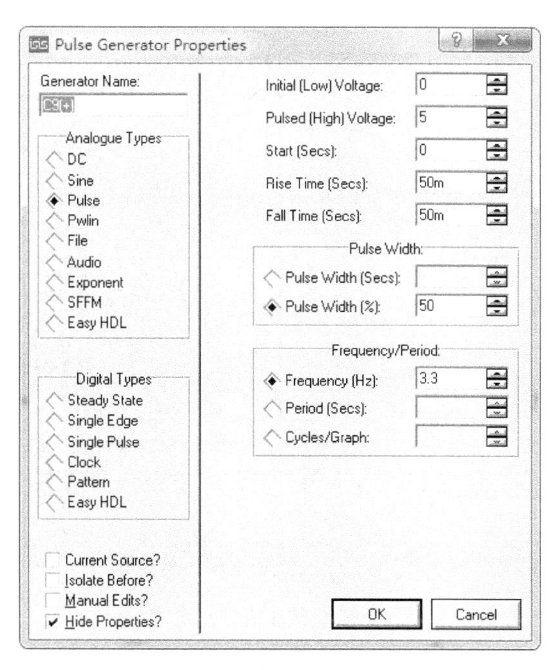

图 7-11　脉冲信号源设置

设置完毕后，进行仿真，得到如图 7-12 所示结果。可以看到，波形整形电路可以有效地对输出波形进行调整，使之输出标准矩形波。

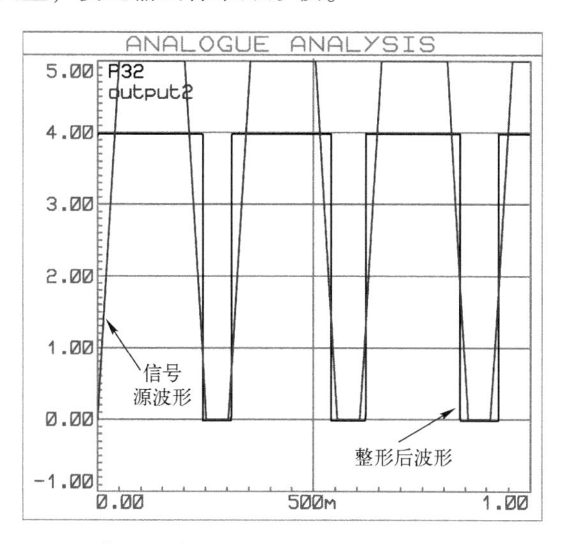

图 7-12　信号源波形和经过波形整形电路后的信号对比

2. 单片机处理电路

如图 7-13 所示，本部分运用了 ATMEL 公司的 AT89S52 单片机作为核心元件。在这里运用单片机能更快、更准确地对数据进行运算，而且可以根据实际情况进行编程，所用外围元件少，轻巧省电，故障率低。来自波形整形电路的脉冲电平输入单片机 AT89S52 的 P3.2/$\overline{\text{INT0}}$脚，单片机设为负跳变中断触发模式，对脉冲进行计数。

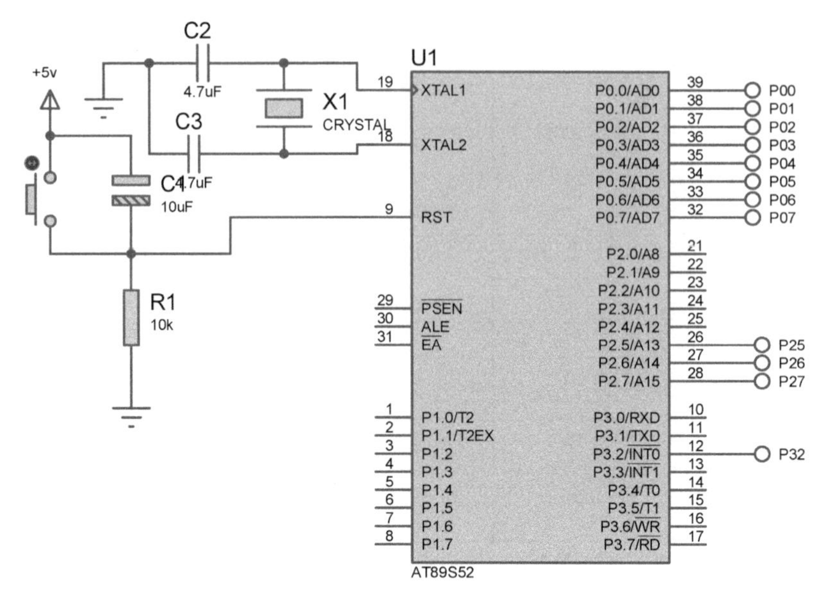

图 7-13　单片机处理电路

3. 液晶显示电路

字符型液晶显示模块是一种专门用于显示字母、数字、符号等的点阵式 LCD，本设计采用 16 列×2 行的字符型 LCD1602（在仿真库中 LM016L 和 LCD1602 是没有区别的，下面用 LM016L 代替 LCD1602 进行仿真）。带背光的液晶显示屏。其主要技术参数如下。

☺ 显示容量：16×2 个字符。

☺ 芯片工作电压：4.5~5.5V。

☺ 工作电流：2.0mA(5.0V)。

☺ 模块最佳工作电压：5.0V。

☺ 字符尺寸：2.95mm×4.35mm(*W*×*H*)。

液晶显示电路如图 7-14 所示。

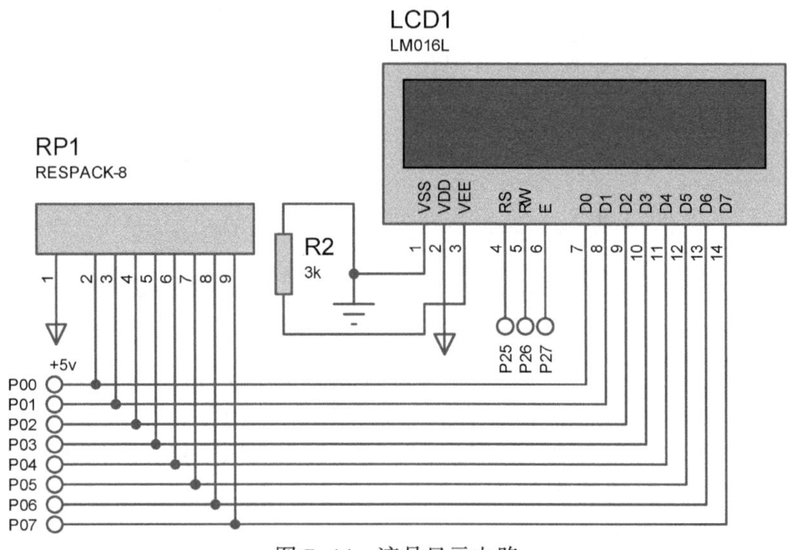

图 7-14　液晶显示电路

单片机处理电路及液晶显示电路仿真如下。

脉搏信号采集电路采集到脉搏变化信息后，经过放大电路和波形整形电路的处理，最终输出的信号是一定频率的矩形波，然后此信号输入到单片机 P3.2 引脚，单片机读取并处理后经 LCD 显示输出，如图 7-15 所示。使用脉冲信号源作为单片机输入信号，设置信号源幅值为 4V，频率为 3.3Hz，其余参数为默认值。

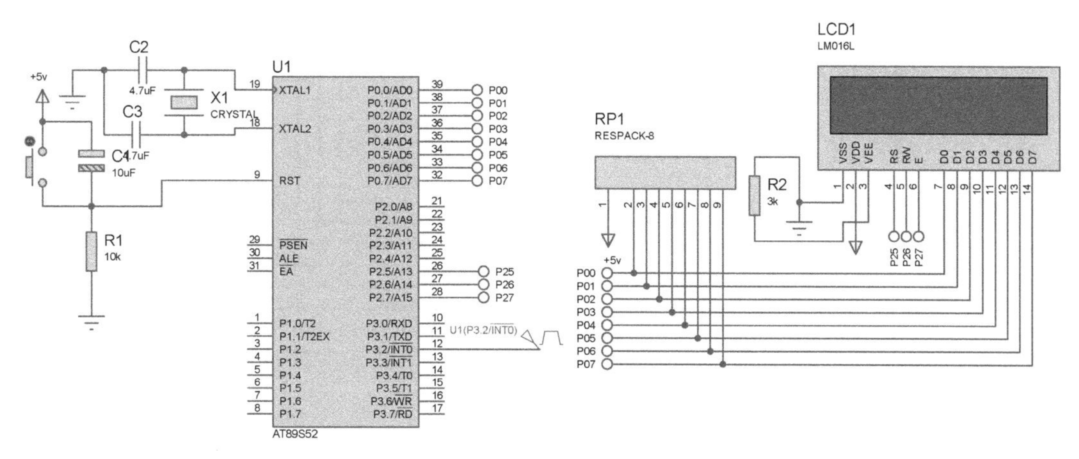

图 7-15　单片机处理电路及液晶显示电路仿真

电路稳定后 LCD 显示数值为 198 次/min（见图 7-16），与 198 次/min 的预估值（3.3Hz×60s）相同，电路运行正常，仿真成功。

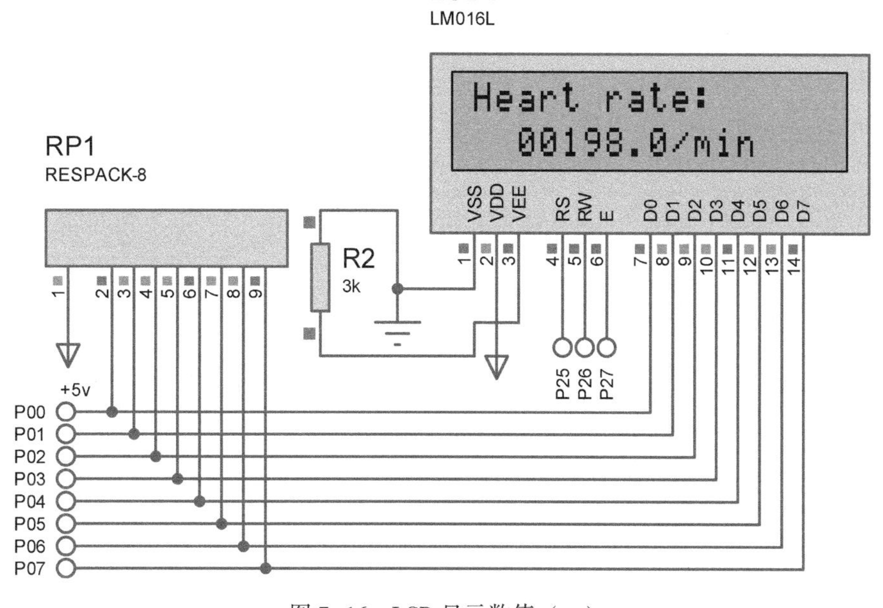

图 7-16　LCD 显示数值（一）

如果更改信号源的频率为 1Hz，则此时显示的应该是 60 次/min。电路运行后 LCD 显示如图 7-17 所示。

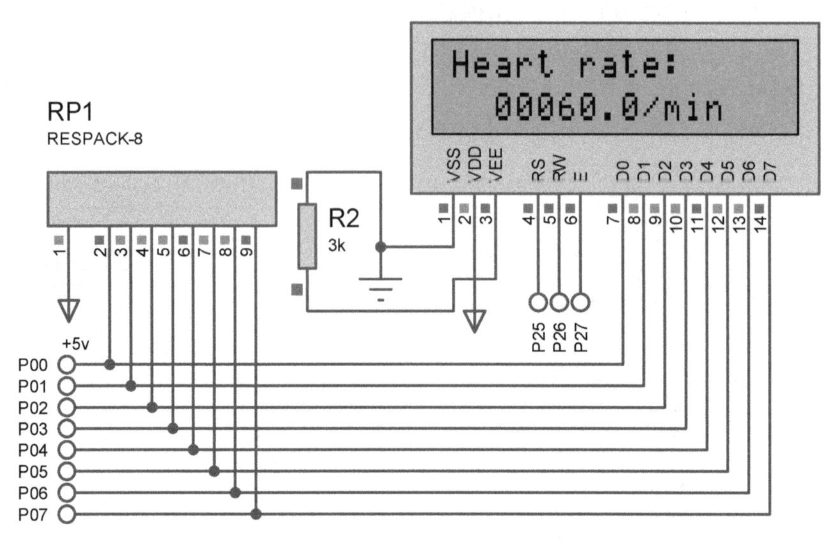

图 7-17　LCD 显示数值（二）

软件设计

本设计中，软件解决的主要问题是单片机采集信号后经过处理，用 LCD 显示屏显示心率数值。程序设计流程如图 7-18 所示。

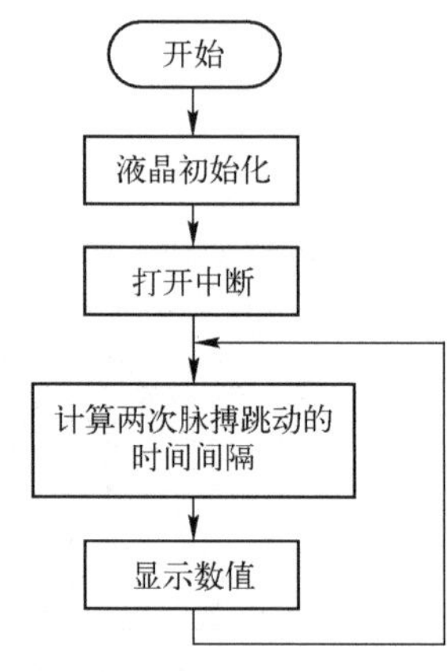

图 7-18　程序设计流程

程序：

```
#include<reg52. h>
#include<stdio. h>
#include<intrins. h>
#include"lcd1602. H"
#define uchar unsigned char
#define uint unsigned int
#define ulong unsigned long
unsigned int dis_num_buff=0,dis_num_buffer=0;
unsigned int i,n,ci,dd[11],jj,j,k,tmp;
bit w=0;                              //标志位
uchar bh;
ulong time;
sbit spd=P1^2;                        //蜂鸣器端口
void display_num(ulong num);
/************************外部中断*************************************/
external0() interrupt 0               //外部中断服务程序
{
```

```
    w=~w;                       //取反
    if(w==0)
    {
        TH0=0x00;
        TL0=0x00;
        n  =0;
        TR0=1;                  //开定时器
    }
    else
    {
        TR0=0;                  //关定时器
        EX0=0;                  //清除计算相关寄存器
        time=n*65536+TH0*256+TL0;
                                //计算两次脉搏跳动的时间间隔（单片机定时器计数值）
        TH0=0x0;
        TL0=0x0;
        n  =0;                  //计数器清零
        ci  =600000000/time;    //计算出1min，即60s的脉搏跳动次数

    }
}
/**********************定时器中断************************************/
void timer0(void) interrupt 1
{
    n++;                        //加1
}
/**********************延时函数**************************************/
/*****************************************************************/
void delay(void)                //误差0μs  延时函数
{
unsigned char a,b,c;
for(c=123;c>0;c--)
for(b=116;b>0;b--)
for(a=9;a>0;a--);
}
void display_num(ulong num)
{
    WriteCommand (0x80+0x40+2);//write command          //第二行显示
    WriteData(LCD1602_Table[num/100000%10]);           //显示测量结果
    WriteData(LCD1602_Table[num/10000%10]);
    WriteData(LCD1602_Table[num/1000%10]);
    WriteData(LCD1602_Table[num/100%10]);
    WriteData(LCD1602_Table[num/10%10]);
```

```
    WriteData('.');
    WriteData(LCD1602_Table[num%10]);
    WriteData('/');                  //写数据
    WriteData('m');                  //写数据
    WriteData('i');                  //写数据
    WriteData('n');                  //写数据
}
void display_menu(void)
{
    TimeNum[0]='H';
    TimeNum[1]='e' ;
    TimeNum[2]='a' ;
    TimeNum[3]='r' ;
    TimeNum[4]='t' ;
    TimeNum[5]=' ' ;
    TimeNum[6]='r' ;
    TimeNum[7]='a' ;
    TimeNum[8]='t' ;
    TimeNum[9]='e' ;
    TimeNum[10]=':' ;                //显示英文字符
    TimeNum[11]=0x00 ;               //显示英文字符
    ShowString(0,TimeNum);
}
/************************主函数**************************************/
void main(void)
{
    int flag=0;
    spd=1;                           //关闭蜂鸣器

    InitLcd();                       //液晶初始化
    DelayMs(15);                     //延时
    IT0=1;                           //初始化外部中断，INT0上升沿中断0低电平触发
    EX0=0;                           //关闭INT0中断
    TMOD=0x01;                       //初始化定时器0，设定定时器工作方式
    TH0=0x00;
    TL0=0x00;
    TR0=0;                           //关定时器
    ET0=1;                           //使能定时器中断
    ci=0;                            //清变量
    display_num(ci);
    display_menu();
    EA=1;                            //设备初始化完成之后开全局中断
    while(1)
```

```
        {
            if(EX0==0)
            {
                EX0=1;                    //清除计算相关寄存器
                if(ci>2500) continue;
                if(ci<200)   continue;
                dis_num_buffer=(dis_num_buff * 8+ci * 2) / 10;
                if(dis_num_buff>1500) spd=0;
                else spd=1;
                display_num(dis_num_buffer);
                dis_num_buff=ci;
            }
        }
    }
```

其中，lcd1602. H 内容如下。

```
    #include<reg52.h>
    #include<stdio.h>
    #include<intrins.h>
    sbit RS=P2^5;             //数据/命令选择端
    sbit RW=P2^6;             //读/写选择端
    sbit E   =P2^7;           //使能信号
    #define uchar unsigned char
    #define uint unsigned int
    #define ulong unsigned long
    uchar LCD1602_Table[]="0123456789";
    uchar data TimeNum[]="                ";
    uchar data Test1[]="                ";
    void DelayUs(unsigned char us)                      //定义延时函数 Us
    {
        unsigned char uscnt;
        uscnt=us>>1;                                    //晶振频率为 12MHz
        while(--uscnt);
    }
    void DelayMs(unsigned char ms)                      //定义延时函数 Ms
    {
        while(--ms)
        {
        DelayUs(250);
        DelayUs(250);
            DelayUs(250);
            DelayUs(250);
        }
```

```
}
/************************写命令函数************************************/
void WriteCommand(unsigned char c)
{
    DelayMs(5);                              //运行前短暂延时
    E=0;
    RS=0;
    RW=0;
    _nop_();
    E=1;
    P0=c;
    E=0;
}
/************************写数据函数************************************/
void WriteData(unsigned char c)
{
    DelayMs(5);                              //运行前短暂延时
    E   =0;
    RS=1;
    RW=0;
    _nop_();
    E=1;
    P0=c;
    E=0;
    RS=0;
}
void ShowChar(unsigned char pos,unsigned char c)
{
    unsigned char p;
    if (pos>=0x10)
    p=pos+0xb0;                              //是第二行则命令代码高4位为0xc
    else
    p=pos+0x80;                              //是第二行则命令代码高4位为0x8
    WriteCommand (p);                        //写命令
    WriteData (c);                           //写数据
}
void ShowString (unsigned char line,char * ptr)
{
    unsigned char l;
    l=line<<4;
    while( * ptr)
    {
        ShowChar (l++, * ptr++);             //循环显示16个字符
```

```
    }
}
void InitLcd()
{
    DelayMs(15);
    WriteCommand(0x38);                    //显示模式
    WriteCommand(0x38);                    //显示模式
    WriteCommand(0x38);                    //显示模式
    WriteCommand(0x06);                    //显示光标移动位置
    WriteCommand(0x0c);                    //显示开及光标设置
    WriteCommand(0x01);                    //显示清屏
}
```

电路 PCB 设计图

电路 PCB 设计图如图 7-19 所示。

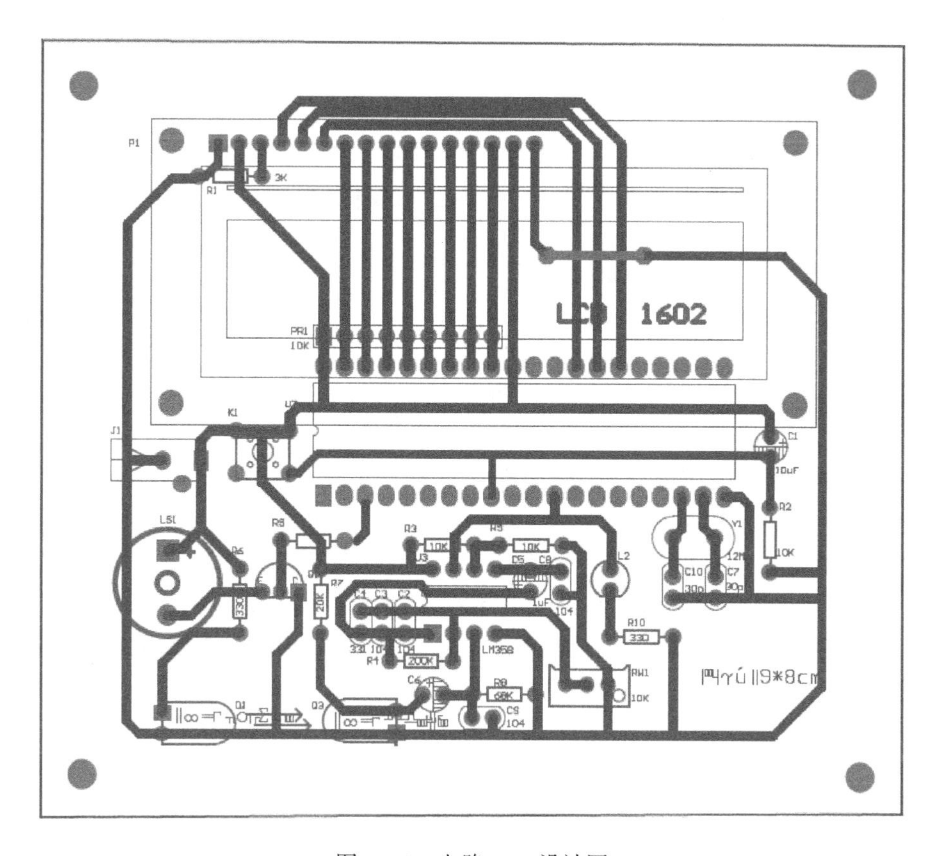

图 7-19　电路 PCB 设计图

实物测试

实物图如图 7-20 所示，测试图如图 7-21 所示。

图 7-20 实物图

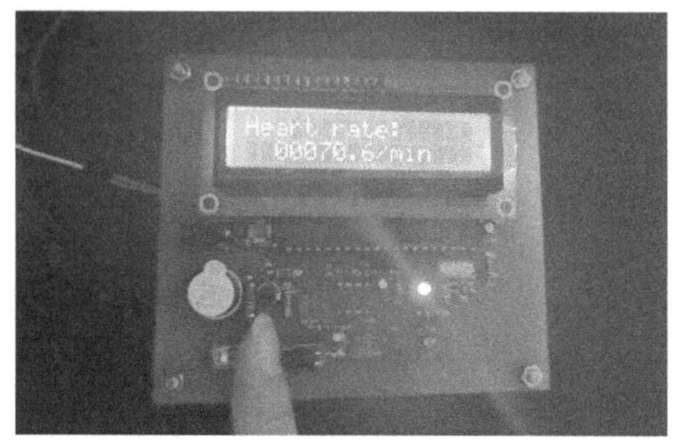

图 7-21 测试图

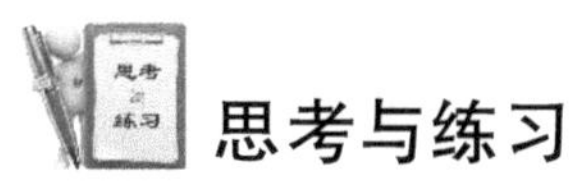

思考与练习

(1) 脉搏信号采集电路中，选取 R_3 时，应该考虑什么因素？

答：如图 7-3 所示，R_3 选择 330Ω，是基于红外接收二极管感应红外光灵敏度考虑的。R_3 过大，通过红外发射二极管的电流偏小，红外接收二极管无法区别有脉搏和无脉搏时的信号。反之，R_3 过小，通过的电流偏大，红外接收二极管也不能准确地辨别有脉搏和无脉搏时的信号。

(2) 放大电路中，放大倍数如何计算？

答：根据一阶有源滤波电路的传递函数，可得

$$A(s)=\frac{V_0(s)}{V(s)_{\mathrm{i}}}=\frac{A_0}{1+\dfrac{s}{w_{\mathrm{c}}}}$$

(3) 如何通过检测脉搏信号来计算并显示心率？

答：通过波形整形电路将脉搏信号转换为计算心率的脉冲。如图 7-9 所示，波形整形电路中 LM358 是一个电压比较器，在电压比较器的负向电压输入端通过 R7、R8 分压得到 2.5V 的基准电压，经放大电路放大后的信号通过 C9 电容耦合进入比较器。当输入的电压低于 2.5V 时，LM358 的引脚 7 输出高电平，D1 亮，并且输入单片机参与运算处理；反之，输出低电平，D1 灭。

特别提醒

电路连接完成，进行实测时，注意手指放置的位置应位于红外 LED 和红外接收二极管之间。如果检测结果不对，应进行调整，重新测试。

项目 8　血管弹性测量电路设计

设计任务

血管弹性测量电路通过采集人体脉搏跳动引起的一些生物信号，把生物信号转换为物理信号，使得这些变化的物理信号能够表达出人体血管弹性的变化。

基本要求

☺ 检测人体脉搏信号。
☺ 以波形形式输出，使用示波器查看。

设计思路

设计中采用 HK-2000B+脉搏传感器，该传感器高度集成力敏元件（PVDF 压电膜）、灵敏度温度补偿元件、感温元件。然后再经过电荷放大、电压放大、陷波器等信号调理电路，可输出完整的反映血管弹性的电压信号。

系统组成

血管弹性测量电路主要分为以下 4 部分。
☺ 第一部分：脉搏传感器。
☺ 第二部分：电荷放大电路。
☺ 第三部分：电压放大电路。
☺ 第四部分：陷波电路。
系统结构框图如图 8-1 所示。

采用 HK-2000B+脉搏传感器采集脉搏信号，通过两级放大电路（电荷放大、电压放大）将微弱信号进行放大，然后再经过陷波电路去除 50Hz 工频干扰，最后在示波器上可观察到反映血管弹性的完整的电压信号。

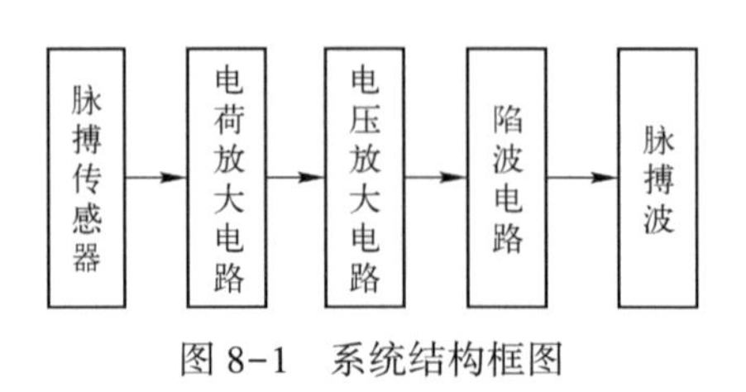

图 8-1　系统结构框图

电路原理图

电路原理图如图 8-2 所示。经过实物测试，在示波器上可观察到反映血管弹性的完整的电压波形，并与医用测试结果保持很好的一致性，设计的电路基本满足设计要求。

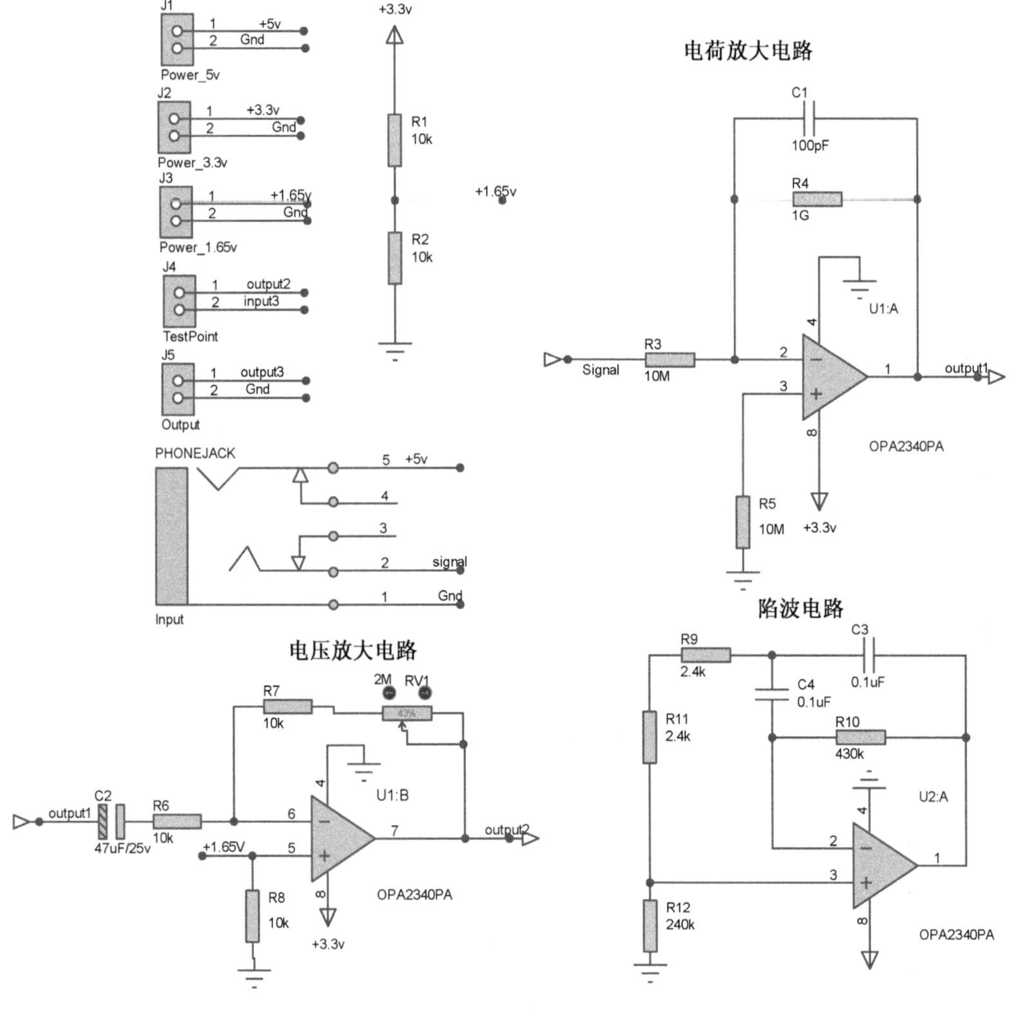

图 8-2　电路原理图

模块详解

1. 电荷放大电路

电荷放大电路常作为压电式传感器的输入电路，由一个带反馈电容 C1 的高增益运算放大器构成。电荷放大电路如图 8-3 所示，图中 OPA2340PA 为运算放大器，放大器的输入与输出反相，由于运算放大器输入阻抗极高，放大器输出端几乎没有分流，其输出电压 U_o为

$$U_o=-\frac{KQ}{(1+K)C_1}\approx-\frac{Q}{C_1} \tag{8-1}$$

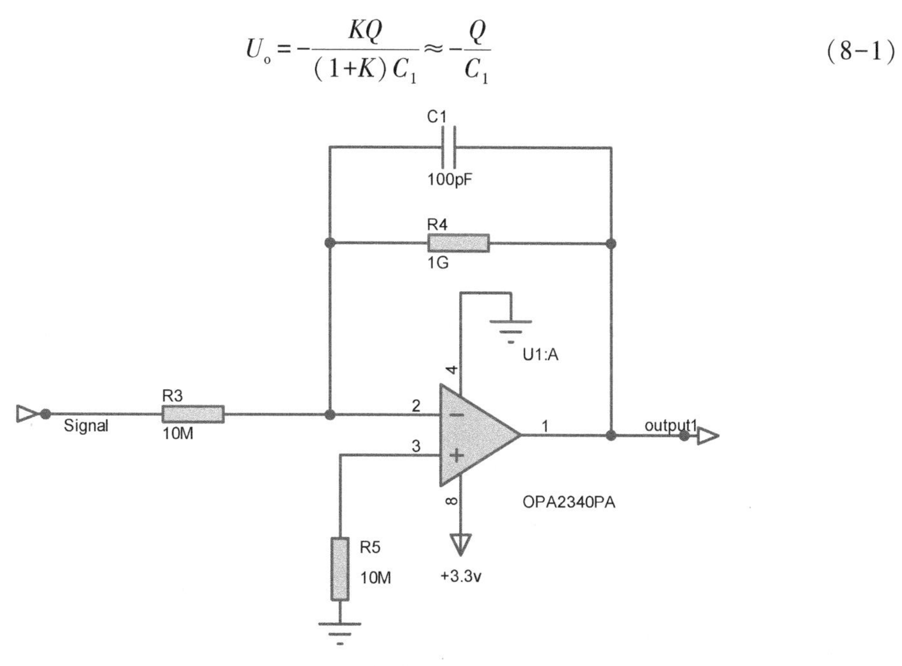

图 8-3　电荷放大电路

电荷放大器的输出电压U_o与电缆电容无关，且与 Q 成正比，这是电荷放大器的最大特点。

由于 Proteus 中无法表示电荷信号，所以对电荷放大电路不进行仿真。

2. 电压放大电路

设计中采用了运算放大器 OPA2340PA，它具备以下几个特点。

☺ 类型：为轨到轨单电源运算放大器。

☺ 电源：2.7~5V。

☺ 转换速率：6V/μs。

☺ 带宽：5.5MHz。

电压放大电路如图 8-4 所示。通过运算放大器 OPA2340PA 将信号放大，放大倍数由 R_6、R_{V1}和 R_7 的比值决定。具体计算公式为

$$A_V=\frac{R_7+R_{V1}}{R_6} \tag{8-2}$$

电压放大电路中电容 C2 用来阻隔前级输出的直流电流。

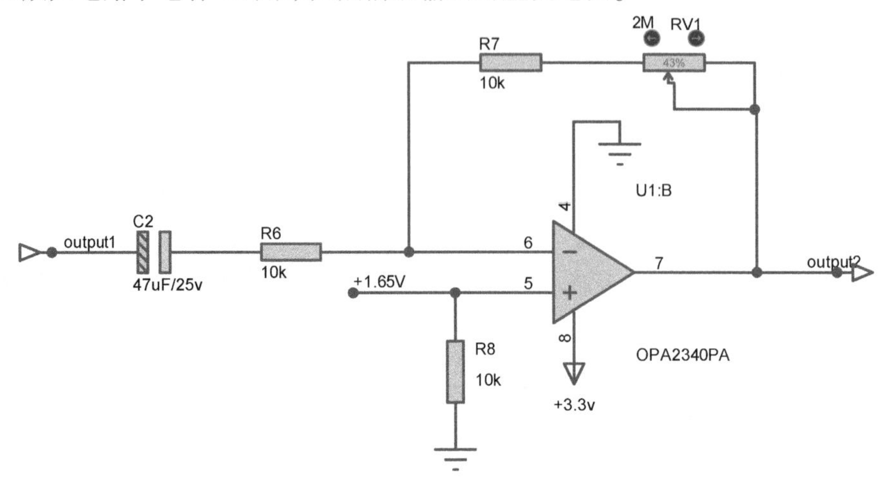

图 8-4 电压放大电路

单电源供电时运算放大器只能放大对地电压为正（信号同相端输入）或为负（信号反相端输入）的直流信号。如果输入信号对地电压为交流，负半波（信号同相端输入）或正半波（信号反相端输入）因为内部三极管的发射结反偏截止而无法放大，使输出波形严重失真。因此，为了获得不失真的交流放大波形，需通过给输入信号叠加对地$\frac{V_{cc}}{2}$的偏置电压，而得到对地电压大于零的直流信号。选取$\frac{V_{cc}}{2}$作为偏置电压的目的是获得最大的输出动态响应范围。

本设计采用的是电阻分压法。电阻分压法电路如图 8-5 所示，这是一种最常用的偏置方法。通过两个 10kΩ 的电阻 R1、R2 组成分压网络，形成$\frac{V_{cc}}{2}$的偏置电压。该方法不仅简单而且成本低。

但是该偏置电压源的输出阻抗大（因为在电池供电的设备中对功耗要求非常严格，所以电阻不能太小），输出电流I_o的变化对偏置电压精度的影响很大。因此，电阻分压法一般适用于偏置电压精度要求不高的场合。

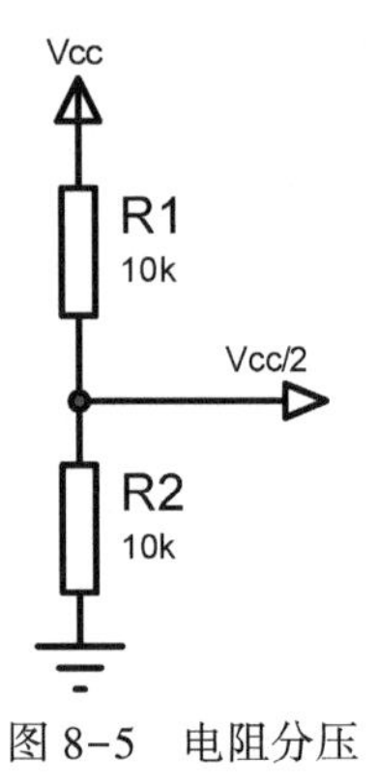

图 8-5 电阻分压法电路

电压放大电路仿真如下。

由于经过电荷放大电路输出的信号电压值比较小，所以输入信号使用信号源代替。为了便于观测，使用正弦信号源，设置其幅值为 100mV，系统命名为 C2(-)。又因为正常情况下人的呼吸频率小于 60 次/min，所以可以设置信号源频率为 1Hz。输出结果采用 ANALOGUE ANALYSIS 模拟分析图表显示，设置模拟图表“Stop time”为 10s。在电压放大电路输出处放置电压探针，系统命名为 output2。将 output2、C2(-)同时拖入图表中，以便于对比，如图 8-6 所示。

将鼠标指针放在图表上，按下空格键，进行仿真，信号源波形和放大后波形的对比如图 8-7 所示。此时可变电阻器的阻值为 10%，所以理论上电路的放大倍数为$A_V=\dfrac{2000\text{k}\Omega\times10\%+10\text{k}\Omega}{10\text{k}\Omega}=21$。

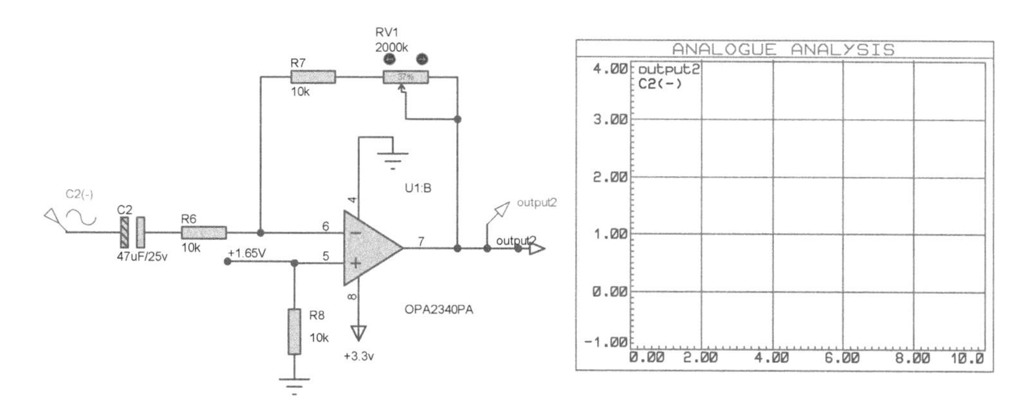

图 8-6　电压放大电路仿真设置

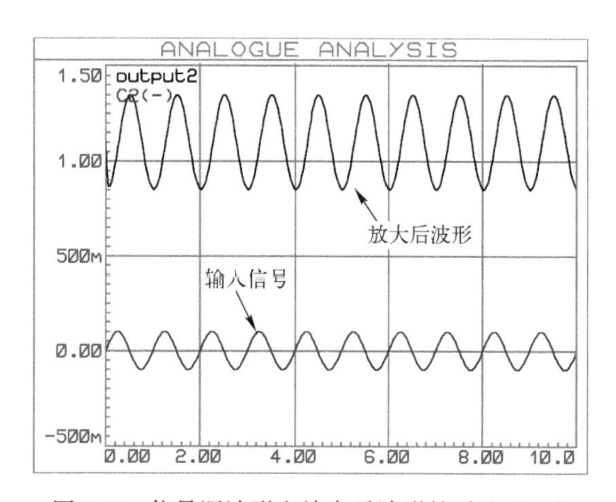

图 8-7　信号源波形和放大后波形的对比（一）

调节可变电阻器使其可变引脚位于其阻值的 40% 的位置，此时放大倍数理论上为$A=\dfrac{2000\text{k}\Omega\times40\%+10\text{k}\Omega}{10\text{k}\Omega}=81$。仿真图表，得到如图 8-8 所示波形，实现了放大。可知调节可变电阻器改变其接入到电路中的幅值可以有效调节电路放大倍数。

注意

如果继续将可变电阻器阻值调大，比如调到 90%，由于单电源运算放大器的输出下限饱和接近 0V，所以会出现输出信号被限幅的状态（见图 8-9）。此时应该检查电路的放大倍数，将放大倍数调小。

3. 陷波电路

在生物医学信号提取、处理的过程中，滤波器发挥着比较重要的作用。各种生物信号的低噪声放大都要先严格限定在信号所包含的频谱范围内。

在我国常用的电压频率为 50Hz，人体所分布的电容及电极引线会以电磁波辐射形式造成干扰，这就是所谓的工频干扰。工频干扰会对电气设备和电子设备产生影响，导致设备运行异常。由于生物电信号属于低频微弱信号，对其灵敏度要求比较高，且是强度小于 50Hz 的工频干扰，这样会将原本的信号淹没，因此去除 50Hz 工频干扰是非常必要的。

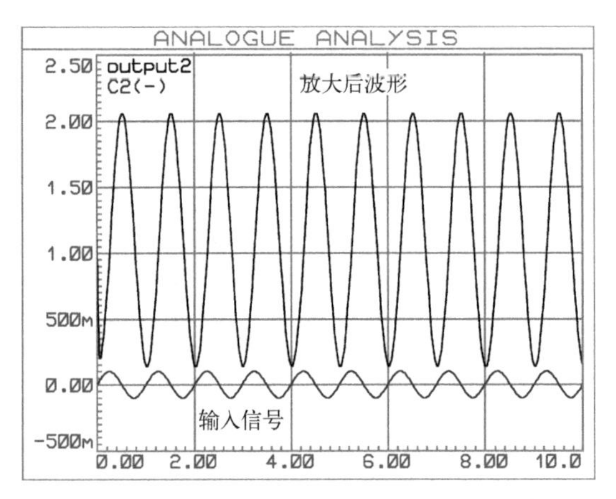

图 8-8　信号源波形和放大后波形的对比（二）

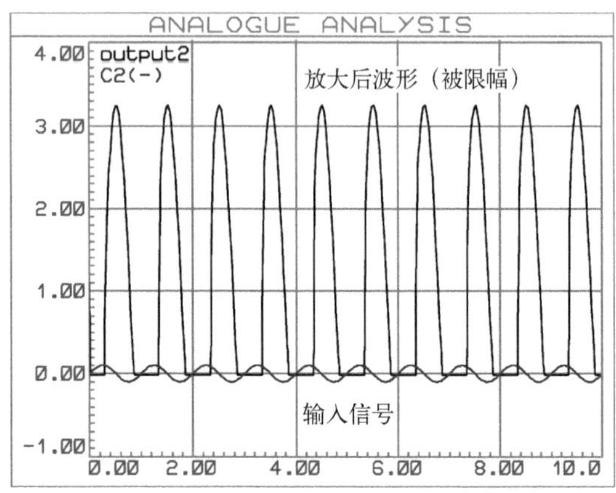

图 8-9　信号源波形和放大后波形的对比（三）

50Hz 的带阻滤波器也称陷波电路，作用是使 50Hz 的频率分量衰减到极低水平，而使高于或低于 50Hz 的频率顺利通过。设计电路时，当一个特殊频率的信号引起问题时，就需要用到带阻滤波器。例如，50Hz 的带阻滤波器能够用来削弱电源的交流声。

图 8-10 所示是 50Hz 带阻滤波器复频域电路，它是用拉普拉斯变换法得到的。经过分析得

$$S^2+\frac{2R_2-R_1}{R_1R_2C}S+\frac{1}{RR_1C^2}=0 \tag{8-3}$$

或

$$RR_1R_2\ C^2S^2+R(2R_2-R_1)CS+R_2=0 \tag{8-4}$$

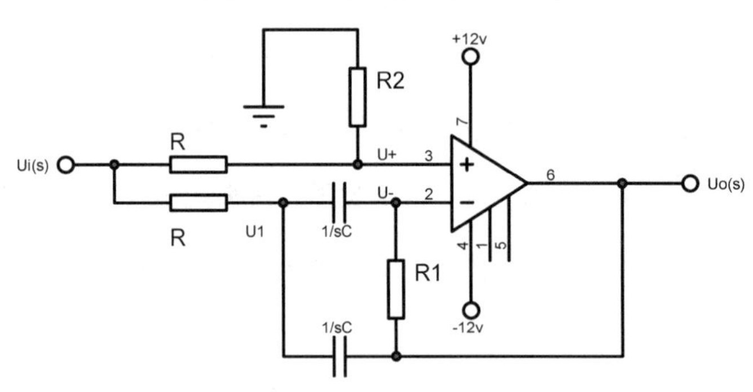

图 8-10　50Hz 带阻滤波器复频域电路

根据电路理论，要使电路稳定工作，式（8-4）第二项系数必须大于零，即 $R_1\leqslant 2R_2$；另外，如果第二项系数远小于第三项，由 R 和 C 的取值保证该条件，则

$$S\approx \pm \mathrm{j}\,\frac{1}{C\sqrt{RR_1}}$$

即
$$\omega=\frac{1}{C\sqrt{RR_1}} \tag{8-5}$$

已知陷波角频率 $\omega=2\pi f=314$，取 $R=2.4\text{k}\Omega, C=0.1\mu\text{F}$（3 个量中必须先确定两个），计算得到 $R_1=425.5\text{k}\Omega$，取接近值 430kΩ，根据条件 $R_1<2R_2$，取 $R_2=240\text{k}\Omega$。陷波电路如图 8-11 所示。

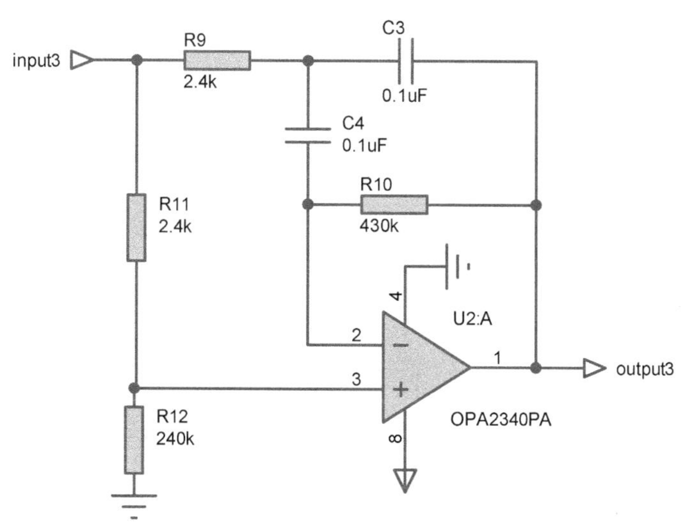

图 8-11　陷波电路

陷波电路仿真如下。

由于陷波电路主要作用于 50Hz 的工频干扰，不影响正常信号，所以这里使用一个正弦信号源作为信号输入。假设其为正常信号，为了便于观测，设置其幅值为 1V，频率为 1Hz。设置模拟分析图表“Start time”为 0，“Stop time”为 5，如图 8-12 所示。

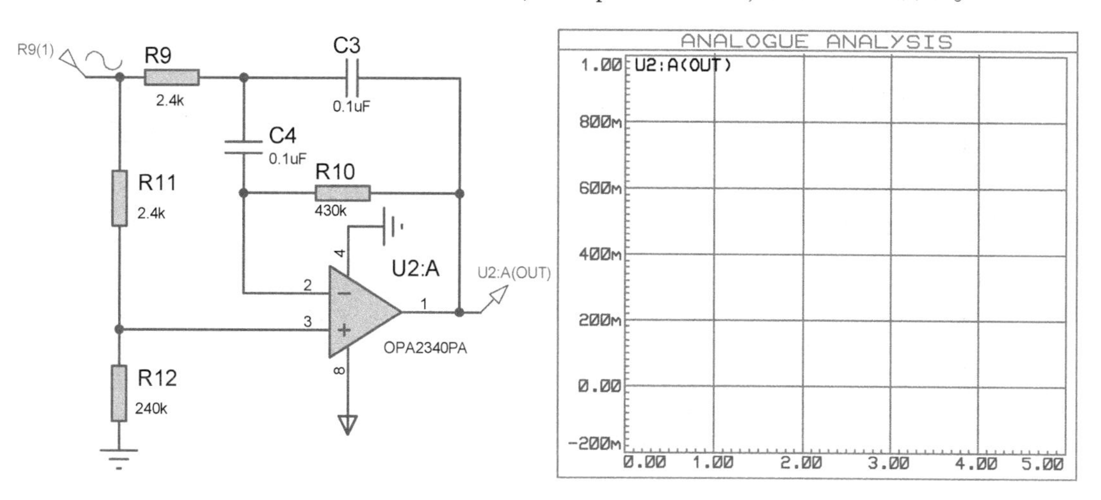

图 8-12　陷波电路仿真设置

仿真后，得到如图 8-13 所示的波形。由于单电源运算放大器的输出下限接近 0V，不可能输出负电压，所以正弦波的负半波经陷波电路后输出为 0V。可以看到，陷波电路对正常信号的影响非常小，接近于无。输出信号幅值为 1V，频率为 1Hz。

假设输入信号为工频干扰信号，为了便于观测，继续设置其幅值为 1V，频率则设为 50Hz。相应地设置模拟图表的“Start time”为 10ms，“Stop time”为 100ms。仿真后得到如图 8-14 所示的波形。可以看到，电路对干扰信号的滤波作用非常明显，幅值为 1V 的干扰信号经过滤波电路后接近于 0V，电路成功达到滤除 50Hz 工频信号干扰的目的。这种陷波器的不足之处在于，它有一定的陷波频率带宽，所以电路会损失较宽的频率成分。

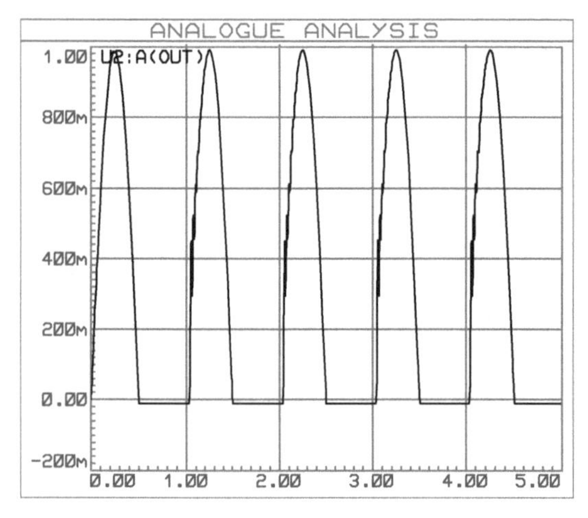

图 8-13　正常信号经过陷波电路后的输出

图 8-14　干扰信号经过陷波电路后的信号对比输出

电路 PCB 设计图

电路 PCB 设计图如图 8-15 所示。

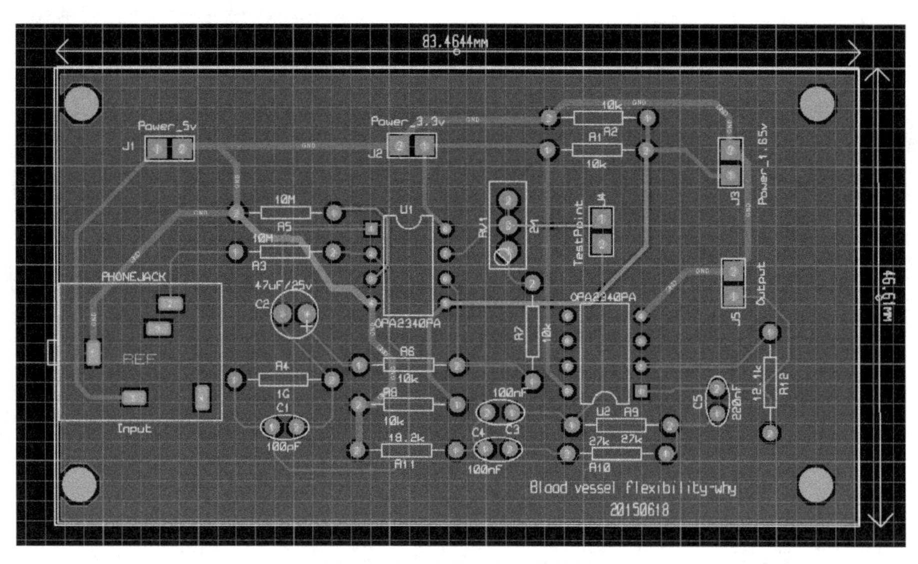

图 8-15　电路 PCB 设计图

实物测试

实物图如图 8-16 所示，测试图如图 8-17 所示。

图 8-16　实物图

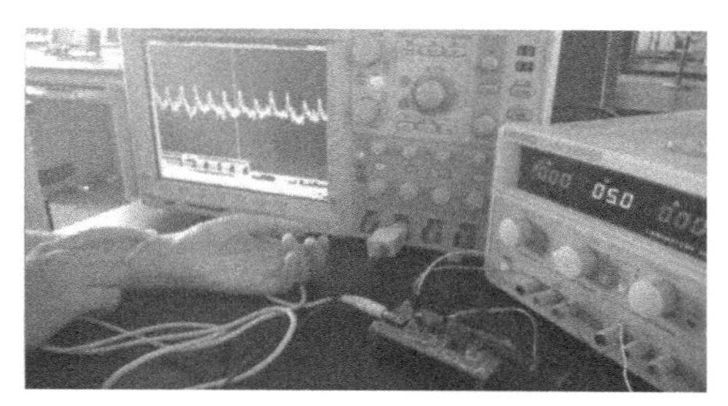

图 8-17　测试图

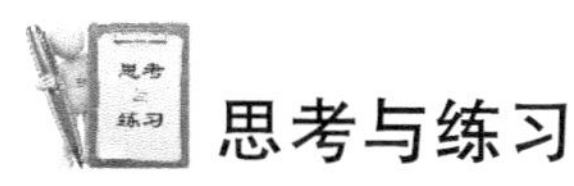

思考与练习

(1) 电荷放大电路中，输出电压如何计算？

答： 如图 8-3 所示，放大器输出端几乎没有分流，其输出电压U_o为

$$U_o = -\frac{KQ}{(1+K)C_1} \approx -\frac{Q}{C_1}$$

(2) 电压放大电路中，放大倍数如何计算？

答： 如图 8-4 所示，通过运算放大器 OPA2340PA 将信号放大，放大倍数由 R_7、R_{V1} 和 R_6 的比值决定。具体计算公式为

$$A_V = \frac{R_7 + R_{V1}}{R_6}$$

(3) 为什么要设计陷波电路？

答： 我国常用的电压频率为 50Hz，人体所分布的电容及电极引线会以电磁波辐射形式造成干扰，这就是所谓的工频干扰。工频干扰会对电气设备和电子设备产生影响，导致设备运行异常。由于生物电信号属于低频微弱信号，对其灵敏度要求比较高，且强度小于 50Hz 的工频干扰，这样会将原本的生理信号淹没，因此除去 50Hz 工频干扰是非常必要的。而采用陷波电路，即可去除 50Hz 工频干扰，因此需要设计陷波电路。

特别提醒

使用 HK-2000B+脉搏传感器进行脉搏信号采集时，注意找准手臂血管跳动最大的位置。若没有采集到信号，应进行位置调整，并再次采集。

项目 9　呼吸测量电路设计

设计任务

通过了解呼吸相关的测量，使用热敏电阻来感测温差的变化情形，设计检测呼吸波及呼吸频率的电路。

基本要求

☺ 检测人体呼吸频率。
☺ 以波形形式输出，使用示波器查看。

设计思路

本系统用于测量呼吸时的频率变化。人在呼吸时，呼出气体温度约为体内温度，而吸入空气温度约为室温，只要将温度感测器摆在鼻孔外，测量呼气和吸气时的温度变化，即可测出呼吸波。

系统组成

呼吸测量电路主要分为以下 6 部分。
☺ 第一部分：差动放大电路。
☺ 第二部分：陷波电路。
☺ 第三部分：放大电路。
☺ 第四部分：微分电路。
☺ 第五部分：迟滞比较电路。
☺ 第六部分：单稳态电路。
系统结构框图如图 9-1 所示。

温度感测器采用热敏电阻，配合惠斯通桥式电路，将电压变化值差动放大 2 倍。在呼吸频率测量方面，则采用微分电路，将呼吸信号进行微分，以凸显信号的细微变化，经迟滞比较电路可以产生一方波，再由此方波来触发单稳态电路，便可测得呼吸信号。

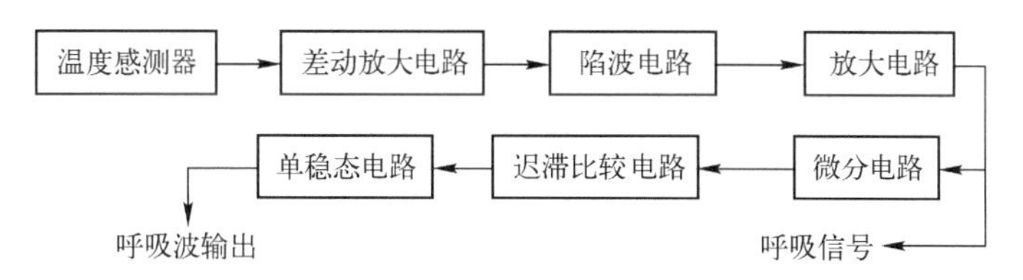

图 9-1　系统结构框图

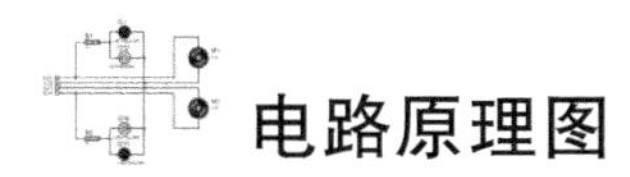

电路原理图

电路原理图如图 9-2 所示。实测时，人体温度约为 37℃，而体外温度约为 25℃。经过实物测试，测出了呼吸波形，并且测得的呼吸频率约为 20 次/min，符合实际情况，设计的电路基本满足设计要求。

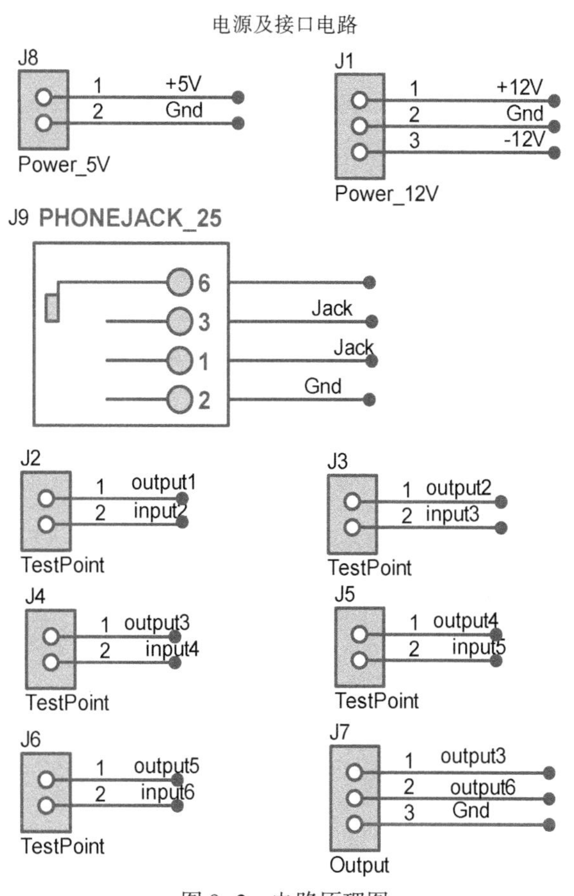

图 9-2　电路原理图

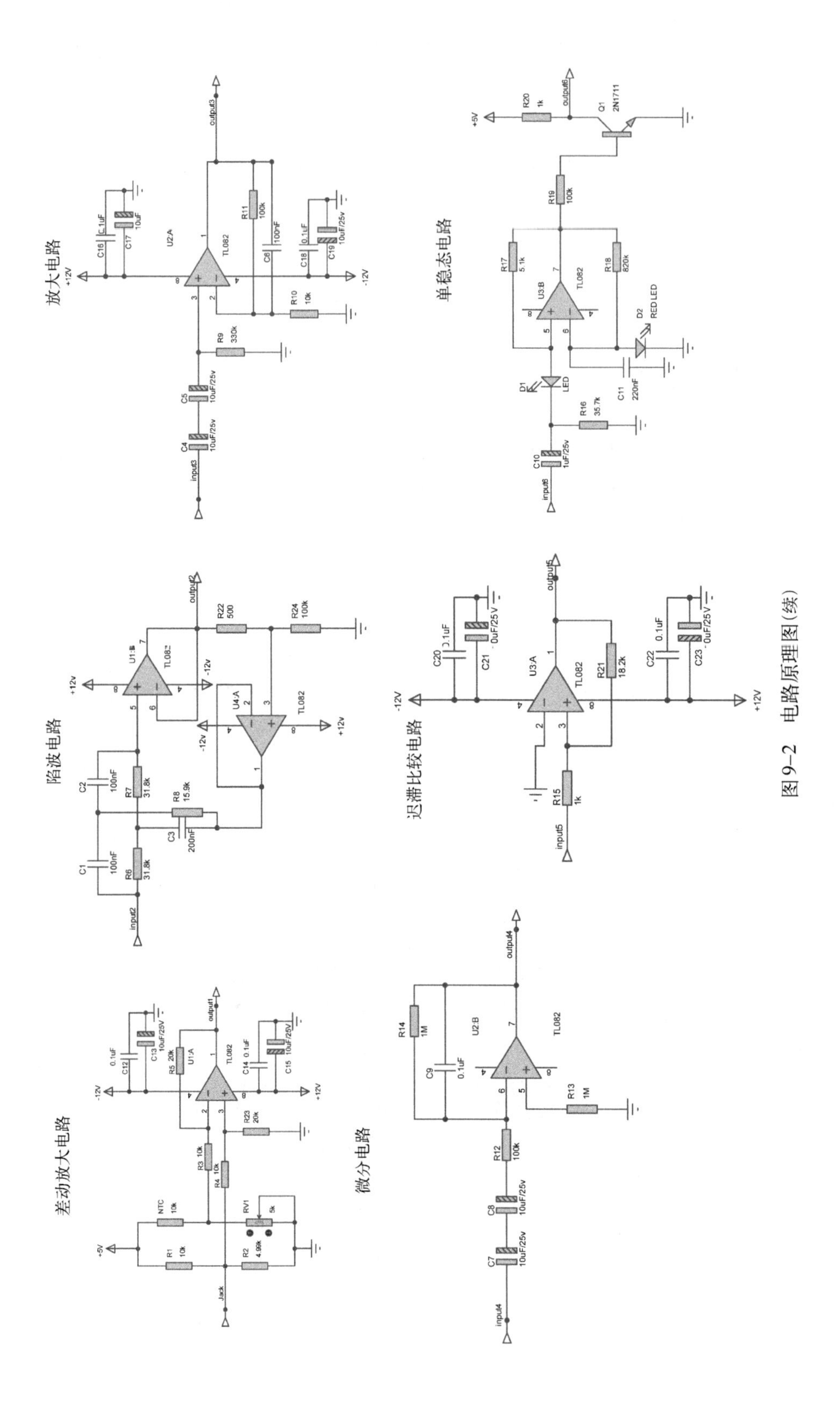

图 9-2　电路原理图(续)

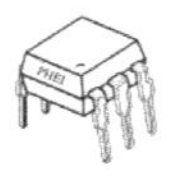

模块详解

1. 差动放大电路

图 9-3 所示电路是用来实现两个电压V_{i1}、V_{i2}相减的求差电路，又称差分放大电路（差动放大电路）。从电路结构上来看，它是反相输入和同相输入相结合的放大电路。在理想运放条件下，利用虚短和虚断的概念，有$(V_p-V_n)\to0$，$i_1\to0$，对节点 n 和 p 的电流方程为

$$i_1=i_4 \quad 即 \quad \frac{V_{i1}-V_n}{R_1}=\frac{V_n-V_o}{R_4} \tag{9-1}$$

$$i_2=i_3 \quad 即 \quad \frac{V_{i2}-V_p}{R_2}=\frac{V_p}{R_3} \tag{9-2}$$

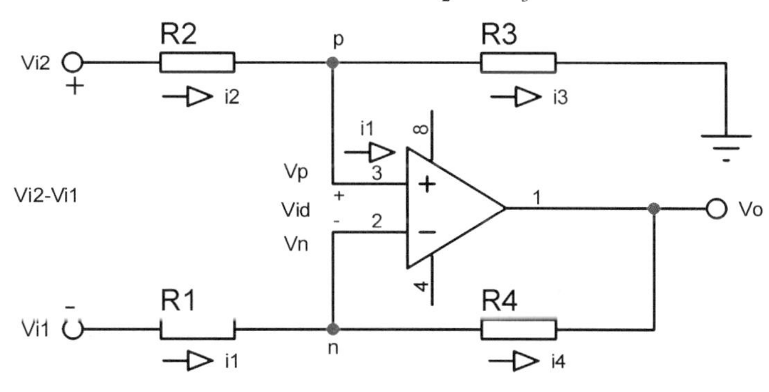

图 9-3　求差电路

由式（9-1）可求得V_n，又由虚短得$V_n=V_p$，然后将V_p代入式（9-2），可得

$$\begin{aligned}V_o&=\left(\frac{R_1+R_4}{R_1}\right)\left(\frac{R_3}{R_2+R_3}\right)V_{i2}-\frac{R_4}{R_1}V_{i1}\\&=\left(1+\frac{R_4}{R_1}\right)\left(\frac{R_3/R_2}{1+R_3/R_2}\right)V_{i2}-\frac{R_4}{R_1}V_{i1}\end{aligned} \tag{9-3}$$

在式（9-3）中，如果选取阻值满足$R_4/R_1=R_3/R_2$的关系，则输出电压可简化为

$$V_o=\frac{R_4}{R_1}(V_{i2}-V_{i1}) \tag{9-4}$$

由式（9-4）可得输出电压V_o与两输入电压之差（$V_{i2}-V_{i1}$）成比例，即实现了求差功能，比例系数为电压增益A_{Vd}，即

$$A_{Vd}=\frac{V_o}{V_{i2}-V_{i1}}=\frac{R_4}{R_1} \tag{9-5}$$

本设计中差动放大电路使用的放大器芯片为 TL082。TL082 是一款通用的 J-FET 双运算放大器。其特点有：较低的输入偏置电压和偏移电流；输出设有短路保护；输入级具有较高的输入阻抗；内建频率补偿电路；较高的压摆率。最大工作电压$V_{ccmax}=\pm18V$。TL082 引脚功能如表 9-1 所示。

表 9-1　TL082 引脚功能

脚　号	脚　　名	功　　能	脚　号	脚　　名	功　能
1	Output 1	输出 1	5	Non-inverting input 2	同相输入 2
2	Inverting input 1	反相输入 1	6	Inverting input 2	反相输入 2
3	Non-inverting input 1	同相输入 1	7	Output 2	输出 2
4	-VEE	电源-	8	VCC	电源+

TL082 内部简化示意图如图 9-4 所示，可以利用它设计差动放大电路，如图 9-5 所示。在室温下校准时，将呼吸感测器输入接到 Jack 输入，调整 RV1 可使 TL082 的输出为 0V。在测量呼吸时，差动放大器 TL082 会将呼吸感测器因温差而产生的电压差加以放大，若 $R_3=R_4$，$R_5=R_{23}$，则其增益计算公式为

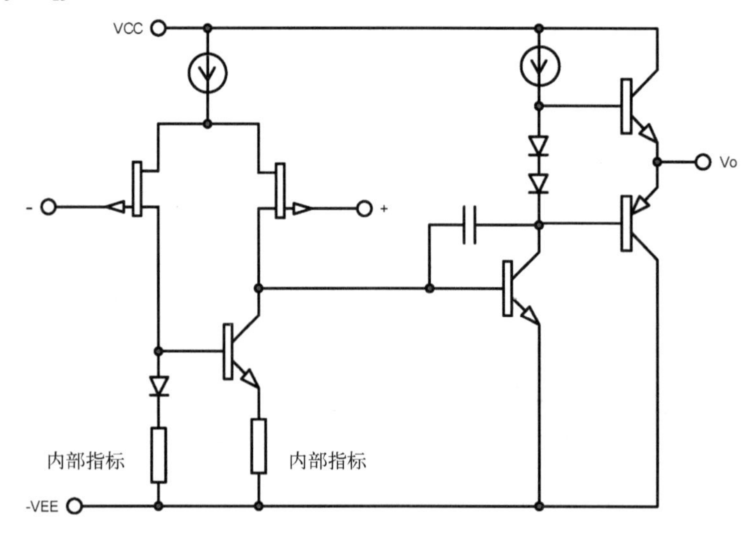

图 9-4　TL082 内部简化示意图

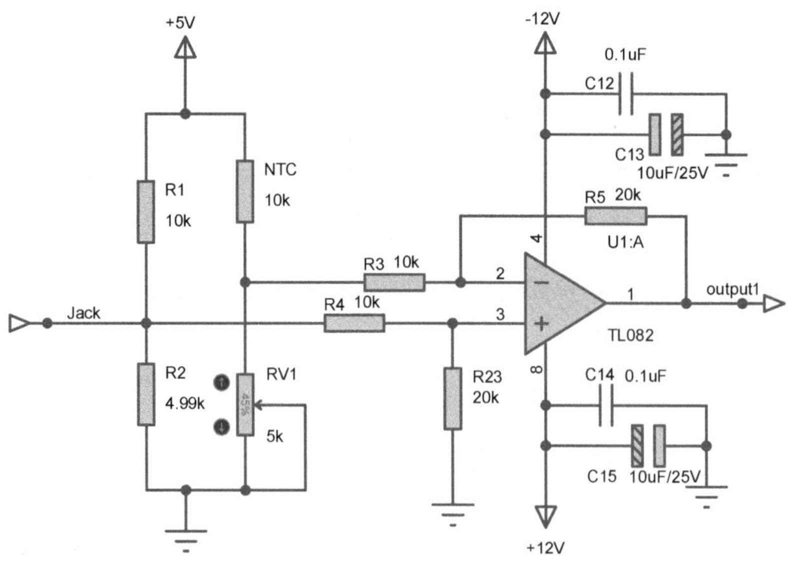

图 9-5　差动放大电路

$$A_V = \frac{R_5}{R_3} \tag{9-6}$$

$$V_{OUT} = \frac{R_5}{R_3}(V_+ - V_-) \tag{9-7}$$

差动放大电路仿真如下。

由于 Proteus 是理想的仿真环境，所以没办法仿真差动放大电路的调零功能。在这里只简单地仿真差动放大电路未加输入时的功能，证明差动放大电路可以正常工作，如图 9-6 所示。

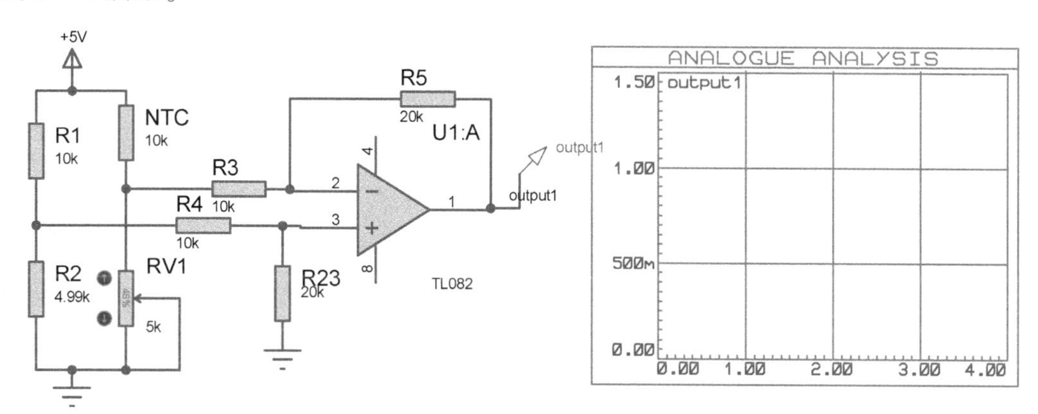

图 9-6　差动放大电路仿真设置

首先将可变电阻器 RV1 接入电路的阻值调到最小处，使其为全部阻值的 1%，进行仿真。得到以下结果：输出恒定电压，幅值约为 3.2V。这是因为 TL082 同相输入端电压较反相输入端电压高，压差约为$\frac{5}{3}$V，经过 TL082 放大电路放大$\frac{R_5}{R_3}=2$ 倍，输出约为$\frac{5}{3}\times 2 \approx$ 3.3V，在误差允许范围内，如图 9-7 所示。

接下来将可变电阻器 RV1 接入电路的阻值调到最大处，使其为全部阻值的 99%，进行仿真。得到以下结果：输出为-0.1mV，约为 0V。此时 TL082 同相输入端电压与反相输入端电压接近，压差接近 0V，所以输出约为 0V，如图 9-8 所示。

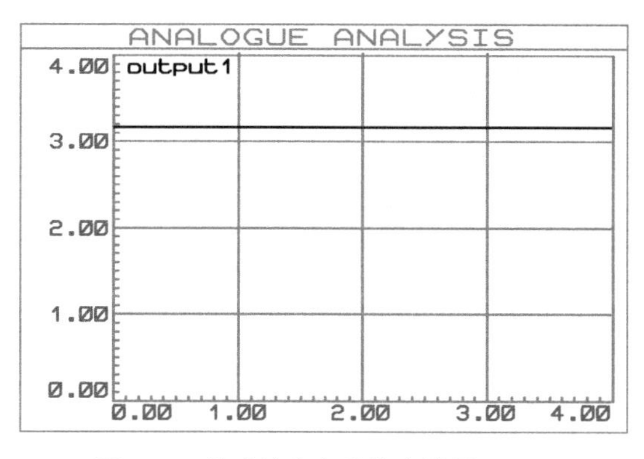

图 9-7　差动放大电路仿真结果（一）

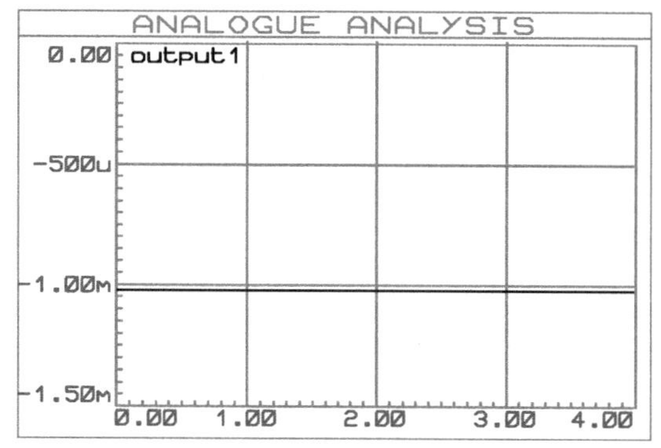

图 9-8　差动放大电路仿真结果（二）

2. 陷波电路

在我国采用的是 50Hz 频率的交流电，所以在平时需要对信号进行采集处理和分析时，常会存在 50Hz 的工频干扰，对信号处理造成很大影响，因此 50Hz 陷波器在日常生活中被广泛应用，其技术已基本成熟。前面已经介绍了一种陷波电路，这里再介绍一种基于双 T 型网络的 50Hz 陷波电路。

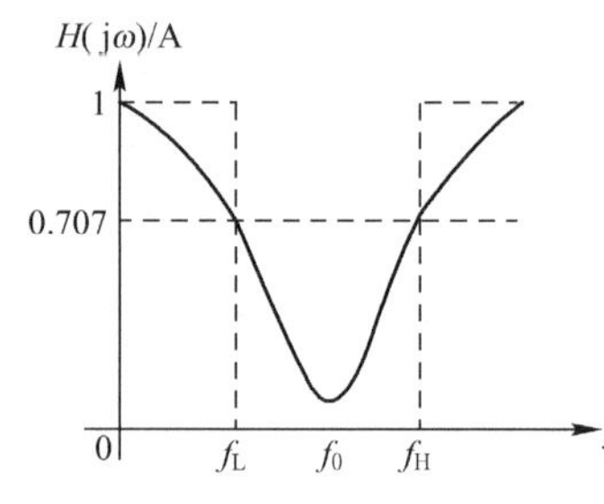

图 9-9 带阻滤波器的频率特性

陷波器就是一种用作单一频率陷波的窄带阻滤波器，一般由带通滤波器和减法器组合起来实现。理想的带阻滤波器在其阻带内的增益为零。带阻滤波器的频率特性如图 9-9 所示。滤波器的中心频率f_0和抑制带宽 BW 之间的关系为

$$Q=\frac{f_0}{\text{BW}}=\frac{f_0}{f_H-f_L} \tag{9-8}$$

陷波器的实现方法有很多，本次设计采用的是电路比较简单、易于实现的双 T 型陷波器。双 T 型带阻滤波器的主体包括 3 部分：选频部分、放大器部分、反馈部分。此陷波器具有良好的选频特性和比较高的 Q 值。双 T 型陷波电路如图 9-10 所示。

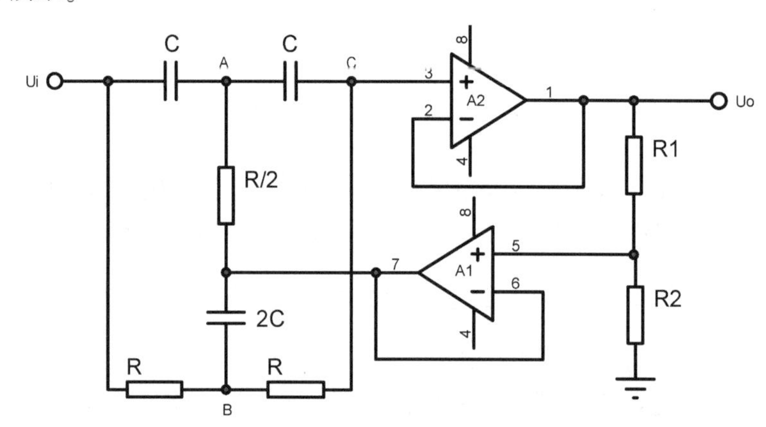

图 9-10 双 T 型陷波电路

图 9-10 中，A2 用作放大器，其输出端作为整个电路的输出；A1 接成电压跟随器的形式。因为双 T 型网络只有在离中心频率较远时才能达到较好的衰减特性，因此滤波器的 Q 值不高。加入电压跟随器是为了提高 Q 值，此电路中，Q 值可以提高到 50 以上，调节电阻 R 的阻值来控制陷波器的频率特性，包括带阻滤波的频带宽度和 Q 值的高低。

分析电路可以求得

$$f_H=f_0\left[\sqrt{1+4\,(1-K)^2}+2(1-K)\right] \tag{9-9}$$

$$f_L=f_0\left[\sqrt{1+4\,(1-K)^2}-2(1-K)\right] \tag{9-10}$$

$$Q=\frac{f_0}{f_H-f_L}=\frac{1}{4(1-K)} \tag{9-11}$$

$$\text{BW}=f_H-f_L=4(1-K)f_0 \tag{9-12}$$

因此，当 $K\approx1$ 时，Q 值极高，BW 接近于零。可以通过改变 K 的值来调节带宽，Q

值越大，带阻曲线越窄，陷波效果越好。但在实际应用中，Q 值不能无限大，如果 Q 值过大，会引起电路振荡。

双 T 型陷波器的幅频特性如图 9-11 所示。

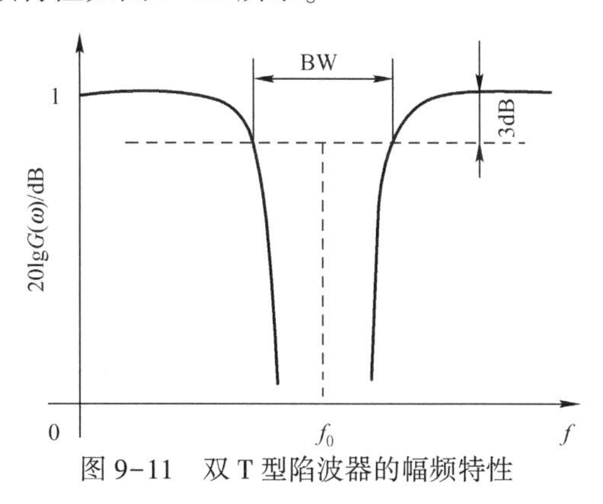

图 9-11　双 T 型陷波器的幅频特性

其中心频率f_0的计算公式为

$$f_0=\frac{1}{2\pi RC} \tag{9-13}$$

因此 T 型结构中的电容和电阻用来确定中心频率的值，可以通过改变这些电容和电阻的值来选择需要滤除的频率值。

本次设计要求消除叠加在频率为 1Hz 以下的生理信号中所包含的 50Hz 工频信号，所以中心频率$f_0=50\text{Hz}$，$RC=\frac{1}{314}$，令 $R=31.85\text{k}\Omega$，则 $C=100\text{nF}$。

带宽 BW 越小越好，取$f_H\geqslant 51\text{Hz}$，$f_L\leqslant 49\text{Hz}$，可得 $\text{BW}=4(1-K)f_0\leqslant 2$，$Q\geqslant 25$。

即 $K=\frac{R_2}{R_1+R_2}>0.99$，$R_2>99R_1$，取$R_1=500\Omega$，$R_2=100\text{k}\Omega$。

在实际电路中，为了防止中心频率漂移，要使用镀银云母电容或碳酸盐电容和金属膜电阻。常见衰减量为 40～50dB，如果要得到 60dB 的衰减量，必须要求电阻的误差小于 0.1%，电容误差小于 0.1%。

本设计采用的陷波电路如图 9-12 所示。

陷波电路仿真如下。

为了便于查看陷波电路对 50Hz 干扰信号的滤除作用，本次仿真采用了频率分析图表来表示仿真结果。频率分析的作用是分析电路在不同工作频率状态下的运行情况。频率特性分析相当于在输入端接一个可改变频率的测试信号，在输出端接一个交流电表测量不同频率所对应的输出，同时可得到输出信号的相位变化情况。

单击工具箱中的“Simulation Graph”图标，选择 FREQUENCY 仿真图表，放置在图中期望的位置。双击图表，弹出频率分析图表编辑对话框。由于陷波电路主要作用于 50Hz 干扰信号，所以设置其“Start frequency”为 10，“Stop frequency”为 100，其他选项为默认值。在频率分析中，幅值和相位都要设一个参考值，可通过设置参考发生器来实现这一点。本次仿真在电路的输入端放置了正弦信号源“input2”，其幅值为 1V，相位为 0dB，设置其为频率分析的参考发生器，如图 9-13、图 9-14 所示。

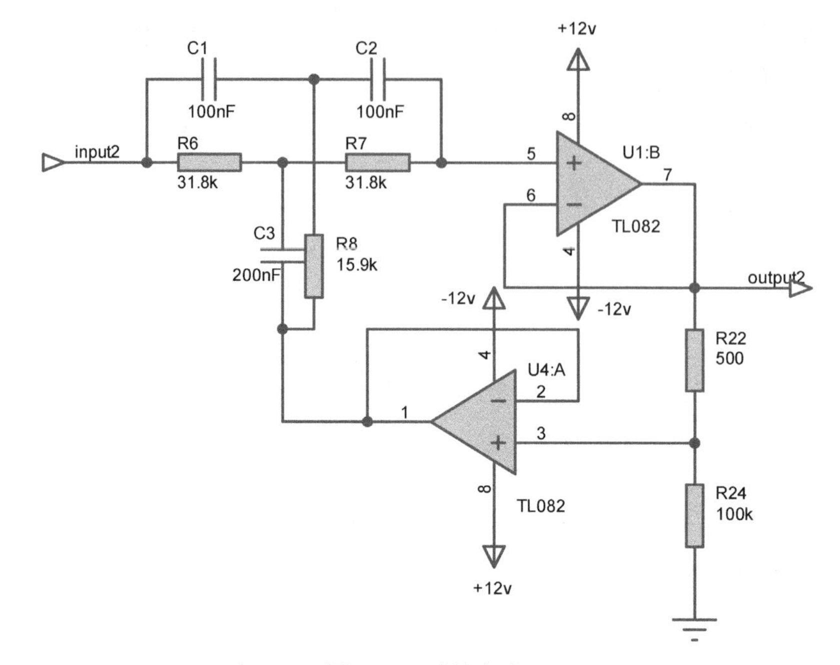

图 9-12　陷波电路

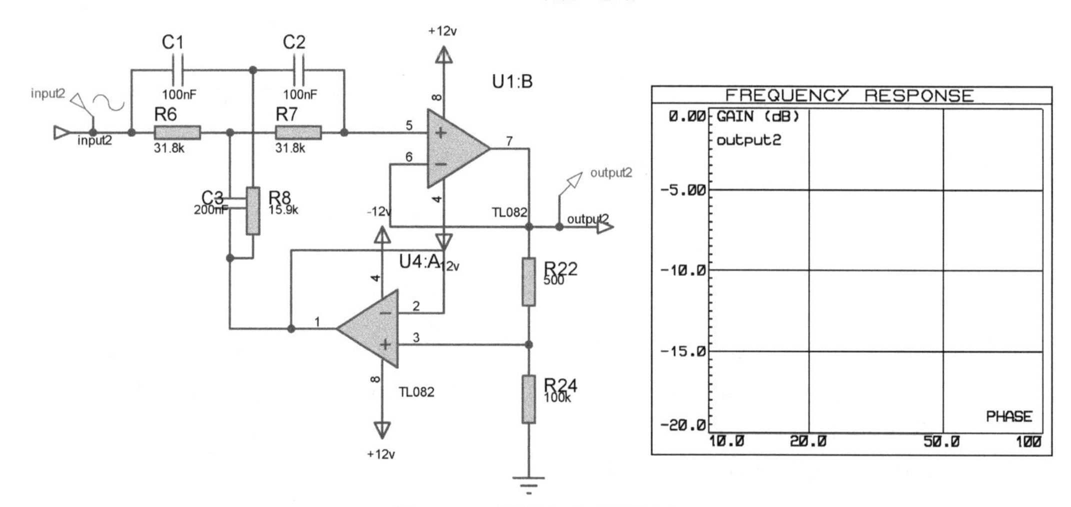

图 9-13　放置频率分析图表

选择“Graph→Simulate”（快捷键：空格）菜单命令，开始仿真。此时图表也随仿真的结果进行更新。频率分析仿真结果如图 9-15 所示。可以看到，频率为 50Hz 时，信号衰减达到最大，50Hz 附近衰减程度逐渐减小，其他频率信号不衰减正常输出。

3. 放大电路

如图 9-16 所示，设计同相放大电路，其中包含 TL082、C4、C5、R9、R10 和 R11。电容 C4 和 C5 用来阻隔前级输出的直流电位。输入信号 input3 加到运放的同相输入端“+”和地之间，输出电压通过电阻 R11 作用于反相输入端“-”。放大器的增益由 R_{10} 和 R_{11} 决定，具体计算公式为

$$A_V = \frac{R_{11}}{R_{10}} + 1 \tag{9-14}$$

Edit Frequency Graph

Graph title: FREQUENCY RESPONSE

Reference: input2

Start frequency: 10

Stop frequency: 100

Interval: DECADES

No. Steps/Interval: 10

Options

Y Scale in dBs:

Always simulate:

Log netlist(s):

SPICE Options

Set Y-Scales

User defined properties:

OK

Cancel

图 9-14　频率分析图表编辑对话框

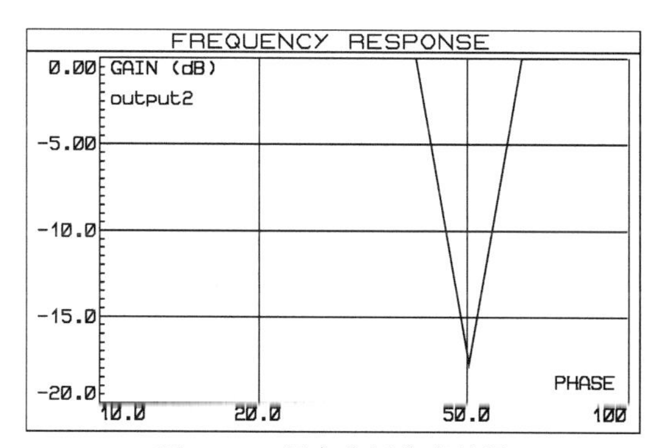

图 9-15　频率分析仿真结果

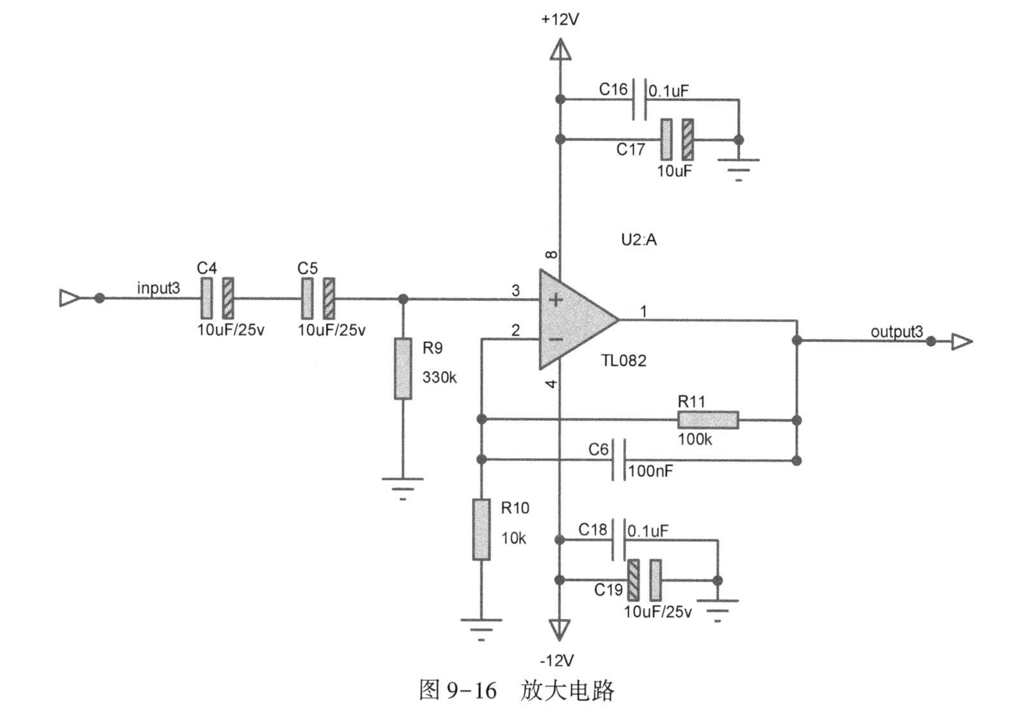

图 9-16　放大电路

放大电路仿真如下。

输入采用正弦信号源，幅值为1V，频率为1Hz，输出采用ANALOGUE模拟分析仪表显示，设置“Start time”为0，“Stop time”为10；将输出电压探针和输入信号源探针拖入图表中，如图9-17所示。

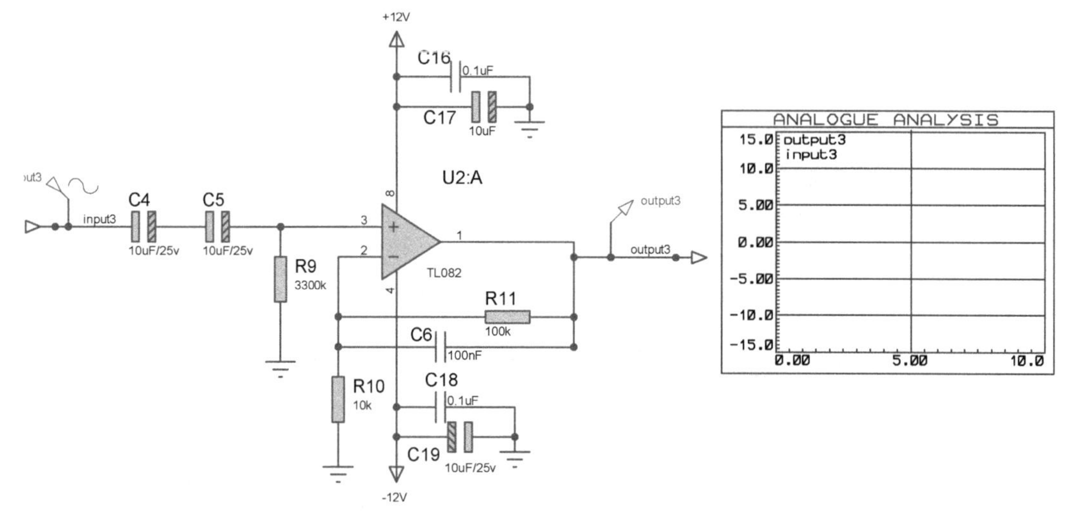

图9-17　放大电路仿真设置

理论上输入信号幅值为1V，经放大电路处理后输出，放大倍数为11倍，输出信号幅值为11V。仿真输出约为10.5V，在误差允许范围内，电路工作正常，如图9-18所示。

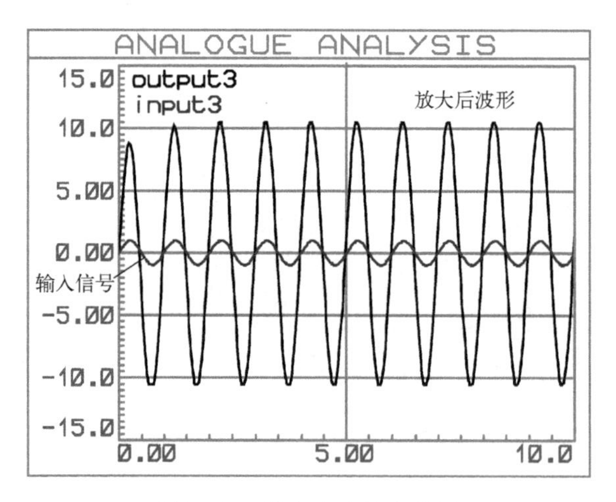

图9-18　放大电路仿真结果

4. 微分电路

微分电路由理想运放和电阻、电容等元件构成，如图9-19所示。它同样存在虚地（$U_{-}=0$）和虚断（$i_{-}=0$，$i_1=i_2$）。设$t=0$时，电容器C的初始电压$U_C(0)=0$，当信号电压U_i接入后，便有

$$i_1 = C\frac{\mathrm{d}U_\mathrm{i}}{\mathrm{d}t} \tag{9-15}$$

$$U_- - U_\mathrm{o} = i_2 R = RC\frac{\mathrm{d}U_\mathrm{i}}{\mathrm{d}t} \tag{9-16}$$

从而得

$$U_\mathrm{o} = -RC\frac{\mathrm{d}U_\mathrm{i}}{\mathrm{d}t} \tag{9-17}$$

式（9-17）表明，输出电压 U_o正比于输入电压 U_i对时间的微商，负号表示它们的相位相反。

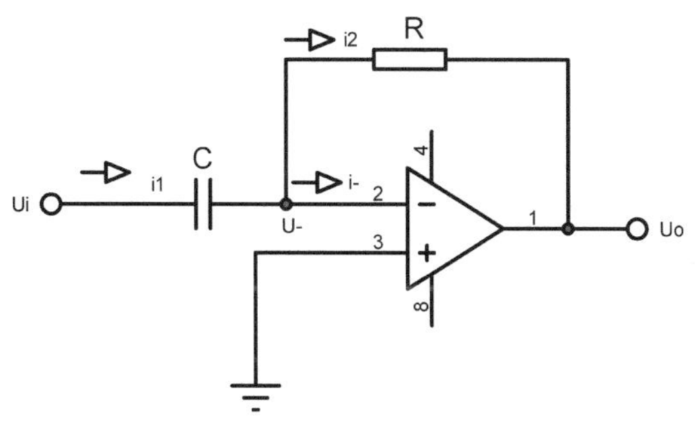

图 9-19　微分电路

当输入电压 U_i为阶跃信号时，考虑到信号源总是存在内阻，在 $t=0$ 时，输出电压仍为一个有限值。随着电容 C 的充电，输出电压 U_o将逐渐衰减，最后趋近于零，如图 9-20 所示。

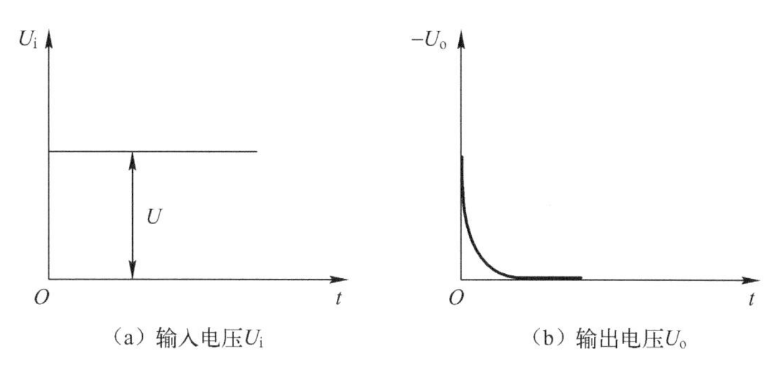

（a）输入电压U_i　　（b）输出电压U_o

图 9-20　微分电路的电压波形

如果输入信号是正弦信号 $U_\mathrm{i}=\sin\omega t$，则输出信号 $U_\mathrm{o}=-RC\omega\cos\omega t$。此式表明，$U_\mathrm{o}$的输出幅度将随频率的增加而线性增加。因此微分电路对高频噪声特别敏感，以致输出噪声可能完全淹没微分信号。一种改进型微分电路如图 9-21 所示。

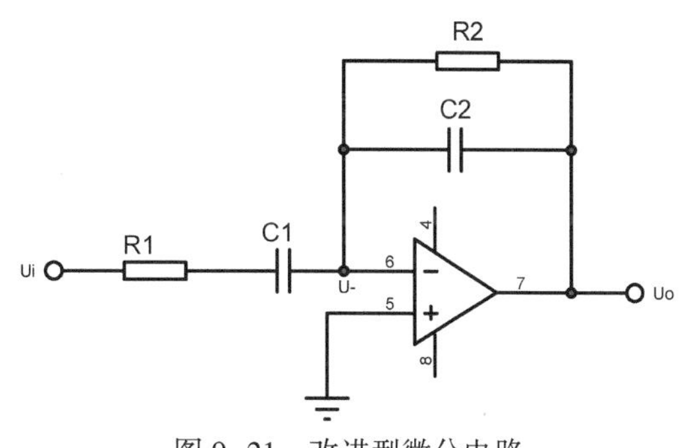

图 9-21　改进型微分电路

电路传递函数为

$$\frac{U_o(s)}{U_i(s)}=-\frac{sR_2C_1}{(1+sR_1C_1)(1+sR_2C_2)} \tag{9-18}$$

经过分析，只有U_i的角频率ω比电路中RC的固有角频率ω_H小很多，即$f \ll f_H=\frac{1}{2\pi RC}$时，电路才有微分功能。

图 9-22 所示为实际设计的微分电路。电容 C7 和 C8 用于去除放大器所产生的直流漂移。微分电路凸显了呼吸的变化率，而 R14 和 C9 用来去除高频杂音。当$R_{14}=R_{13}$时，可降低偏移电压的影响，以避免此电路进入饱和状态。

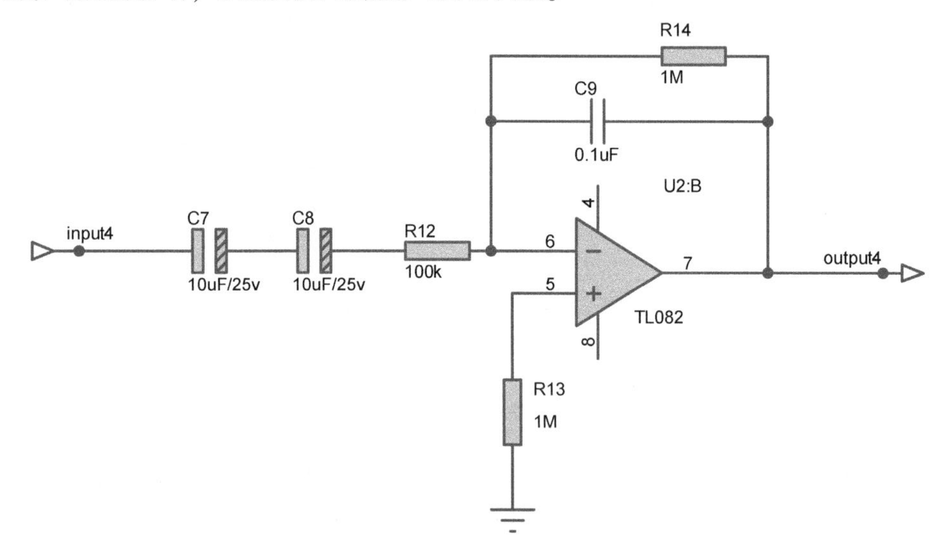

图 9-22　实际设计的微分电路

微分电路仿真如下。

由于设计微分电路的目的是凸显呼吸的变化率，所以这里输入信号采用脉冲信号源，设置信号源幅值为 1V，频率为 1Hz（实际呼吸波频率小于 1Hz，约为 0.4Hz），占空比为 30%。输出结果采用模拟分析图表显示，如图 9-23 所示。

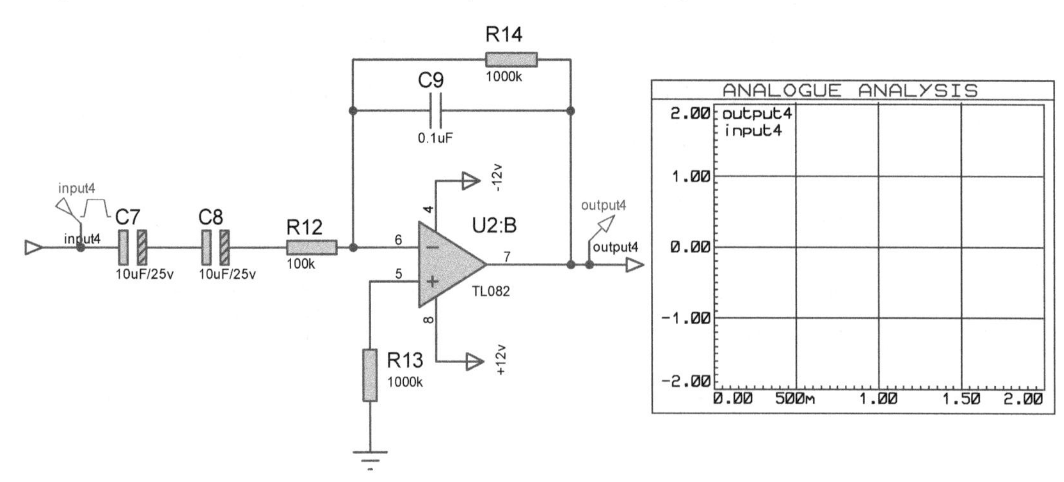

图 9-23　微分电路仿真设置

在模拟分析图表中，同时对输入信号 input4 和输出信号 output4 进行仿真，仿真结果如图 9-24 所示。矩形脉冲信号为输入信号，对输入信号进行微分，矩形波脉冲转化为尖脉冲波输出，输出信号反映输入矩形脉冲信号的突变部分，即只有输入的矩形脉冲波形发生突变的瞬间才有输出，对输入信号的恒定部分则输出为零。输出的尖脉冲波形的宽度与 RC（即电路的时间常数）有关。输出电压与输入电压的时间变化率成比例。

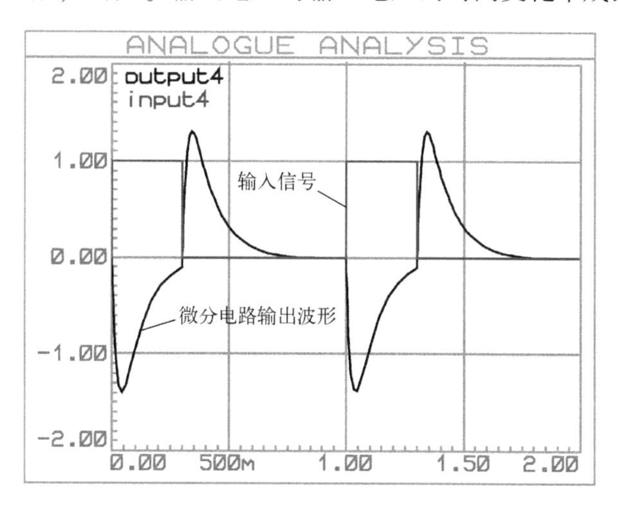

图 9-24　微分电路仿真结果

5. 迟滞比较电路

TL082 为迟滞比较器，输出电压为正或负的饱和电压（V_{cc}）。迟滞比较器是一个具有迟滞回环传输特性的比较器，有利于提高抗干扰能力。如图 9-25 所示，在反相输入单门限电压比较器的基础上引入反馈网络，组成具有双门限值的反馈输入迟滞比较器。由于比较器中的运放处于正反馈状态，因此在一般情况下，输出电压V_o与输入电压V_i不呈线性关系，只有在输出电压V_o发生跳变的瞬间，集成运放两个输入端之间的电压才可以近似认为等于零，即$V_P=V_N=V_i$是输出电压V_o转换的临界条件，当$V_i>V_P$时，输出电压V_o为低电平$V_{OL}(-V_{cc})$；反之，V_o为高电平$V_{OH}(+V_{cc})$。根据叠加定理有

$$V_P=V_N=\frac{R_{15}V_{REF}}{R_{15}+R_{21}}+\frac{R_{21}V_o}{R_{15}+R_{21}} \tag{9-19}$$

在本电路中，$V_{REF}=0$，根据输出电压V_o的不同值（V_{OL}或V_{OH}），求出上门限电压 V_{T+}和下门限电压 V_{T-}分别为

$$V_{T+}=V_{OH}\frac{R_{15}}{R_{15}+R_{21}}\ ,\ \ V_{T-}=V_{OL}\frac{R_{15}}{R_{15}+R_{21}} \tag{9-20}$$

所以在呼气时，因人体内部温度较高，当经过前面的放大电路、微分电路后信号高于上临界电位V_{T+}时，TL082 输入呈现正的饱和电压（$+V_{cc}$）；反之，在吸气时所感测的为室温，当经过前面电路后输出的信号低于临界电位V_{T-}时，TL082 输出呈现负的饱和电压$-V_{cc}$，因此会有一方波产生。

迟滞比较电路仿真如下。

经过计算，迟滞比较电路的上门限电压值$V_{T+}=\frac{1}{1+18.2}\times 12\approx 0.625\text{V}$，下门限电压值

$V_{T-}=\frac{1}{1+18.2}\times(-12)\approx-0.625V$。所以输入信号采用脉冲信号源，设置其低电平为-1V，高电平为1V，其他选择默认设置。输出结果采用模拟分析图表显示，设置停止仿真时间为4s，如图9-26所示。

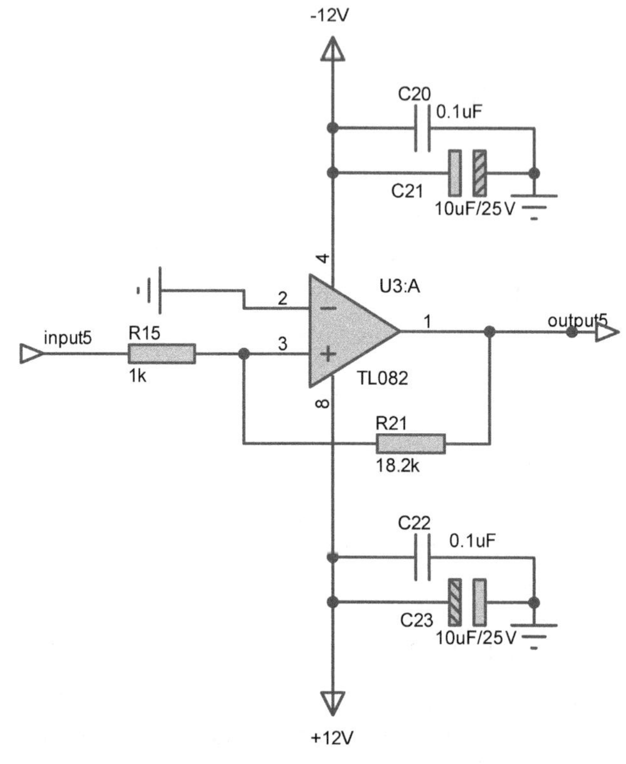

图9-25　迟滞比较电路

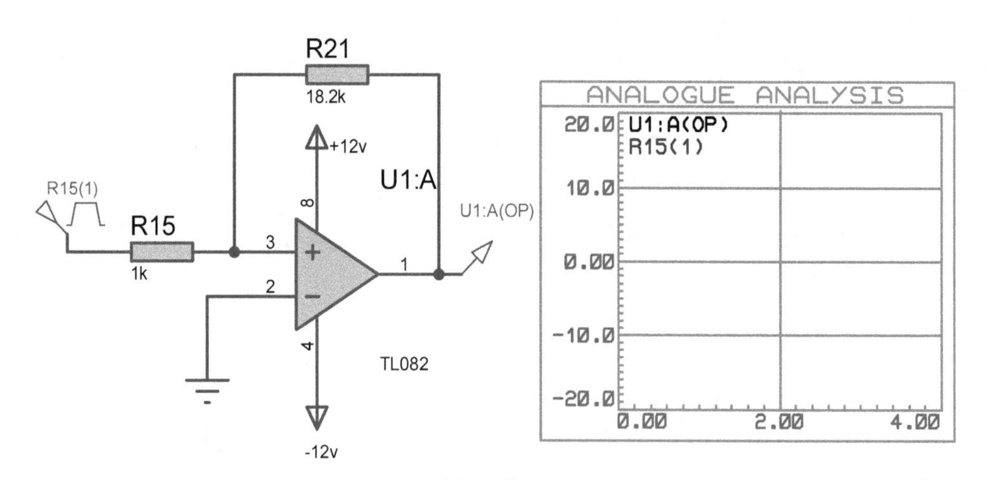

图9-26　迟滞比较电路仿真设置

因为输入信号的电压范围为±1V，在门限电压±0.625V范围外，所以随着输入信号的电压跳变，输出一个占空比为50%、幅值为±10V的方波，如图9-27所示。

改变输入信号的高低电平，设置高电平为500mV，低电平为-500mV，使其电压范围为±500mV，在门限电压±0.625V 范围内，则迟滞比较电路会输出一个恒定电压，如图 9-28 所示。

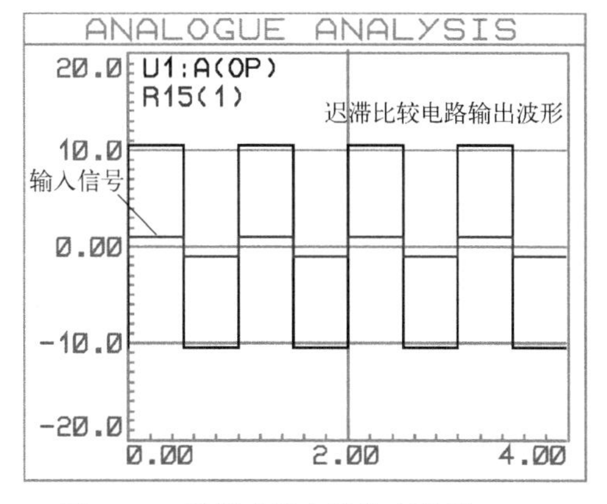

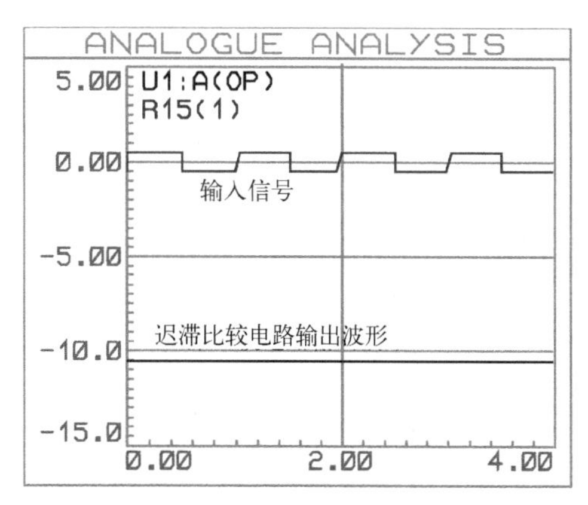

图 9-27　迟滞比较电路仿真结果（一）　　图 9-28　迟滞比较电路仿真结果（二）

6. 单稳态电路

如图 9-29 所示，由 D2、C11、R18、R17 和 TL082 组成一单稳态电路，在稳态时 TL082 的输出为正饱和电位，经由 R18 对 C11 充电，使得 C11 上的电位维持在 0.6V。C11、R16 将比较器产生的方波进行微分产生正负脉冲，而 D1 只允许负脉冲通过，将造成 TL082 的正输入端电位低于负输入端电位（0.6V），因此触发暂态产生，使 TL082 的输出变为负饱和电位，而 C11 开始放电至其电压低于正输入端电压后，使 TL082 的输出恢复至稳态电位。

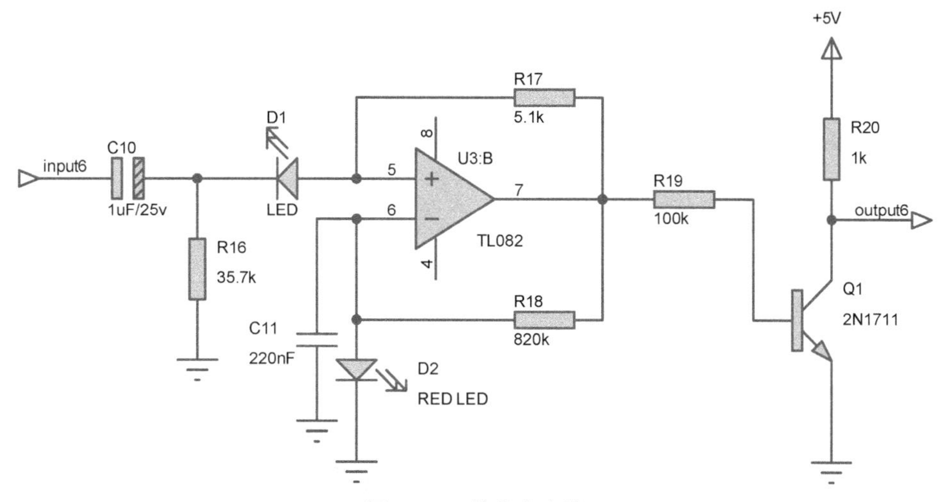

图 9-29　单稳态电路

单稳态电路仿真如下。

由之前的分析可知，经迟滞比较电路后信号输出为±12V 的方波信号。所以单稳态电路输入信号采用脉冲信号源，设置其高电平为 12V，低电平为-12V，频率为 1Hz，占空比为 50%，上升及下降时间为 1μs，输出信号采用模拟分析图表显示，如图 9-30 所示。

为了便于观察输出结果，在 TL082 输出引脚与电阻 R19 之间放置一个电压探针，在三极管集电极引出输出端仿真电压探针“output6”。分别将上述探针拖入模拟分析图表中进行仿真。

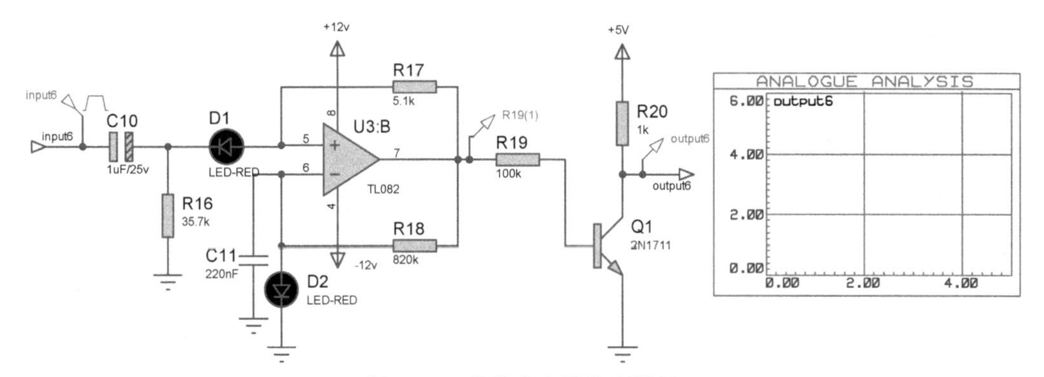

图 9-30　单稳态电路仿真设置

首先对 TL082 输出位置处的输出波形进行仿真，结果如图 9-31 所示，TL082 输出正负饱和电压，输出结果为一方波，幅值约为 10. 5V，频率与输入信号一致。

接下来对三极管集电极位置处的输出波形进行仿真，结果如图 9-32 所示，经过三极管后，输出信号变为 0~5V 的矩形波，频率与输入信号及 TL082 输出信号一致。

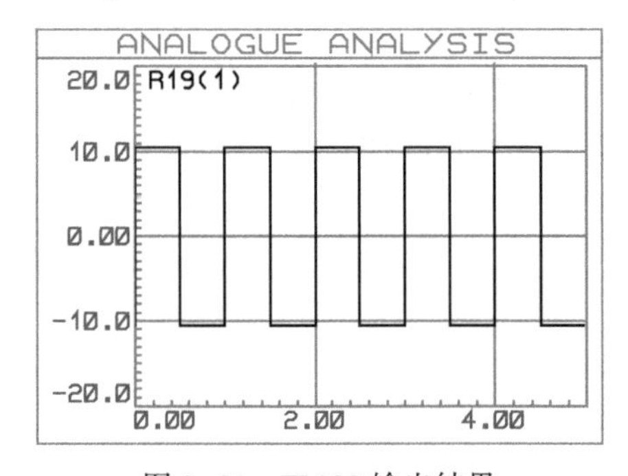

图 9-31　TL082 输出结果

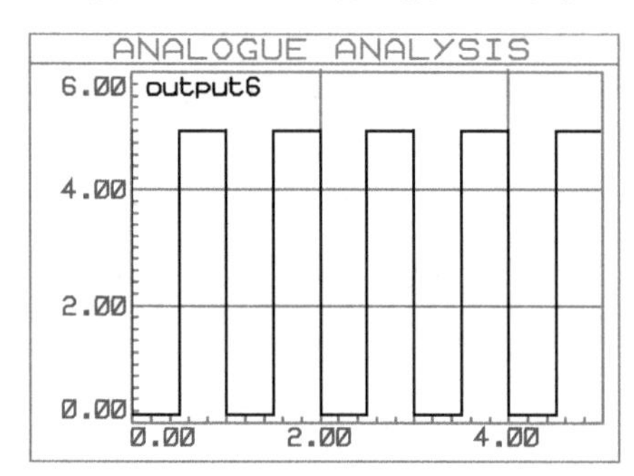

图 9-32　三极管集电极端输出结果

电路 PCB 设计图

电路 PCB 设计图如图 9-33 所示。

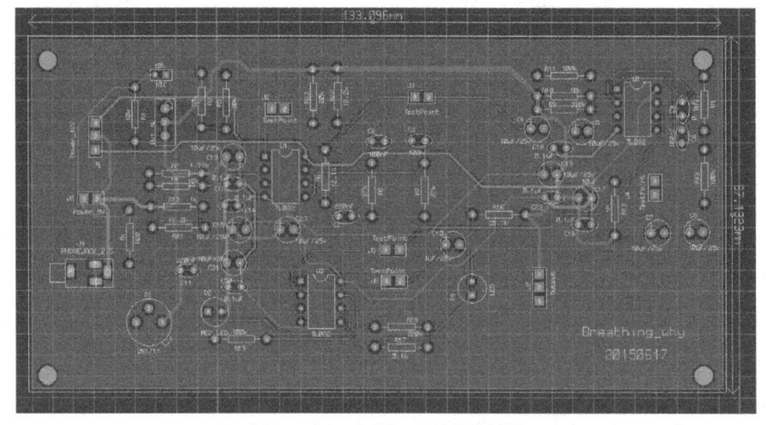

图 9-33　电路 PCB 设计图

实物测试

实物图如图 9-34 所示，测试图如图 9-35 所示。

图 9-34　实物图

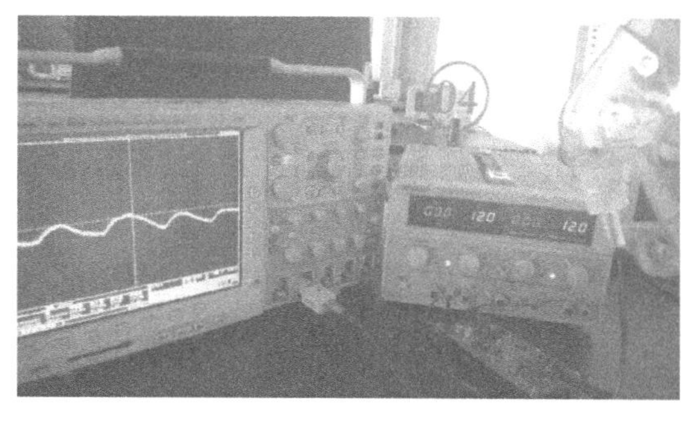

图 9-35　测试图

思考与练习

（1）试分析设计中差动放大器的工作原理？

答： 如图 9-5 所示，在测量呼吸时，差动放大器 TL082 会将呼吸感测器因温差而产生的电压差加以放大，若 $R_3=R_4$，$R_5=R_{23}$，则其增益计算公式为

$$A_V=\frac{R_5}{R_3}$$

（2）放大电路中，如何计算增益？

答： 如图 9-16 所示，放大器的增益由 R_{10}和 R_{11}决定，具体计算公式为

$$A_V=\frac{R_{11}}{R_{10}}+1$$

（3）设计中为什么要加入微分电路？

答： 如图 9-22 所示，微分电路凸显了呼吸的变化率，而 R14 和 C9 用来去除高频杂音。当 $R_{14}=R_{13}$时，可降低偏移电压的影响，以避免此电路进入饱和状态。

特别提醒

注意电路的连接，当电路各部分设计完毕后，需对各部分进行适当的连接，并考虑器件间相互的影响。各部分的连接顺序为：温度感测器→差动放大电路→陷波电路→放大电路→微分电路→迟滞比较电路→单稳态电路。

项目 10　口吃矫正器电路设计

设计任务

设计一个口吃矫正器，要求能够调节节拍器的时间间隔，通过蜂鸣器与 LED 显示，来实现声光两种治疗方式。

基本要求

☺ 利用可变电阻器进行调节，使口吃矫正器发出节拍次数在每次 0.1~2s 范围内可调。
☺ 对应电容调整在 0.47~4.7μF 间来协助控制时间与节拍次数。
☺ LED 灯随声音节拍相应闪烁，灯发光后患者开始发音。
☺ 当 SW1 在 LED 挡位时，LED 随声音节拍频率发光。
☺ 当 SW1 在蜂鸣器挡位时，蜂鸣器便产生“哒、哒”的响声。
☺ 调节可变电阻器可以改变耳机音量，使患者听觉更舒适。

设计思路

通常对于正常人而言，每秒说出一个字或一个音节已经是很慢的速度了，但是对于口吃患者来说，这样的速度还是很快的。所以要选取适当的节拍间隔，使口吃患者能够在极慢的节拍带领下进行练习，在适当的条件下将时间间隔缩短，渐渐地使口吃患者摆脱口吃矫正器的束缚，开始不再紧张地自在生活。

系统组成

口吃矫正器电路主要分为以下 4 部分。

☺ 第一部分：电源部分，为本电路提供所需要的 5V 电压。
☺ 第二部分：555 自激多谐振荡电路，由 NE555 与可变电阻器控制。在开启对应开关后产生方波信号，用以驱动显示电路。
☺ 第三部分：LED 矫正电路，由 LED 灯与保护电路构成。在开启对应开关后，LED

进行有规律的闪烁。

☺ 第四部分：蜂鸣器矫正电路，由蜂鸣器与可变电阻器组成，可以实现在蜂鸣器有规律鸣叫的同时调节鸣叫声音大小。

系统模块框图如图 10-1 所示。

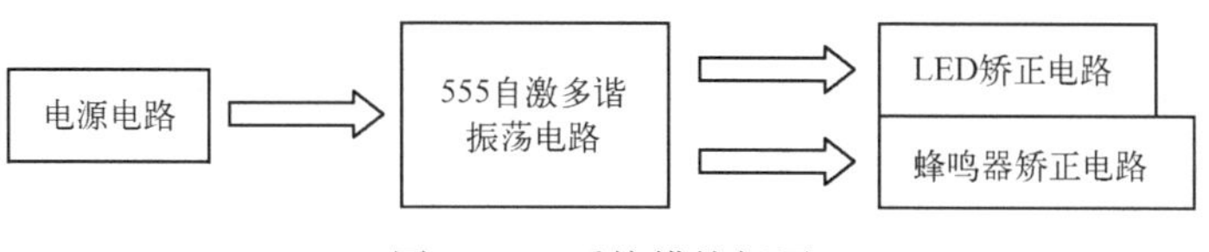

图 10-1 系统模块框图

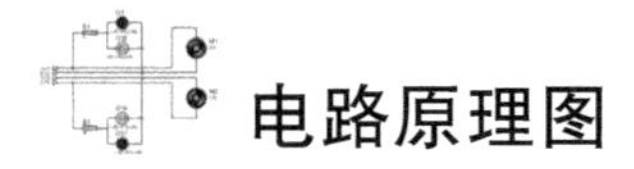

电路原理图

电路原理图如图 10-2 所示。

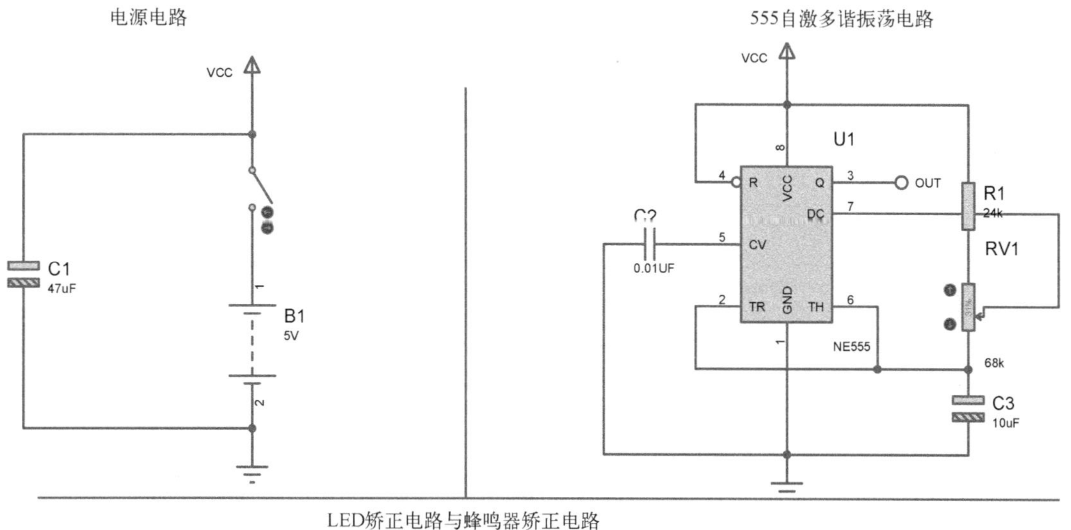

图 10-2 电路原理图

模块详解

1. 电源电路

如图10-3所示，在本电路中，使用5V电压供电，当电路开始工作时，电源开始给电容充电，电路逐渐消耗电能，电池电压开始降低，这时电容放电，维持电路正常工作。

2. 555自激多谐振荡电路

这里设计了一个简单的多谐振荡器。555定时器构成的自激多谐振荡电路如图10-4所示，R1、RV1和C3是外接定时元件，电路中将高电平触发端（6脚）和低电平触发端（2脚）并接后接到RV1和C3的连接处，将放电端（7脚）接到RV1的可变引脚。调节RV1即可达到调节输出波形频率及占空比的功能，但只适合不要求精确的频率和占空比的场合。

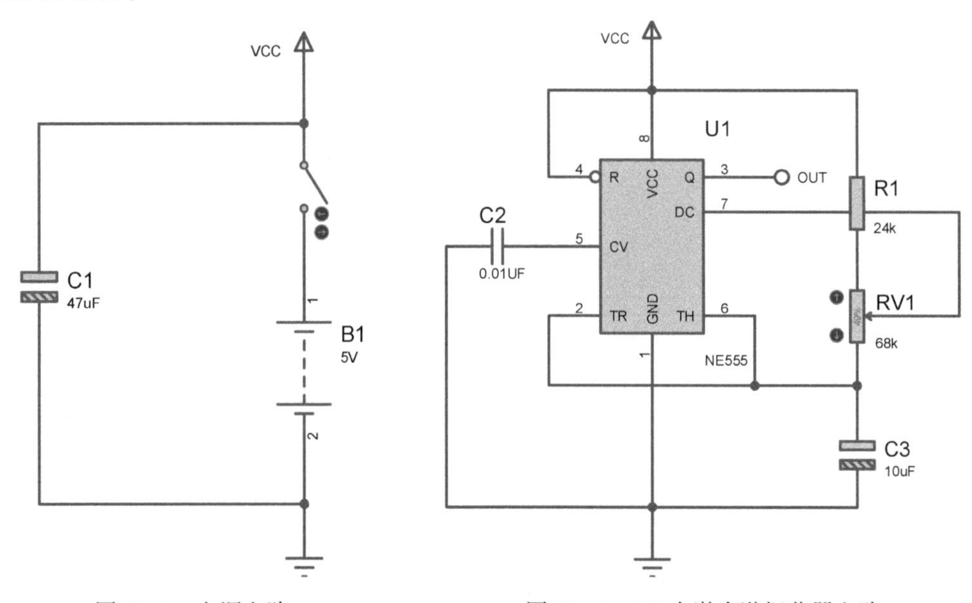

图10-3 电源电路　　图10-4 555自激多谐振荡器电路

555自激多谐振荡电路仿真如下。

在NE555芯片的输出引脚3处接电压探针，采用模拟分析图表来显示结果，图表仿真“Stop time”设为5，如图10-5所示。

首先将可变电阻器RV1的阻值调到10%，即可变电阻器接入电路中的阻值为6.8kΩ，查看555输出结果。此时输出波形频率约为1.33Hz，占空比约为85.7%，如图10-6所示。

接下来将可变电阻器RV1的阻值调到90%，即可变电阻器接入电路中的阻值为61.2kΩ，查看555输出结果。此时输出波形频率约为0.87Hz，占空比约为63.6%，如图10-7所示。

3. LED矫正电路与蜂鸣器矫正电路

LED矫正电路由LED组成，并连接定值电阻组成完整电路，如图10-8所示。

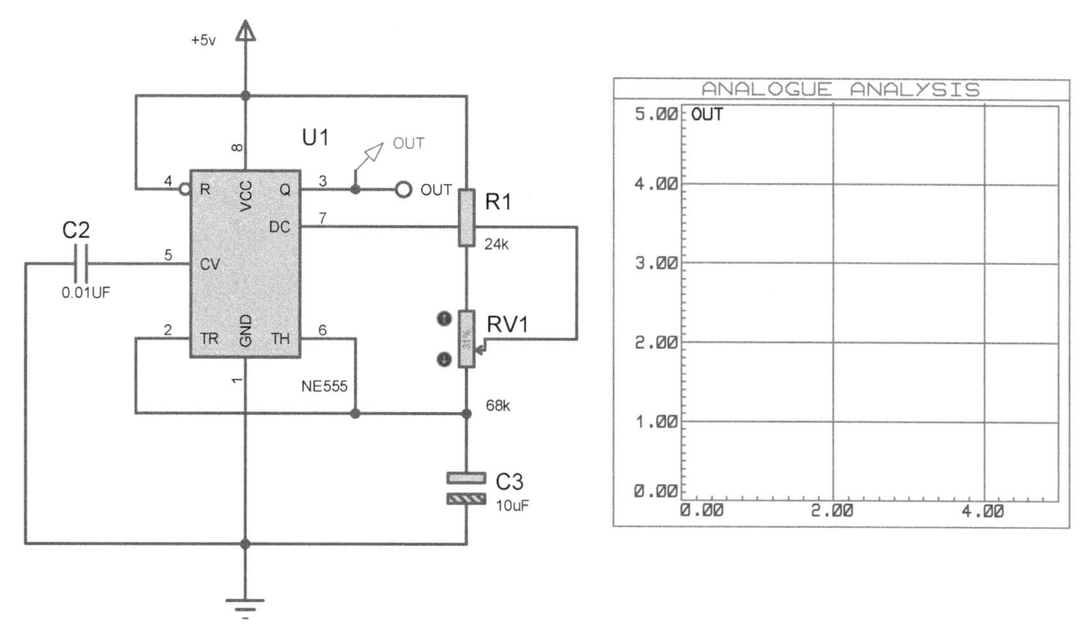

图 10-5 555 自激多谐振荡电路仿真设置

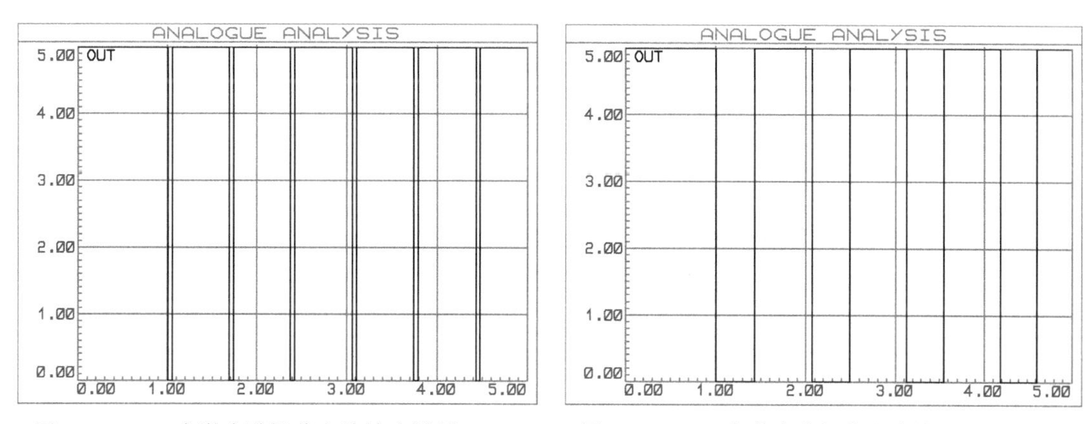

图 10-6 555 自激多谐振荡电路输出结果（一）　　图 10-7 555 自激多谐振荡电路输出结果（二）

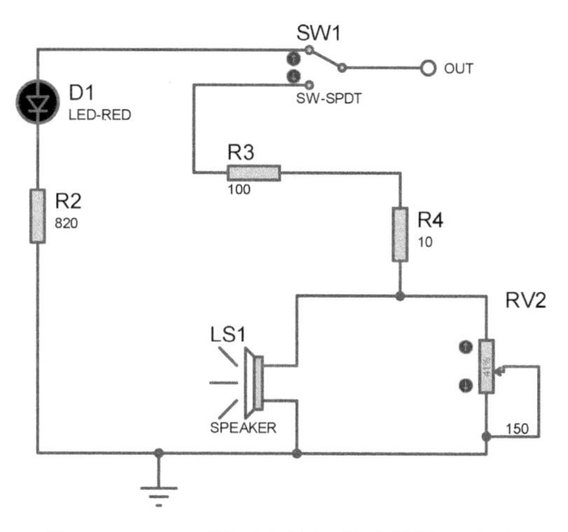

图 10-8 LED 矫正电路与蜂鸣器矫正电路

在蜂鸣器两端并联一个可变电阻器，可变电阻器的阻值根据蜂鸣器的功率大小来选择。实际应用中可以更改阻值，选择合适的可变电阻器能达到更好的效果，如图 10-8 所示。

LED 矫正电路与蜂鸣器矫正电路仿真如下。

使用脉冲信号源代替 555 电路输出矩形波，设置脉冲信号源“Pulsed Voltage”为 5V，占空比为 50%，频率为 1Hz。将开关 SW1 置于上面的 LED 挡位，开始仿真，可以看到 LED 随着脉冲信号源输出波形的频率而一亮一灭，如图 10-9、图 10-10 所示。

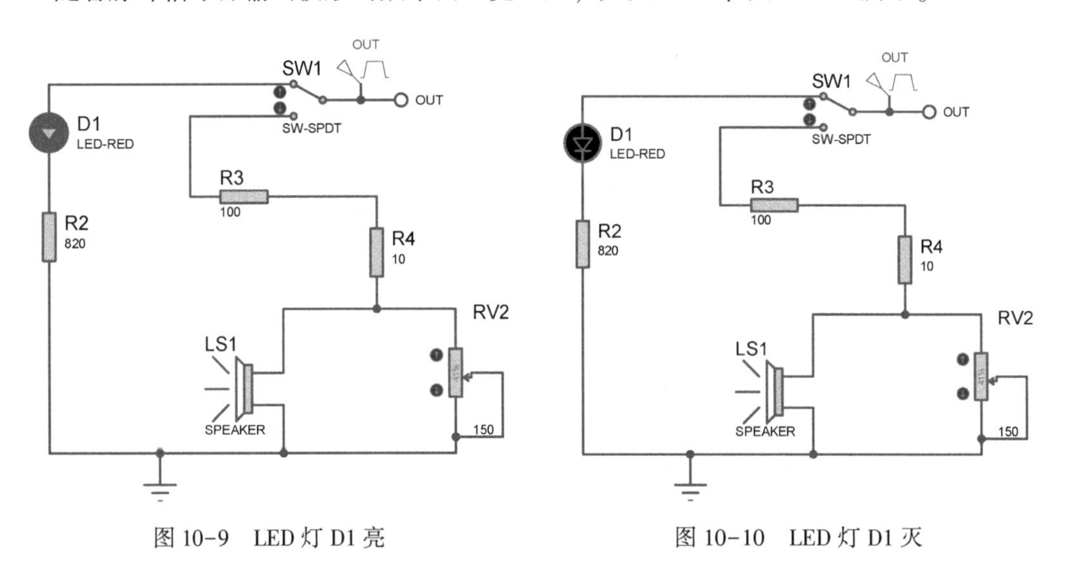

图 10-9　LED 灯 D1 亮　　　图 10-10　LED 灯 D1 灭

将开关 SW1 置于下面的蜂鸣器挡位，在蜂鸣器与电阻 R4 连接一端放置电压探针，然后在图中适当位置放置音频分析图表，将探针 R4(2) 拖入图表中，如图 10-11 所示。

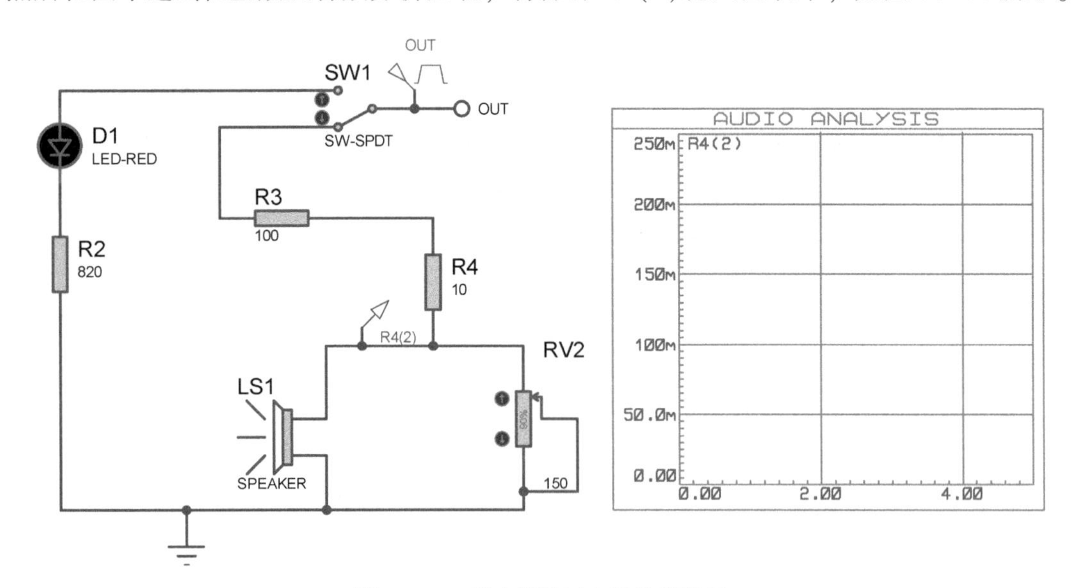

图 10-11　蜂鸣器矫正电路仿真设置

设置图表“Stop time”为5，其他选项保持默认设置，如图10-12所示。

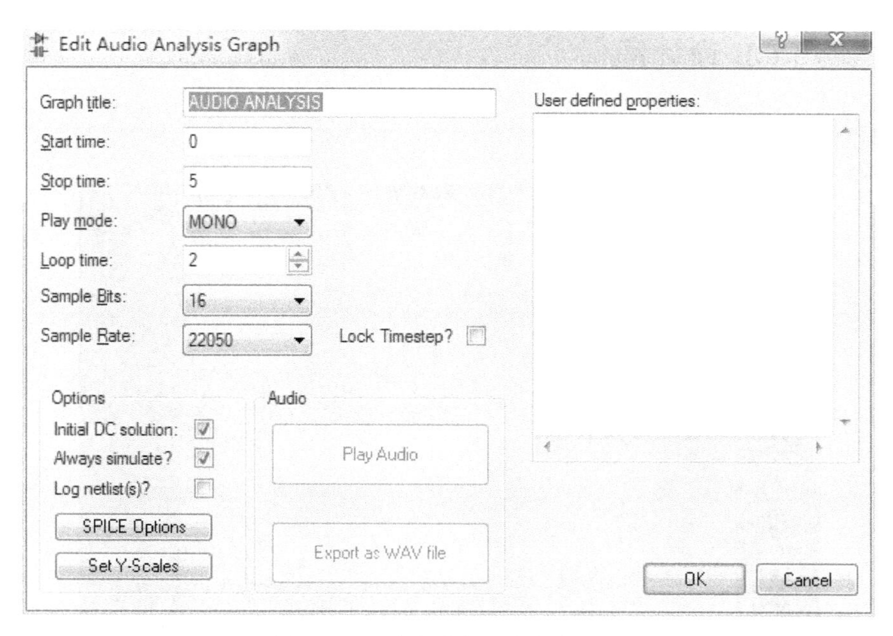

图10-12　音频分析图表仿真设置

由于可变电阻器RV2的作用是调节蜂鸣器两端电压，以适配不同功率的蜂鸣器，使其正常工作，所以调节可变电阻器会使蜂鸣器的输入电压发生变化。首先将可变电阻器的阻值调为90%，即其接入电路的阻值为15Ω，进行仿真，结果如图10-13所示。此时蜂鸣器输入电压约为225mV。在实际仿真中，由于使用的是音频分析图表，所以还可以听到“嘟、嘟、嘟”有规律的声音，在这里只展示可见部分。

接下来将可变电阻器的阻值调为10%，即其接入电路的阻值为135Ω，进行仿真，结果如图10-14所示。此时蜂鸣器输入电压约为320mV。

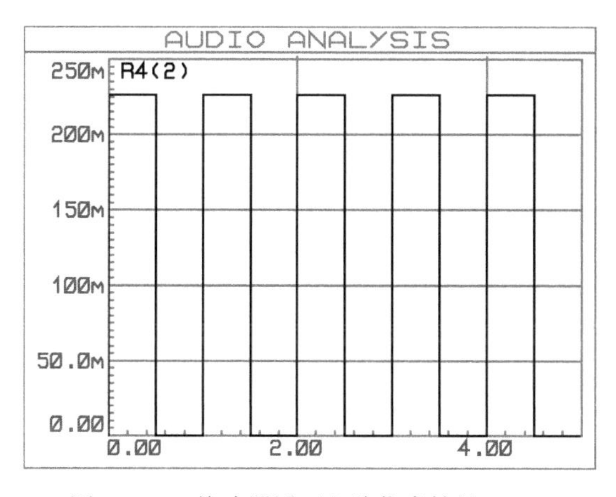

图10-13　蜂鸣器矫正电路仿真结果（一）

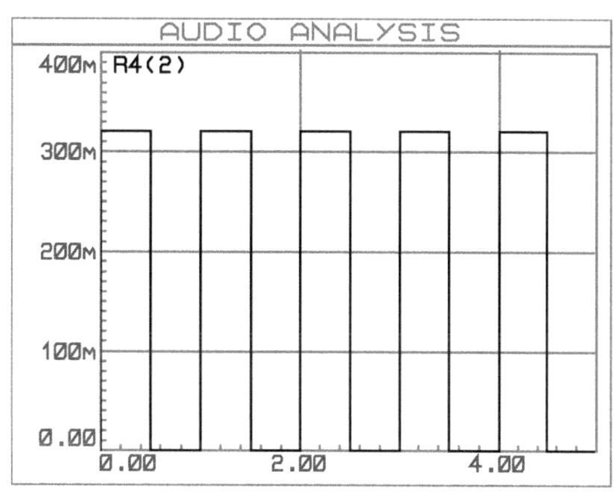

图10-14　蜂鸣器矫正电路仿真结果（二）

电路 PCB 设计图

电路 PCB 设计图如图 10-15 所示。

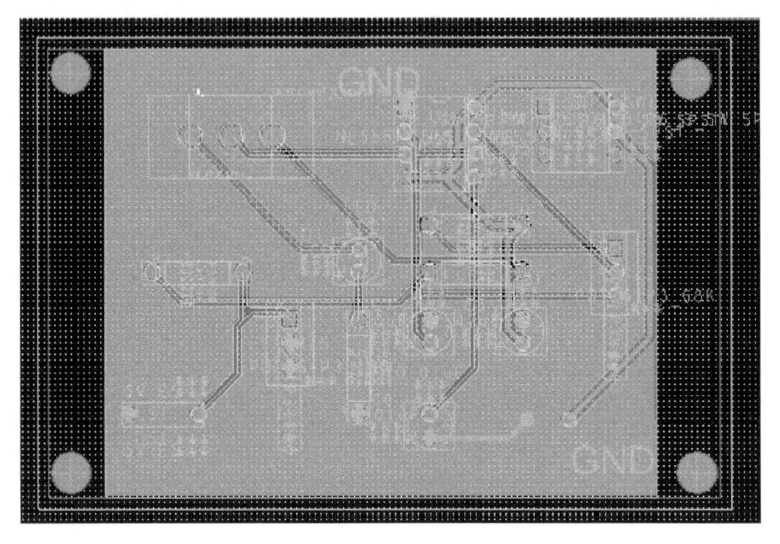

图 10-15　电路 PCB 设计图

实物图

实物图如图 10-16 所示。

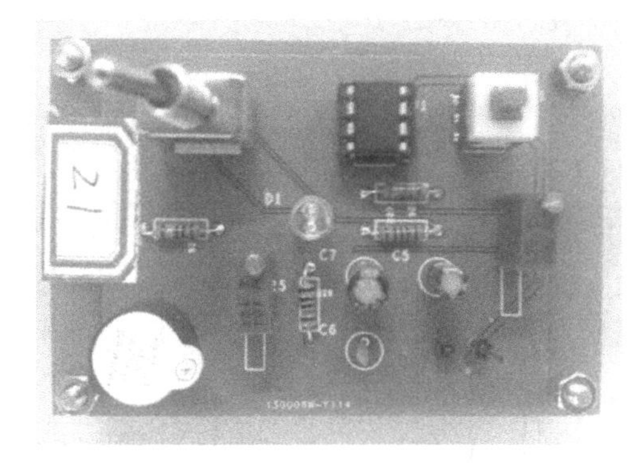

图 10-16　实物图

实际运行

电路实际测量结果分析：上电后，按下电源开关，可以看到 LED 灯不断闪烁并可用可变电阻器调节闪烁状态，以便令口吃患者进行跟读治疗；拨动单刀双掷开关后，可以听到蜂鸣器发出有规律的鸣响，并且可用可变电阻器调节声音大小，同样可令口吃患者进行跟读治疗。

思考与练习

（1）为什么给电源两端并联电容？

答：由于电源电压会减小或增大，导致电路不能稳定工作，所以在电源两端并联电容来进行充电和放电工作，以保证电源稳定工作。

（2）设计完成后如何对发声节拍频率进行调节？

答：设计完成后，对原理图和 PCB 文件进行检查并开始制板，将电路焊接完成后开始调节电路功能，调节可变电阻器 RV1 来调制电路发声的间隔，并查看电路 LED 灯是否随节拍声而闪烁。

（3）设计完成后如何对蜂鸣器音量进行调节？

答：设计完成后，对原理图和 PCB 文件进行检查并开始制板，将电路焊接完成后开始调节电路功能，调节可变电阻器 RV2 来调制蜂鸣器的音量，以使患者听觉更加舒适。

特别提醒

实际电路设计完成后，要对节拍器部分和音量部分进行调节，并设置节拍的时间间隔。

项目 11　心音测量电路设计

设计任务

心音测量必须通过采集人体心脏搏动引起的一些生物信号，把生物信号转换为物理信号，使得这些变化的物理信号能够表达人的心脏搏动变化。因此，心音测量电路的设计必须通过相应的心音传感器采集心脏搏动信号，再经过高度集成化的信号调理电路进行处理，从而获取低阻抗音频信号。

基本要求

☺ 利用心音传感器检测人体心音信号，经放大、滤波等处理后输出。

☺ 以波形形式输出，使用示波器查看。

设计思路

系统利用 HKY06 心音传感器采集心音信号，通过放大电路将微弱信号进行放大，然后再经过陷波电路去除 50Hz 工频干扰，再经过低通滤波电路滤除高频干扰，最后经示波器对心音输出进行测试并显示。

系统组成

心音是在心动周期中由于心肌的收缩和舒张、瓣膜启闭、血流冲击心室壁和大动脉等因素引起的机械振动，通过周围组织传到胸壁，将耳朵紧贴胸壁或将听诊器放在胸壁一定部位所听到的声音。

心音测量电路主要分为以下 4 部分。

☺ 第一部分：电源及接口电路。

☺ 第二部分：电压放大电路。

☺ 第三部分：陷波电路。

☺ 第四部分：低通滤波电路。

系统结构框图如图 11-1 所示。

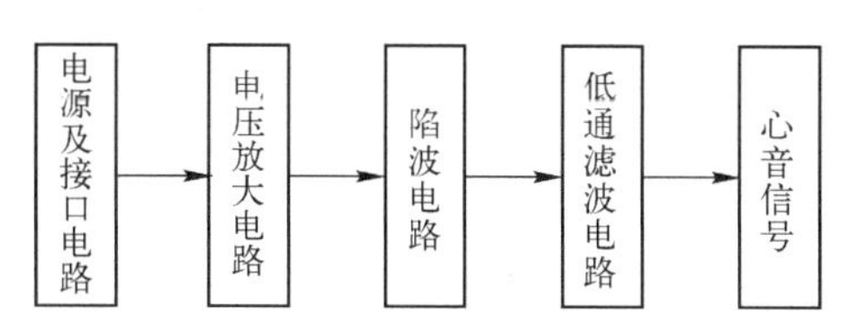

图 11-1　系统结构框图

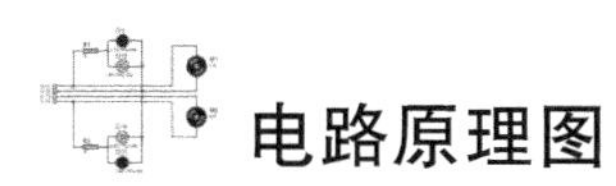

电路原理图

电路原理图如图 11-2 所示。经过实物测试，电路能够捕获到心动周期中心肌的收缩和舒张、瓣膜启闭、血流冲击心室壁和大动脉等所引起的机械振动而导致的弱信号变化情况，再经过调理电路，最终通过示波器能够实时显示测试者的心音信号，符合实际情况，设计的电路基本满足设计要求。

模块详解

1. 电源及接口电路

电源及接口电路如图 11-3 所示，其中 5V 电源为芯片供电，2.5V 电源为后面介绍的放大电路提供偏置电压，PHONEJACK 为耳机接口。

2. 电压放大电路

设计中采用运放 OPA2340PA，它具备以下几个特点。

☺ 类型：轨到轨单电源运放。

☺ 电源：2.7～5V。

☺ 转换速率：6V/μs。

☺ 带宽：5.5MHz。

电压放大电路如图 11-4 所示。对于其原理及加偏置电压的原因和方法，在前面项目 8 中已经进行了详细介绍，这里不再赘述。电路通过运放 OPA2340PA 将信号放大，放大倍数由 R_4、R_{V1}和 R_3的比值决定。具体计算公式为

$$A_V = \frac{R_4 + R_{V1}}{R_3} \tag{11-1}$$

3. 陷波电路

在生物医学信号提取、处理的过程中，滤波器发挥着比较重要的作用。各种生物信号的低噪声放大都要先严格限定在信号所包含的频谱范围内。

在我国常用的电压频率为 50Hz，人体所分布的电容及电极引线会以电磁波辐射形式造成干扰，这就是所谓的工频干扰。工频干扰会对电气设备和电子设备产生影响，导致设备运

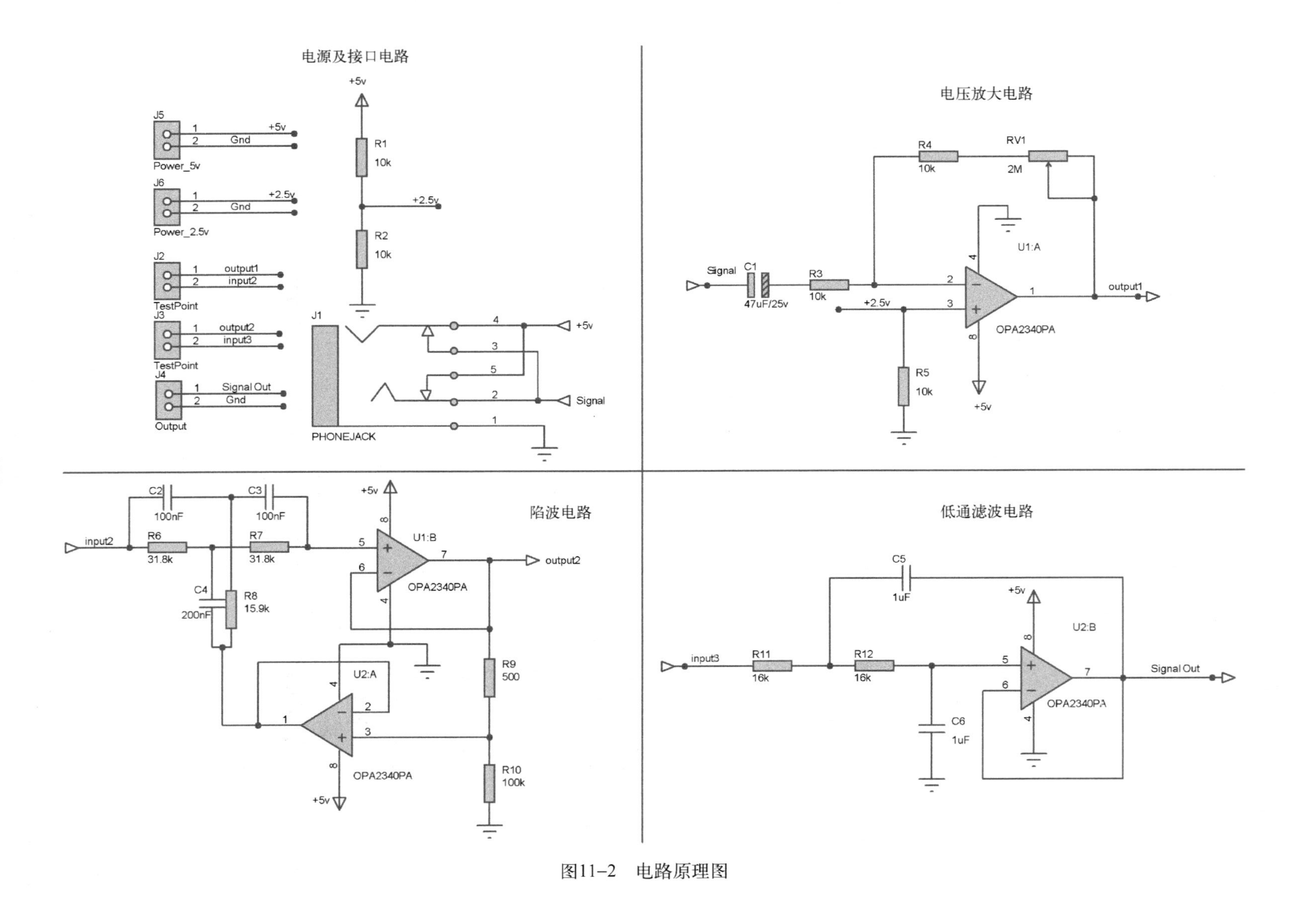

电源及接口电路
J5
+5v
Gnd
Power_5v
J6
+2.5v
Gnd
Power_2.5v
J2
output1
input2
TestPoint
J3
output2
input3
TestPoint
J4
Signal Out
Gnd
Output
R1
10k
R2
10k
+2.5v
J1
PHONEJACK
Signal
电压放大电路
R4
10k
RV1
2M
U1:A
C1
47uF/25v
R3
10k
R5
10k
OPA2340PA
output1
陷波电路
C2
100nF
C3
100nF
R6
31.8k
R7
31.8k
C4
200nF
R8
15.9k
U1:B
U2:A
R9
500
R10
100k
output2
低通滤波电路
C5
1uF
input3
R11
16k
R12
16k
C6
1uF
U2:B
Signal Out

图11-2　电路原理图

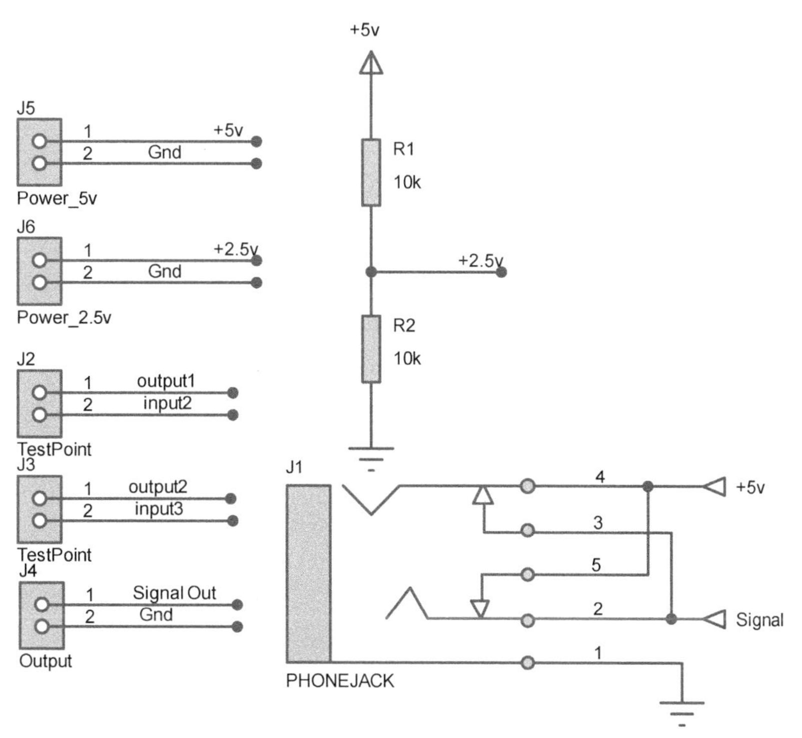

图 11-3　电源及接口电路

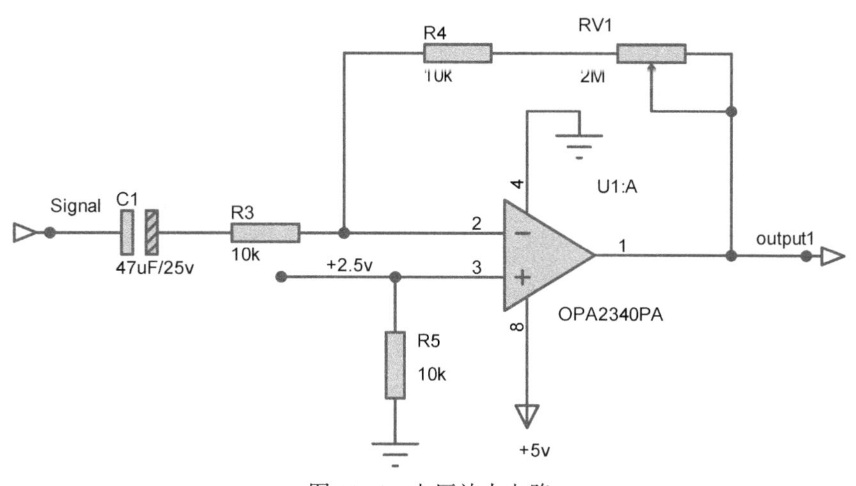

图 11-4　电压放大电路

行异常。由于生物电信号属于低频微弱信号，对其灵敏度要求比较高，且是强度小于 50Hz 的工频干扰，这样会将原本微弱的心电信号淹没，因此除去 50Hz 工频干扰是非常必要的。

50Hz 陷波电路前面共介绍了两种，本电路中的陷波电路与前面项目 9 中陷波电路的基本构成与原理一致，只是芯片型号不一样，这里不再赘述。

利用 RC 回路组成双 T 型带阻滤波器，其中 $R_6=R_7$，$C_2=C_3$，电路如图 11-5 所示。中心频率可由式（11-2）计算，约为 50Hz。

$$f=\frac{1}{2\pi R_6 C_2} \tag{11-2}$$

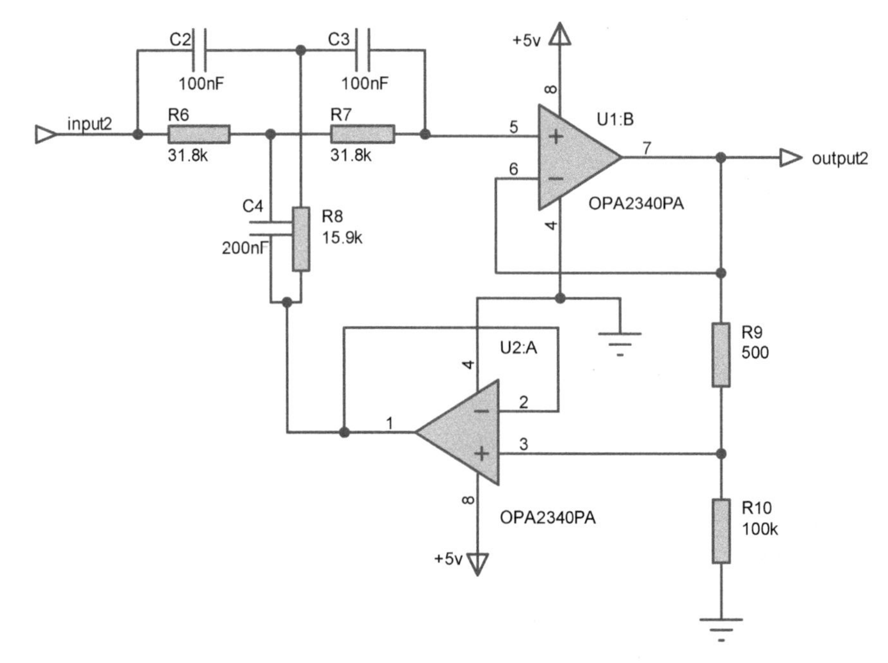

图 11-5 陷波电路

陷波电路仿真如下。

同前面仿真步骤一致，采用正弦信号源作为输入信号，其幅值为 1V，相位为 0dB，其他为默认设置。输出采用频率分析图表显示，设置其“Start frequency”为 10，“Stop frequency”为 100，参考发生器为输入正弦信号，如图 11-6 所示。

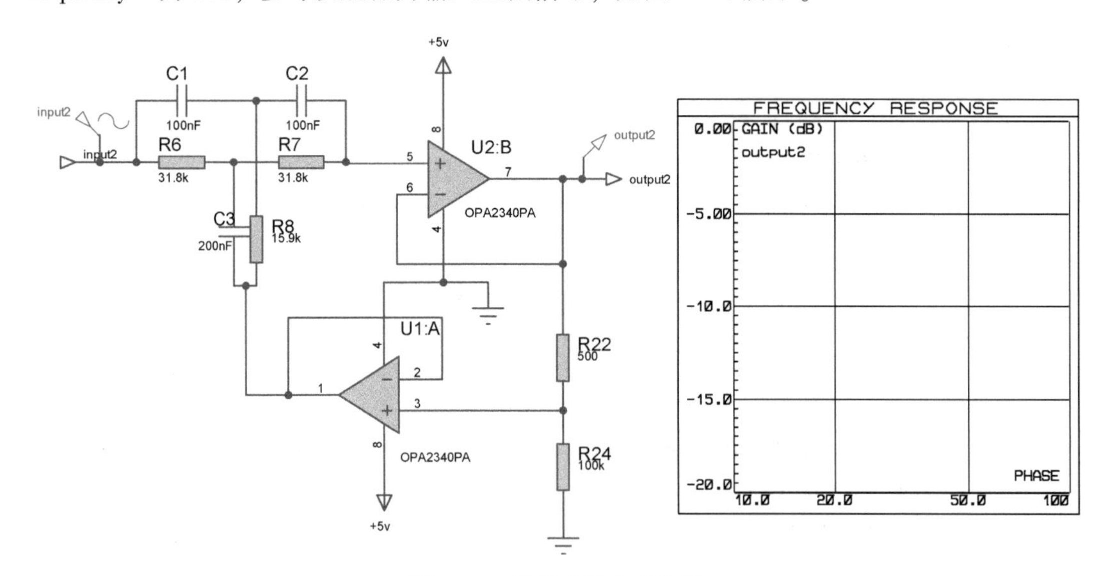

图 11-6 陷波电路仿真设置

进行仿真，结果如图 11-7 所示。可以看到，频率为 50Hz 时，信号衰减达到最大，50Hz 附近衰减程度逐渐减小，其他频率信号不衰减正常输出。

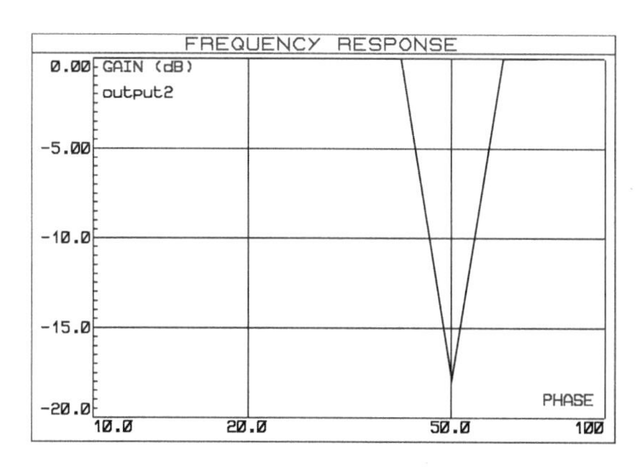

图 11-7　陷波电路仿真结果

4. 低通滤波电路

巴特沃斯滤波器的特点是通频带内的频率响应曲线最大限度平坦，没有起伏，而阻频带内的频率响应曲线则逐渐下降为零。在振幅的对数对角频率的波特图上，从某一边界角频率开始，振幅随着角频率的增加而逐步减小，趋向负无穷大。

一阶巴特沃斯滤波器的衰减率为每倍频 6dB，每十倍频 20dB。二阶巴特沃斯滤波器的衰减率为每倍频 12dB，三阶巴特沃斯滤波器的衰减率为每倍频 18dB，以此类推。巴特沃斯滤波器的振幅对角频率单调下降，同时它也是唯一的无论阶数还是振幅对角频率曲线都保持同样形状的滤波器。只不过滤波器阶数越高，阻频带振幅衰减速度越快。其他滤波器高阶的振幅对角频率曲线和低阶的振幅对角频率曲线有不同的形状。

因为本次设计的只是二阶的低通滤波，所以采用二阶低通巴特沃斯滤波电路。如图 11-8 所示设计了一个简单的二阶有源 RC 低通滤波电路，滤波器截止频率设定在 10Hz，计算公式为

$$f=\frac{1}{2\pi\sqrt{R_{11}\times R_{12}\times C_5\times C_6}} \tag{11-3}$$

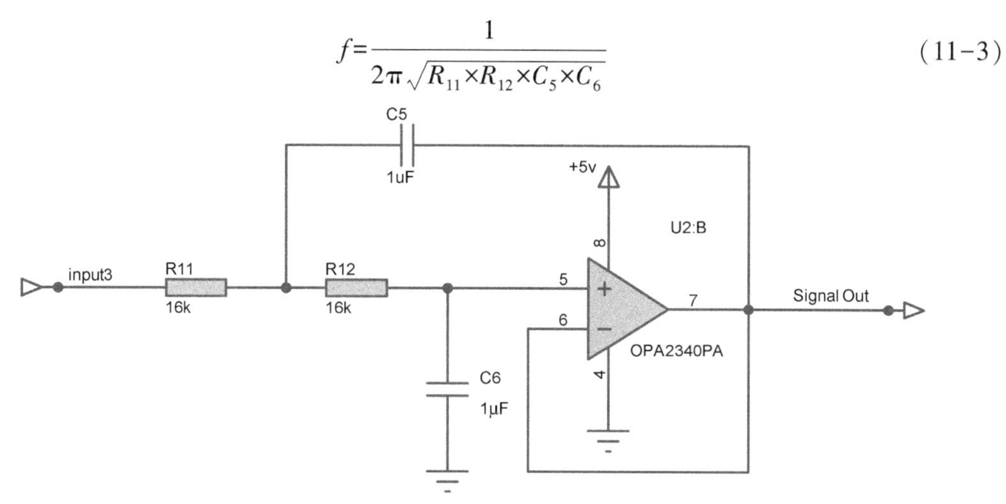

图 11-8　低通滤波电路

低通滤波电路仿真如下。

采用正弦信号源作为输入信号，其幅值为 1V，相位为 0dB，其他为默认设置。输出采用频率分析图表显示。由于低通滤波器截止频率为 10Hz，所以设置频率分析图表中

"Start frequency" 为 1，"Stop frequency" 为 50，步长为 5，参考发生器为输入正弦信号，如图 11-9、图 11-10 所示。

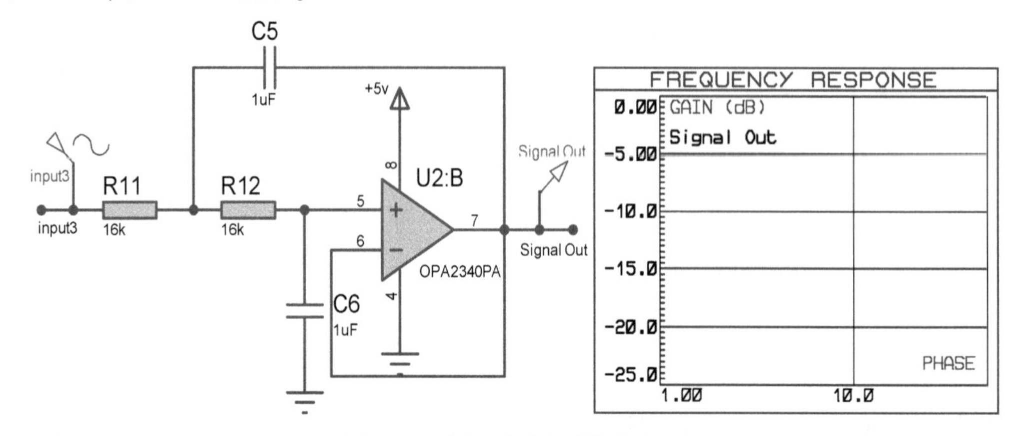

图 11-9　低通滤波电路仿真设置

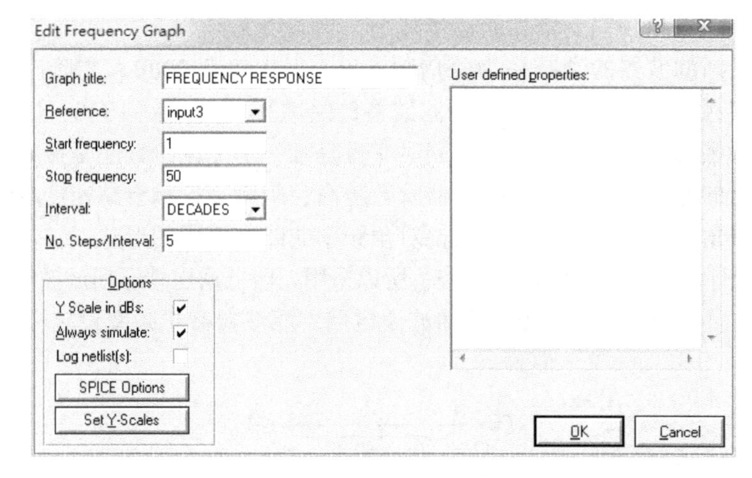

图 11-10　频率分析图表设置

仿真结果如图 11-11 所示。在 10Hz 后信号出现明显衰减，随着频率的增加，衰减程度也在增加。10Hz 时衰减量约为 6dB，50Hz 时衰减量已经达到了 25dB。

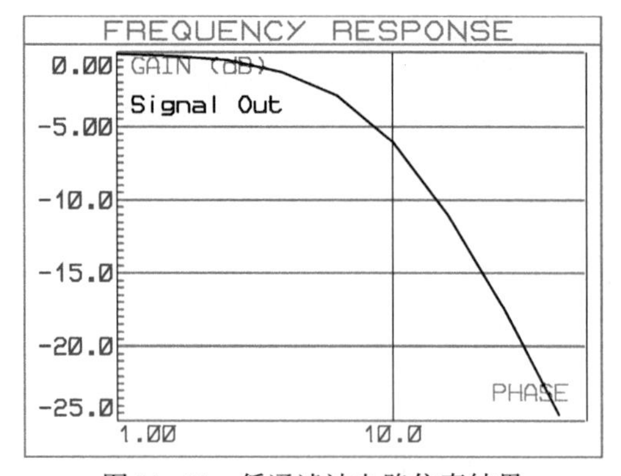

图 11-11　低通滤波电路仿真结果

电路 PCB 设计图

电路 PCB 设计图如图 11-12 所示。

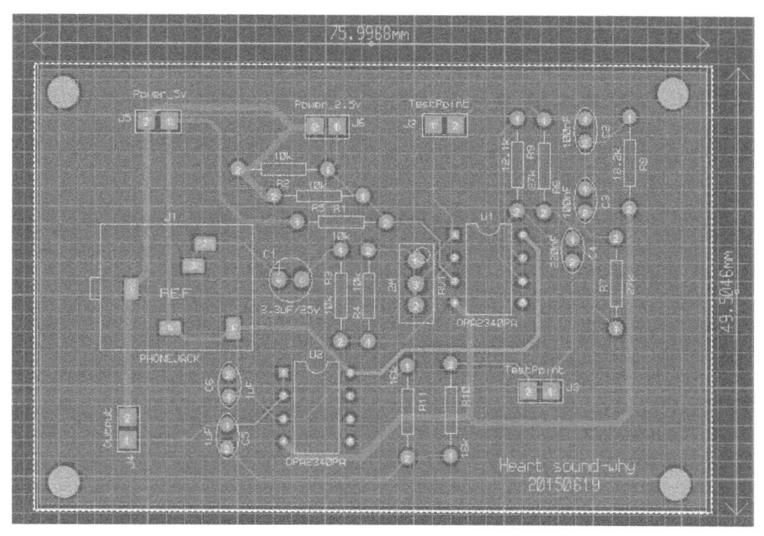

图 11-12　电路 PCB 设计图

实物测试

实物图如图 11-13 所示，测试图如图 11-14 所示。

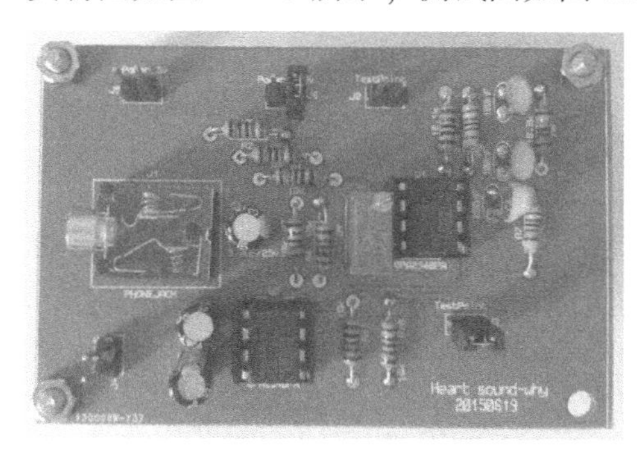

图 11-13　实物图

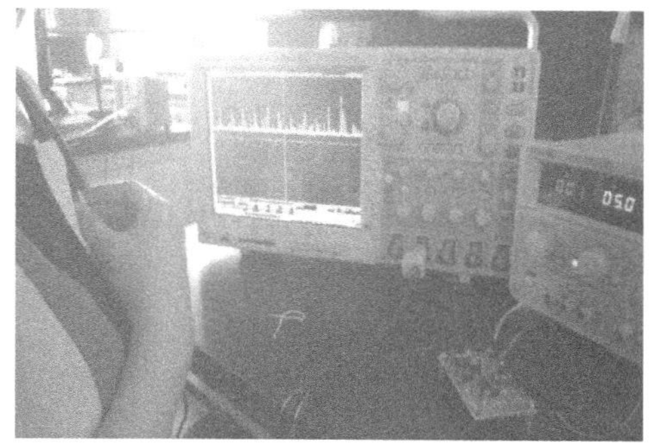

图 11-14　测试图

思考与练习

(1) 电压放大电路中的增益如何计算？

答： 如图 11-4 所示，通过运放 OPA2340PA 将信号放大，放大倍数由 R_4、R_{V1} 和 R_3 的

比值决定。具体计算公式为

$$A_V = \frac{R_4 + R_{V1}}{R_3}$$

（2）为什么要加入陷波电路？

答： 在我国常用的电压频率为 50Hz，人体所分布的电容及电极引线会以电磁波辐射形式造成干扰，这就是所谓的工频干扰。工频干扰会对电气设备和电子设备产生影响，导致设备运行异常。由于生物电信号属于低频微弱信号，对其灵敏度要求比较高，且是强度小于 50Hz 的工频干扰，这样会将原本的心电信号淹没，因此除去 50Hz 工频干扰是非常必要的。而采用陷波电路，即可去除 50Hz 工频干扰，因此需要加入陷波电路。

（3）低通滤波电路中的截止频率如何计算？

答： 因为本次设计的只是二阶的低通滤波，所以采用二阶低通巴特沃斯滤波电路。如图 11-8 所示，滤波电路截止频率设定为 10Hz，计算公式为

$$f = \frac{1}{2\pi\sqrt{R_{11} \times R_{12} \times C_5 \times C_6}}$$

特别提醒

电路连接完成，进行实测时，应注意传感器放置的位置，尽量应位于胸腔前、心脏跳动最大的位置。如果测量结果不对，应进行调整，并重新测试。

项目 12　电子治疗仪电路设计

设计任务

设计一个可以产生高压脉冲的电子治疗仪电路，实现在人的颈椎的各个穴位上进行按摩的功能，以达到治疗的目的。

基本要求

☺ 利用单片机输出一定频率的脉冲信号。

☺ 变压器将脉冲信号升压后用于电疗。

设计思路

采用 STC89C52 为主控芯片，通过单片机产生一定频率的脉冲信号，然后经过变压器升压电路，获得高压的脉冲信号。

系统组成

系统硬件设计中包括电源电路、主控电路、按键电路、LED 电路及变压器构成的升压电路。软件设计中主要是单片机控制的脉冲发生程序及启动按键检测程序等。

电子治疗仪电路主要分为以下 5 部分。

☺ 第一部分：电源电路。

☺ 第二部分：主控电路。

☺ 第三部分：按键电路。

☺ 第四部分：LED 电路。

☺ 第五部分：升压电路。

系统结构框图如图 12-1 所示。

系统工作时，单片机输出一定频率的脉冲信号，再经过变压比为 1∶24 的变压器，使得输出的脉冲信号达到 120V，再通过电极将脉冲信号传送到人体上，从而实现电疗的功能。

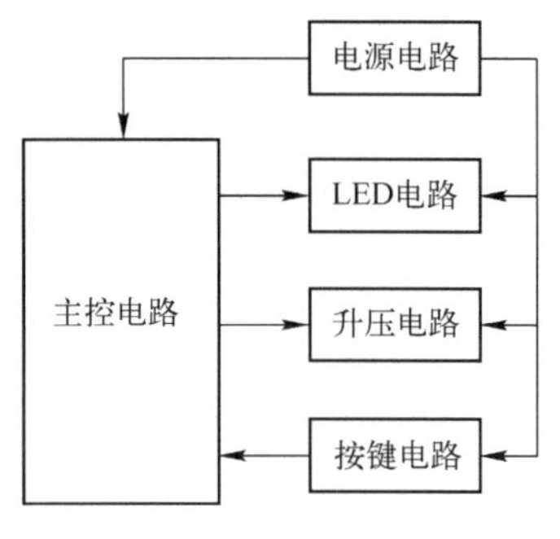

图 12-1　系统结构框图

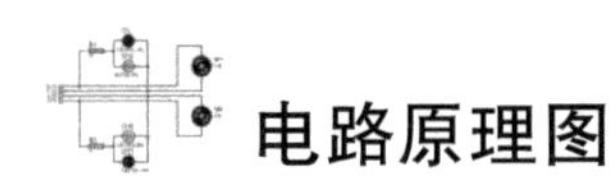

电路原理图

电路原理图如图 12-2 所示。经过实物测试，在变压器的二次侧获得了幅值为 120V 的脉冲信号，再经过两个电极与人体接触，从而实现电疗的目的。设计的电路基本满足设计要求。

模块详解

1. 电源电路

图 12-3 所示为电源电路。系统中使用两种幅值的电源，分别为 12V 和 5V。12V 给整个电路供电，升压电路中采用的是 12V 供电。通过 7805 电压转换电路，将 12V 的电压转换为 5V，给主控电路、LED 电路、按键电路供电。

电源电路仿真如下。

进行仿真时需要对上述电路进行一些修改，去掉接口 J2 与 J4，在电容 C3 与 R3 连接的地方加入电压探针，如图 12-4 所示。

单击“仿真”按钮进行仿真，可以看到+12V 电压经过稳压芯片 7805 后输出+5V 电压，电源指示灯 D1 发光，如图 12-5 所示。

2. 主控电路

在本系统的设计中，从价格、熟悉程度及满足系统的需求等方面考虑采用了 STC89C52 单片机。STC89C52 是一种低功耗、高性能 CMOS 8 位微控制器，具有 8KB 在系统可编程 Flash 存储器。在单芯片上，拥有灵巧的 8 位 CPU 和在系统可编程 Flash。单片机为整个系统的核心，控制整个系统的运行，主控电路如图 12-6 所示。

主控电路仿真如下。

主控芯片 STC89C52 负责输出一定频率的脉冲，所以在加载程序后，主控芯片从 P1.0 引脚输出矩形波。在 P1.0 引脚放置电压探针，以模拟分析图表显示输出波形，如图 12-7 所示。

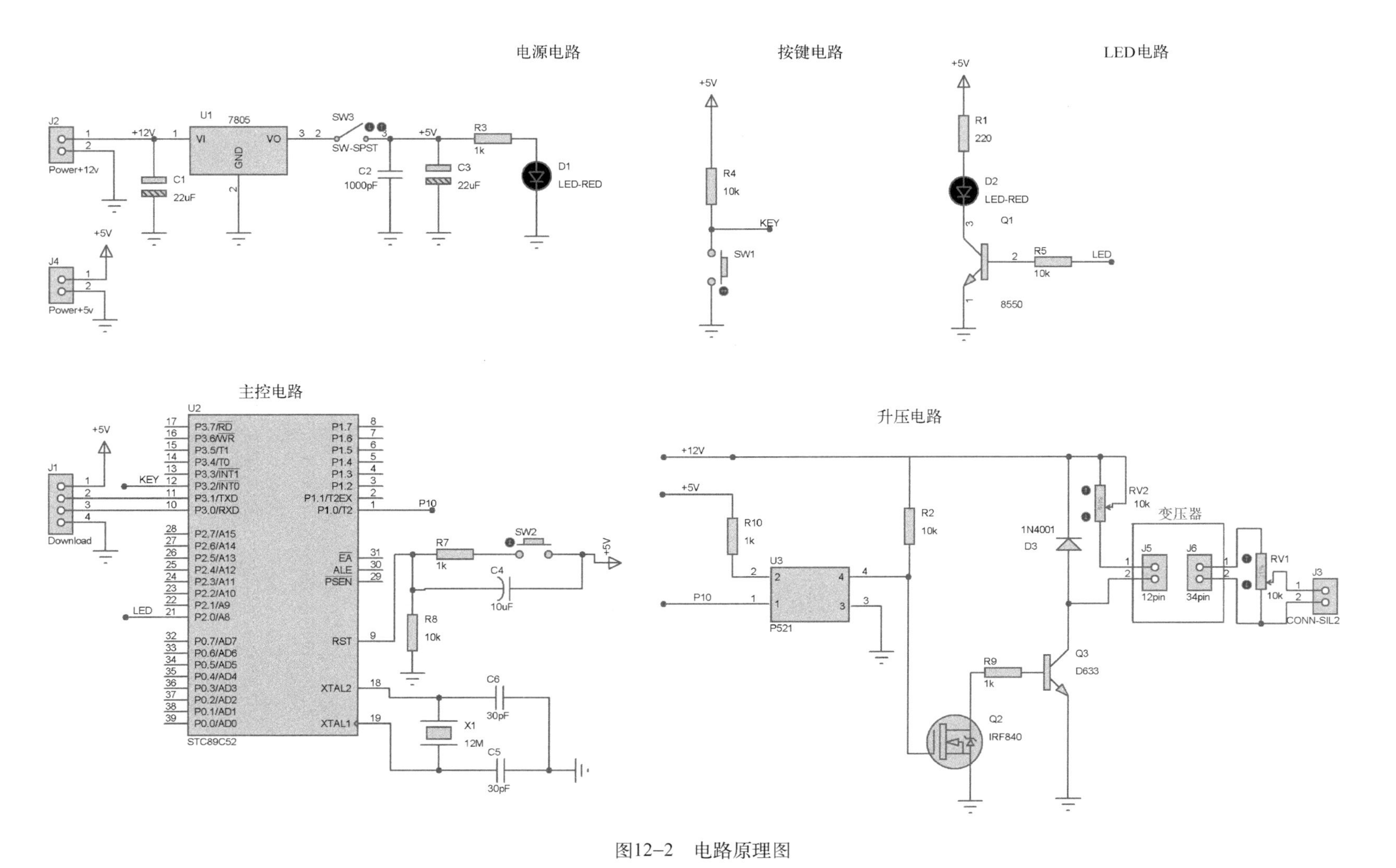
电源电路
按键电路
LED电路
J2
Power+12v
+12V
U1
7805
VI
VO
GND
C1
22uF
SW3
SW-SPST
C2
1000pF
+5V
C3
22uF
R3
1k
D1
LED-RED
J4
Power+5v
R4
10k
KEY
SW1
R1
220
D2
LED-RED
Q1
R5
10k
LED
8550
主控电路
U2
J1
Download
P3.7/RD
P3.6/WR
P3.5/T1
P3.4/T0
P3.3/INT1
P3.2/INT0
P3.1/TXD
P3.0/RXD
P2.7/A15
P2.6/A14
P2.5/A13
P2.4/A12
P2.3/A11
P2.2/A10
P2.1/A9
P2.0/A8
P0.7/AD7
P0.6/AD6
P0.5/AD5
P0.4/AD4
P0.3/AD3
P0.2/AD2
P0.1/AD1
P0.0/AD0
STC89C52
P1.7
P1.6
P1.5
P1.4
P1.3
P1.2
P1.1/T2EX
P1.0/T2
P10
EA
ALE
PSEN
RST
XTAL2
XTAL1
R7
1k
SW2
C4
10uF
R8
10k
C6
30pF
X1
12M
C5
30pF
升压电路
R10
1k
U3
P521
R2
10k
RV2
10k
1N4001
D3
变压器
J5
12pin
J6
34pin
RV1
10k
J3
CONN-SIL2
R9
1k
Q3
D633
Q2
IRF840

图12-2　电路原理图

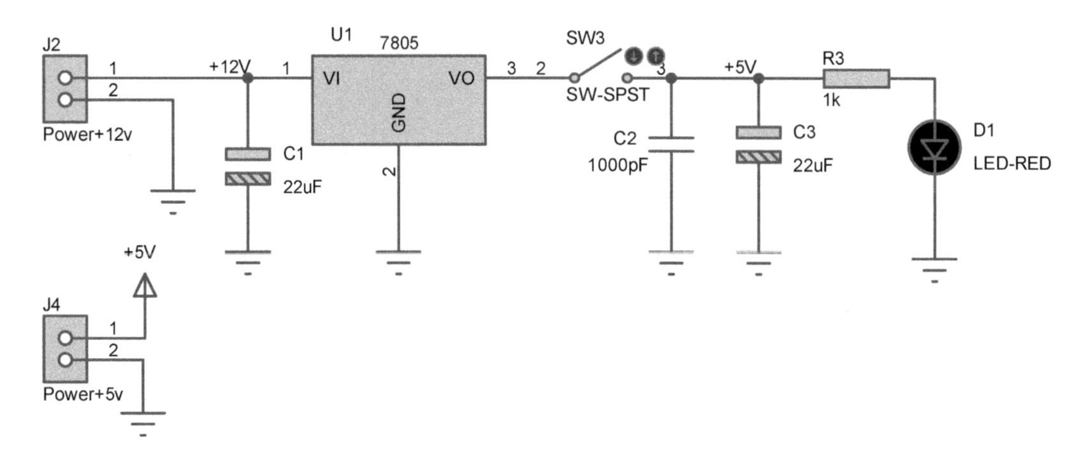

图 12-3　电源电路

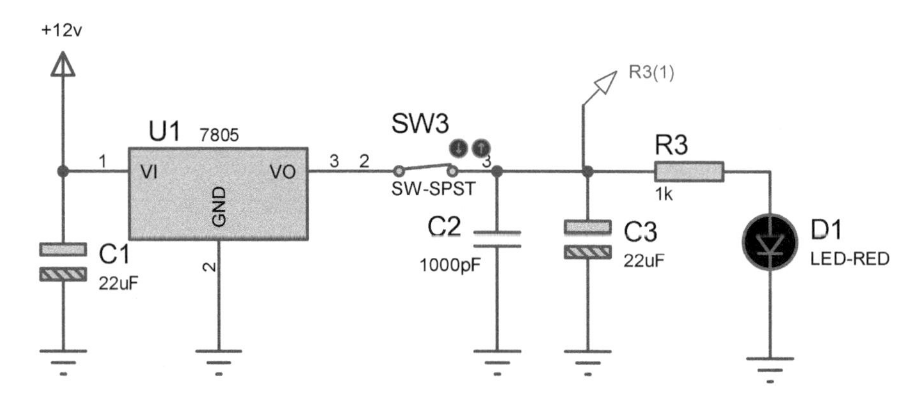

图 12-4　电源电路仿真设置

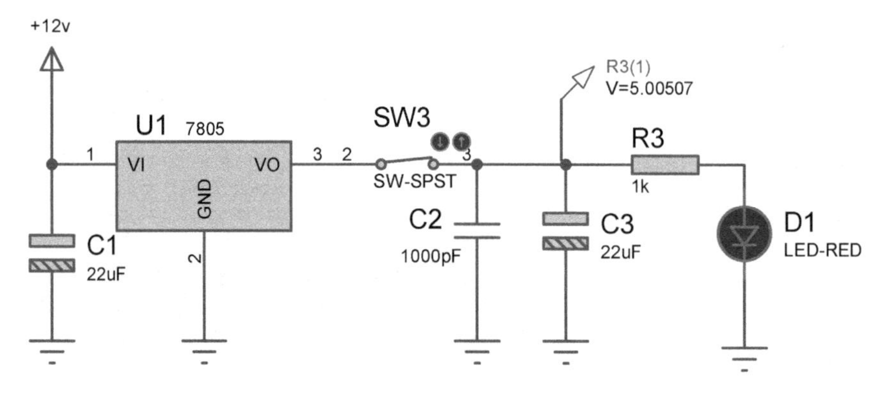

图 12-5　电源电路仿真结果

由于单片机上电及初始化需要一定的时间，所以为了得到稳定波形，将模拟分析图表“Start time”设置为 5，“Stop time”设置为 6，仿真结果如图 12-8 所示。

3. 按键电路

图 12-9 所示是按键电路。本部分电路的功能主要是停止整个电疗过程，当按键按下时，电路停止工作。

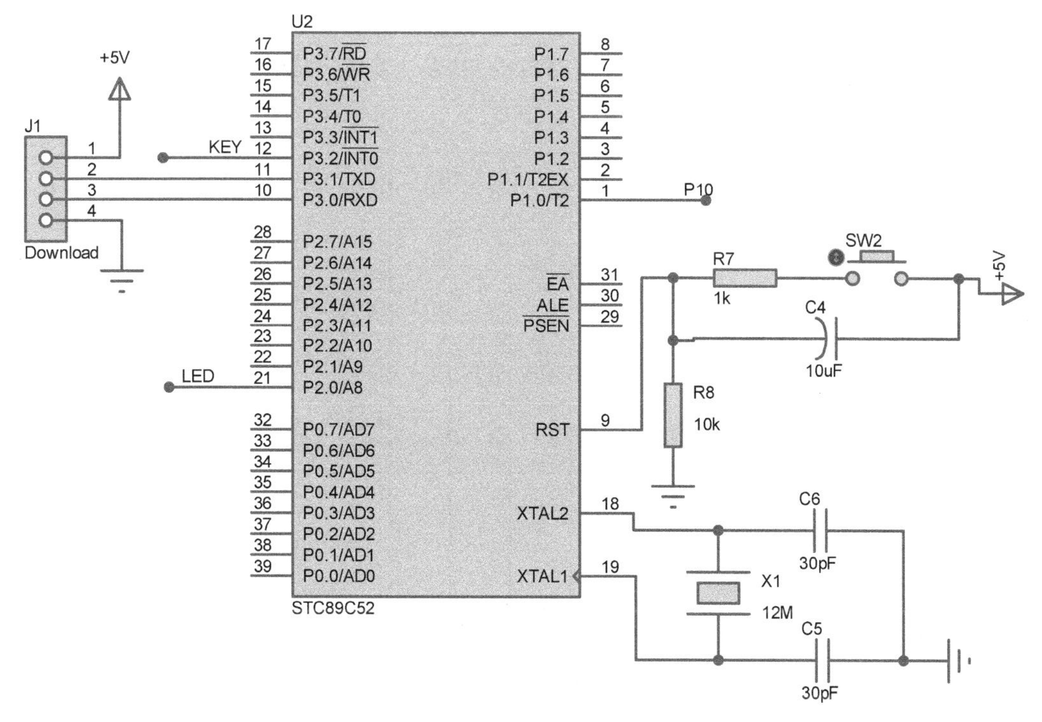

图 12-6　主控电路

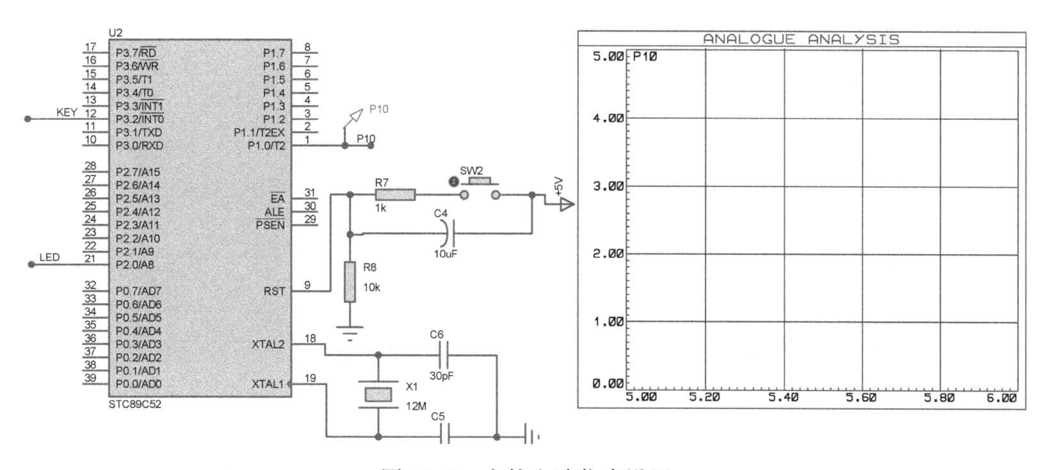

图 12-7　主控电路仿真设置

4. LED 电路

图 12-10 所示是 LED 电路。本部分电路的功能主要是指示系统是否正常上电，通过 LED 端输出高电平，使得 Q1 导通，此时，如果系统已经正常上电，则 LED 灯 D2 亮，否则不亮。

LED 电路仿真如下。

单片机上电后开始工作，LED 灯 D2 正常发光，如图 12-11 所示。

5. 升压电路

变压器利用电磁感应原理，从一个电路向另一个电路传递电能或传输信号，是传递电能或传输信号的重要元件。变压器可将一种电压的交流电能变换为同频率的另一种电压的交流电能。变压器的主要部件是一个铁芯和套在铁芯上的两个绕组。变压器工作原理如图 12-12 所示。

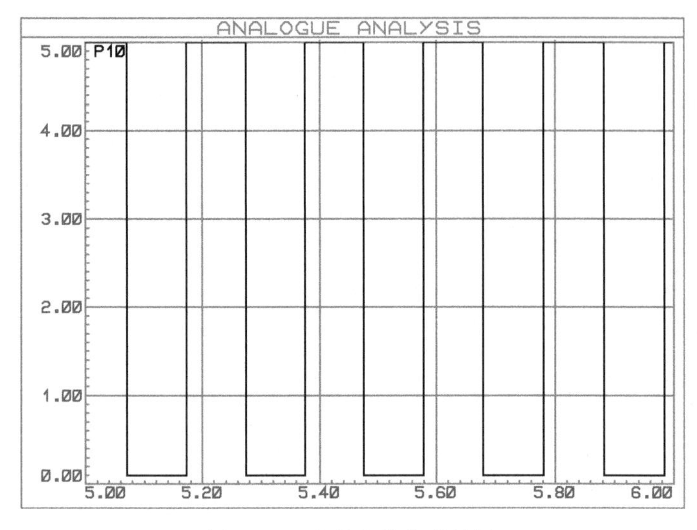

图 12-8　主控电路仿真结果

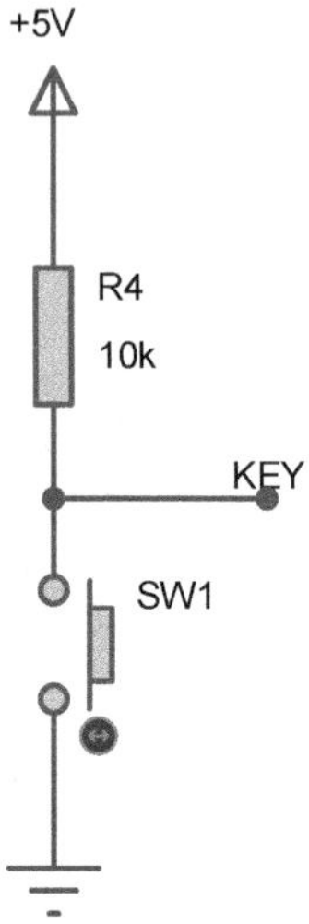

+5V
R4
10k
KEY
SW1

图 12-9　按键电路

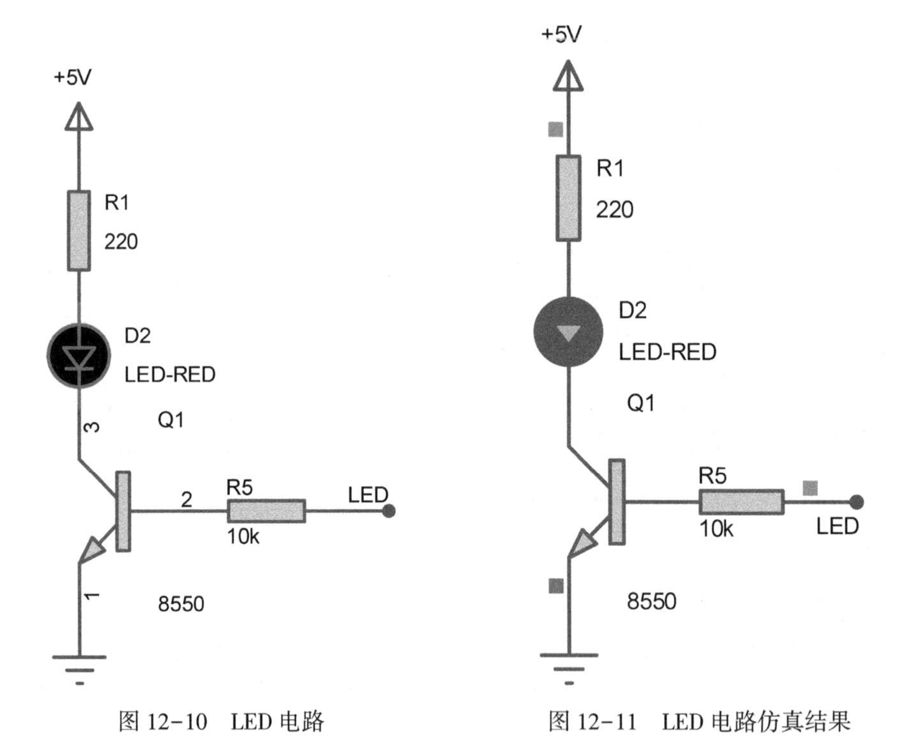

图 12-10　LED 电路

图 12-11　LED 电路仿真结果

与电源相连的线圈，接收交流电能，称为一次绕组；与负载相连的线圈，送出交流电能，称为二次绕组。设一次绕组及二次绕组的电压相量为$\dot{U}_1$、$\dot{U}_2$，电流相量为$\dot{I}_1$、$\dot{I}_2$，电动势相量为$\dot{E}_1$、$\dot{E}_2$，匝数为 N_1、N_2。同时交链一次、二次绕组的磁通量的相量为$\dot{\Phi}$，该磁通量称为主磁通，使用时需注意确定图 12-12 中各物理量的参考方向。

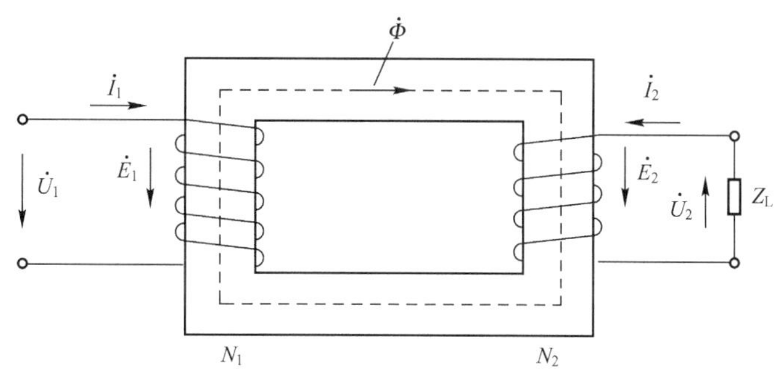

图 12-12　变压器工作原理

不计一次、二次绕组的电阻和铁耗，将耦合系数 $K=1$ 的变压器称为理想变压器。描述理想变压器的电动势平衡方程式为

$$e_1(t)=-N_1\mathrm{d}\Phi/\mathrm{d}t \tag{12-1}$$

$$e_2(t)=-N_2\mathrm{d}\Phi/\mathrm{d}t \tag{12-2}$$

式中，$e_1(t)$ 为一次绕组的电动势瞬时值；$e_2(t)$ 为二次绕组的电动势瞬时值；Φ 为二次绕组的磁通量的瞬时值。

若一次、二次绕组的电压、电动势的瞬时值均按正弦规律变化，则有

$$U_1/U_2=E_1/E_2=N_1/N_2 \tag{12-3}$$

不计铁芯损失，根据能量守恒原理可得

$$U_1I_1=U_2I_2 \tag{12-4}$$

由此得出一次、二次绕组电压和电流有效值的关系为

$$U_1/U_2=I_2/I_1 \tag{12-5}$$

令 $K=N_1/N_2$，称为匝比（也称电压比），则

$$\begin{aligned}U_1/U_2&=K\\I_1/I_2&=1/K\end{aligned} \tag{12-6}$$

在本设计中，变压器的目的是将单片机输出的5V脉冲升压到120V，变压比为1∶24。在实际电路中，采用功率为3W的音频变压器就可以实现电路功能。由变压器构成的升压电路如图12-13所示。

升压电路仿真如下。

由于Proteus元件库中没有三极管D633和光耦P521，为实现仿真，采用普通NPN三极管和PC817来代替。变压器采用TRAN-2P2S类型。对电路稍做改动，去掉变压器负载电阻RV1。在电路输入端P10处施加脉冲波，设置其幅值为5V，频率为1Hz，脉冲宽度为50%。在电路输出端，即变压器输出端，放置上下两个电压探针，输出电压采用模拟分析图表显示，将两个探针分别拖入图表中，如图12-14所示。

虽然输入信号为0~5V的脉冲信号，但经过场效应管和三极管驱动电路后，变压器的实际输入信号为0~12V的脉冲信号，所以实现变压后的电压为120V。这里设置变压器的变压比为1∶10，即设置变压器的一次绕组电感（Primary Inductance）为1H，二次绕组电感（Secondary Inductance）为100H（$10^2=100$），如图12-15所示。

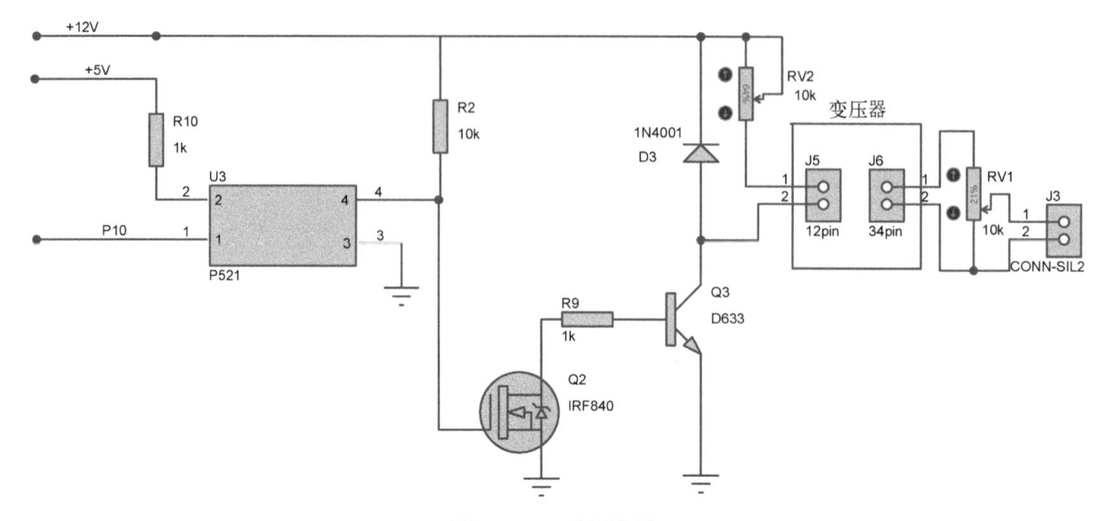

图 12-13　升压电路

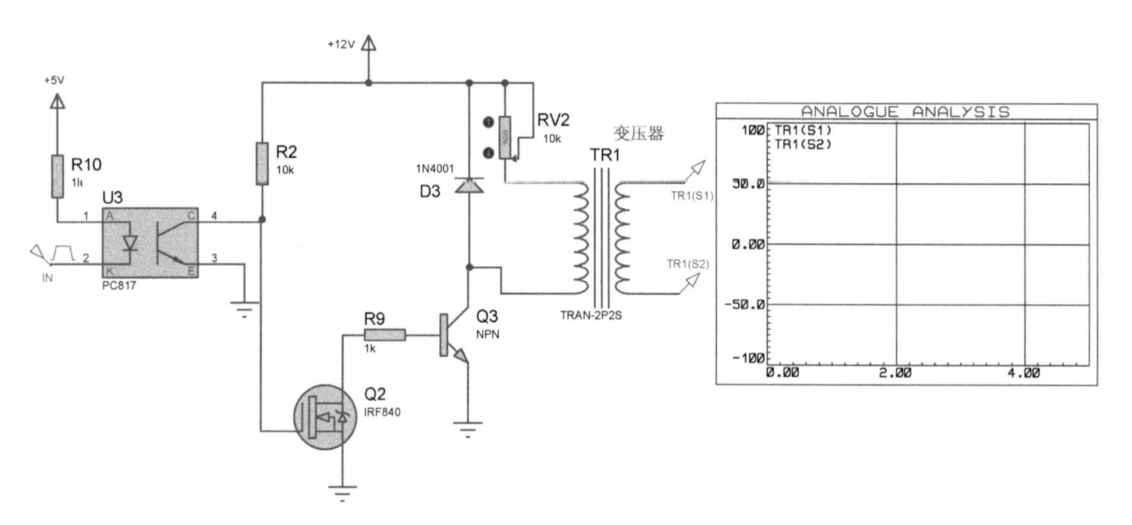

Edit Component

Component Reference:	TR1	Hidden:	
Component Value:	TRAN-2P2S	Hidden:	
Primary Inductance:	1H	Hide All	
Secondary Inductance:	100H	Hide All	
Coupling Factor:	1.0	Hide All	
Primary DC resistance:	1m	Hide All	
Secondary DC resistance:	1m	Hide All	

OK

Cancel

Other Properties:

Exclude from Simulation

Exclude from PCB Layout

Edit all properties as text

Attach hierarchy module

Hide common pins

图 12-15　变压器参数设置

为查看完整波形，设置模拟分析图表的仿真时间为 0～5s。按下空格键进行仿真，仿真结果如图 12-16 所示。可以看到两脉冲波形的幅值为+60V 和-60V，幅值差为 120V。即经过变压器后输出 120V 的脉冲信号到电极片进行电疗，实现了变压器升压功能。

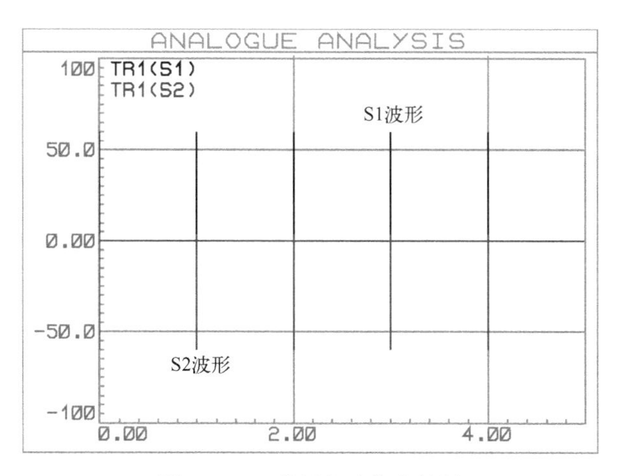

图 12-16　升压电路仿真结果

 软件设计

系统程序流程如图 12-17 所示。

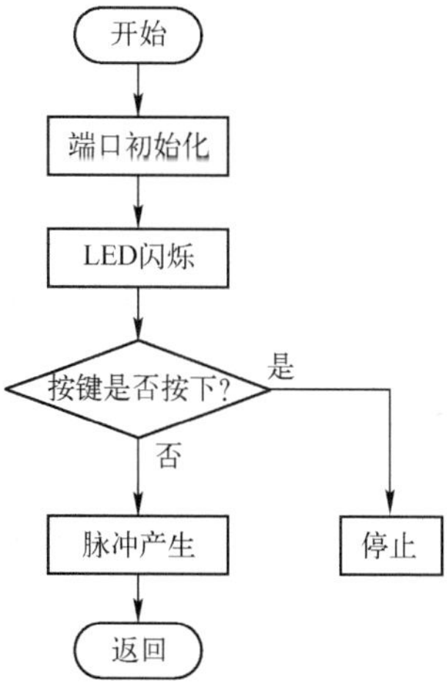

开始
端口初始化
LED闪烁
按键是否按下?
是
否
脉冲产生
停止
返回

图 12-17　系统程序流程

程序：

```
#include"reg52.h"
sbit LED=P2^0;
sbit OUT=P1^0;
sbit key=P3^2;
#define  uchar  unsigned char
#define  uint   unsigned int
uint i,j;
/************ 延时 ms 子程序，12MHz 晶振下 *****************/
void delay_ms(unsigned int time)
{
    unsigned int i,j;
    for(i=1;i<=time;i++)
        for(j=1;j<=125;j++);
}
/***************** LED(D2)闪烁亮几秒，表示单片机正常工作 *************/
void start()
```

```
{
    uchar z;
    for(z=5;z>0;z--)
    {
        LED=~LED;
        delay_ms(500);
    }
    LED=1;
}
/************************* 主函数 ****************************************/
void main()
{
    start();
    while(key)
    {
        OUT=1;
        delay_ms(100);
        OUT=0;
        delay_ms(100);
    }
}
```

 电路 PCB 设计图

电路 PCB 设计图如图 12-18 所示。

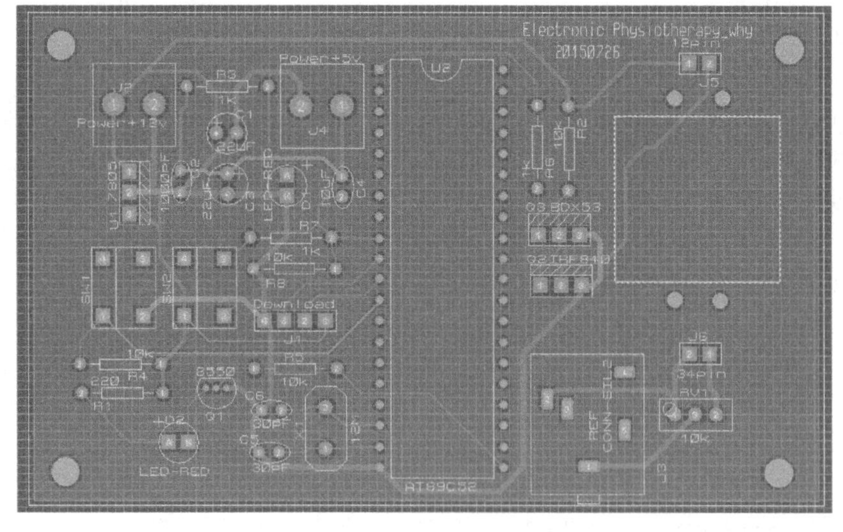

图 12-18 电路 PCB 设计图

实物测试

实物图如图 12-19 所示，测试图如图 12-20 所示。

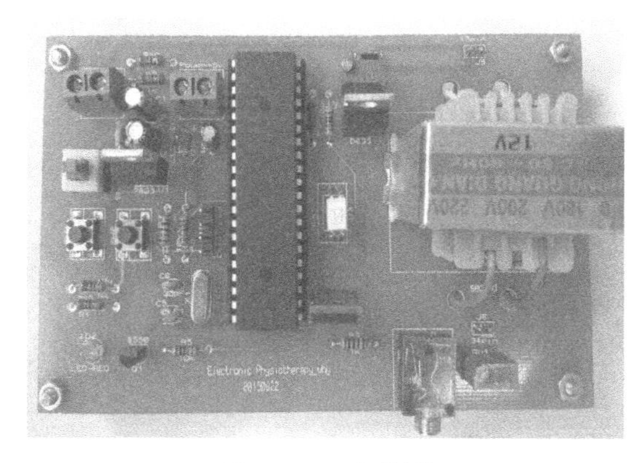

图 12-19　实物图

图 12-20　测试图

思考与练习

(1) 理想变压器的电动势平衡方程式是什么？

答：理想变压器的电动势平衡方程式为

$$e_1(t) = -N_1 \mathrm{d}\Phi/\mathrm{d}t$$

$$e_2(t) = -N_2 \mathrm{d}\Phi/\mathrm{d}t$$

(2) 一次、二次绕组电压和电流有效值的关系是什么？

答：一次、二次绕组电压和电流有效值的关系为

$$U_1/U_2 = I_2/I_1$$

(3) 如果匝比为 $K = N_1/N_2$，则一次、二次绕组电压和电流有效值应有什么关系？

答：一次、二次绕组电压和电流有效值的关系为

$$U_1/U_2 = K$$

$$I_1/I_2 = 1/K$$

项目 13　心电信号显示检测仪电路设计

设计任务

设计心电信号显示检测仪电路检测心电信号，并在液晶屏上显示波形等相关信息。要求如下。

（1）掌握前置放大器，补偿电路，高、低通滤波器，50Hz 工频滤波器，以及主放大电路和加法器电路等构成。

（2）掌握模拟信号到数字信号的转换和波形的显示。

基本要求

☺ 心电信号经采集装置输入到前置放大器，信号放大 8 倍以后，再经过滤波电路进行滤波，滤掉 0.05Hz 以下频率与 105Hz 以上频率的信号，同时阻止 50Hz 工频干扰信号通过。

☺ 经过滤波的信号变得比较干净，此时通过后级放大电路将其放大到伏特级别，再经过加法器电路将其波形上提到 0V 以上，便于单片机 AD 直接将其转换为数字值。

☺ 经过处理的心电信号最终由简易的示波器显示到液晶屏上，以便使用者能够实时、方便地观察到心电波的变化与形态。液晶屏选用具有 KS0108 控制器的 12864LCM，采用 AVR 单片机 Atmega32 进行数据的处理并驱动显示屏显示波形。

设计思路

心电信号很微弱，需设计放大电路。同时，心电信号还处于极化电压、高频干扰、50Hz 工频干扰等噪声干扰之下，为了消除干扰，需设计前置放大电路、高通滤波器、低通滤波器和 50Hz 陷波器。经过放大后，将波形显示到液晶屏，以便观测。

系统组成

系统结构框图如图 13-1 所示。

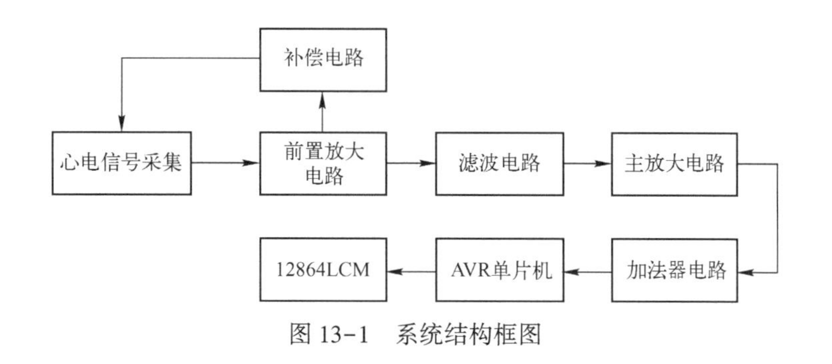

图 13-1　系统结构框图

模块详解

1. 心电信号采集

临床上心电信号主要从体表采集，检测时将测量电极安放在体表相隔一定距离的两点，电极通过多股绝缘芯线绞成的屏蔽线与心电监护仪的放大器相连，测量出电极在体表的电位差就是心电信号，描成曲线就是心电图。在测定心电信号波形时，电极安放的位置及导线与放大器连接的方式，称为心电仪的“导联”。

将电极捆绑在手腕或脚腕的内侧面，并通过较长的屏蔽导线与心电仪连接的方式称为“标准导联”。习惯上对这些电极规定了表示符号和连接导线的颜色，即导联标记，如表 13-1 所示。

表 13-1　导联标记

电极的部位	右　臂	左　臂	左　腿	右　腿
电极表示符号	RA	LA	LL	RL
连接导线颜色	红	黄	蓝（绿）	黑

标准导联直接把两个肢体的电位加到心电放大器的输入端，所描述的波形即为两点电位差的变化。标准导联接法如图 13-2 所示。

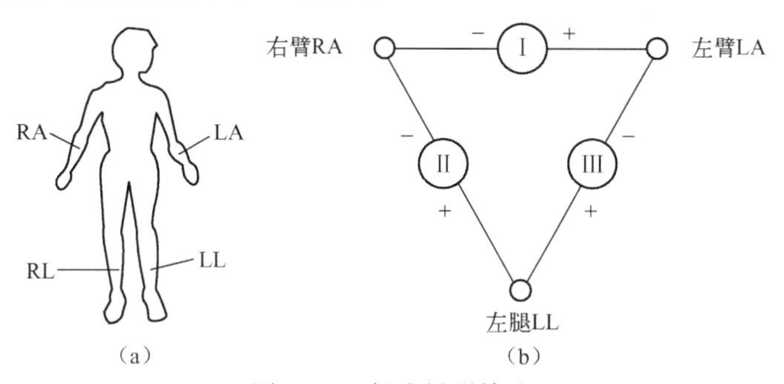

图 13-2　标准导联接法

标准 I 导联：RA 接放大器反相输入端（-），LA 接放大器同相输入端（+），RL 作为参考电极，接心电放大器的参考点。

标准 II 导联：RA 接放大器反相输入端（-），LL 接放大器同相输入端（+），RL 作为参考电极，接心电放大器的参考点。

标准 III 导联：LA 接放大器反相输入端（-），LL 接放大器同相输入端（+），RL 作为参考电极，接心电放大器的参考点。

在本设计中，采用标准 I 导联方式，RL 的参考电极连接补偿电路。

2. 补偿电路

引入补偿电路，是为了抵消人体信号源中的各种噪声干扰，包括工频干扰。补偿电路如图 13-3 所示。运放 AD705JN、R2、R3 和 C2 共同组成补偿电路，IO1 连接人体信号源参考端。引入补偿电路的方法是在前级放大电路的反馈端与信号源地端建立共模负反馈，为提高电路的反馈深度，将反馈信号放大后接人体信号源参考端（此处即右腿），这样可以最大限度地抵消工频干扰。引入的这种电路形式，根据其结构和功能，可形象地将其称为“反馈浮置跟踪电路”。

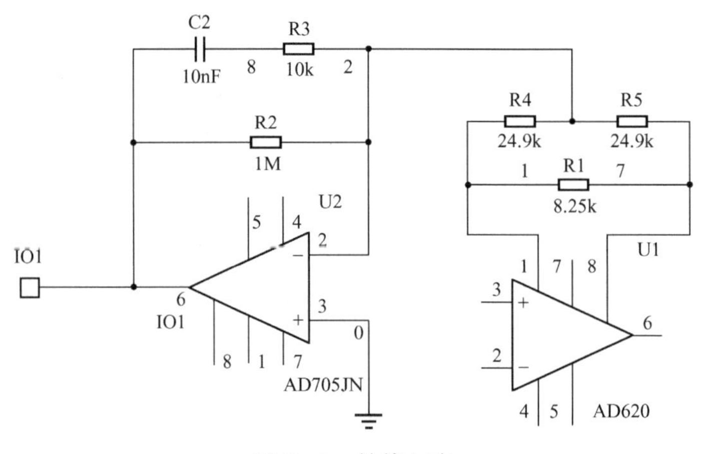

图 13-3　补偿电路

3. 前置放大电路

考虑到本设计所要处理的电信号比较微弱，而且对其波形质量要求也比较高，要求具有高输入阻抗、高共模抑制比、低噪声、低漂移、较小的非线性度、合适的频带和动态范围，所以采用仪表放大器来实现前置放大的作用。通常的仪表放大器电路采用三个独立的 OP 放大器进行设计，但考虑到其性能的局限性及不容易实现完美的对称效果，所以选用集成仪表放大器 AD620。

AD620 内部由 3 个放大器共同组成，其引脚及内部结构如图 13-4 所示。其中 R 与 R_x 需在放大器的选用范围内（1～10kΩ），可以通过调整 R_x 的大小来调整 AD620 的增益值，其关系如式（13-1）所示。在实际使用中，芯片 1、8 脚接 R_G，4、7 脚接正负相等的工作电压，2、3 脚接输入的弱电压信号，6 脚为输出引脚，5 脚是参考基准，如果接地，则 6 脚的输出电压即为对地电压，其放大倍数可以通过式（13-2）进行计算。

$$V_o=\left(1+\frac{2R}{R_x}\right)(V_1-V_2) \tag{13-1}$$

$$G=\frac{49.4\text{k}\Omega}{R_G}+1 \tag{13-2}$$

$$R_G=\frac{49.4\text{k}\Omega}{G-1} \tag{13-3}$$

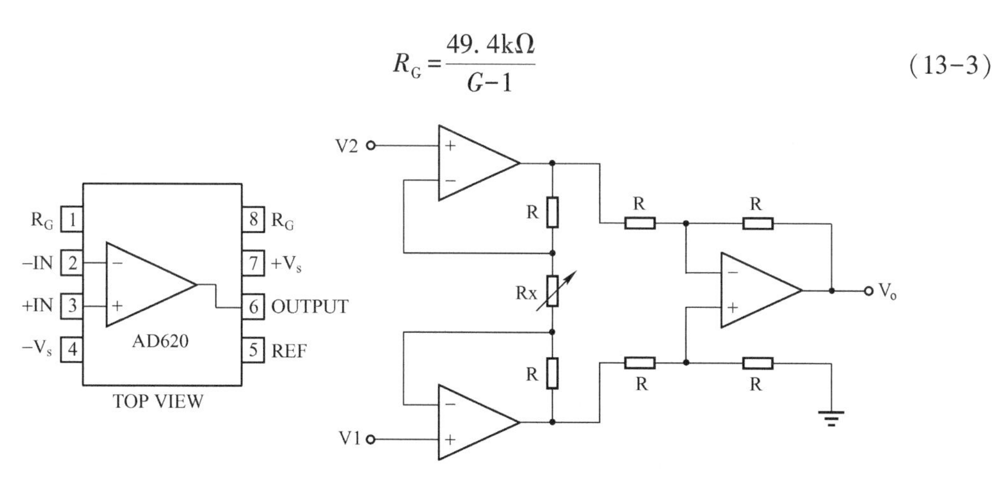

图 13-4 AD620 引脚及内部结构

AD620 性能参数及特点如下。

☺ 增益范围：1~1000。

☺ 电源范围：±2.3~±18V。

☺ 低耗电：可提供的最大电流为 13mA。

☺ 精确度高：低补偿电压最大为 50μV，漂移电压最大为 0.6μV/℃。

☺ 低噪声：在 1kHz 条件下，折合到输入端的输入噪声为 9nV/Hz。

☺ 应用场合：ECG 测量与医疗器件、压力测量、*V/I* 转换、信号采集等。

☺ 具有较高的共模抑制比（CMRR）。

☺ 温度稳定性好。

☺ 放大频带宽。

☺ 噪声系数小。

☺ 调节方便。

采用 AD620 Datasheet 中的标准接法，在 Multism13.1 中绘出的前置放大电路如图 13-5 所示。

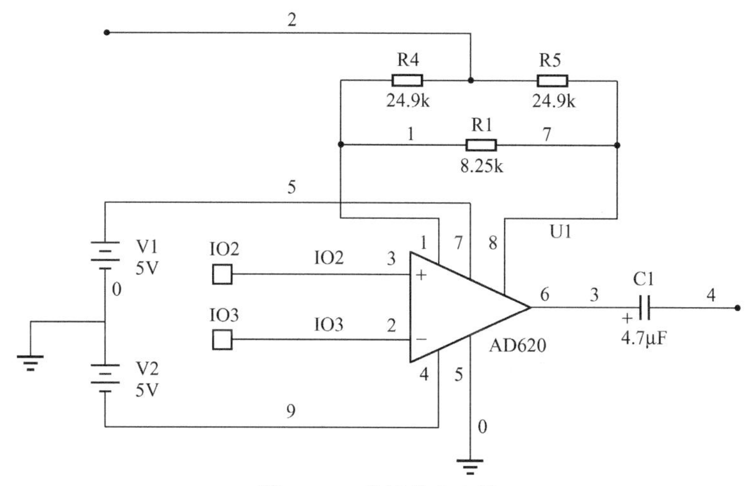

图 13-5 前置放大电路

图 13-5 中差分输入端 IO2 与 IO3 分别接标准 I 导联的正负输入端，2 号线接补偿电路的输入端，R_1、R_4、R_5 共同决定该放大电路的放大倍数，C1 的作用是在单独仿真前置放大电路时滤除直流信号。

在电路的整体工作过程中，要求总放大倍数为 1000 左右，而根据小信号放大器的设计原则，前级的增益不能设置太高，因为前级增益过高将不利于后续电路对噪声的处理，所以此处设定为 8 倍增益。

因为 AD620 的外围电路仅为一个控制增益的电阻 Rx，所以此处的增益和外围电阻的关系可根据式（13-1）~式（13-3）推导出来，即

$$G=1+\frac{49.4}{R_x}=1+\frac{49.4\times(R_4+R_5)}{R_4\times R_5}=1+\frac{49.4\times(24.9+24.9)}{24.9\times24.9}\approx5 \tag{13-4}$$

前置放大电路元件参数如表 13-2 所示。

表 13-2　前置放大电路元件参数

元 件 参 数	R_1	R_4	R_5	C_1
参　数　值	8.25kΩ	24.9kΩ	24.9kΩ	4.7μF

前置放大电路仿真如下。

（1）瞬态仿真

电路仿真采用 Multism13.1 进行，为了能够清楚地看到波形顶端和底端的情况，将方波作为输入信号，其幅值为-2~+2mV，频率设定为 10Hz。将差分输入端一端接地，可以仿真出这部分电路的瞬态响应，结果如图 13-6 所示。

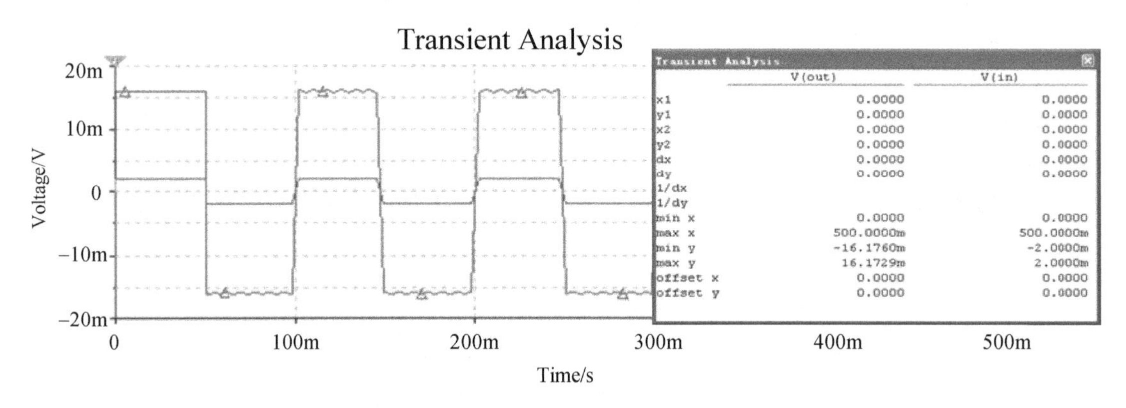

图 13-6　前置放大电路瞬态仿真结果

由图 13-6 所示仿真结果可知，输出电压幅值为-16.17~+16.17mV，可以计算出放大倍数为

$$A_v=\frac{V_{out}}{V_{in}}=\frac{16.17}{2}\approx8.08 \tag{13-5}$$

可以看出，仿真结果与设计目标基本吻合，根据波形的显示可以看出，前置放大的效果比较理想，能够满足设计要求。

（2）频域仿真

进行频域仿真时，输入信号源需要接一个正弦交流信号，这里同样选择幅值为-2~

+2mV，频率为 10Hz。将差分输入端一端接地，仿真结果如图 13-7 所示。

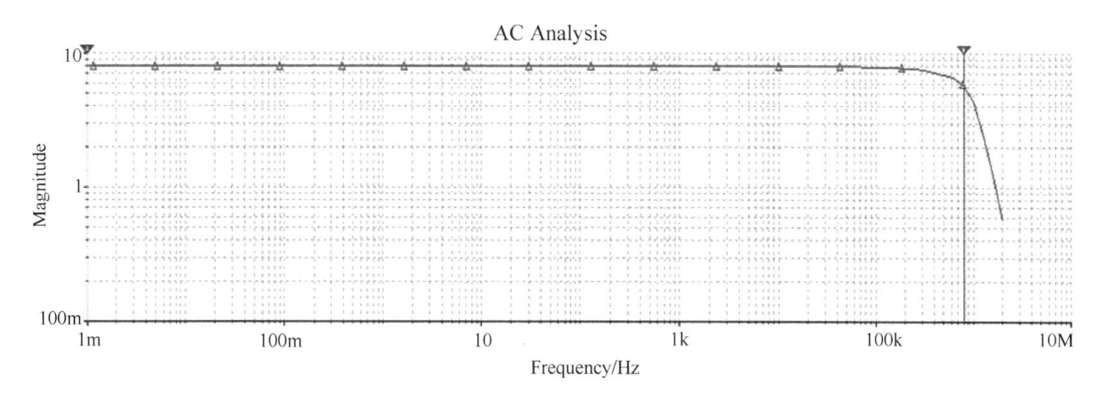

图 13-7　前置放大电路频域仿真结果

由此仿真结果可以看到，前置放大电路的频域非常宽，上限截止频率至少在 100kHz 以上，同时将光标放上去可以看到 max y 即放大倍数（7.98 倍）。

4. 滤波电路

对特定频率的频点或该频点以外的频率进行有效滤除的电路，就是滤波电路。其功能就是得到或消除一个特定频率，利用这个特性可以对通过滤波器的心电信号滤除 0.05Hz 以下、105Hz 以上和 50Hz 的干扰波。滤波器又分为如下 3 个类别。

（1）巴特沃斯响应（最平坦响应）：巴特沃斯响应能够最大化滤波器的通带平坦度，特别适用于低频应用，它对于维护增益的平坦性来说非常重要。

（2）贝塞尔响应：除了会改变依赖于频率的输入信号的幅度外，还会为其引入一个延迟，使得基于频率的相移产生非正弦信号失真。贝塞尔响应能够最小化通带的相位非线性。

（3）切比雪夫响应：在一些应用当中，最为重要的因素是滤波器截断不必要信号的速度。如果可以接受通带具有一些纹波，就可以得到比巴特沃斯滤波器更快速的衰减。

1）低通滤波器的设计

（1）电路分析

根据本设计的指标要求，需要加入截止频率为 105Hz 的低通滤波器，使心电信号的有用信号通过，滤除高于心电信号频率的干扰信号。

在低通滤波器的选型上，为了达到较好的滤波效果，首先决定选用二阶滤波电路。在实现同样指标的情况下，可以尽量选择电路结构比较简单的滤波器，这里首先考虑选用 Sallen-Key 滤波电路。但是在仿真验证的时候，其滤波效果与多重反馈型滤波电路相比有一定差距，所以这里最终选择多重反馈型滤波电路。相比于 Sallen-Key 电路，多重反馈型滤波电路的高次谐波要小一些，而且高频衰减特性要好一些。低通滤波电路如图 13-8 所示。

（2）电路元件参数选择

根据设计要求可知 $f=105\text{Hz}$，若

$$R_1=R_2=R_3=R \tag{13-6}$$

则

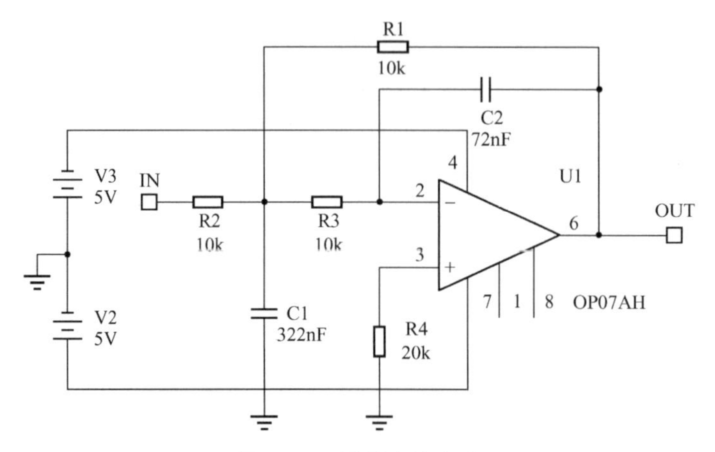

图 13-8　低通滤波电路

$$C=\sqrt{C_1C_2} \tag{13-7}$$

$$\omega_0=\frac{1}{RC} \tag{13-8}$$

可以计算得出传递函数表达式为

$$G=-\frac{\frac{1}{R_1R_2}}{s^2C_1C_2+sC_2\left(\frac{1}{R_1}+\frac{1}{R_2}+\frac{1}{R_3}\right)+\frac{2}{R_2R_3}}=-\frac{\omega_0^2}{s^2+\frac{\omega_0}{Q}s+\omega_0^2} \tag{13-9}$$

其中

$$Q=\frac{1}{3}\sqrt{\frac{C_1}{C_2}} \tag{13-10}$$

所以可知

$$C_1=3QC \tag{13-11}$$

$$C_2=\frac{C}{3Q} \tag{13-12}$$

取 R 的值为 10kΩ，则由式

$$f=\frac{1}{2\pi RC} \tag{13-13}$$

可以计算出 $C=0.15\mu F$，采用巴特沃斯滤波，所以可知 $Q=0.707$，代入式（13-11）与式（13-12）可得 $C_1=322nF$，$C_2=72nF$。表 13-3 所示为低通滤波电路元件参数。

表 13-3　低通滤波电路元件参数

元件参数	R_1	R_2	R_3	R_4	C_1	C_2
参数值	10kΩ	10kΩ	10kΩ	20kΩ	322nF	72nF

（3）低通滤波电路仿真

① 通频带仿真。输入信号采用电压幅值为-2～+2mV，频率为 10Hz 的正弦交流信号，Multisim13.1 仿真参数设置为 1～200Hz，仿真结果如图 13-9 所示。

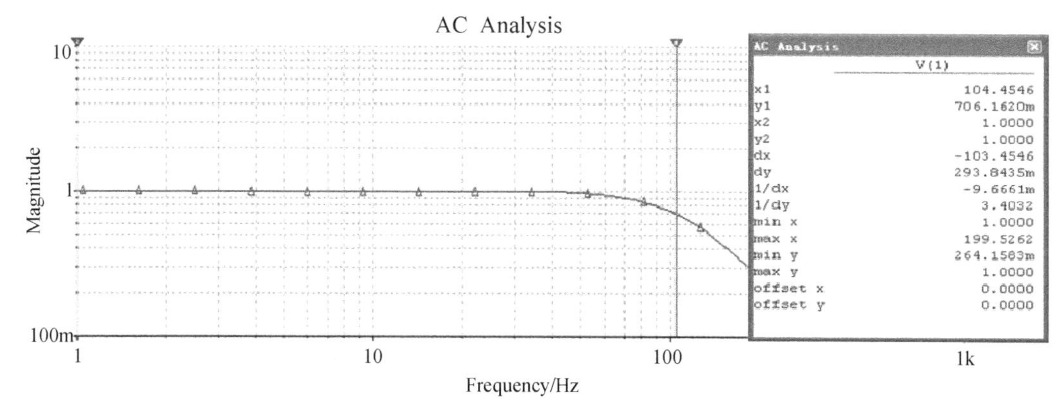

图 13-9　低通滤波电路通频带仿真结果

由上述频域仿真图像可以看到，放大倍数即 max y 为 1，表明电路增益为 1，当增益为 0.707，即衰减为-3dB 时，频率值为 104.4546Hz，可见与设计目标基本吻合。

② 瞬态仿真。虽然电路的频域可以达到指标要求，但波形是否会失真仍然是一个需要考虑的问题，所以就有必要进行瞬态仿真。同样，为了更好地观察波形顶端和底端的情况，选用方波信号作为激励，其幅值设置为-2～+2mV，频率设置为 10Hz，仿真结果如图 13-10 所示，图中 V(5)是输入信号，V(1)是输出信号。

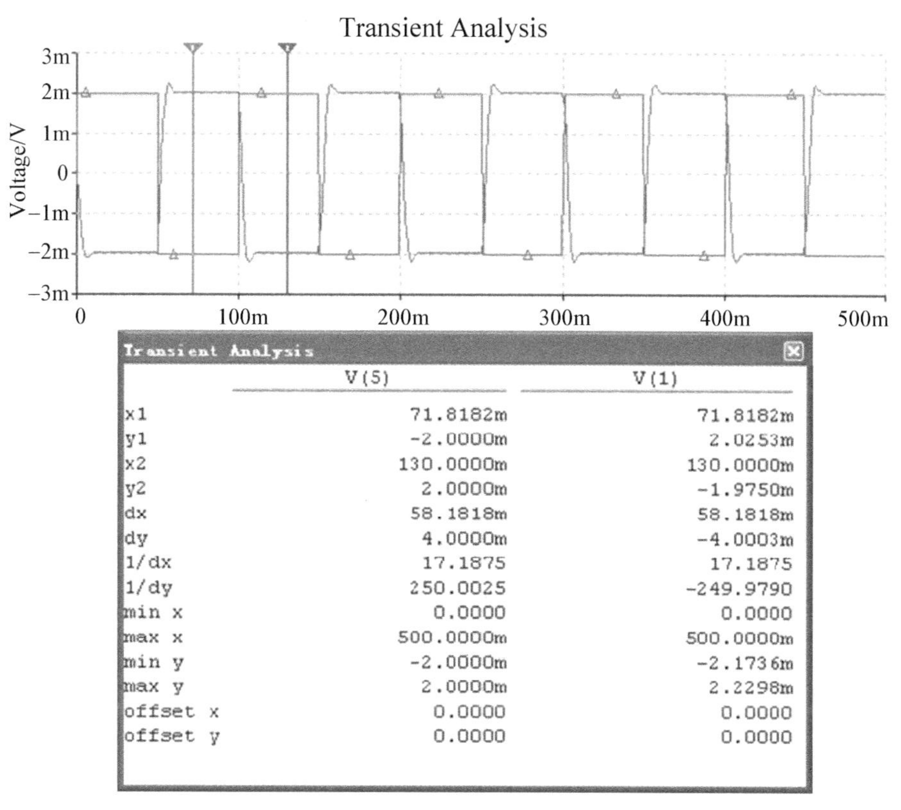

图 13-10　低通滤波电路瞬态仿真结果

由图 13-10 所示的仿真结果可以看出，在 1 号游标位置，即 71.8ms 附近，输入信号为-2mV，输出信号为 2.0253mV；在 2 号游标位置，即 130ms 附近，输入信号为 2mV，输出信号为-1.9750mV，可见除了在波形跳变时输出信号稍有尖脉冲外，其他指标都与设计相吻合。

2）高通滤波器的设计

（1）电路分析

根据本设计的指标要求，需要加入截止频率为 0.05Hz 的高通滤波器，使心电信号的有用信号通过，滤除低于心电信号频率的干扰信号。

在高通滤波器的选型上，为了达到较好的滤波效果，首先决定选用二阶滤波电路。在低通滤波电路的设计基础上，高通滤波电路也首先选用多重反馈型滤波电路，但电路仿真后发现其效果却不如增益为 1 的 Sallen-Key 高通滤波电路，所以最终选择了 Sallen-Key 电路。

该 Sallen-Key 电路采用反相输入端直接接输出端反馈的电路连接方式，这样的电路可以实现增益为 1 的高通滤波效果，其电路如图 13-11 所示。

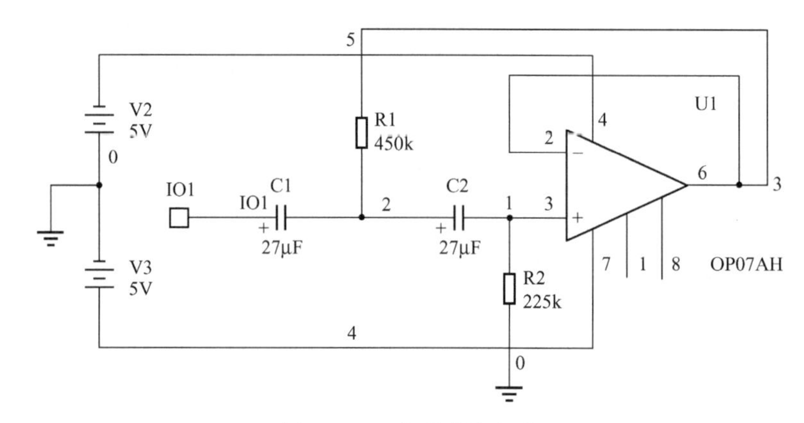

图 13-11　高通滤波电路

（2）电路元件参数选择

高通滤波电路的形式实际与低通滤波电路的形式一样，只是电阻与电容的位置互换即可，其数值计算方法也同样存在着转换规则。此处根据图 13-11 所示高通滤波电路进行如下参数值的计算。

首先令

$$C_1 = C_2 = C \tag{13-14}$$

则

$$R = \sqrt{R_1 R_2} \tag{13-15}$$

所以传递函数表达式为

$$G = \frac{V_{\text{out}}}{V_{\text{in}}} = \frac{\omega_0^2}{s^2 + 2\omega_0\sqrt{\dfrac{R_2}{R_1}} + \omega_0^2} \tag{13-16}$$

式中

$$\omega_0=\frac{1}{RC} \tag{13-17}$$

$$Q=\frac{1}{2}\sqrt{\frac{R_1}{R_2}} \tag{13-18}$$

因此

$$R_1=2QR \tag{13-19}$$

$$R_2=\frac{R}{2Q} \tag{13-20}$$

式中，取 $C=10\mu F$，则根据式

$$f=\frac{1}{2\pi RC} \tag{13-21}$$

可知 $R=318.471k\Omega$，该高通滤波电路也采用巴特沃斯滤波方式，所以取 $Q=0.707$，将 R 与 Q 的值代入式（13-19）与式（13-20），计算可得 $R_1=450k\Omega$，$R_2=225k\Omega$。高通滤波电路元件参数如表 13-4 所示。

表 13-4　高通滤波电路元件参数

元件参数	R_1	R_2	C_1	C_2
参数值	450kΩ	225kΩ	27μF	27μF

将此计算值输入电路中进行仿真，发现下限截止频率大概为 0.123Hz，大于设计要求值，所以对电容参数值进行调整，采用一个常用参数值 27μF，此时再进行仿真，发现基本能够实现预定目标。

（3）高通滤波电路仿真

① 通频带仿真。输入信号采用电压幅值为-2～+2mV，频率为 10Hz 的正弦交流信号，Multisim13.1 仿真参数设置为 0.01～100Hz，仿真结果如图 13-12 所示。

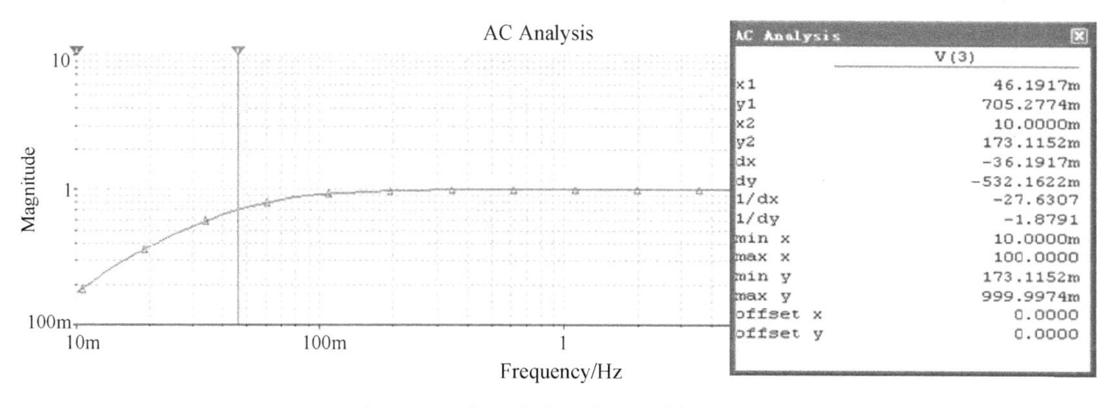

图 13-12　高通滤波电路通频带仿真结果

由上述频域仿真图像可以看到，放大倍数（即 max y）为 0.9999974，表明电路增益为 1，可以看到当增益为 0.707，即衰减为-3dB 时，频率值约为 0.04619Hz。由于此处选择了实际中存在的电容值，所以与设计目标稍有误差。

② 瞬态仿真。虽然电路的频域可以达到指标要求，但波形是否失真仍然是一个需要考虑的问题，所以有必要进行瞬态仿真。同样，为了更好地观察波形顶端和底端的情况，选用方波信号作为激励，其幅值设置为-2～+2mV，频率设置为 10Hz，仿真结果如图 13-13 所示，图中V(4)是输入信号，V(3)是输出信号。

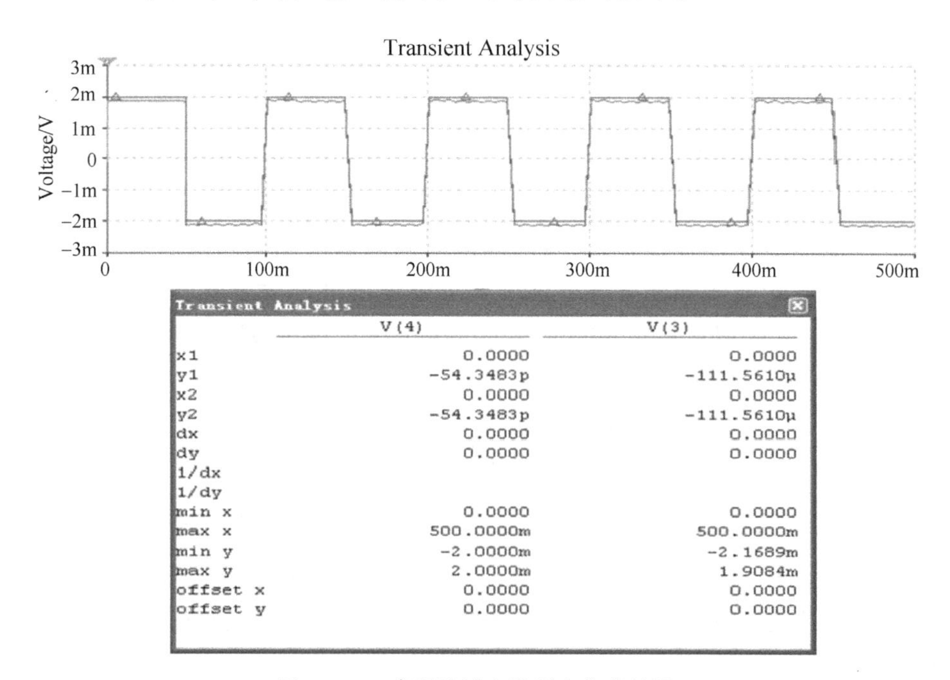

	V(4)	V(3)
x1	0.0000	0.0000
y1	-54.3483p	-111.5610μ
x2	0.0000	0.0000
y2	-54.3483p	-111.5610μ
dx	0.0000	0.0000
dy	0.0000	0.0000
1/dx		
1/dy		
min x	0.0000	0.0000
max x	500.0000m	500.0000m
min y	-2.0000m	-2.1689m
max y	2.0000m	1.9084m
offset x	0.0000	0.0000
offset y	0.0000	0.0000

图 13-13　高通滤波电路瞬态仿真结果

由图 13-13 所示的仿真结果可以看出，输出波形基本没有失真，只是整体波形稍有下移，其 V_{p-p} = 1.9084mV+2.1689mV = 4.0773mV，非常接近给定电压峰-峰值 4mV。

3）带阻滤波器的设计

（1）电路分析

根据本设计的指标要求，需要加入针对 50Hz 工频的陷波器，以最大可能地消除工频干扰。

在带阻滤波器的选型上，为了达到较好的滤波效果，同时考虑电路结构的简单化，最终决定选用具有正反馈的双 T 型电路。双 T 型电路被广泛地应用于零值网络中，然而其主要缺点是 Q 值为固定的 1/4，不过这个问题可以通过引入正反馈来克服。其电路如图 13-14 所示。

（2）电路元件参数选择

对于图 13-14 所示的正反馈双 T 型电路，其 Q 值满足

$$Q=\frac{1}{4(1-K)} \tag{13-22}$$

选择 K 为小于 1 并且非常接近于 1 的正数，则电路 Q 值能够显著增加，所以要求 K 值由式（13-23）决定，即

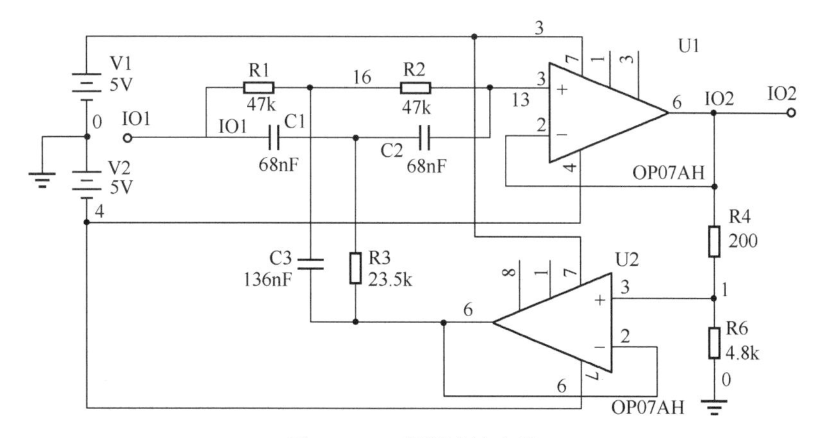

图 13-14　带阻滤波电路

$$K=1-\frac{1}{4Q} \tag{13-23}$$

在图 13-14 中，K 值即为 R_4 与 R_6 的一个系数。

在双 T 型网络设计中，可以首先选择 $C=0.1\mu F$，则由

$$f=\frac{1}{2\pi RC} \tag{13-24}$$

可以计算出 $R=31.8k\Omega$，取为 32kΩ。将参数值输入到电路，仿真时发现衰减 3dB 时的带宽 BW 为 43~57Hz，但是衰减深度仅为 7.43dB，所以需要调整器件参数值。经反复调整后最终选定 $R=R_1=R_2=47k\Omega$，$C=C_1=C_2=68nF$，所以

$$R_3=R/2=23.5k\Omega \tag{13-25}$$

$$C_3=2C=136nF \tag{13-26}$$

为了调整深度，仿真调试后选择最佳 K 值为 0.96，取 R_4、R_6 电阻初始值为 5kΩ，所以

$$R_4=5k\Omega\times0.04=200\Omega \tag{13-27}$$

$$R_6=4.8k\Omega \tag{13-28}$$

带阻滤波电路元件参数如表 13-5 所示。

表 13-5　带阻滤波电路元件参数

元件参数	R_1	R_2	R_3	R_4	R_6	C_1	C_2	C_3
参数值	47kΩ	47kΩ	23.5kΩ	200Ω	4.8kΩ	68nF	68nF	136nF

（3）带阻滤波电路仿真

① 通频带仿真。输入信号采用电压幅值为-2~+2mV，频率为 10Hz 的正弦交流信号，Multisim13.1 仿真参数设置为 10~100Hz，仿真结果如图 13-15 所示。

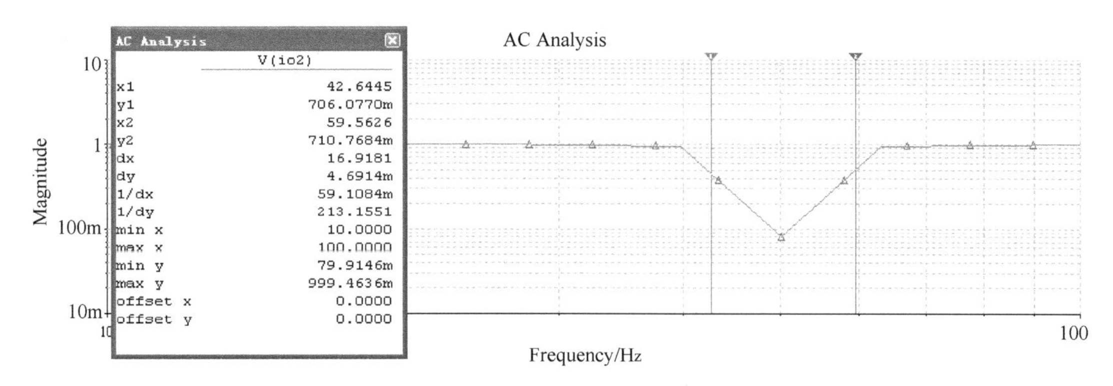

图 13-15　带阻滤波电路通频带仿真结果

由上述频域仿真图像可以看到，放大倍数即 max y 为 0.9994636，表明电路增益为 1，可以看到当增益为 0.707，即衰减为-3dB 时，频率值约为 42Hz 和 59Hz，所以带阻宽 BW = 17Hz。

② 衰减深度仿真。衰减深度仿真结果如图 13-16 所示。

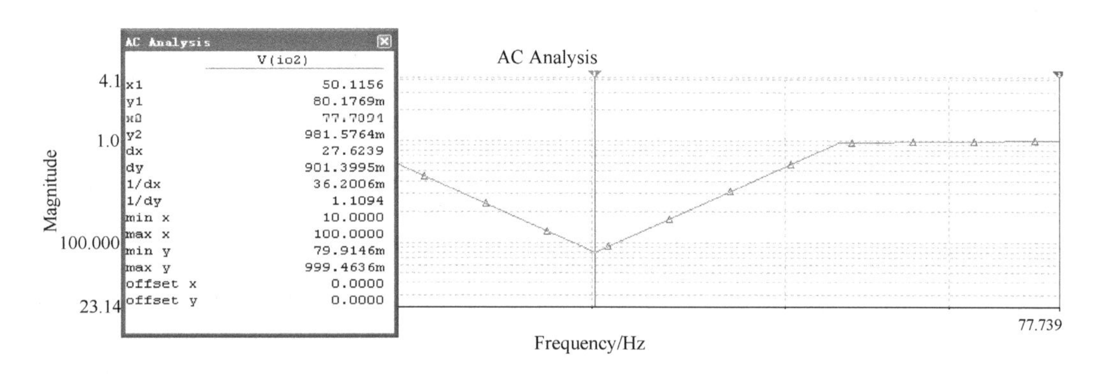

图 13-16　带阻滤波电路衰减深度仿真结果

由上述仿真结果可以看到，当频率为 50Hz 时，电路衰减值最大，增益大约为 0.0799，所以可以计算出此时的衰减深度为

$$-20\lg|A_v| = -20\times\lg 0.0799 \approx 21.949\text{dB}$$

从此结果可以看出，设计完全符合指标要求（>20dB）。

③ 瞬态仿真。虽然电路的频域可以达到指标要求，但波形仍需进行分析，所以对电路进行瞬态仿真。同样，为了更好地观察波形顶端和底端的情况，选用方波信号作为激励，其幅值设置为-2～+2mV，频率设置为 1Hz，仿真结果如图 13-17 所示。

4）滤波电路综合仿真

（1）频域仿真

最终所有电路模块都要连接起来一起工作，所以有必要检验一下滤波电路的综合工作效果，这里的滤波电路包括高通、低通和带阻滤波电路，其频域仿真结果如图 13-18 所示。

根据该仿真结果可知，下限频率约为 0.046Hz，上限频率为 104.7078Hz，放大倍数为 0.9998358，即增益为 1，可见滤波电路基本满足设计指标要求。

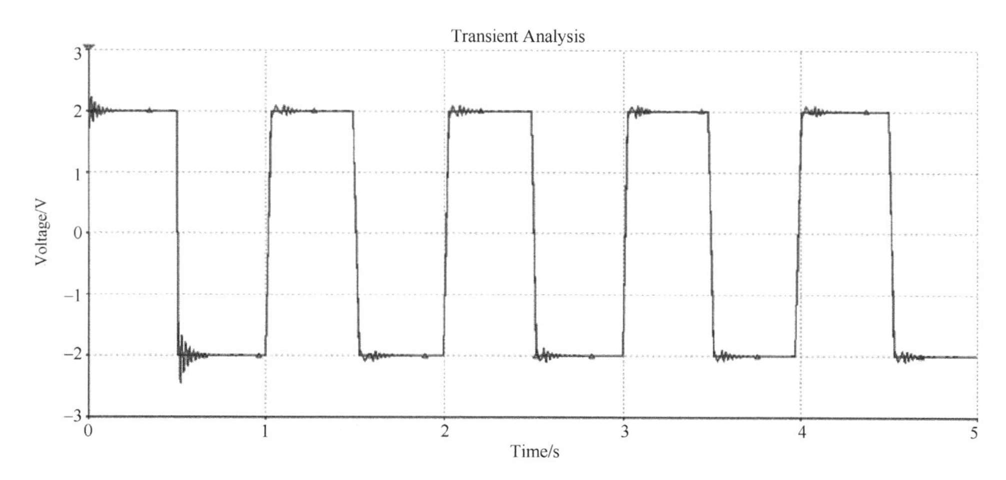

图 13-17　带阻滤波电路瞬态仿真结果

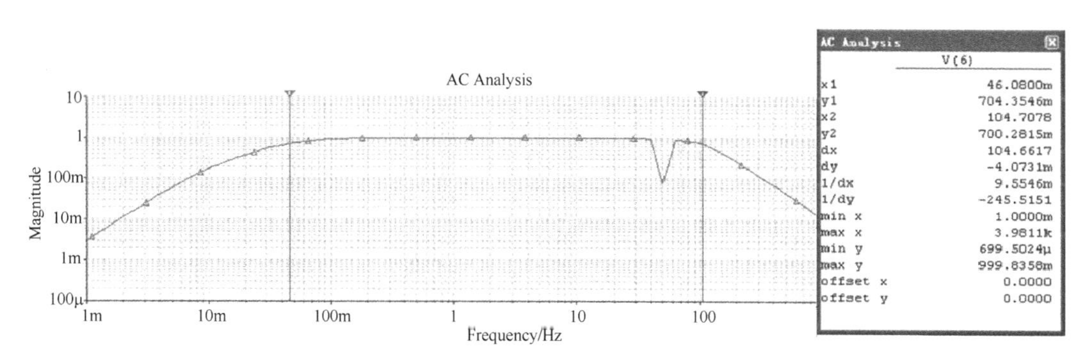

图 13-18　滤波电路频域仿真结果

（2）瞬态仿真

输入信号为峰-峰值为 2mV，频率为 10Hz 的方波，仿真结果如图 13-19 所示。

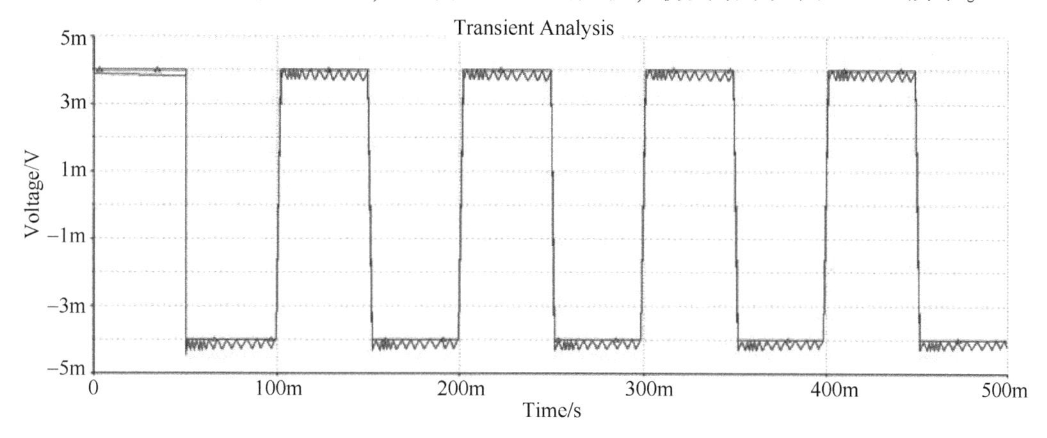

图 13-19　滤波电路瞬态仿真结果

5. 主放大电路

前置放大电路放大 8 倍是为了后续的信号处理与滤波，而本设计最终输入单片机的电压区间是 0~5V，所以必须设置主放大电路。因为单片机的输入不支持负电压，所以还需要设置一级加法器电路，以便将负电压提到0点以上。最后在程序编写时再将检测到的电压减去信号所加的直流电压，即可得出实际电压的幅值。

考虑到前置放大电路放大的倍数为8倍，而且所采集的电压信号幅值最大为4mV，单片机采集的模拟电压值最大为5V，设置增益为

$$A_v = \frac{4\text{V}}{4\text{mV}} = 1000 \tag{13-29}$$

所以主放大电路的增益设置为1000/8=125倍。

1）主放大器设计

主放大电路如图13-20所示。

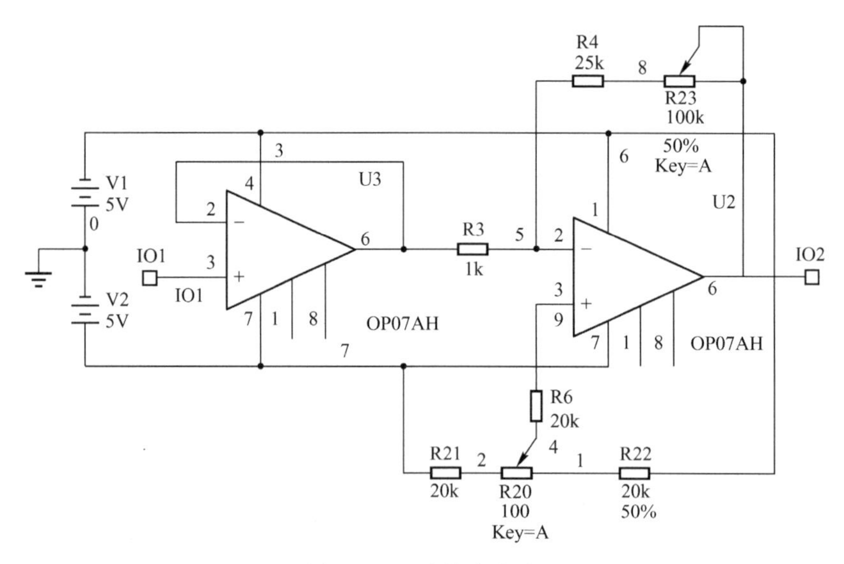

图13-20　主放大电路

在图13-20中，第一个运放组成电压跟随器电路，其显著特点是输入阻抗高，而输出阻抗低。一般来说，输入阻抗要达到几兆欧，输出阻抗通常可以达到几欧，甚至更低，主要用于增加输入阻抗、降低输出阻抗。第二个运放实现普通的反相放大器功能，其放大倍数由R_3、R_4和R_{23}决定，由R_{23}实现增益可调，此处增益最大为125。R20、R21和R22共同构成调零电路，当输入端输入为零时，可以通过调节R20使得输出也为零。

2）主放大电路仿真

（1）瞬态仿真

在图13-20中IO1处加一个幅值为-16～+16mV，频率为10Hz的方波信号，在Multisim13.1中执行瞬态仿真，结果如图13-21所示。

由图13-21所示的仿真结果可以看出，放大倍数约为3.99V/32mV≈124.7，可见与设计值基本相符。

（2）频域仿真

输入相同幅值与频率的正弦信号，进行交流分析，可以得到频率响应曲线，如图13-22所示。

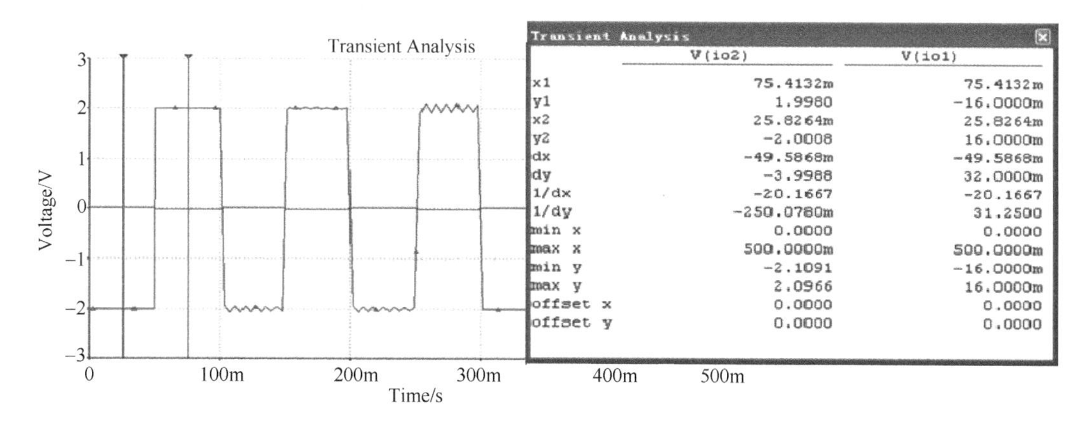

图 13-21　主放大电路瞬态仿真结果

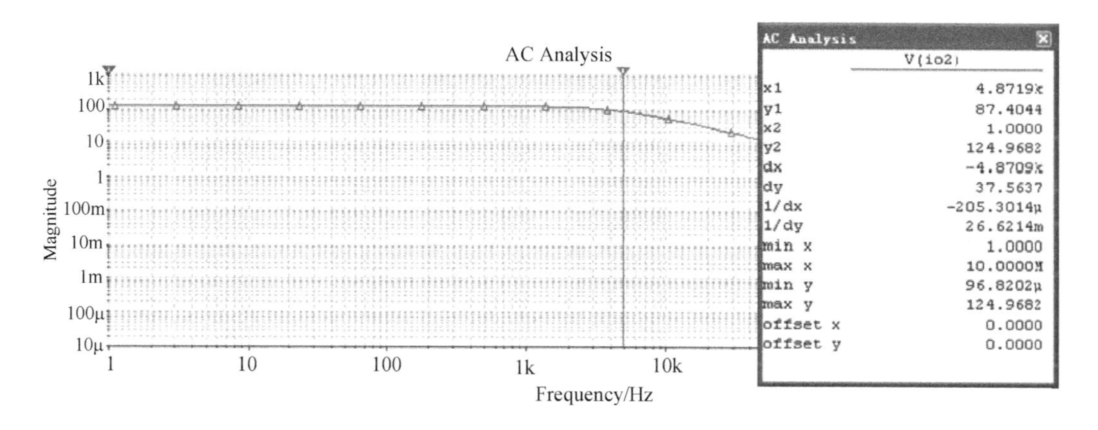

图 13-22　主放大电路频域仿真结果

由上述分析结果可知，该放大电路的上限截止频率约为 4.87kHz，放大倍数为 124.9682，完全能够满足设计要求。

6. 加法器电路

经过前面的电路，已经可以得到一个伏特级而且信号比较纯净的心电信号了，但是这个信号存在小于零的部分，所以需要通过加法器将其波形整体上提，尽量减少信号的丢失。

1）加法器电路设计

加法器电路（见图 13-23）的输入端 IO1 接心电信号的放大值，输出端 IO2 接单片机的 AD 转换口，其中德州仪器公司（TI）生产的 TL431 是一个有良好热稳定性能的三端可调分流基准源，它的输出电压用两个电阻就可以设置为 V_{ref}（2.5V）~36V 范围内的任何值。该器件的典型动态阻抗为 0.2Ω，在很多应用中可以用它代替齐纳二极管，如数字电压表、运放电路、可调压电源、开关电源等。在本电路中，R7 的协助能够使其控制的直流电压在 0~2.5V 内变化，也就是可以将放大的波形向上提 0~2.5V，这样的设计能够最大限度地避免信号的丢失。

2）电路元件参数选择

如图 13-23 所示的加法器电路中存在如下关系式：

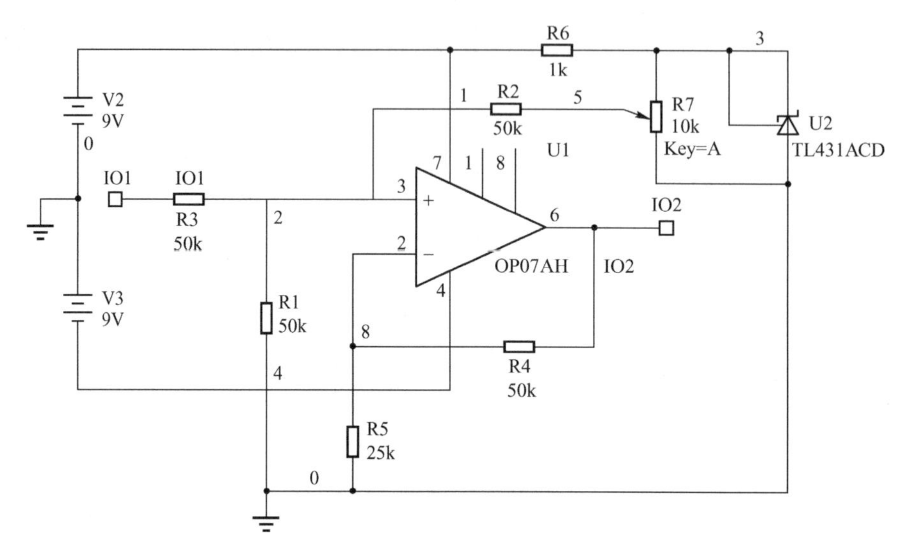

图 13-23　加法器电路

$$R_N = R_4 // R_5 \tag{13-30}$$

$$R_P = R_1 // R_2 // R_3 \tag{13-31}$$

$$R_N = R_P \tag{13-32}$$

取 $R_1 = 50\text{k}\Omega$，则根据上述公式即可计算出其他元件参数，加法器电路元件参数如表 13-6 所示。

表 13-6　加法器电路元件参数

元件参数	R_1	R_2	R_3	R_4	R_5	R_6	R_7
参数值/kΩ	50	50	50	50	25	1	10

3）加法器电路仿真

（1）瞬态仿真

在图 13-23 中 IO1 输入端输入电压幅值为-2.5～+2.5V，频率为 10Hz 的方波，进行瞬态仿真，结果如图 13-24 所示。可见输出信号的电压幅值基本上为 0～+5V，满足设计要求。

（2）频域仿真

输入信号采用电压幅值为-2～+2V，频率为 10Hz 的正弦信号，进行交流分析，结果如图 13-25 所示。可见增益为 1，上限截止频率约为 225kHz，不影响设计中的有用信号。

7. 综合电路分析与仿真

1）综合电路图

综合电路连接完成以后，对其进行综合分析，发现部分放大参数与设计指标稍有误差，应对其部分元件参数进行相应调整。模拟部分综合电路如图 13-26 所示。

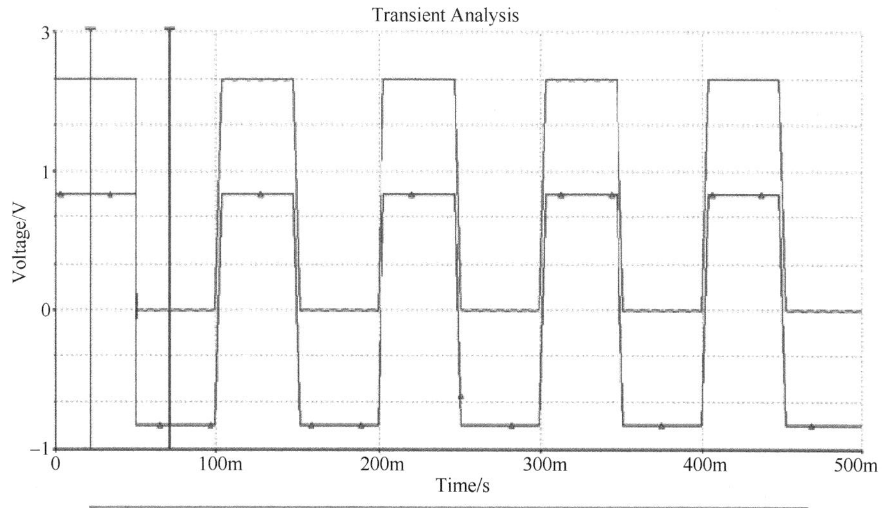

Transient Analysis

	V(io1)	V(io2)
x1	21.6942m	21.6942m
y1	2.5000	4.9945
x2	70.7645m	70.7645m
y2	-2.5000	-6.4526m
dx	49.0702m	49.0702m
dy	-5.0000	-5.0009
1/dx	20.3789	20.3789
1/dy	-200.0000m	-199.9632m
min x	0.0000	0.0000
max x	500.0000m	500.0000m
min y	-2.5000	-182.5199m
max y	2.5000	4.9980
offset x	0.0000	0.0000
offset y	0.0000	0.0000

图 13-24　加法器电路瞬态仿真结果

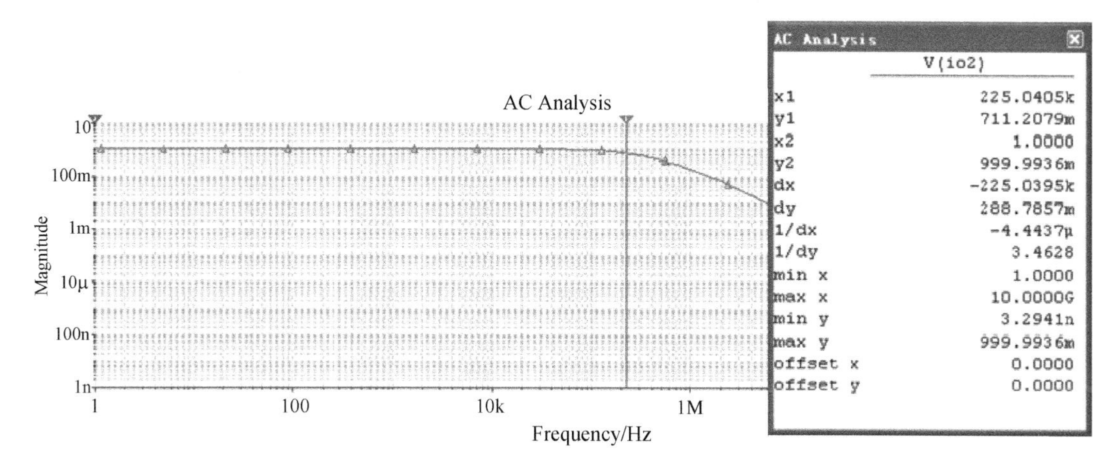

AC Analysis

	V(io2)
x1	225.0405k
y1	711.2079m
x2	1.0000
y2	999.9936m
dx	-225.0395k
dy	288.7857m
1/dx	-4.4437μ
1/dy	3.4628
min x	1.0000
max x	10.0000G
min y	3.2941n
max y	999.9936m
offset x	0.0000
offset y	0.0000

图 13-25　加法器电路频域仿真结果

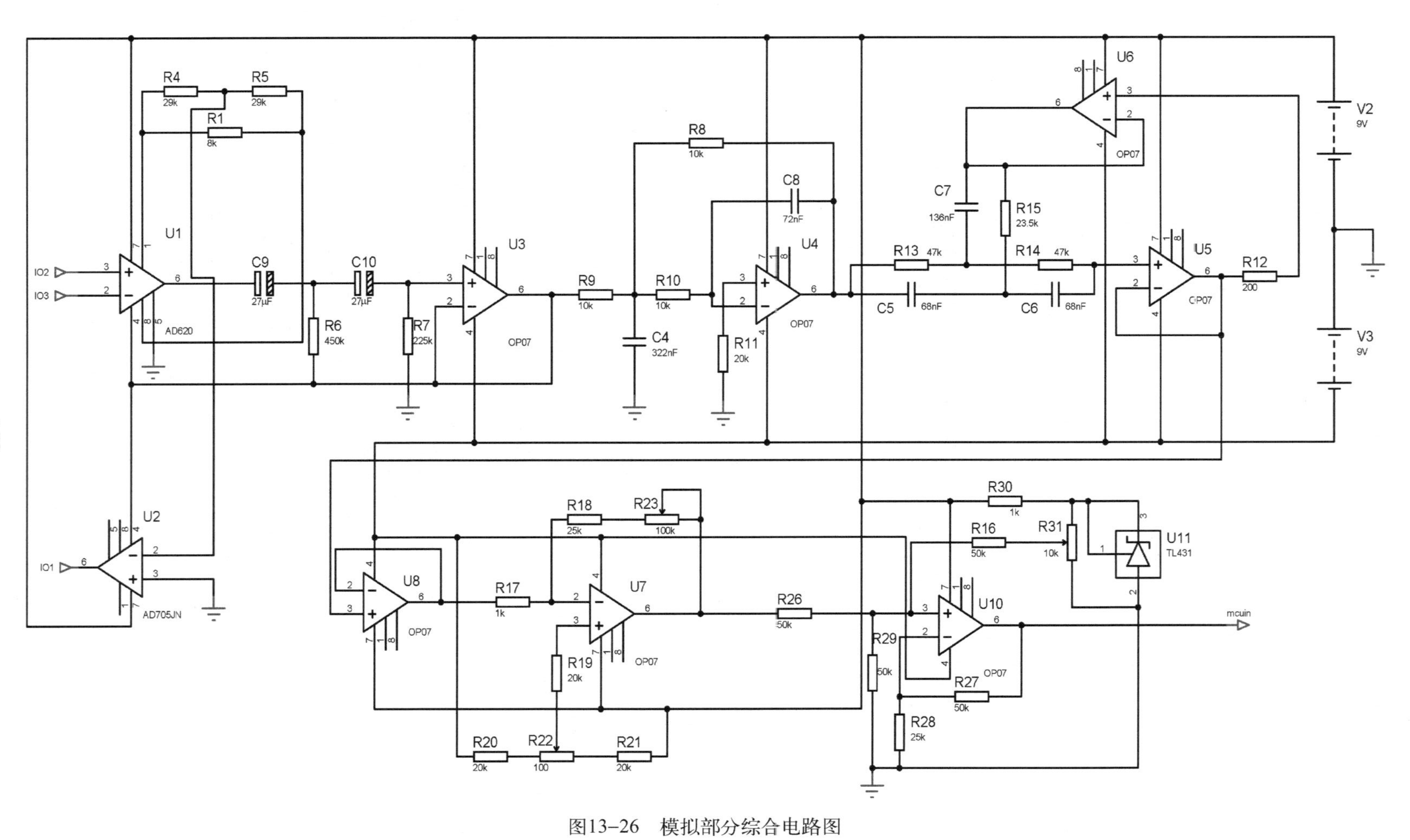

图13-26　模拟部分综合电路图

2）综合电路仿真

（1）频域仿真

首先对综合系统进行频域仿真，采用频率为 10Hz，幅值范围为-2～+2mV 的正弦波作为激励源，对电路的输出节点进行 Multisim13.1 中的交流分析，结果如图 13-27 所示。

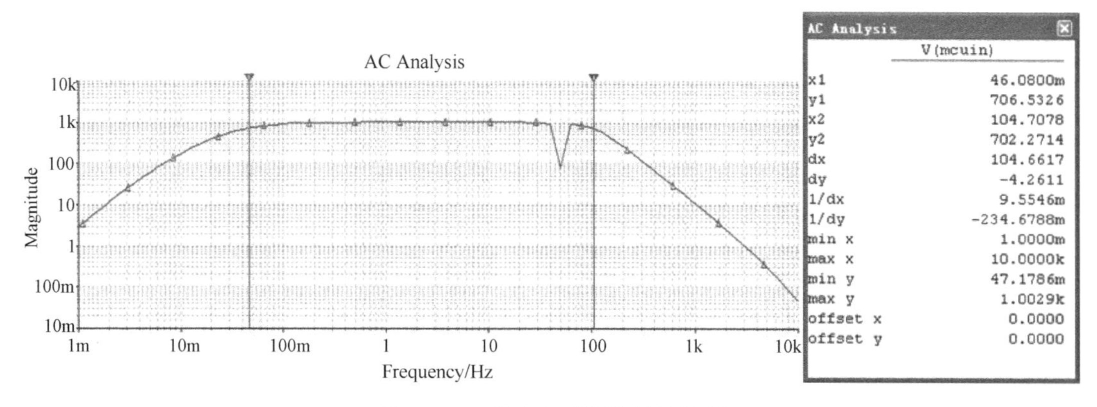

图 13-27　综合电路频域仿真结果

从图 13-27 所示的仿真结果可知，max y=1.0029k，即系统放大倍数约为 1000，这与设计目标相吻合。下限截止频率为 0.0460800Hz，上限截止频率为 104.7078Hz，与设计指标基本吻合。

（2）瞬态仿真

本分析过程主要采用不同频率的方波作为输入信号，进行输出波形的仿真，主要分析电压增益及波形问题。

① 输入信号是频率为 0.1Hz，幅值为-2～+2mV 的方波，其仿真结果如图 13-28 所示。

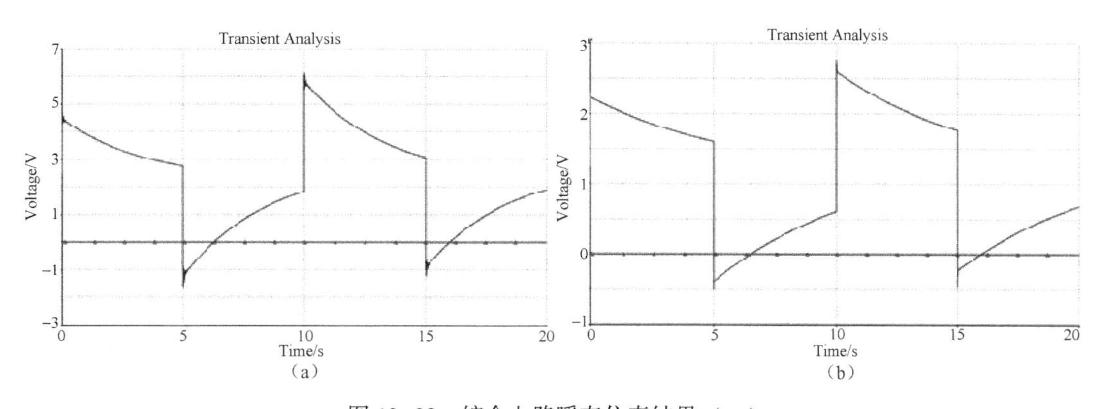

图 13-28　综合电路瞬态仿真结果（一）

图 13-28（a）所示为不加陷波器的仿真结果，图 13-28（b）所示为加入陷波器的仿真结果。从图中可以看出，输入信号频率为 0.1Hz 时，输出波形不是标准的方波信号，主要原因是 0.1Hz 接近于下限截止频率 0.046Hz。

② 输入信号是频率为 1Hz，幅值为-2～+2mV 的方波，其仿真结果如图 13-29 所示。

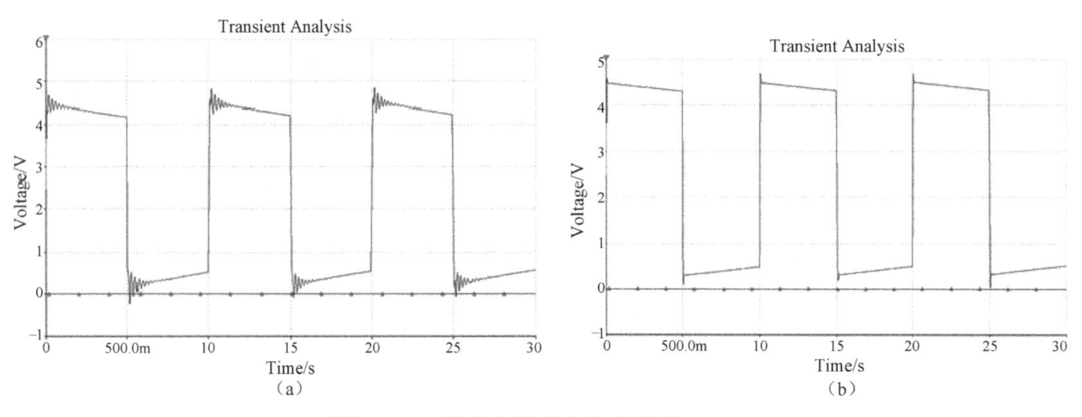

图 13-29　综合电路瞬态仿真结果（二）

图 13-29（a）所示为不加陷波器的仿真结果，图 13-29（b）所示为加入陷波器的仿真结果。从图中可以看出，输入信号频率为 1Hz 时，输出波形已经接近标准方波信号，同时可以看出图 13-29（a）中的波形上端和下端存在振荡。

③ 输入信号是频率为 10Hz，幅值为-2～+2mV 的方波，其仿真结果如图 13-30 所示。

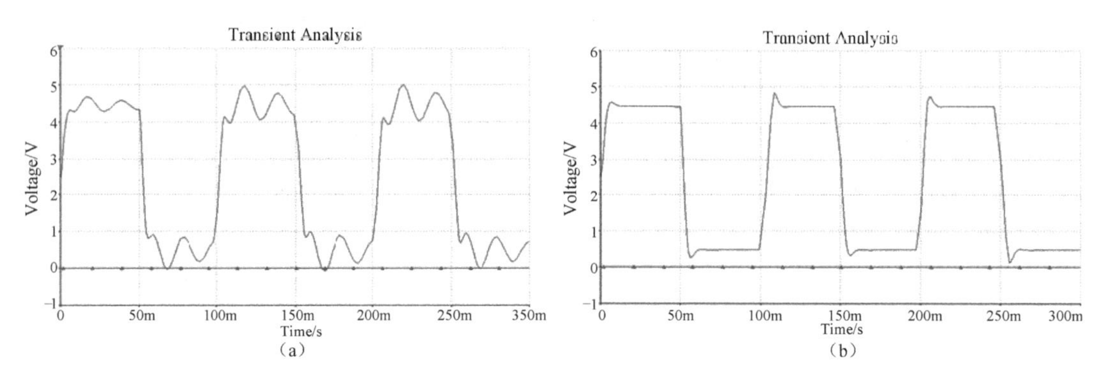

图 13-30　综合电路瞬态仿真结果（三）

图 13-30（a）所示为不加陷波器的仿真结果，图 13-30（b）所示为加入陷波器的仿真结果。从图中可以看出，输入信号为 10Hz 时，图 13-30（a）中的输出波形是一个方波信号与正弦信号的叠加，此时方波信号的周期为 0.1s，而 50Hz 工频干扰的周期为 0.02s，也就是一个信号周期对应 5 个干扰周期。从图中可以看出，一个方波周期中也正好叠加了 5 个正弦波，当方波信号上升时，正弦波正好开始下降；当方波信号下降时，正弦波正好开始上升，呈现如图 13-30（a）所示的仿真结果。而在加了陷波器后，最大限度地减轻了 50Hz 干扰信号的影响，呈现如图 13-30（b）所示的仿真结果。

④ 输入信号是频率为 50Hz，峰值为 1mV 的正弦波，其仿真结果如图 13-31 所示。

从图 13-31 可知，输出结果为峰-峰值约为 0.5V 的正弦波信号，而电路的放大倍数为 1000 倍，如果不加入 50Hz 滤波器，则输出结果应为

$$1\text{mV}\times 2\times 1000=2\text{V}$$

可见 50Hz 滤波器滤波效果比较明显，考虑到实际的工频信号干扰还存在 50Hz 的高

次谐波干扰，但基本上都能够通过前端的低通滤波器滤除，所以系统的工频滤波能力还是比较理想的。

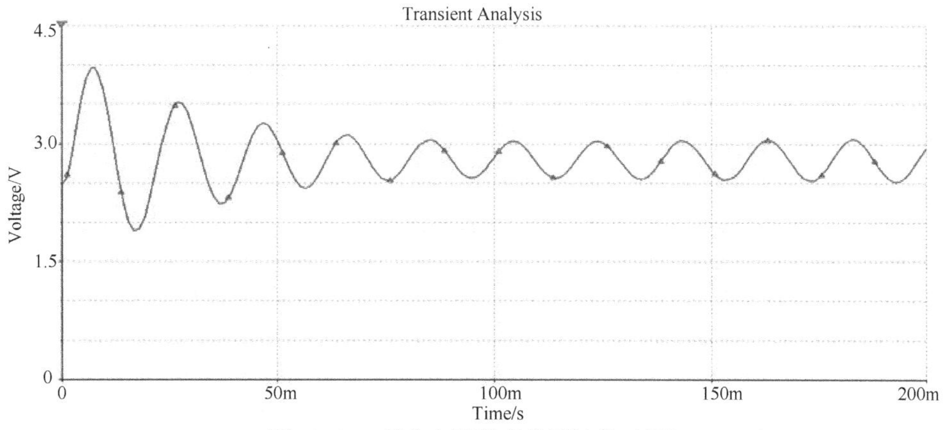

图 13-31　综合电路瞬态仿真结果（四）

虽然带阻滤波器能有效抑制从前端输入的差模干扰，但有时也会导致有用的心电信号发生畸变。由于本设计的前端加入了右腿驱动电路，即上文所说的补偿电路，它也能抑制一定的工频干扰，所以在实际使用中可以考虑取消带阻滤波器单元。

8. 显示电路

本设计中经过处理的心电信号最终由简易的示波器显示到液晶屏上，以便使用者能够实时、方便地观察到心电波的变化与形态。

液晶屏选用具有 KS0108 控制器的 12864LCM，采用 AVR 单片机 ATMEGA32 进行数据的处理并驱动显示屏显示波形。

（1）单片机简介

本设计中的 MCU 采用 ATMEL 公司的 ATMEGA32，ATMEL 公司推出的 AVR 系列单片机在功能、速度、功耗等方面具有独特的优势，而 ATMEGA 系列又属于该类型单片机的高档产品，其强大的功能、丰富的外设和低廉的价格是选择它很好的理由。

产品特性如下。

☺ 高性能、低功耗的 8 位 AVR 微处理器

☺ 非易失性程序和数据存储器

-32KB 的系统内可编程 Flash

-具有独立锁定位的可选 Boot 代码区

-1024B 的 EEPROM

-2KB 片内 SRAM

☺ 外设特点

-两个具有独立预分频器和比较器功能的 8 位定时器/计数器

-一个具有预分频器、比较功能和捕捉功能的 16 位定时器/计数器

-具有独立振荡器的实时计数器 RTC

-四通道 PWM

-8 路 10 位 ADC

-可编程的串行 USART
-可工作于主机/从机模式的 SPI 串行接口
-具有独立片内振荡器的可编程看门狗定时器
-片内模拟比较器
☺ I/O 口和封装
-32 个可编程的 I/O 口
-40 引脚 PDIP 封装，44 引脚 TQFP 封装，44 引脚 MLF 封装
☺ 工作电压
-ATMEGA32L：2. 7~5. 5V
-ATMEGA32：4. 5~5. 5V
☺ 速度等级
-ATMEGA32L：0~8MHz
-ATMEGA32：0~16MHz
☺ ATMEGA32L 在 1MHz/3V/25℃ 时的功耗
-正常模式：1. 1mA
-空闲模式：0. 35mA
-掉电模式：<1μA

（2）显示电路设计

由于选择的单片机内部具有模数转换器，所以该显示部分的硬件电路结构就变得非常简单了，只需一个单片机的最小系统和一块 12864 液晶显示器（即 12864LCM，仿真中用 128×64 的 LCD 代替）及少许基本元件即可。ATMEGA32 最小系统如图 13-32 所示。

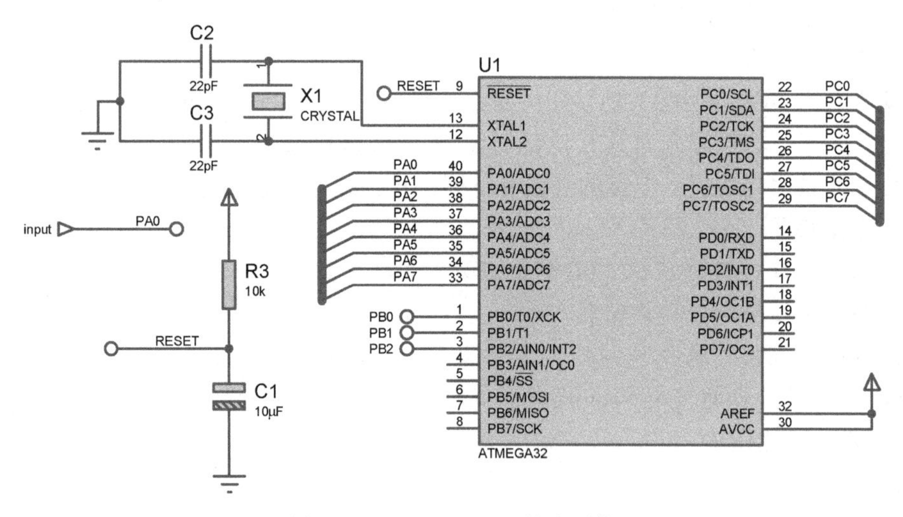

图 13-32　ATMEGA32 最小系统

① ATMEGA32 最小系统。图 13-32 中 R3、C1 构成复位电路，C2、C3 和 X1 晶振构成晶振电路，input 引脚接前端的心电信号输出端。

② 键盘电路如图 13-33 所示。

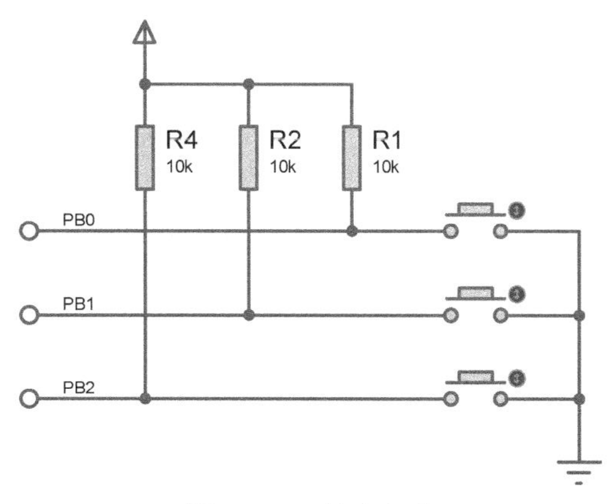

图 13-33　键盘电路

③ 显示电路如图 13-34 所示。

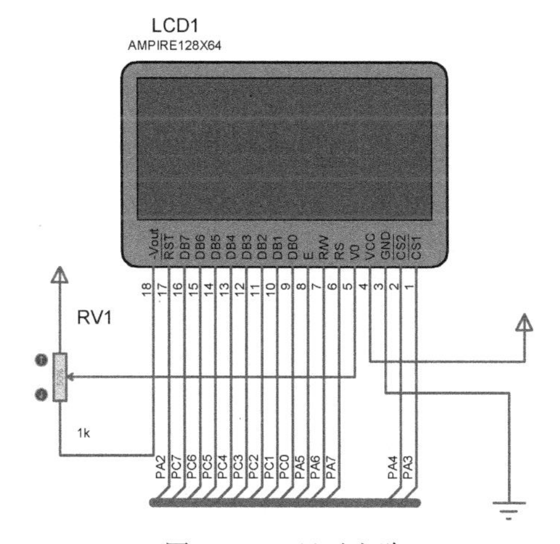

图 13-34　显示电路

④ 显示电路原理图如图 13-35 所示。

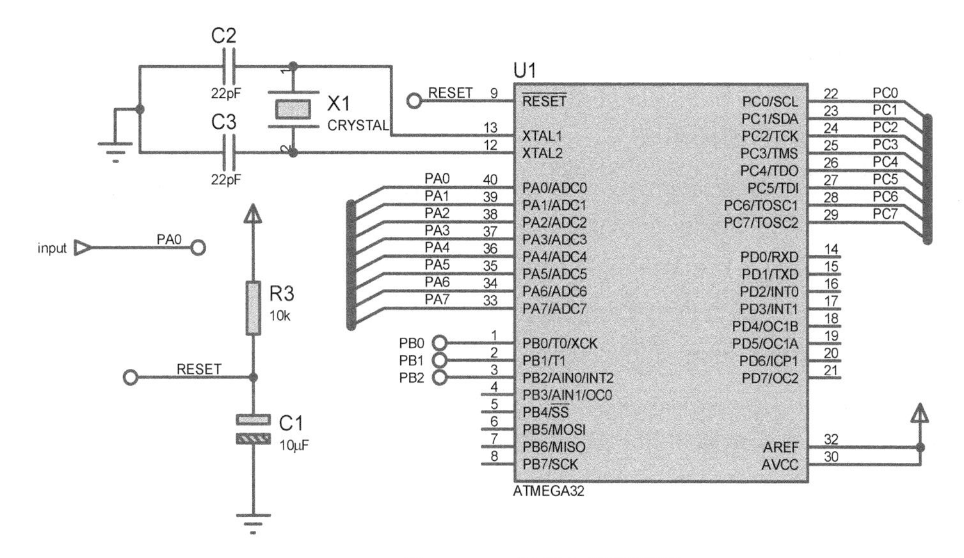

图 13-35　显示电路原理图

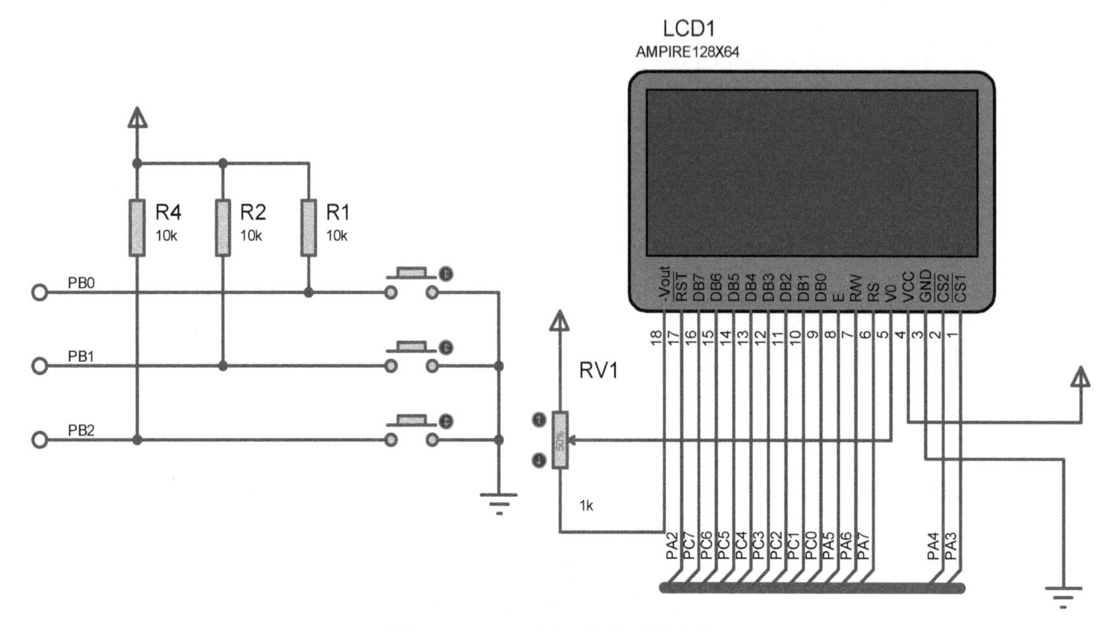

图 13-35　显示电路原理图（续）

软件设计

由于设计中单片机显示部分硬件电路非常简单，所以主要是程序的设计，程序的功能是负责设置单片机内部 AD 转换模拟数据，再经过数据的处理驱动 12864LCM 显示信号的波形和相关信息。

1. 程序编译环境

本次设计采用的单片机是 AVR 类型，所以其编译环境不同于以往 51 单片机的编译环境 Keil。由于通常使用的由 ATMEL 公司开发的 AVR 单片机编译仿真环境 AVR studio 不支持直接使用 C 语言的程序编译，所以这里介绍一种适合 AVR 单片机 C 语言编译环境的 GCC AVR，也就是 winAVR 编译环境。

该编译环境只需在一开始生成一个 MakeFile 文件，该文件包含单片机的基本信息，然后创建文件，编写好程序执行一个 Maker all 命令即可得到可执行文件 x. hex，将该文件加载到 Proteus 仿真系统的单片机中即可进行相应的仿真测试。同时，将该文件通过 AVR Studio 下载到实际单片机中即可进行实际的测试和使用，或者进行程序的调试。软件的运行界面如图 13-36 所示。

2. 程序设计思想

本设计中的单片机显示电路实际上就是一个具有专用性质的示波器，所以其程序的设计思想和一般的单片机简易示波器的设计思想基本是一样的。

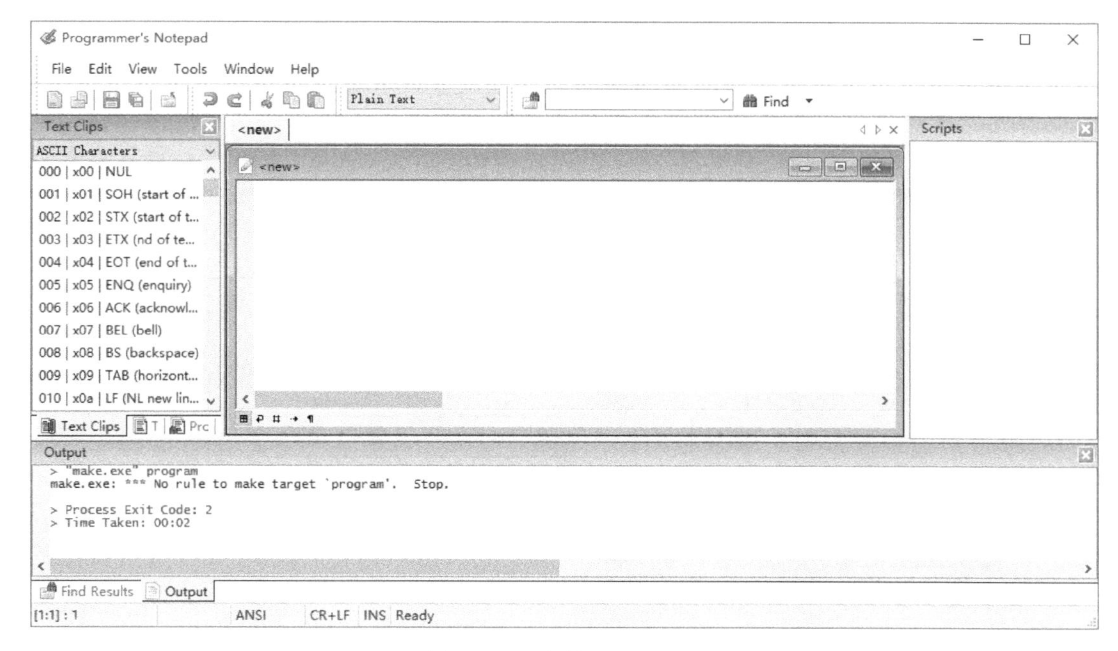

图 13-36　软件的运行界面

(1) 设计思想

在实时显示过程中，单片机首先驱动内部 ADC 进行模数转换，将转换值存到一个缓存空间，再对其进行相应计算，得出波形的部分参数值，最后再驱动显示器将缓存中的电压数值以波形的形式显示出来。就这样不停地进行数据采集，不停地一屏一屏刷新显示内容，从而完成实时显示功能。

当检测到暂停键按下时，使能暂停标志位，系统执行暂停程序，显示屏上的图形和数据不再刷新；当再次按下暂停键时，系统再关掉暂停标志，使能实时显示标志，进行实时显示。

(2) 端口定义

☺ 输入端口定义

PA0：模拟信号输入端口

☺ 按键功能定义

PB0：暂停状态与实时状态切换按钮

PB1：波形显示水平方向伸长

PB2：波形显示水平方向缩短

☺ 显示器端口定义

PC7～PC0：显示屏数据端口 D7～D0

PA7～PA2：显示屏控制端口

C 语言程序设计流程如图 13-37 所示。

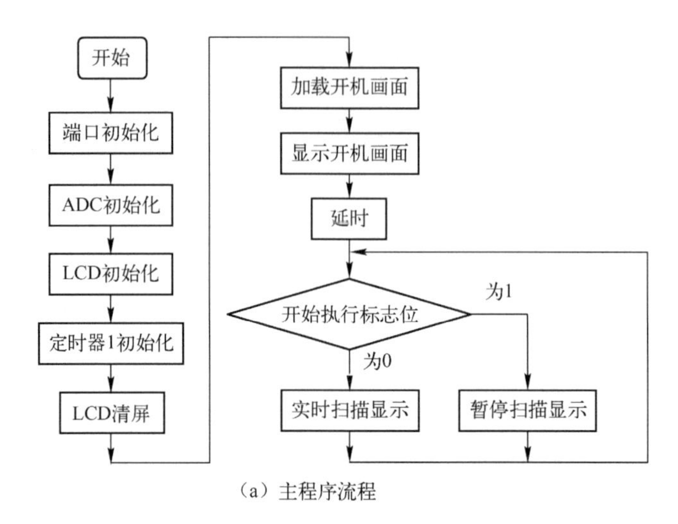

（a）主程序流程

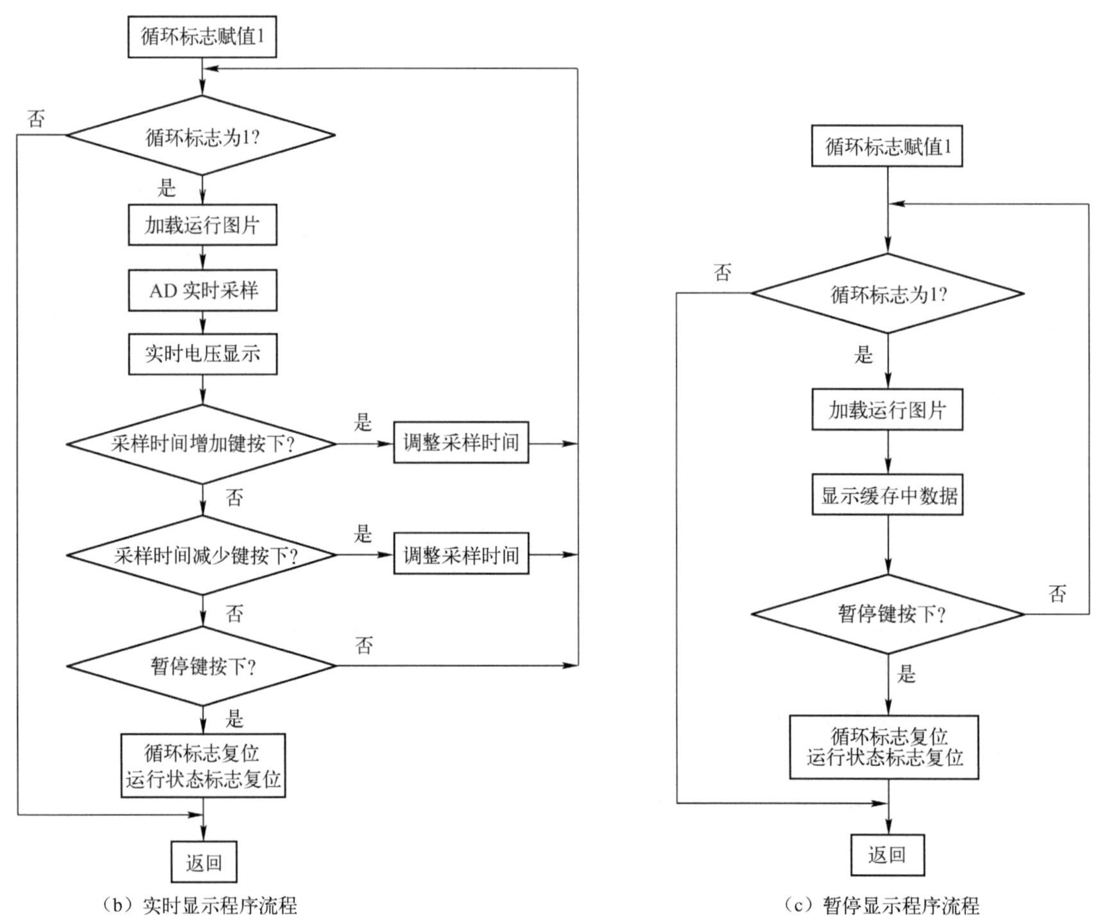

（b）实时显示程序流程

（c）暂停显示程序流程

图 13-37　C 语言程序设计流程

3. C 语言程序源代码

显示电路源程序：

(1) 主程序文件

```
#include <avr/io.h>
#include <avr/interrupt.h>
#include <avr/delay.h>
#include "define.h"
#include "function.c"
/*****************************************************
找实际采集的最大值和最小值函数
*****************************************************/
int main (void)
{
    unsigned char temp=140;
    DDRA=0xfc;
    PORTA=0x00;
    DDRB=0xe8;
    PORTB=0xff;
    DDRC=0xff;
    PORTC=0x00;
    DDRD=0xf2;
    PORTD=0xff;
    ADC_init();
    LCD_initialize();
    timer1_init();                                  //定时器1初始化
    LCD_clear();
    LOAD_Buffer(Start_picture);                     //开机画面
    LCD_full_draw(lcdBuffer);
    while(temp-->0)
    {
        _delay_ms(8);
    }
while(1)
    {
    switch(state_reg)
        {
            case 0: real_time_sampling_state();     //实时采样状态
                    break;
            case 1: pause__state();                 //暂停状态
                    break;
            default:;
        }
```

```
        }
    }
```

（2）应用函数文件 function.c

```
#ifndef _AVR_DELAY_H_
#include <avr/delay.h>
#endif
#define ADSC 6
#define ADIF 4
void ADC_init (void)
{
ADMUX=0b00100000;    //参考电压选择：AREF，转换结果为左对齐，ADC0 作为模拟输入端
    ADCSRA=0b10000100;                              //ADC 使能，分频因子为 16
}
/***************************************************
AD 转换函数
***************************************************/
void ad_transform()
{
unsigned char i;
for(i=0;i<10;i++)
{
TCCR1B=0x03;                                        //启动定时器，64 分频
TCNT1L=0x00;                                        //初始值
ADCSRA|=1<<ADSC;                                    //置位 ADSC 位，启动一次转换
while(TCNT1L<delay_time);                           //扫描延时
}
    while(!(ADCSRA&(1<<ADIF)));                     //查询方式等待转换结束
    ADCSRA &=~(1<<ADIF);                            //手动清除 ADIF
}
/***************************************************
AD 实时采样函数
***************************************************/
void ad_real_time_sampling()
{
    unsigned int i=0;
    unsigned char temp1,temp2;
    do
    {
        temp1=temp2;
        ADCSRA|=1<<ADSC;                            //置位 ADSC 位，启动一次转换
        while(!(ADCSRA&(1<<ADIF)));                 //查询方式等待转换结束
        ADCSRA &=~(1<<ADIF);                        //手动清除 ADIF
```

```
        temp2=ADCH;
    }while(((temp2>136) || (temp1<120))&&(i++<2000)); //如果是直流信号就跳出循环
    delay_time=pgm_read_byte(T_DIV_to_delaytime+T_DIV);
    for(i=0;i<300;i++)
    {
        ad_transform();
        AD_get_data[i]=ADCH;
    }
}
#ifndef __MATH_H
#include <math.h>
#endif
/**************************************************
LCD 初始化函数
**************************************************/
void LCD_initialize()
{
    LCD_CTRL &=~(1<<LCD_RST);
    _delay_us (4);
    LCD_CTRL|=(1<<LCD_RST);
    LCD_W_code(0x3f,0);                         //开显示设置
    LCD_W_code(0xc0,0);                         //设置显示起始行为第一行
    LCD_W_code(0xb8,0);                         //页面地址设置
    LCD_W_code(0x40,0);                         //列地址设为 0
    LCD_W_code(0x3f,1);
    LCD_W_code(0xc0,1);
    LCD_W_code(0xb8,1);
    LCD_W_code(0x40,1);
}
/**************************************************
LCD 检测忙状态函数
**************************************************/
void LCD_check_busy()
{
    unsigned char temp;
    LCD_CTRL &=~(1<<LCD_RS);
    LCD_CTRL|=(1<<LCD_RW);
    DDRC=0x00;
    do
    {
        LCD_CTRL|=(1<<LCD_E);
        asm("nop");
        asm("nop");
```

```
        temp=PINC;
        LCD_CTRL &=~(1<<LCD_E);
    }while((temp&0x80)==0x80);
    DDRC=0xff;
}
/*************************************************
写指令代码(cs 为 0 选左屏,cs 为 1 选右屏)
*************************************************/
void LCD_W_code(unsigned char tpcode,unsigned char cs)
{
    LCD_check_busy();
    LCD_CTRL &=~(1<<LCD_RW);
    LCD_CTRL &=~(1<<LCD_RS);
    if(cs==0)
    {
        LCD_CTRL|=(1<<LCD_CS1);
        LCD_CTRL &=~(1<<LCD_CS2);
    }
    else
    {
        LCD_CTRL &=~(1<<LCD_CS1);
        LCD_CTRL|=(1<<LCD_CS2);
    }
    LCD_DATA=tpcode;
    LCD_CTRL|=(1<<LCD_E);
    _delay_us (1);
    LCD_CTRL &=~(1<<LCD_E);
}
/*************************************************
写显示数据(cs 为 0 选左屏,cs 为 1 选右屏)
*************************************************/
void LCD_W_data(unsigned char tpdata,unsigned char cs)
{
    LCD_check_busy();
    LCD_CTRL|=(1<<LCD_RS);
    LCD_CTRL &=~(1<<LCD_RW);
    if(cs==0)
    {
        LCD_CTRL|=(1<<LCD_CS1);
        LCD_CTRL &=~(1<<LCD_CS2);
    }
    else
    {
```

```
        LCD_CTRL &= ~(1<<LCD_CS1);
        LCD_CTRL|=(1<<LCD_CS2);
    }
    LCD_DATA=tpdata;
    LCD_CTRL|=(1<<LCD_E);
    _delay_us (1);
    LCD_CTRL &= ~(1<<LCD_E);
}
/**************************************************
LCD 清屏函数
**************************************************/
void LCD_clear()
{
    unsigned char i,j;
    for(j=0;j<8;j++)
    {
        LCD_W_code(0xb8+j,0);
        LCD_W_code(0x40,0);
        LCD_W_code(0xb8+j,1);
        LCD_W_code(0x40,1);
        for(i=0;i<64;i++)
            {
                LCD_W_data(0x00,0);
                LCD_W_data(0x00,1);
            }
    }
}

/**************************************************
LCD 显示字符函数
**************************************************/
void LCD_display_word(unsigned char word[],unsigned int length,unsigned char size,unsigned char
x,unsigned char y)
{
    unsigned char i,j;
    for(i=0;i<length;i++)
    {
        for(j=0;j<size;j++)
        {
            LCD_W_code(0xb8+x,0);
            LCD_W_code(0xb8+x,1);
            if(y+j<64)
            {
```

```
				LCD_W_code(0x40+y+j+i * size,0);
				LCD_W_data(word[i * size * 2+j],0);
			}
			else
			{
				LCD_W_code(y+j+i * size,1);
				LCD_W_data(word[i * size * 2+j],1);
			}
		}
		for(j=size;j<size * 2;j++)
		{
			LCD_W_code(0xb8+x+1,0);
			LCD_W_code(0xb8+x+1,1);
			if(y+j-size<64)
			{
				LCD_W_code(0x40+y+j-size+i * size,0);
				LCD_W_data(word[i * size * 2+j],0);
			}
			else
			{
				LCD_W_code(y+j-size+i * size,1);
				LCD_W_data(word[i * size * 2+j],1);
			}
		}
	}
}

/ ****************************************************
LCD 画全屏函数
**************************************************** /
void LCD_full_draw(unsigned char word[])
{
	unsigned char i,j;
	for(i=0;i<8;i++)
	{
		LCD_W_code(0xb8+i,0);
		LCD_W_code(0x40,0);
		for(j=0;j<64;j++)
		{
			LCD_W_data(word[i * 128+j],0);
		}
		LCD_W_code(0xb8+i,1);
		LCD_W_code(0x40,1);
```

```
        for(j=0;j<64;j++)
        {
            LCD_W_data(word[i*128+64+j],1);
        }
    }
}
/*************************************************
载入点函数
*************************************************/
void LOAD_Point(unsigned char x,unsigned char y,unsigned char type)
{
    if(1==type)
    {
        lcdBuffer[((y>>3)<<7)+x]|=1<<(y%8);          //((y>>3)<<7)+x 等同于
((y/8)*128)+x, 画点
    }
    else if(0==type)
    {
lcdBuffer[((y>>3)<<7)+x] &=~(1<<(y%8));          //((y>>3)<<7)+x 等同于
((y/8)*128)+x, 消点
    }
}
/*************************************************
载入直线函数
*************************************************/
void LOAD_Beeline(unsigned char x1,unsigned char y1,unsigned char x2,unsigned char y2,unsigned
char type)
{
unsigned char x,y,temp1,temp2;
    if(y1>y2)
    {
        if(x1>x2)
        {
            if(x1-x2>y1-y2)
            {
                temp1=x2;
                do
                {
                    temp2=((y1-y2+1)*(x2-temp1))/(x1-temp1+1);
                    LOAD_Point(x2,y2+temp2,type);
                }
                while((x2++)!=x1);
            }
```

```
            else
            {
                temp1 = y2;
                do
                {
                    temp2 = ( ( x1-x2+1 ) * ( y2-temp1 ) )/( y1-temp1+1 );
                    LOAD_Point( x2+temp2, y2, type );
                }
                while( ( y2++ ) != y1 );
            }
        }
        else
        {
            if( x2-x1>y1-y2 )
            {
                temp1 = x2;
                do
                {
                    temp2 = ( ( y1-y2+1 ) * ( temp1-x2 ) )/( temp1-x1+1 );
                    LOAD_Point( x2, y2+temp2, type );
                }
                while( ( x2-- ) != x1 );
            }
            else
            {
                temp1 = y2;
                do
                {
                    temp2 = ( ( x2-x1+1 ) * ( y2-temp1 ) )/( y1-temp1+1 );
                    LOAD_Point( x2-temp2, y2, type );
                }
                while( ( y2++ ) != y1 );
            }
        }
    }
    else
    {
        if( x1>x2 )
        {
            if( x1-x2>y2-y1 )
            {
                temp1 = x2;
                do
```

```
                {
                    temp2=((y2-y1+1) * (x2-temp1))/(x1-temp1+1);
                    LOAD_Point(x2,y2-temp2,type);
                }
                while((x2++)!=x1);
            }
            else
            {
                temp1=y2;
                do
                {
                    temp2=((x1-x2+1) * (temp1-y2))/(temp1-y1+1);
                    LOAD_Point(x2+temp2,y2,type);
                }
                while((y2--)!=y1);
            }
        }
        else
        {
            if(x2-x1>y2-y1)
            {
                temp1=x2;
                do
                {
                    temp2=((y2-y1+1) * (temp1-x2))/(temp1-x1+1);
                    LOAD_Point(x2,y2-temp2,type);
                }
                while((x2--)!=x1);
            }
            else
            {
                temp1=y2;
                do
                {
                    temp2=((x2-x1+1) * (temp1-y2))/(temp1-y1+1);
                    LOAD_Point(x2-temp2,y2,type);
                }
                while((y2--)!=y1);
            }
        }
    }
}
/*******************************************
```

基本按键程序

```
**************************************************/
unsigned char basic_button( )
{
    unsigned char Read_temp1,tpflag=0;
    Read_temp1=PINB;
    if(0==((Read_temp1>>button_b)&0x01))
    {
        if(button_b_reg<button_delay)              //按键一直被按下时设置时间间隔触发
        {
            button_b_reg++;
        }
        else
        {
            button_b_reg=0;
            tpflag=1;
        }
    }
    else
    {
        button_b_reg=button_delay;                 //释放按键时置按键缓存为 button_delay
    }
    if(0==((Read_temp1>>button_c)&0x01))
    {
        if(button_c_reg<button_delay)              //按键一直被按下时设置时间间隔触发
        {
            button_c_reg++;
        }
        else
        {
            button_c_reg=0;
            tpflag=2;
        }
    }
    else
    {
        button_c_reg=button_delay;                 //释放按键时置按键缓存为 button_delay
    }
if(0==((Read_temp1>>button_a)&0x01))
    {
        if(button_a_reg<button_delay)              //按键一直被按下时设置时间间隔触发
        {
            button_a_reg++;
```

```
        }
        else
        {
            button_a_reg=0;
            tpflag=3;
        }
    }
    else
    {
        button_a_reg=button_delay;                    //释放按键时置按键缓存为 button_delay
    }
    return(tpflag);
}
/ * * * * * * * * * * * * * * * * * * * * * * * * * * * * * * * * * * * * * * * * * * * * * * * * *
实时显示按键检测
* * * * * * * * * * * * * * * * * * * * * * * * * * * * * * * * * * * * * * * * * * * * * * * * * /
void button_state_0()
{
    switch(basic_button())
        {
            case 1: if(T_DIV>0)
                    T_DIV-=1;
                    break;
            case 2:     if(T_DIV<4)
                    T_DIV+=1;
                    break;
case 3:     pause_flag=1;
                    state_reg=1;
                    loop_reg=0;
                    break;
                    default:;
        }
}
/ * * * * * * * * * * * * * * * * * * * * * * * * * * * * * * * * * * * * * * * * * * * * * * * * *
暂停状态按键检测
* * * * * * * * * * * * * * * * * * * * * * * * * * * * * * * * * * * * * * * * * * * * * * * * * /
void button_state_1()
{
    switch(basic_button())
        {
            case 3: pause_flag=0;
                    state_reg=0;
                    loop_reg=0;
```

```
                break;
                default:;
            }
}
/**************************************************
找实际采集的最大值和最小值函数
**************************************************/
void find_max_min()
{
    unsigned int i;
    AD_get_max=0;
    AD_get_min=255;
    for(i=0;i<300;i++)                              //找到最大值和最小值
    {
        if(AD_get_data[i]>AD_get_max)
    {
        AD_get_max=AD_get_data[i];
    }
        if(AD_get_data[i]<AD_get_min)
    {
        AD_get_min=AD_get_data[i];
    }
    }
}
/**************************************************
实际电压值转换为显示值函数
**************************************************/
void real_voltagePoint_conversion_display_value()
{
    unsigned int i;
    AD_display_max=AD_get_max/V_DIV;
    AD_display_min=AD_get_min/V_DIV;
    find_max_min();
    for(i=0;i<99;i++)
    {
        AD_display_data[i]=AD_get_data[i+x_offset]/V_DIV;
        if(0==AD_display_data[i])
        {
            AD_display_data[i]=1;
        }
    }
}
```

```
/*************************************************
获取周期点数函数(返回值为一个周期点的个数)
*************************************************/
unsigned int get_point()
{
    unsigned char temp=0,median,tp1=255;
    unsigned int i,tp2=1000;
    median=(AD_get_max-AD_get_min)/2+AD_get_min;
    for(i=0;i<299;i++)
    {
        if(0==temp && AD_get_data[i]<median && AD_get_data[i+1]>=median)
        {
            tp1=i;
            temp++;
        }
        if(1==temp && i!=tp1 && AD_get_data[i]<median && AD_get_data[i+1]>=median)
        {
            tp2=i;
            break;          //获取心电信号中最高值与最低值之间的中间点后退出循环
        }
    }
    tp2-=tp1;
    return tp2;
}
/*************************************************
以画直线的方式载入波形函数(将波形以画直线的方式载入 lcdBuffer)
*************************************************/
void LOAD_Beeline_Wave()
{
    unsigned char i;
    for(i=0;i<98;i++)
    {
        LOAD_Beeline(i+1,63-AD_display_data[i],i+2,63-AD_display_data[i+1],1);
    }
}
/*************************************************
载入单个数字函数(以 x 为横坐标,y 为纵坐标,将 tpdata 载入 lcdBuffer)
*************************************************/
void LOAD_NUM(unsigned char x,unsigned char y,unsigned char tpdata)
{
    unsigned char i;
    unsigned int temp,basic_add;
    basic_add=(y/8)*128+x;
```

```
    for(i=0;i<4;i++)
    {
        temp=((unsigned int)(lcdBuffer[basic_add+i+128]<<8)+lcdBuffer[basic_add+i])
                &(~(0x003f<<(y%8)));
        temp|=((unsigned int)pgm_read_byte(Num+tpdata*4+i))<<(y%8);
        lcdBuffer[basic_add+i]=(unsigned char)(temp&0x00ff);
        if(basic_add+i+128<1024)                    //大于或等于 1024 就不存储了
        {
            lcdBuffer[basic_add+i+128]=(unsigned char)(temp>>8);
        }
    }
}
/***********************************************
载入信息函数(将电压、周期等信息载入 lcdBuffer)
***********************************************/
void LOAD_Information()
{
    unsigned char i,j,temp[5];
    unsigned int x,y;
    int tp;
    x=102;
    y=42;
    tp=pgm_read_word(scanning_time+T_DIV)*5;
    temp[0]=(tp%10000)/1000;
    temp[1]=(tp%1000)/100;
    temp[2]=(tp%100)/10;
    temp[3]=tp%10;
    for(i=0;i<4;i++)
    {
        LOAD_NUM(x+i*4,y,temp[i]);
    }
    x=102;
    y=54;
    tp=wave_frequency;
    temp[0]=(tp%10000)/1000;
    temp[1]=(tp%1000)/100;
    temp[2]=(tp%100)/10;
    temp[3]=tp%10;
    for(i=0;i<4;i++)
    {
        LOAD_NUM(x+i*4,y,temp[i]);
    }
```

```
}
/*****************************************************
载入显示缓冲函数
*****************************************************/
void LOAD_Buffer(unsigned char word[ ])
{
    unsigned int i;
    for(i=0;i<1024;i++)
    {
        lcdBuffer[i]=pgm_read_byte(word+i);
    }
}

/*****************************************************
初始化定时器 1
*****************************************************/
void timer1_init()
{
    TCCR1B=0x00;                          //停止定时器
    TIMSK|=0x00;                          //中断允许
    TCNT1H=0xFF;
    TCNT1L=0xFF;                          //初始值
    OCR1AH=0xFE;
    OCR1AL=0xFF;                          //匹配 A 值
    OCR1BH=0xFE;
    OCR1BL=0xFF;                          //匹配 B 值
    ICR1H=0xFF;
    ICR1L=0xFF;                           //输入捕捉匹配值
    TCCR1A=0x00;
}
/*****************************************************
实时采样状态
*****************************************************/
void real_time_sampling_state()
{

    loop_reg=1;
    while(loop_reg)
    {
        LOAD_Buffer(Run_picture);
        ad_real_time_sampling();
        wave_point=get_point();
        wave_frequency=100000/((unsigned long)wave_point * pgm_read_word(scanning_time+T
```

```
_DIV));
    real_voltagePoint_conversion_display_value();
        LOAD_Beeline_Wave();
        LOAD_Information();
        LCD_full_draw(lcdBuffer);
        button_state_0();
    }
}
/*************************************************
暂停状态
*************************************************/
void pause__state()
{
    loop_reg=1;
    while(loop_reg)
    {
        LOAD_Buffer(Run_picture);
        real_voltagePoint_conversion_display_value();
        LOAD_Beeline_Wave();
        LOAD_Information();
        LCD_full_draw(lcdBuffer);
        button_state_1();
    }
}
```

(3) 定义文件 define. h

```
#include <avr/io. h>
#include <avr/pgmspace. h>
#define   LCD_RS   7
#define   LCD_RW   6
#define   LCD_E     5
#define   LCD_RST   2
#define   LCD_CS1   4
#define   LCD_CS2   3
#define   LCD_CTRL PORTA
#define   LCD_DATA PORTC
void LCD_initialize();                      //LCD 初始化函数
void LCD_check_busy();                      //LCD 检测忙状态函数
void LCD_W_code(unsigned char tpcode,unsigned char cs);  //写指令代码
void LCD_W_data(unsigned char tpdata,unsigned char cs);  //写显示数据
void LCD_clear();                           //LCD 清屏函数
void LCD_display_word(unsigned char word[],unsigned int length,unsigned char size,unsigned char
x,unsigned char y);                         //LCD 显示字符函数
```

```
void LCD_full_draw(unsigned char word[ ]); //LCD 画全屏函数
void LOAD_Wave();                          //载入波形函数（将函数载入 lcdBuffer）
unsigned char lcdBuffer[1024];             //图像缓存
unsigned char AD_get_data[300];            //经过 AD 转换的 300 个数据
unsigned char AD_display_data[99];         //要显示的 99 个数据
unsigned char AD_get_max;                  //经过 AD 转换的 300 个数据中的最大值
unsigned char AD_get_min;                  //经过 AD 转换的 300 个数据中的最小值
unsigned char AD_display_max;              //数据中的显示最大值
unsigned char AD_display_min;              //数据中的显示最小值
unsigned long wave_frequency;              //信号频率
unsigned int wave_point;                   //信号周期点数
unsigned char state_reg=0;                 //示波器状态寄存器
unsigned char x_offset=101;                //画波形时的偏移量
unsigned char V_DIV=4;                     //电压缩放幅度
unsigned char T_DIV=0;                     //扫描时间幅度，范围为 0~5
unsigned char pause_flag=0;                //画面暂停标志位（1 表示暂停，0 表示运行）
unsigned char draw_flag=1;                 //draw 状态标志位（0 表示画点，1 表示画线）
unsigned char delay_time;                  //扫描时间延时，用于记录两次 AD 转换之间的间隔
unsigned char loop_reg=1;                  //循环标志位
#define button_delay 100                   //按键延时
#define button_a      0
#define button_b      1
#define button_c      2
unsigned int button_a_reg=button_delay;    //按键 button_a 累加器
unsigned int button_b_reg=button_delay;    //按键 button_b 累加器
unsigned int button_c_reg=button_delay;    //按键 button_c 累加器
unsigned char basic_button();
const unsigned char T_DIV_to_delaytime[ ]__attribute__((progmem))={4,5,10,50,255};
const unsigned int scanning_time[ ]__attribute__((progmem))={16,20,40,200,1000};
const char Num[ ] __attribute__((progmem))={
/*-- 0 --*/
0x1F,0x11,0x1F,0x00,
/*-- 1 --*/
0x00,0x00,0x1F,0x00,
/*-- 2 --*/
0x1D,0x15,0x17,0x00,
/*-- 3 --*/
0x15,0x15,0x1F,0x00,
/*-- 4 --*/
0x07,0x04,0x1F,0x00,
/*-- 5 --*/
0x17,0x15,0x1D,0x00,
/*-- 6 --*/
```

```
0x1F,0x15,0x1D,0x00,
/*--  7  --*/
0x01,0x01,0x1F,0x00,
/*--  8  --*/
0x1F,0x15,0x1F,0x00,
/*--  9  --*/
0x17,0x15,0x1F,0x00,
/*--  +  --*/
0x04,0x0E,0x04,0x00,
/*--  -  --*/
0x04,0x04,0x04,0x00
};
const char Start_picture[] __attribute__ ((progmem))={
0x00,0x00,0x00,0x00,0x00,0x00,0x00,0x00,0x00,0x00,0x00,0x00,0x00,0x00,0x00,0x00,
0x00,0x00,0x00,0x00,0x00,0x00,0x00,0x00,0x00,0x00,0x00,0x00,0x00,0x00,0x00,0x00,
0x00,0x00,0x00,0x00,0x00,0x00,0x00,0x00,0x00,0x00,0x00,0x00,0x00,0x00,0x00,0x00,
0x00,0x00,0x00,0x00,0x00,0x00,0x00,0x00,0x00,0x00,0x00,0x00,0x00,0x00,0x00,0x00,
0x00,0x00,0x00,0x00,0x00,0x00,0x00,0x00,0x00,0x00,0x00,0x00,0x00,0x00,0x00,0x00,
0x00,0x00,0x00,0x00,0x00,0x00,0x00,0x00,0x00,0x00,0x00,0x00,0x00,0x00,0x00,0x00,
0x00,0x00,0x00,0x00,0x00,0x00,0x00,0x00,0x00,0x00,0x00,0x00,0x00,0x00,0x00,0x00,
0x00,0x00,0x00,0x00,0x00,0x00,0x00,0x00,0x00,0x00,0x00,0x00,0x00,0x00,0x00,0x00,
0x00,0x00,0x00,0x00,0x00,0x00,0x00,0x00,0x00,0x00,0x00,0x00,0x00,0x00,0x00,0x00,
0x00,0x00,0x00,0x00,0xDC,0x00,0x00,0x00,0x00,0x00,0x00,0x00,0x00,0x00,0x00,0x00,
0x00,0x00,0x00,0x00,0x00,0x00,0x00,0x00,0x00,0x00,0x00,0x00,0x00,0x00,0x00,0x00,
0x00,0x00,0x00,0x00,0x00,0x00,0x00,0x00,0x00,0x00,0xF0,0xF0,0xF0,0x30,0x30,0xF0,
0xF0,0xF0,0x00,0x00,0x00,0x00,0x80,0xC0,0xE0,0x70,0x30,0x30,0x70,0xF0,0xE0,0x00,
0x00,0x00,0x00,0x80,0xC0,0xE0,0x70,0x30,0x30,0x70,0xF0,0xF0,0xE0,0x00,0x00,0x00,
0x00,0x00,0x00,0x00,0x00,0x00,0x00,0x00,0x00,0x00,0x00,0x00,0x00,0x00,0x00,0x00,
0x00,0x00,0x00,0x00,0x00,0x00,0x00,0x00,0x00,0x00,0x00,0x00,0x00,0x00,0x00,0x00,
0x00,0x00,0x00,0x00,0x00,0x00,0x00,0x00,0x00,0x00,0x00,0x00,0x00,0x00,0x00,0x00,
0x00,0x00,0x00,0xA0,0x6E,0x00,0x00,0x00,0x00,0x00,0x00,0x00,0x00,0x00,0x00,0x00,
0x00,0x00,0x00,0x00,0x00,0x00,0x00,0x00,0x00,0x00,0x00,0x00,0x00,0x00,0x00,0x00,
0x00,0x00,0x00,0x00,0x00,0x00,0x00,0x00,0x00,0x00,0xFF,0xFF,0x30,0x30,0xFC,0xFD,
0x01,0x00,0x00,0x00,0x00,0xFE,0xFF,0x03,0x00,0x00,0x00,0x00,0x00,0x03,0x03,0x00,
0x00,0x00,0xFC,0xFF,0x07,0x00,0x00,0x00,0x80,0x80,0x83,0x83,0x80,0x00,0x00,0x00,
0x00,0x00,0x00,0x00,0x00,0x00,0x00,0x00,0x00,0x00,0x00,0x00,0x00,0x00,0x00,0x00,
0x00,0x00,0x00,0x00,0x00,0x00,0x00,0x00,0x00,0x00,0x00,0x00,0x00,0x00,0x00,0x00,
0x00,0x00,0x00,0x00,0x00,0x00,0x00,0x00,0x00,0x00,0x00,0x40,0x00,0x00,0xC0,0x40,
0xC0,0x00,0xB0,0x76,0xED,0x02,0x00,0x00,0x60,0x00,0x00,0x40,0xA0,0x20,0x00,0x00,
0x00,0x00,0x00,0x00,0x00,0x00,0x00,0x00,0x00,0x00,0x00,0x00,0x00,0x00,0x00,0x00,
0x00,0x00,0x00,0x00,0x00,0x00,0x00,0x00,0x60,0x7E,0x7F,0x63,0x60,0x60,0x7C,0x7C,
0x00,0x00,0x00,0x00,0x00,0x0F,0x3F,0x78,0x70,0x60,0x60,0x70,0x38,0x18,0x00,0x00,
0x00,0x00,0x0F,0x3F,0x7C,0x70,0x60,0x60,0x61,0x7F,0x3F,0x03,0x01,0x00,0x00,0x00,
```

```
0x00,0x00,0x00,0x00,0x00,0x00,0x00,0x00,0x00,0x00,0x00,0x00,0x00,0x00,0x00,0x00,
0x00,0x00,0x00,0x00,0x00,0x00,0x00,0x00,0x00,0x00,0x00,0x00,0x00,0x00,0x00,0x00,
0x00,0x00,0x00,0x00,0x00,0x00,0x80,0xC0,0xE8,0xC0,0x00,0x20,0x04,0x00,0x00,0x04,
0x06,0xA0,0x7F,0x0A,0x00,0x7A,0x80,0x00,0x02,0x02,0x00,0x00,0x02,0x00,0x00,0x80,
0x80,0xC0,0xE0,0xE0,0xF0,0xF0,0x78,0x79,0xF8,0xE0,0xC0,0x00,0x00,0x00,0x00,0x00,
0x00,0x40,0x00,0x00,0x00,0x00,0x00,0x00,0x00,0x00,0x00,0x00,0x00,0x00,0x00,0x00,
0x00,0x00,0x00,0x00,0x00,0x00,0x00,0x00,0x00,0x00,0x00,0x00,0x00,0x00,0x00,0x00,
0x00,0x00,0x00,0x00,0x00,0x00,0x00,0x00,0x00,0x00,0x00,0x00,0x00,0x00,0x00,0x00,
0x00,0x00,0x00,0x00,0x00,0x00,0x00,0x00,0x00,0x00,0x00,0x00,0x00,0x00,0x00,0x00,
0x00,0x00,0x00,0x00,0x00,0x00,0x00,0x00,0x00,0x00,0x00,0x00,0x00,0x00,0x00,0x00,
0x1E,0x1C,0x1E,0x3E,0x1E,0x9F,0x0F,0x27,0x83,0x07,0x8F,0xBE,0x1E,0x1E,0x1E,0x1E,
0x1E,0x3E,0x63,0x9A,0x20,0x10,0x10,0xD1,0x1E,0x1E,0x1F,0x1E,0x1F,0x1F,0x8F,0x1F,
0x07,0x13,0x03,0x11,0x80,0x10,0x00,0x10,0x00,0x11,0x07,0x1F,0x1E,0x1C,0x0C,0x1E,
0x0E,0x1F,0x0E,0x1E,0x0E,0x08,0x00,0x00,0x00,0x00,0x00,0x00,0x00,0x00,0x00,0x02,
0xFE,0x7E,0xC0,0x3E,0xFE,0x02,0x00,0x00,0x00,0x02,0xF2,0x8E,0xF0,0x00,0x00,0x00,
0x00,0x00,0xFC,0x02,0x02,0x04,0x0E,0x00,0x00,0x02,0xFE,0x22,0x20,0x22,0xFE,0x02,
0x00,0x00,0x02,0x02,0x02,0xFE,0x02,0x02,0x02,0x00,0x00,0x02,0xFE,0x0E,0xF0,0x02,
0xFE,0x02,0x00,0x00,0x02,0xFE,0x22,0x72,0x8E,0x00,0x00,0x00,0x00,0x00,0x00,0x00,
0x00,0x00,0x00,0x00,0x01,0xC0,0x00,0x00,0x00,0x00,0x00,0x00,0x00,0x00,0x80,0x00,
0xC2,0x00,0x00,0x06,0x00,0x00,0x6A,0x14,0x40,0x80,0x00,0x00,0x00,0x00,0xC1,0x00,
0x01,0x40,0xC1,0x00,0x40,0xC0,0x01,0x00,0x01,0x00,0x41,0xC1,0x00,0x00,0x00,0x00,
0x00,0x00,0x00,0x00,0x00,0x00,0x00,0x00,0x00,0x00,0x00,0x00,0x00,0x00,0x00,0x04,
0x07,0x04,0x00,0x04,0x07,0x04,0x00,0x00,0x04,0x07,0x04,0x00,0x04,0x07,0x04,0x00,
0x00,0x00,0x01,0x06,0x04,0x04,0x03,0x00,0x00,0x04,0x07,0x04,0x00,0x04,0x07,0x04,
0x00,0x00,0x04,0x04,0x04,0x07,0x04,0x04,0x04,0x00,0x00,0x04,0x07,0x04,0x00,0x07,
0x07,0x00,0x00,0x00,0x04,0x07,0x04,0x04,0x07,0x00,0x00,0x00,0x00,0x00,0x00,0x00,
0x00,0x00,0x00,0x00,0x00,0x00,0x02,0x00,0x04,0x02,0x04,0x01,0x02,0x04,0x03,0x00,
0x00,0x24,0x48,0x30,0x00,0x3C,0x00,0x4D,0x00,0x40,0x00,0x60,0x00,0x00,0x20,0x00,
0x20,0x40,0x20,0x40,0x00,0x40,0x00,0x40,0x00,0x00,0x20,0x00,0x22,0x00,0x00,0x00,
0x00,0x00,0x00,0x00,0x00,0x00,0x00,0x00,0x00,0x00,0x00,0x00,0x00,0x00,0x00,0x00,
0x00,0x00,0x00,0x00,0x00,0x00,0x00,0x00,0x00,0x00,0x00,0x00,0x00,0x00,0x00,0x00,
0x00,0x00,0x00,0x00,0x00,0x00,0x00,0x00,0x00,0x00,0x00,0x00,0x00,0x00,0x00,0x00,
0x00,0x00,0x00,0x00,0x00,0x00,0x00,0x00,0x00,0x00,0x00,0x00,0x00,0x00,0x00,0x00,
0x00,0x00,0x00,0x00,0x00,0x00,0x00,0x00,0x00,0x00,0x00,0x00,0x00,0x00,0x00,0x00,
};
const char Run_picture[] __attribute__ ((progmem))= {
0xFF,0x01,0x01,0x01,0x01,0x01,0x01,0x01,0x01,0x01,0x01,0x01,0x01,0x01,0x01,0x01,
0x01,0x01,0x01,0x01,0x01,0x01,0x01,0x01,0x01,0x01,0x01,0x01,0x01,0x01,0x01,0x01,
0x01,0x01,0x01,0x01,0x01,0x01,0x01,0x01,0x01,0x01,0x01,0x01,0x01,0x01,0x01,0x01,
0x01,0x01,0x55,0x01,0x01,0x01,0x01,0x01,0x01,0x01,0x01,0x01,0x01,0x01,0x01,0x01,
0x01,0x01,0x01,0x01,0x01,0x01,0x01,0x01,0x01,0x01,0x01,0x01,0x01,0x01,0x01,0x01,
0x01,0x01,0x01,0x01,0x01,0x01,0x01,0x01,0x01,0x01,0x01,0x01,0x01,0x01,0x01,0x01,
0x01,0x01,0x01,0x01,0xFF,0x00,0x00,0x60,0xE0,0xE0,0x60,0xE0,0xE0,0x00,0x00,0x00,
```

0xC0,0xF0,0x70,0xF0,0xE0,0x00,0x00,0xC0,0xE0,0x70,0x70,0xF0,0xF0,0x00,0x00,0x00,
0xFF,0x00,0x00,0x00,0x00,0x00,0x00,0x00,0x00,0x00,0x00,0x00,0x00,0x00,0x00,0x00,
0x00,0x00,0x00,0x00,0x00,0x00,0x00,0x00,0x00,0x00,0x00,0x00,0x00,0x00,0x00,0x00,
0x00,0x00,0x00,0x00,0x00,0x00,0x00,0x00,0x00,0x00,0x00,0x00,0x00,0x00,0x00,0x00,
0x00,0x00,0x55,0x00,0x00,0x00,0x00,0x00,0x00,0x00,0x00,0x00,0x00,0x00,0x00,0x00,
0x00,0x00,0x00,0x00,0x00,0x00,0x00,0x00,0x00,0x00,0x00,0x00,0x00,0x00,0x00,0x00,
0x00,0x00,0x00,0x00,0x00,0x00,0x00,0x00,0x00,0x00,0x00,0x00,0x00,0x00,0x00,0x00,
0x00,0x00,0x00,0x00,0xFF,0x00,0x00,0x00,0xFF,0xFF,0x00,0xE3,0xE3,0x00,0x00,0xFF,
0xFF,0x01,0x00,0x0F,0x0F,0x00,0xFE,0xFF,0x03,0x00,0x00,0x0F,0x0F,0x00,0x00,0x00,
0xFF,0x00,0x00,0x00,0x00,0x00,0x00,0x00,0x00,0x00,0x00,0x00,0x00,0x00,0x00,0x00,
0x00,0x00,0x00,0x00,0x00,0x00,0x00,0x00,0x00,0x00,0x00,0x00,0x00,0x00,0x00,0x00,
0x00,0x00,0x00,0x00,0x00,0x00,0x00,0x00,0x00,0x00,0x00,0x00,0x00,0x00,0x00,0x00,
0x00,0x00,0x55,0x00,0x00,0x00,0x00,0x00,0x00,0x00,0x00,0x00,0x00,0x00,0x00,0x00,
0x00,0x00,0x00,0x00,0x00,0x00,0x00,0x00,0x00,0x00,0x00,0x00,0x00,0x00,0x00,0x00,
0x00,0x00,0x00,0x00,0x00,0x00,0x00,0x00,0x00,0x00,0x00,0x00,0x00,0x00,0x00,0x00,
0x00,0x00,0x00,0x00,0xFF,0x00,0x00,0x00,0xFF,0xFF,0x03,0x1F,0x9F,0x80,0x00,0xFF,
0xFF,0x00,0x00,0x00,0x00,0x00,0xFF,0xFF,0x00,0x00,0x03,0xFF,0xFF,0x03,0x00,0x00,
0xFF,0x80,0x00,0x80,0x00,0x80,0x00,0x80,0x00,0x80,0x00,0x80,0x00,0x80,0x00,0x80,
0x00,0x80,0x00,0x80,0x00,0x80,0x00,0x80,0x00,0x80,0x00,0x80,0x00,0x80,0x00,0x80,
0x00,0x80,0x00,0x80,0x00,0x80,0x00,0x80,0x00,0x80,0x00,0x80,0x00,0x80,0x00,0x80,
0x00,0x80,0xD5,0x80,0x00,0x80,0x00,0x80,0x00,0x80,0x00,0x80,0x00,0x80,0x00,0x80,
0x00,0x80,0x00,0x80,0x00,0x80,0x00,0x80,0x00,0x80,0x00,0x80,0x00,0x80,0x00,0x80,
0x00,0x80,0x00,0x80,0x00,0x80,0x00,0x80,0x00,0x80,0x00,0x80,0x00,0x80,0x00,0x80,
0x00,0x80,0x00,0x80,0xFF,0x00,0x00,0x30,0x3F,0x3F,0x30,0x3C,0x3F,0x07,0x00,0x03,
0x1F,0x3E,0x38,0x3F,0x1F,0x00,0x01,0x1F,0x3F,0x30,0x30,0x3F,0x1F,0x00,0x00,0x00,
0xFF,0x00,0x00,0x00,0x00,0x00,0x00,0x00,0x00,0x00,0x00,0x00,0x00,0x00,0x00,0x00,
0x00,0x00,0x00,0x00,0x00,0x00,0x00,0x00,0x00,0x00,0x00,0x00,0x00,0x00,0x00,0x00,
0x00,0x00,0x00,0x00,0x00,0x00,0x00,0x00,0x00,0x00,0x00,0x00,0x00,0x00,0x00,0x00,
0x00,0x00,0x55,0x00,0x00,0x00,0x00,0x00,0x00,0x00,0x00,0x00,0x00,0x00,0x00,0x00,
0x00,0x00,0x00,0x00,0x00,0x00,0x00,0x00,0x00,0x00,0x00,0x00,0x00,0x00,0x00,0x00,
0x00,0x00,0x00,0x00,0x00,0x00,0x00,0x00,0x00,0x00,0x00,0x00,0x00,0x00,0x00,0x00,
0x00,0x00,0x00,0x00,0xFF,0x00,0x10,0xF0,0x10,0x00,0xF0,0x00,0xF0,0x20,0xC0,0x20,
0xF0,0x00,0xF0,0x50,0x00,0xA0,0x00,0x00,0x00,0x00,0x00,0x00,0x00,0x00,0x00,0x00,
0xFF,0x00,0x00,0x00,0x00,0x00,0x00,0x00,0x00,0x00,0x00,0x00,0x00,0x00,0x00,0x00,
0x00,0x00,0x00,0x00,0x00,0x00,0x00,0x00,0x00,0x00,0x00,0x00,0x00,0x00,0x00,0x00,
0x00,0x00,0x00,0x00,0x00,0x00,0x00,0x00,0x00,0x00,0x00,0x00,0x00,0x00,0x00,0x00,
0x00,0x00,0x55,0x00,0x00,0x00,0x00,0x00,0x00,0x00,0x00,0x00,0x00,0x00,0x00,0x00,
0x00,0x00,0x00,0x00,0x00,0x00,0x00,0x00,0x00,0x00,0x00,0x00,0x00,0x00,0x00,0x00,
0x00,0x00,0x00,0x00,0x00,0x00,0x00,0x00,0x00,0x00,0x00,0x00,0x00,0x00,0x00,0x00,
0x00,0x00,0x00,0x00,0xFF,0x00,0x7C,0x45,0x7C,0x00,0x7D,0x44,0x7D,0x00,0x7D,0x44,
0x7D,0x00,0x7D,0x45,0x7C,0x00,0x7C,0x44,0x7C,0x00,0xF0,0x40,0x70,0x48,0x54,0x24,
0xFF,0x00,0x00,0x00,0x00,0x00,0x00,0x00,0x00,0x00,0x00,0x00,0x00,0x00,0x00,0x00,
0x00,0x00,0x00,0x00,0x00,0x00,0x00,0x00,0x00,0x00,0x00,0x00,0x00,0x00,0x00,0x00,

```
0x00,0x00,0x00,0x00,0x00,0x00,0x00,0x00,0x00,0x00,0x00,0x00,0x00,0x00,0x00,0x00,
0x00,0x00,0x55,0x00,0x00,0x00,0x00,0x00,0x00,0x00,0x00,0x00,0x00,0x00,0x00,0x00,
0x00,0x00,0x00,0x00,0x00,0x00,0x00,0x00,0x00,0x00,0x00,0x00,0x00,0x00,0x00,0x00,
0x00,0x00,0x00,0x00,0x00,0x00,0x00,0x00,0x00,0x00,0x00,0x00,0x00,0x00,0x00,0x00,
0x00,0x00,0x00,0x00,0xFF,0x00,0xD4,0x5F,0xC5,0x00,0xDF,0x42,0xC1,0x00,0xDF,0x55,
0xD7,0x00,0xCA,0x40,0xC0,0x00,0xC0,0x00,0xC0,0x00,0x40,0x40,0xC0,0x00,0x00,0x00,
0xFF,0x80,0x80,0x80,0x80,0x80,0x80,0x80,0x80,0x80,0x80,0x80,0x80,0x80,0x80,0x80,
0x80,0x80,0x80,0x80,0x80,0x80,0x80,0x80,0x80,0x80,0x80,0x80,0x80,0x80,0x80,0x80,
0x80,0x80,0x80,0x80,0x80,0x80,0x80,0x80,0x80,0x80,0x80,0x80,0x80,0x80,0x80,0x80,
0x80,0x80,0xD5,0x80,0x80,0x80,0x80,0x80,0x80,0x80,0x80,0x80,0x80,0x80,0x80,0x80,
0x80,0x80,0x80,0x80,0x80,0x80,0x80,0x80,0x80,0x80,0x80,0x80,0x80,0x80,0x80,0x80,
0x80,0x80,0x80,0x80,0x80,0x80,0x80,0x80,0x80,0x80,0x80,0x80,0x80,0x80,0x80,0x80,
0x80,0x80,0x80,0x80,0xFF,0x00,0x07,0x04,0x07,0x00,0x07,0x04,0x07,0x00,0x07,0x04,
0x07,0x00,0x07,0x04,0x07,0x00,0x07,0x01,0x07,0x00,0x06,0x05,0x04,0x00,0x00,0x00,
};
```

系统仿真

经过多次的设计与分析发现，Multisim13.1 在设计仿真模拟电路时具有一定优势，Proteus 在设计仿真数字电路时具有一定优势，所以本设计模拟电路部分的设计采用 Multisim13.1 平台，数字电路即显示电路部分的设计采用 Proteus 平台。考虑到本设计中的元件比较多，即使在 Proteus 中重新搭建一遍电路也不一定能够顺利仿真，也会出现很多不明的错误，所以显示电路部分采用虚拟波形发生器发出的信号作为输入信号进行仿真。

开机画面仿真结果如图 18-38 所示。

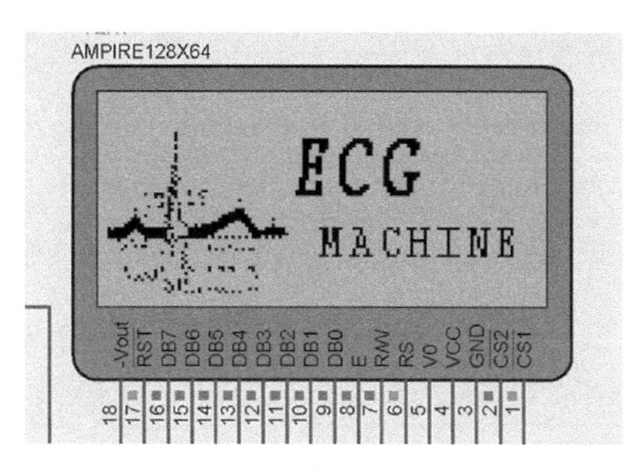

图 13-38　开机画面仿真结果

输入的信号频率为 10Hz，峰-峰值为 5V，波形显示仿真结果如图 13-39 所示。

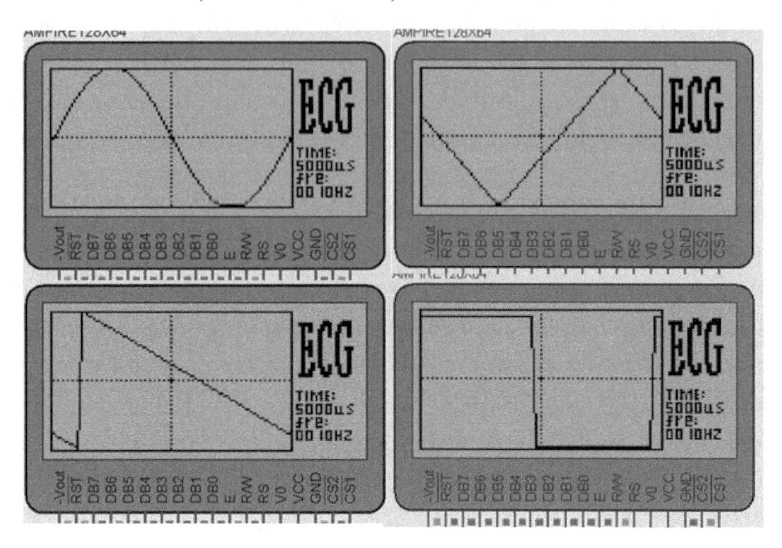

图 13-39　波形显示仿真结果

项目 14　基于脉搏波的提取电路设计

设计任务

本设计介绍一种采用新型模数转换器 MAX1240 芯片进行电压数据采集，并由单片机串口将数据发送出去的简单电路。MAX1240 由单片机发出的时钟信号与使能信号驱动，将输入的模拟电压值转换为 12 位的数字值输入单片机，单片机再将此 12 位数据处理为 2 字节，低字节 8 位数据与高字节 4 位数据由低到高对应 12 位数字值，进行数据处理后再通过串口发送出去。

☺ 信号采集部分主要由带通滤波电路、放大电路和 AD 转换电路组成。

☺ 采样后的脉搏信号由 AT89S52 单片机的串口将固定数据发送出去；在以上基础上，加入新型转换器 MAX1240，将要采集的模拟电压值转换为 12 位数字值，再经单片机串口发送出去。

基本要求

☺ 掌握信号调理电路的组成及设计方法。

☺ 掌握用单片机进行数据信号采集电路设计的方法。

设计思路

基于脉搏波的提取电路由硬件检测和上位机软件分析两部分组成，在设计和研发过程中要遵循以下原则。

（1）安全原则

脉搏信号检测与分析系统是一款直接与人体接触的医疗仪器，因此应将保证人身安全作为设计的首要原则。

（2）准确原则

所设计系统后期分析诊断的准确性取决于所提取脉搏信号的完整性。脉搏信号的特点决定了它易受外界的干扰，因此在系统设计中要采取一切手段保证信号不失真。

（3）可靠原则

医用系统必须保证能够长时间稳定、可靠地工作。

(4) 易用原则

此脉搏信号检测与分析系统的设计主要面向家庭用户，用于动脉硬化的早期检测，而大多数用户对电子产品和计算机的操作水平有限，因此易学、易用是对本系统的基本要求。

(5) 便于升级

由于所设计的系统主要功能是对所检测的脉搏信号进行动脉硬化程度的识别，因此需要对系统不断进行改进以提高识别的正确率。

系统组成

本系统主要由脉搏信号调理电路、AD 采样电路、单片机、电源系统、串口通信电路和脉搏信号智能处理模块组成，如图 14-1 所示。其中，脉搏信号调理电路包括信号放大、滤波和电压提升电路；调理后的信号由 12 位 AD 转换器 MAX1240 采样到 AT89S52 单片机；串口通信电路完成硬件系统与软件系统的通信，将采集到的脉搏数据传输到上位机进行后续处理；电源系统为各功能模块提供所需的直流电压；脉搏信号智能分析软件是在上位机中运行的。

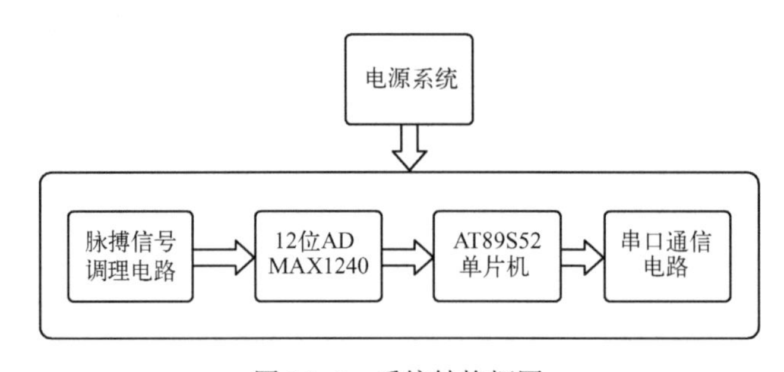

图 14-1　系统结构框图

模块详解

当前中医临床上最常用的取脉方法是独取寸口法，所谓“寸口”是指掌后桡动脉的“寸、关、尺”部位，即桡骨茎突内侧脉动处为“关”部，关前近腕侧为“寸”部，关后近肘端为“尺”部，如图 14-2 所示。中医之所以从桡动脉处获得脉象信息，一方面是由于其动脉行径比较固定，解剖位置比较浅表，毗邻组织也较分明，构成了脉诊的有利位置；更重要的一方面是因为寸口是全身经脉之气汇合处，能反映全身经络脏腑的气血盛衰和功能情况，携带了丰富的人体生理病理信息。

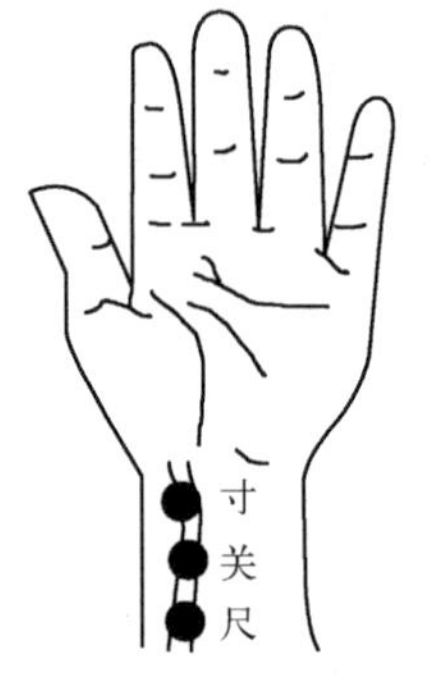

图 14-2　寸口取脉图

本设计所选取的脉搏传感器是华科电子生产的 HK2000B 型压电脉搏传感器。该传感器采用高度集成化工艺将力敏元件（PVDF 压电膜）、灵敏度温度补偿元件、感温元件、简单信号调理电路集成在传感器内，其输出信号为模拟信号。HK2000B 型压电脉搏传感器及其固定方法如图 14-3 所示，其具体出厂技术指标如下。

☺ 电源电压：5~6V DC。

☺ 压力量程：-50~+300mmHg。

☺ 灵敏度：2000μV/mmHg。

☺ 灵敏度温度系数：1×10^{-4}/℃。

☺ 精度：0.5%。

☺ 重复性：0.5%。

☺ 迟滞：0.5%。

☺ 过载：100 倍。

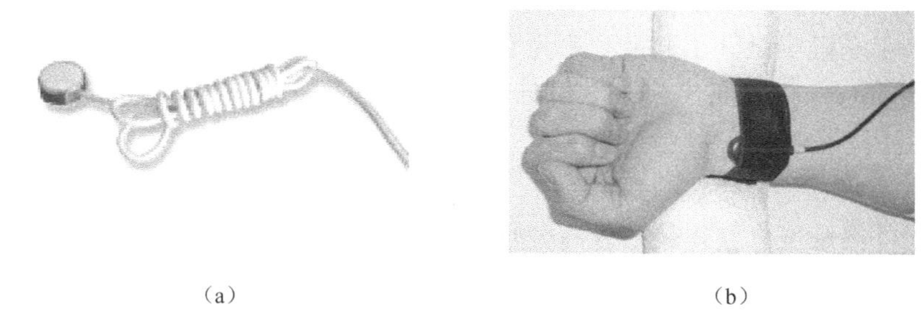

（a）　　　　（b）

图 14-3　HK2000B 型压电脉搏传感器及其固定方法

1. 脉搏信号调理电路

1）脉搏信号调理电路设计要求

由于脉搏传感器提取的脉压信号幅值小、频率低、随机性强、易受干扰，选择硬件电路时，必须从增益、频率响应、共模抑制比、噪声和漂移等方面综合考虑。

（1）增益

由于 HK2000B 型压电脉搏传感器的输出范围为-0.2~0.8V，为了提高 AD 采样后信号的分辨率，应对信号进行适当放大。所选择的 AD 转换器的输入参考电压范围为 0~3.3V，所以脉搏信号放大器的放大倍数应在 10 倍以内可调。

（2）频率响应

人体脉搏信号的频谱范围为 0.1~40Hz，脉搏信号调理电路在此频率范围内必须不失真地放大所检测到的脉搏信号。为了减少不需要的带外噪声，用高通、低通滤波器来压缩通频带，这样，经过脉搏信号调理电路处理后的脉搏信号才具有可靠的诊断价值。

（3）共模抑制比

脉搏信号的检测可能受到现场很多电气设备运行的干扰，尤其是市电及其他的共模干扰，因此一般要求共模抑制比（CMMR）应达到 80dB 以上。

（4）低噪声、低漂移

在脉搏信号调理电路中，噪声和漂移是两个较重要的参数。脉搏信号调理电路运行过程中的噪声主要表现为电子线路的固有热噪声和散粒噪声，这都属于白噪声，其幅值呈正态分布。为了获得一定信噪比的输出信号，对所用放大器的低噪声性能有严格的要求。所以在设计脉搏信号调理电路时应尽量选用低噪声元件，以降低噪声并进一步提高输入阻抗。

根据设计要求，本设计所用到的所有运算放大器均采用 TL084CD，其主要特性如下。

☺ 输入阻抗极高，大于 $10^{12}\Omega$。

☺ 失调电流极低，小于 5pA。

☺ 低温漂，小于 1μV/℃。

☺ 共模抑制比大于 80dB。

☺ 开环增益较高，大于 110dB。

☺ 体积小，14 引脚 SOP 封装，每片 TL084CD 中集成 4 个运放。

2）滤波电路设计

常规脉搏信号的主要频带范围是 0.1～40Hz。为防止处于干扰环境时脉搏信号中混入各种噪声，在本系统中设计了通带频率为 0.1～44Hz 的带通滤波电路，将脉搏信号的有用成分从采集到的信号中分离出来。本设计的带通滤波器采用由 44Hz 的低通滤波器级联 0.1Hz 的高通滤波器的方法实现。

（1）二阶有源低通滤波器

为降低元件灵敏度，获得较好的高频衰减特性和失真特性，本项目采用多重反馈型二阶有源低通滤波器，电路如图 14-4 所示。

二阶有源低通滤波电路参数的计算公式为

$$R_f = R_1 = R_2 = R_3 \tag{14-1}$$

$$f_c = \frac{1}{2\pi C_f R_f} \tag{14-2}$$

$$C_1 = 3QC_f \tag{14-3}$$

$$C_2 = \frac{C_f}{3Q} \tag{14-4}$$

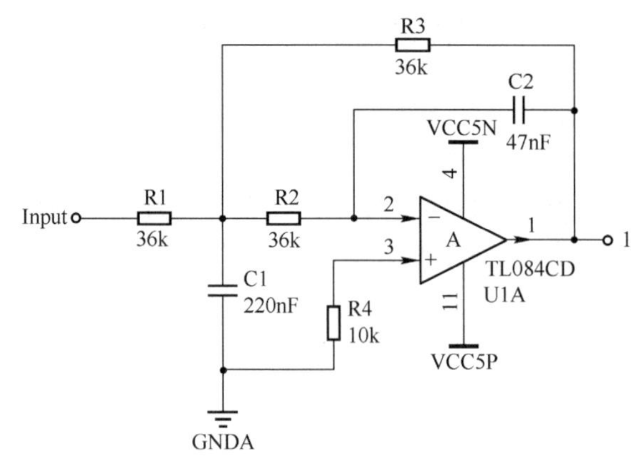

图 14-4　二阶有源低通滤波电路

（2）二阶有源高通滤波器

二阶有源高通滤波电路如图 14-5 所示。

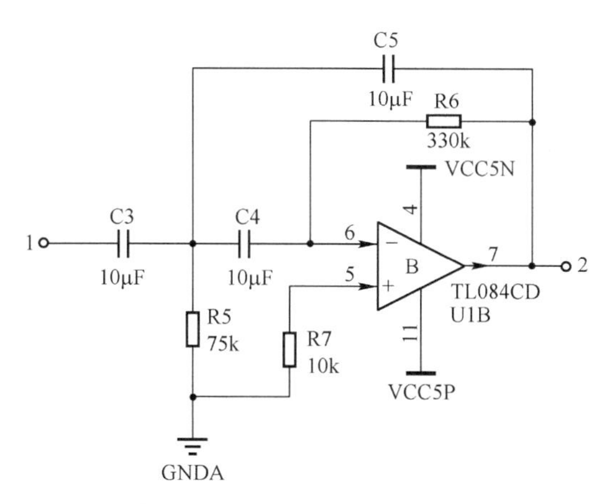

图 14-5　二阶有源高通滤波电路

二阶有源高通滤波电路参数的计算公式为

$$C_{\mathrm{f}}=C_3=C_4=C_5 \tag{14-5}$$

$$f_{\mathrm{c}}=\frac{1}{2\pi C_{\mathrm{f}}R_{\mathrm{f}}} \tag{14-6}$$

$$R_5=\frac{R_{\mathrm{f}}}{3Q} \tag{14-7}$$

$$R_6=3QR_{\mathrm{f}} \tag{14-8}$$

将前面设计的低通和高通滤波器级联起来，便得到所需要的带通滤波器，其幅频特性曲线如图 14-6 所示。

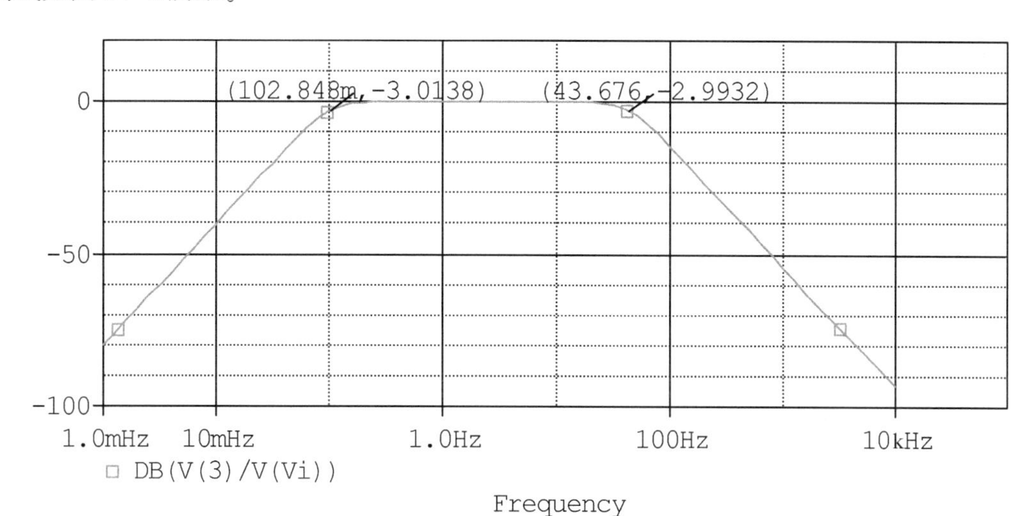

图 14-6　带通滤波器的幅频特性曲线

3）电压提升电路设计

采集到的脉搏信号有负电压，而 AD 转换器 MAX1240 定义的最低转换极限为 0V，为了保证 AD 转换时不出现负峰失真，必须将滤波后的脉搏信号通过一个电压提升电路，使得脉搏信号的电平值都为正值。电压提升电路如图 14-7 所示。

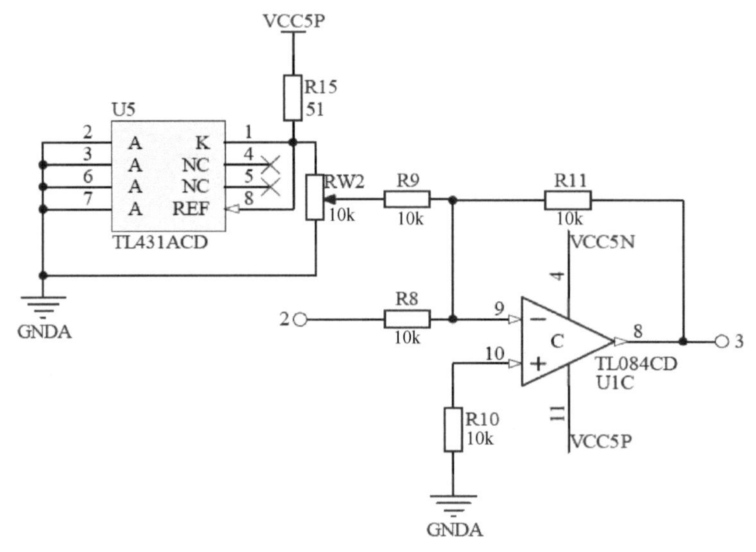

图 14-7　电压提升电路

TL431ACD 和电位器 RW2 提供 0～2.5V 的可调电压，为保证 TL431ACD 正常工作，应选择合适的 R_{15} 以保证阴极电流在 1～100mA 之内。

4）脉搏信号调理电路的仿真分析

完整的脉搏信号调理电路如图 14-8 所示，其中，虚线框中是一个反相放大器电路，同电压提升电路部分一起实现电压放大功能。将该电路进行 Pspice 仿真，结果如下。

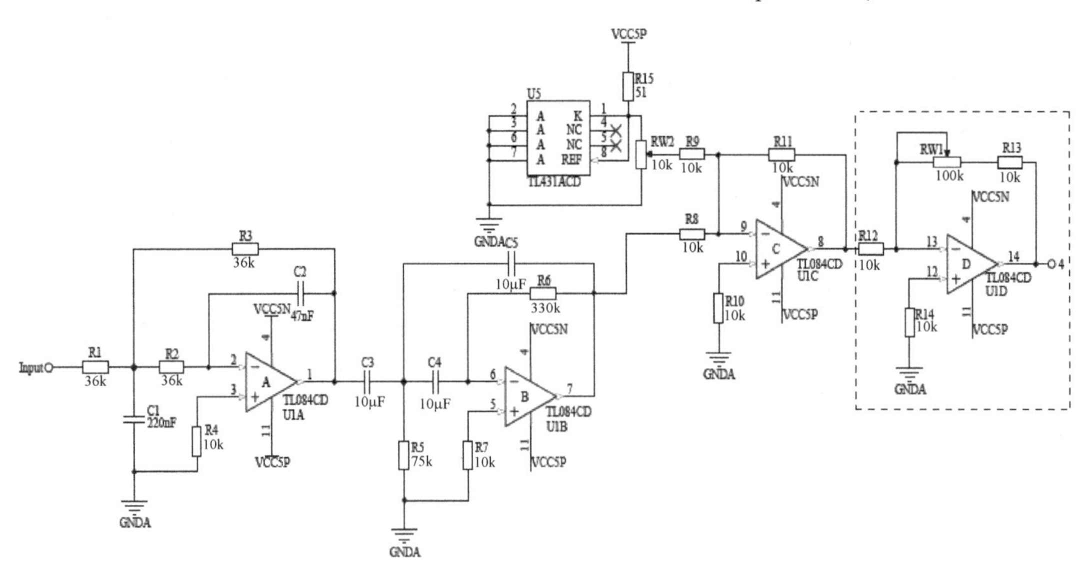

图 14-8　脉搏信号调理电路

零输入电压：当电路的输入电压为零时，电路的输出电压为微伏级，可以忽略。

噪声分析：分析电路内元件所产生的噪声对电路的影响。仿真所得脉搏信号调理电路的输出噪声如图 14-9 所示，可以看到采用已选元件进行电路设计，对电路的噪声影响很小。

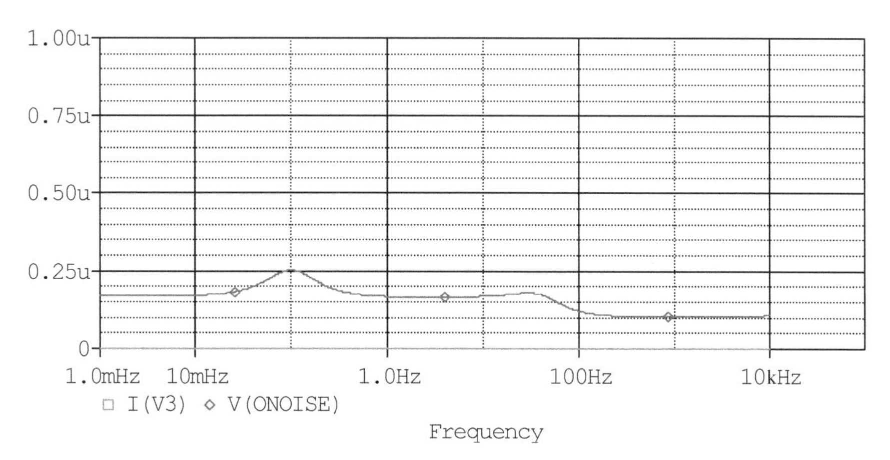

图 14-9 仿真所得脉搏信号调理电路的输出噪声

噪声随温度的变化：当温度值分别为 27℃、50℃、75℃和 100℃时，对电路进行噪声分析，如图 14-10 所示，可以看到温度在该范围变化时，对电路中噪声的变化影响不是特别大。

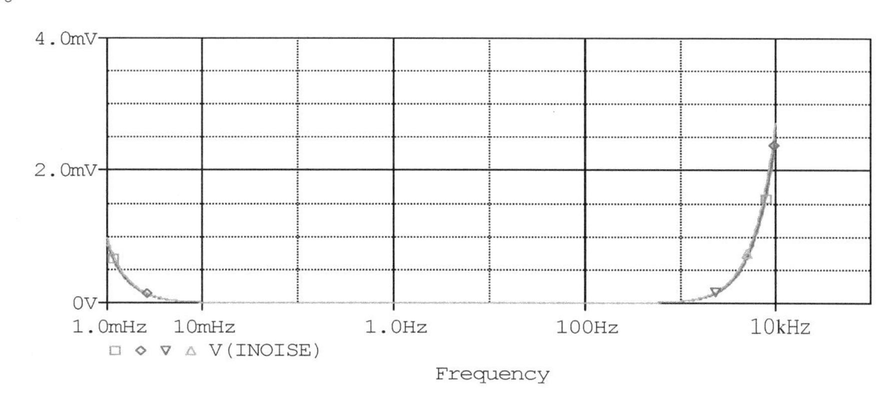

图 14-10 温度对电路内部噪声的影响

2. 单片机及其外围电路设计

1）单片机的选择

本设计中单片机及其外围电路部分主要完成信号的 AD 转换及与上位机的串口通信，因此对单片机的要求比较低。MCS-51 系列单片机造价低廉，通用性好，市场应用成熟，用此类单片机足以完成本项目要求，使资源利用率较高。

AT89S52 是一个低功耗、高性能 CMOS 8 位单片机，支持 ISP（在系统可编程）下载方式，兼容标准 MCS-51 指令系统及 80C51 引脚结构。AT89S52 具有如下特点：40 个引脚，8KB Flash，256B RAM，32 位 I/O 口线，看门狗定时器，两个数据指针，3 个 16 位定时器/计数器，1 个 6 向量 2 级中断结构，全双工串行口，片内晶振及时钟电路。

因此本设计采用 AT89S52 单片机，不仅满足设计要求，而且可在电路板上进行在线程序下载，方便程序调试。

2）数据采集

如图 14-11 所示，RV1 产生 0~+3.3V 直流电压，可以模拟实际采集电压，经转换器 MAX1240 转换为 12 位数字量时，DOUT 端输出高电平，通知单片机转换已完成，单片机再连续发送 13 个脉冲到 SCLK，完成一个转换值的采集。

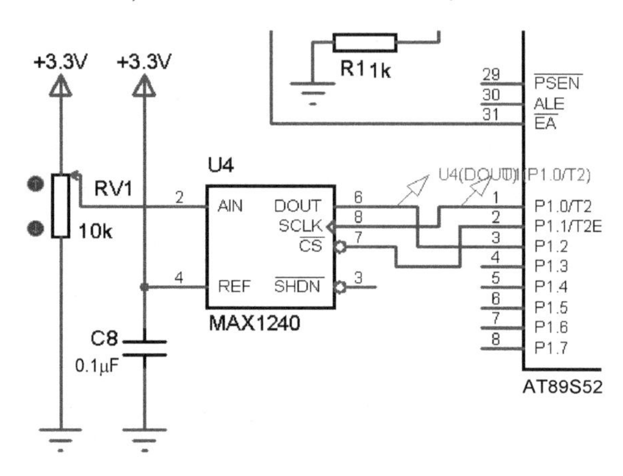

图 14-11　MAX1240 数据转换

3）MAX1240 AD 转换器简介

本设计需要对采集到的脉搏信号进行智能分析，提取信号的细节信息，因此要求所采集到的信号具有较高的分辨率。考虑硬件设计的性价比，可选择 12 位的 AD 转换器进行数据采集。

本设计中 AD 转换器采用 MAX1240，它是 MAXIM 公司生产的一种单通道 12 位逐次逼近型串行 AD 转换器，具有低功耗、高精度、高速度、体积小、接口简单，不需要外部时钟电路，也不需要外部基准电压，允许电源电压变化范围宽等特点。其外部共有 8 个引脚，所以外围电路非常简单，经实际使用，其转换速度快，工作可靠，适用于嵌入式数据采集系统中。

MAX1240 具有普通方式和待机方式两种工作模式，为减少系统功耗提供了方便；芯片的参考电源既可使用片内+2.5V 参考电压，也可由外部引脚提供，其范围为 1.0~V_{DD}；模拟输入信号为单极性输入，其范围为 0~V_{REF}；三线串行外设接口兼容 SPI/QSPI/MICROWIBE，可与标准微处理器 I/O 口直接相连。

MAX1240 芯片的主要功能参数如下。

☺ 2.7~3.6V 单电源供电。

☺ 12 位分辨率。

☺ 最大采样率：73ksps。

☺ 低功耗：37mW（73ksps）、5μW（待机工作方式）。

☺ 内部提供采样/保持电路。

☺ 内部提供转换时钟。

MAX1240 引脚分布如图 14-12 所示，其各引脚功能如表 14-1 所示。

图 14-12　MAX1240 引脚分布

表 14-1　MAX1240 各引脚功能

引　脚　名	引 脚 功 能
VDD	电源输入（2.7~3.6V）
AIN	模拟信号输入（0~V_{REF}）
$\overline{SHDN}$	工作方式控制
REF	外部参考电压输入，$\overline{SHDN}$=0 时有效
GND	模拟和数字地
DOUT	串行数据输出
$\overline{CS}$	片选输入
SCLK	串行时钟输入，其频率可高达 2.1MHz

$\overline{SHDN}$是芯片的工作方式控制端，当取值为 0 时，MAX1240 工作在待机模式；当取值为 1 时，MAX1240 工作在普通工作方式，使用内部参考电源；当该端悬空时，MAX1240 内部参考电源无效，允许在 REF 引脚输入外部参考电源。

下面介绍 MAX1240 芯片外围电路及引脚功能。

图 14-13 所示是 MAX1240 外围配置电路。1 脚是电源输入端，电源电压范围为 2.7~3.6V。2 脚是模拟信号输入端，输入电压范围是 0~V_{REF}，可以在 9μs 内将输入信号转换为数字信号。3 脚是关断控制输入端，利用其可实现两种工作模式的切换，将 3 脚外接低电平，芯片工作于关断模式，输入电流可减小至 10μA 以下，处于节能状态；若外接高电平，则芯片是标准工作模式，可实现模数转换。4 脚是基准电压，需外接 4.7μF 的电容，芯片具有内置基准电压，基准值是 2.5V。5 脚是接地端。6 脚是数据输出端，当其由 0 翻转为高电平时，表示数据转换完成，可以读数据了。7 脚是片选端，低电平有效。8 脚是外部读数时钟脉冲输入端，最高频率可达 2.1MHz。当数据转换完成，输入外部读数时钟，每个读数时钟脉冲的上升沿读出一位数据，数据读出的顺序为由高位到低位，第一个读数时钟脉冲的下降沿表示数据输出开始。MAX1240 是 12 位 AD 转换器，所以要完整地读出转换数据，至少需要外部输入 13 个脉冲。

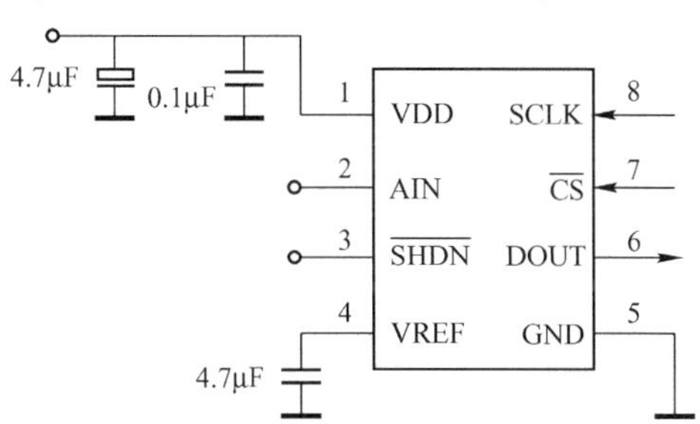

图 14-13　MAX1240 外围配置电路

MAX1240 的工作时序如图 14-14 所示。

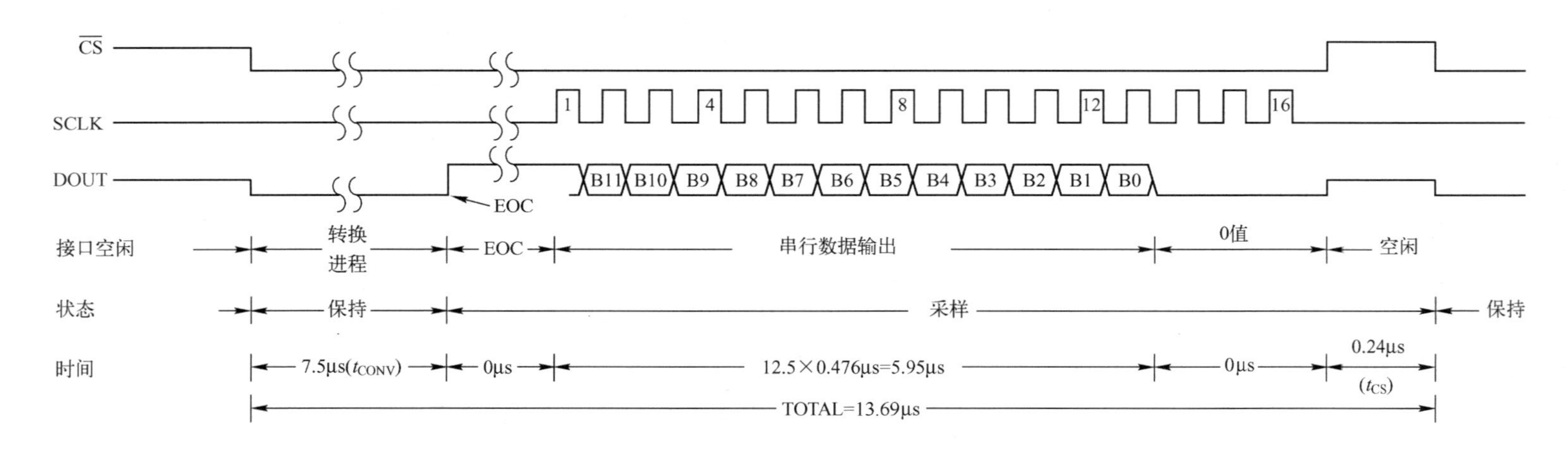

图14-14　MAX1240的工作时序

工作过程如下。

（1）在$\overline{SHDN}=1$的前提下，令片选有效，同时保持时钟输入端为低电平。

（2）大约9μs后，可在SCLK端送入外部时钟脉冲，读出数据。从时序图中可以看出，转换数据是在输入脉冲由高电平变成低电平后有效，上升沿读出。当AD转换完成后，数据输出端DOUT由低电平翻转为高电平，所以也可以通过查询DOUT的状态确定转换是否完成。

（3）在外部输入13个脉冲后，数据读取完成，将片选端置高电平。只要令片选再次有效，就可以重新开始一轮新的模数转换和读取过程。

（4）数据读取完成后，如果仍然保持片选有效，则DOUT端始终输出低电平。

4）串行通信

（1）串行通信简介

串行通信的通信线路简单，设计成本较低，在速度要求不高的近距离数据传送中应用比较广泛。串行通信可分为异步传输和同步传输两种基本形式。异步传输的特点是数据在线路上传送不连续，但通信双方必须事先约定传送的字符格式和波特率。同步传输的速度高于异步传输，但硬件设备较复杂，而且要求发送端和接收端的时钟信号频率和相位始终保持一致（同步）。

为使计算机、电话及其他通信设备互相沟通，现在已经对串行通信建立了几个一致的概念和标准，这些概念和标准包括：

① 传输率：所谓传输率就是指每秒传输多少位，传输率也常称作波特率。大多数CRT终端都能按110~9600bps范围中的任何一种波特率工作。

② RS-232-C标准：RS-232-C标准对两个方面做了规定，即信号电平标准和控制信号线的定义。RS-232-C采用负逻辑规定逻辑电平，信号电平与通常的TTL电平也不兼容。RS-232-C标准采用EIA电平，其中高电平为+3～+15V，低电平为-3～-15V；标准TTL电平中高电平为+2.4～+5V，低电平为0～0.4V。实现两种电平的相互转换，需要专门的电平转换芯片。目前比较常用的电平转换芯片为MAX232，其主要功能参数在后面进行介绍。

③ 3.0~5.5 V电源供电。

④ 300μA低供电电流。

⑤ 只需外接0.1μF的电容。

MCS-51单片机有一个全双工串行口。全双工的串行通信只需要一根输出线（TXD）和一根输入线（RXD）。串行通信中主要有两个技术问题，一个是数据传输，另一个是数据转换。数据传输主要解决传输中的标准、格式及工作方式等问题，数据转换是指数据的串并行转换。MCS-51单片机的串口接收、发送均可工作在查询方式或中断方式，使用十分灵活。51单片机的串口编程涉及的几个主要特殊功能寄存器分别为串口数据缓冲器SBUF、串口控制寄存器SCON、特殊功能寄存器PCON和中断允许寄存器IE。

单片机将从MAX1240采集到的12位数值经处理分成两个字节的数据后，再经过串口通信电路将其发出到COMPIM，可以连接计算机等常规D型串行接口，如图14-15所示。

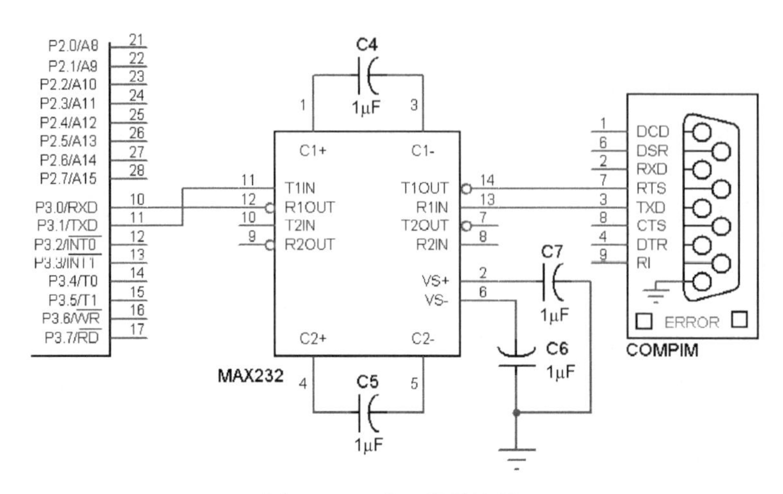

图 14-15　串口通信电路

其中 MAX232 主要起到电平转换的作用，将单片机串口输出的逻辑电平转换为用于传输的常规 RS-232 电平。

（2）MAX232 简介

MAX232 芯片是美信公司专门为计算机的 RS-232 标准串口设计的接口电路，使用 5V 单电源供电。该产品是由德州仪器公司（TI）推出的一款兼容 RS-232 标准的芯片。当单片机和 PC 通过串口进行通信时，尽管单片机有串行通信的功能，但单片机提供的信号电平和 RS-232 的标准不一样，因此要通过 MAX232 芯片进行电平转换。MAX232 是一种双组驱动器/接收器，片内含有一个电容性电压发生器，以便在 5V 单电源供电时提供 EIA/TIA-232-E 电平。

该器件符合所有 RS-232-C 技术标准。每一个接收器将 TIA/EIA-232-F 电平转换成 TTL/CMOS 电平；每一个发送器将 TTL/CMOS 电平转换成 RS-232 电平。

主要特点如下。

☺ 单 5V 电源工作。

☺ LinBiCMOSTM 工艺技术。

☺ 两个驱动器及两个接收器。

☺ ±30V 输入电平。

☺ 低电源电流：典型值是 8mA。

☺ 符合甚至优于 ANSI 标准 EIA/TIA-232-E 及 ITU 推荐标准 V.28。

☺ ESD 保护大于 MIL-STD-883（方法 3015）标准的 2000V。

图 14-16 所示为 MX232 双串口的连接图，可以分别接单片机的串行通信口或实验板的其他串行通信口。

MAX232 内部结构基本可分为 3 部分，如图 14-17 所示。

（1）电荷泵电路。由 1、2、3、4、5、6 脚和 4 只电容构成。功能是产生+12V 和 -12V两个电源，提供给 RS-232 串口电平的需要。

（2）数据转换通道。由 7、8、9、10、11、12、13、14 脚构成两个数据通道。其中，13 脚（R1IN）、12 脚（R1OUT）、11 脚（T1IN）、14 脚（T1OUT）为第一数据通道；

8 脚（R2IN）、9 脚（R2OUT）、10 脚（T2IN）、7 脚（T2OUT）为第二数据通道。TTL/CMOS 数据从 T1IN、T2IN 输入转换成 RS-232 数据从 T1OUT、T2OUT 送到计算机 DB9 插头；DB9 插头的 RS-232 数据从 R1IN、R2IN 输入转换成 TTL/CMOS 数据后，从 R1OUT、R2OUT 输出。

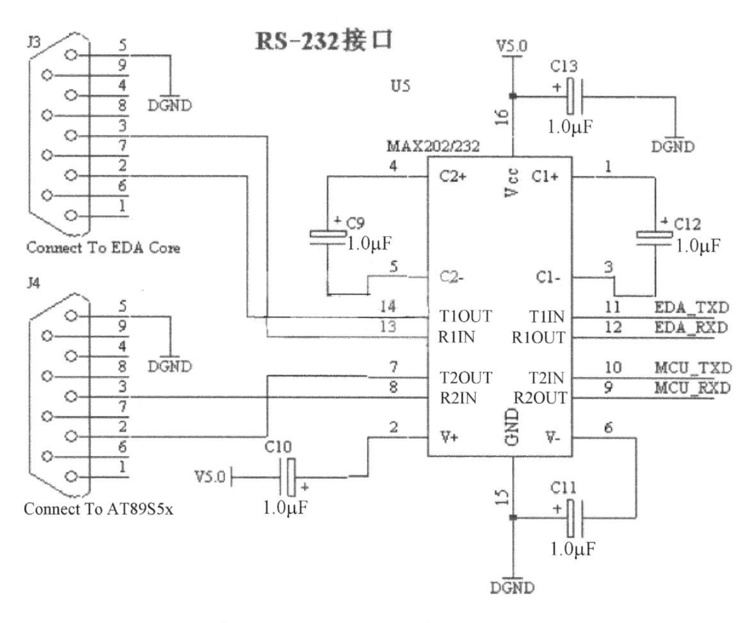

图 14-16　MX232 双串口的连接图

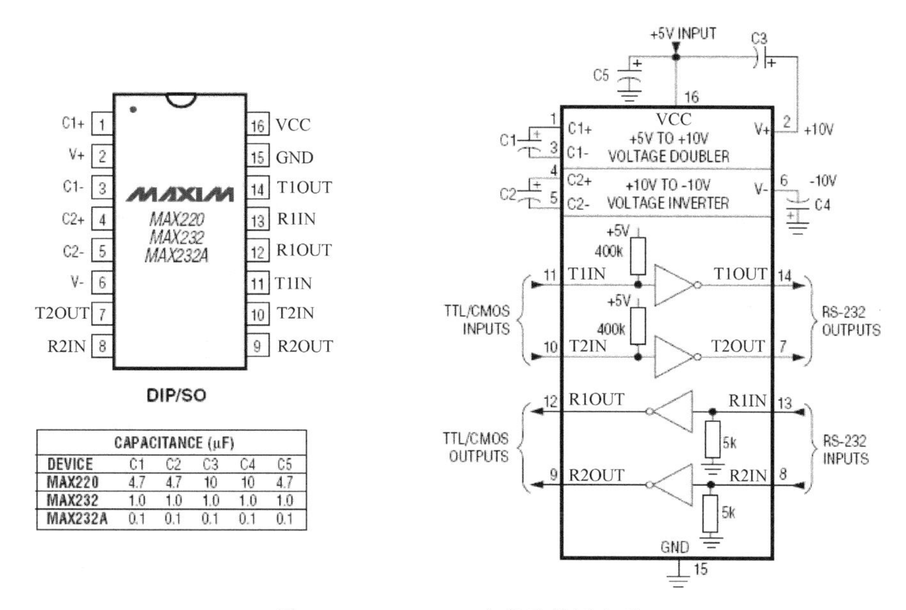

CAPACITANCE (μF)					
DEVICE	C1	C2	C3	C4	C5
MAX220	4.7	4.7	10	10	4.7
MAX232	1.0	1.0	1.0	1.0	1.0
MAX232A	0.1	0.1	0.1	0.1	0.1

图 14-17　MAX232 内部及外围电路

（3）供电。15 脚接 GND，16 脚接 VCC（+5V）。

5）整体单片机电路模块

单片机及其外围电路如图 14-18 所示，AD 转换器的供电电压为 3.3V，并采用供电电压作为外部参考电压。MAX1240 的 SPI 时序由单片机软件编程来模拟。MAX1240 的采样率远大于串口的传输速率，因此整个硬件采集系统的采样率最终由串口的传输速率即波特率决定。

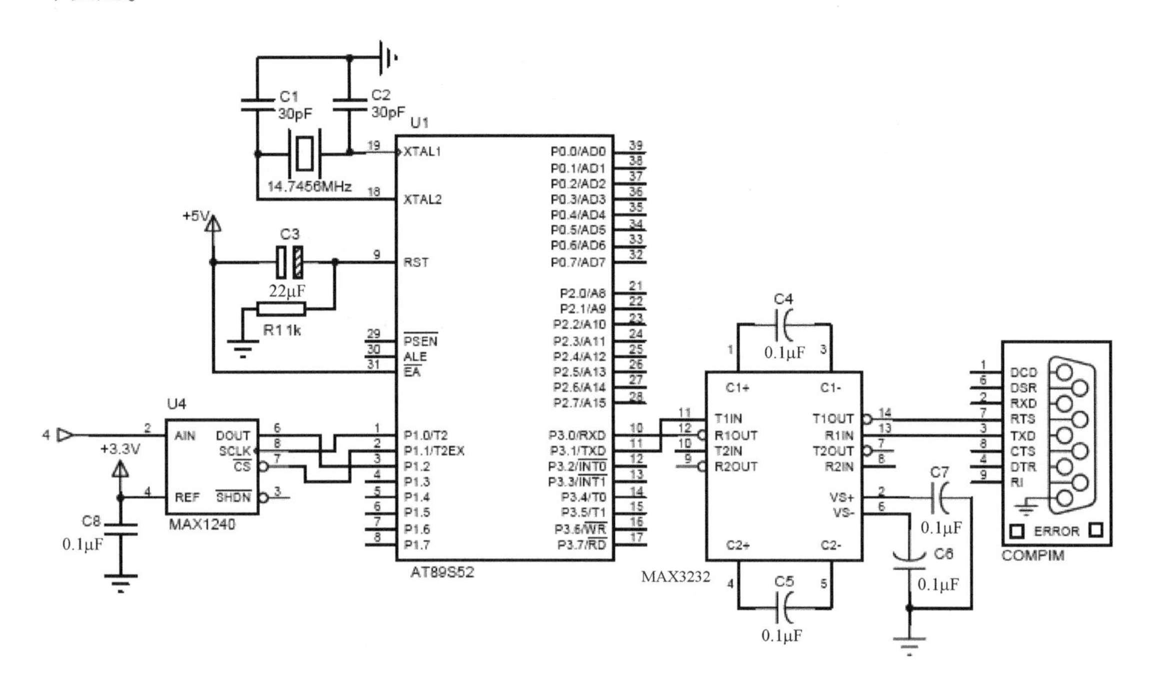

图 14-18　单片机及其外围电路

由于脉搏波的频率在 100Hz 以内，根据采集定理，硬件电路的采样频率应大于 200Hz。当选择串口的波特率为 9600bps 时，因波特率定义为传输一个二进制位的速率，AD 采样后的数据分两个字节发送，因此传输一个数据的频率约为 600Hz；再考虑软件的延时，最终硬件的数据采样率约为 400Hz，既满足采样定理的要求，又不会产生大量冗余数据。

通信双方波特率完全匹配是保证串行通信正常进行的必要保证。本设计的串口选择工作方式 1，波特率 B 由定时器 T1 的溢出率 S 来决定，并可用式（14-9）和式（14-10）表示。

$$B=\frac{2^{\mathrm{SMOD}}\cdot S}{32} \tag{14-9}$$

$$S=\frac{f_{\mathrm{o}}}{12(2^{n}-X)} \tag{14-10}$$

式中，X 为定时器 T1 的计算初值；n 为定时器 T1 的位数（定时器选择工作方式 2 时，$n=8$）；

串行波特率倍增位 SMOD 取值为 0。

应为单片机选择合适大小的晶振，使系统所产生的波特率与上位机设定的波特率相同。本设计希望单片机产生的波特率等于 9600bps，所以选择 14.7456MHz 的晶振作为单片机的晶振。

单片机的串口工作选择查询方式，将 AD 采样后的数据分为两个字节发送，高位在前，低位在后。

3. 电源模块设计

（1）系统电源需求分析

在本设计中，脉搏信号调理电路需要+5V 和−5V 两组模拟电源，单片机需要 5V 的数字电源，AD 转换器和 MAX232 需要数字 3.3V 电源。为抑制数字电路对模拟信号产生的干扰，需要将数字地和模拟地隔离。

根据系统设计需求，权衡各方面因素，初步确定系统电源的基本参数如下。

☺ 输入电压：7.5V 直流电压。

☺ 输出电压：+5V、−5V、+3.3V。

☺ 输出电流：各主要元件正常工作所需的电流分别为几到几十毫安，因此各电源提供的电流一般不到 100mA。

（2）+5V 电源设计

为了降低电源系统自身的功耗，提高电源效率，减小整个电源系统的发热量，应选择低压差的稳压器。本设计中选择 RT9163 系列稳压器来提供各级所需电压，该芯片的主要特性如下。

☺ 低压差：500mA 时最大 1.4V。

☺ 瞬态响应快。

☺ ±2%总输出调整率。

☺ 0.1%线性调整率。

☺ 0.1%负载调整率。

☺ 输出电流：0.5A。

+5V 数字和模拟电源电路如图 14−19 所示。其中，三端稳压器 RT9163 输出 5V 电压作为数字+5V 电源，其后的电感 L1 和电容 Ct8 构成 LC 低通滤波器，截止频率为

$$f_c = \frac{1}{2\pi\sqrt{L_1 \cdot C_{t8}}} \approx 400\text{Hz} \tag{14-11}$$

数字电压经 LC 滤波器滤除高频噪声后，可作为模拟电源 VCC5P。+5V 数字电源后接 3.3V 输出的三端稳压器 RT9163，可得+3.3V 数字电源，如图 14−19、图 14−20 所示。

（3）负电源设计

脉搏信号调理电路中需要±5V 的电源供电，需要利用电源变换芯片将+5V 的电压产生−5V 电压。本设计采用 MAX860 作为电源转换芯片。

MAX860 可以将范围在+1.5~5.5V 的输入电压对等地转换为相应的负电压（即−5.5~−1.5V），或者将输入范围为+2.5~+5.5V 的电压变换为双倍输出，本设计中只应用其

输出负压的功能。MAX860的高电压转换频率使得其外部只需两个电容就能实现电压转换功能。转换效率超过90%，典型工作电流仅为200μA。-5V模拟电源设计如图14-21所示，其中，VCC5P为+5V模拟电源，VCC5N为-5V模拟电源。

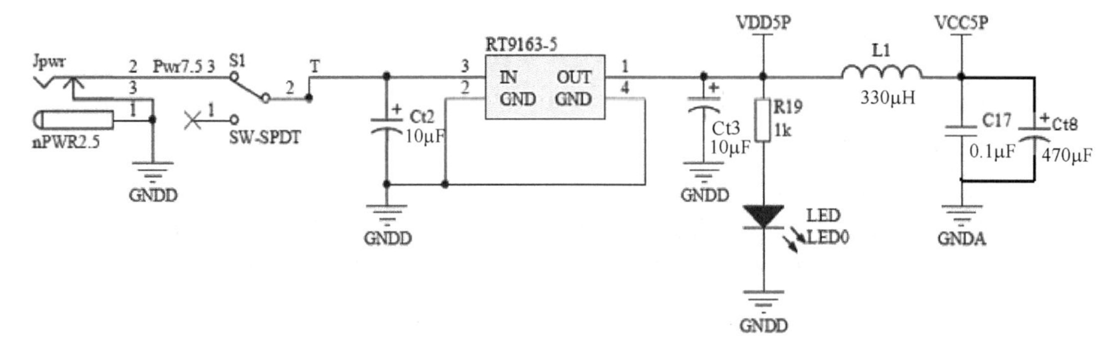

图 14-19　+5V 数字和模拟电源电路

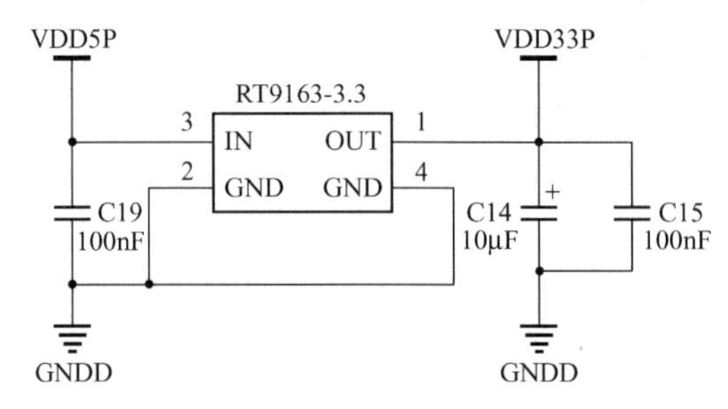

图 14-20　+3.3V 数字电源

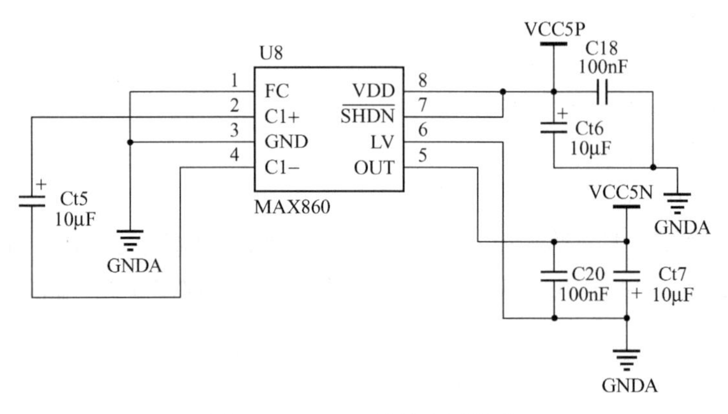

图 14-21　-5V 模拟电源设计

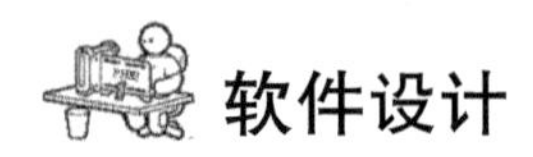

软件设计

脉搏信号检测与分析系统程序设计流程如图14-22所示。

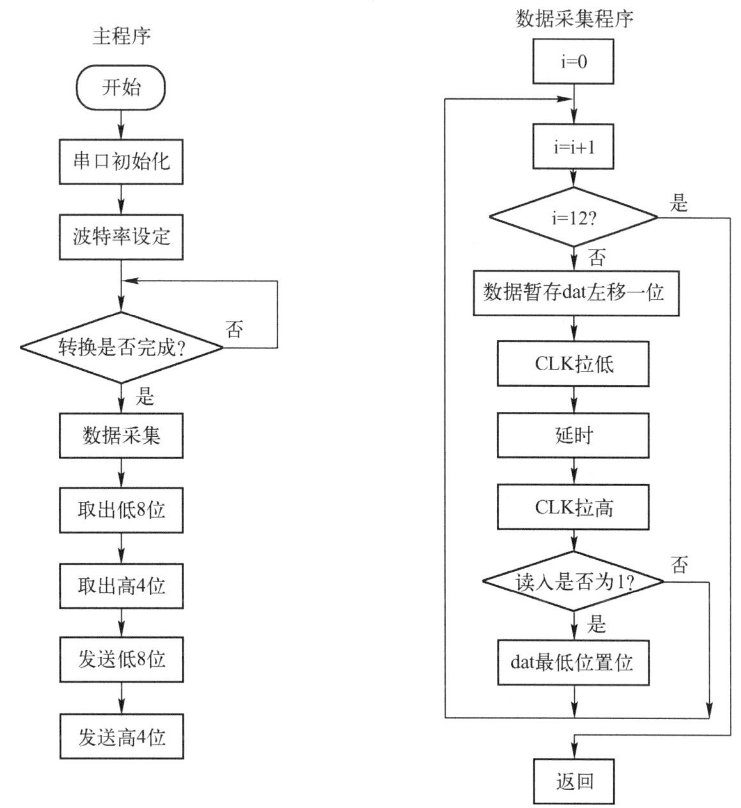

图 14-22　程序设计流程

汇编语言程序源代码：

```
;*************************************************
;程序开始
;*************************************************
        ORG   0000H
        LJMP  MAIN               ;转到初始化程序
ORG   0030H
MAIN:  CLR C
MOV   SP,#60H
       MOV   SCON,#50H           ;串口方式 1
MOV   PCON,#80H
MOV   TCON,#0
MOV   TMOD,#26H                  ;T1 模式 2
       MOV   TL1,#0FAH           ;初始化 T1, 波特率为 9600bps (晶振 14.0592MHz)
       MOV   TH1,#0FAH
       SETB       TR1
       SETB       EA
       CLR        TI
MAX1240:MOV A,#00H
         MOV      R7,#08H
```

```
        CLR     P1.0
        CLR     P1.1
        NOP
        JNB     P1.2, $
        SETB    P1.0
MSB:    CLR     P1.0
        NOP
        SETB    P1.0
        MOV     C,P1.2
        MOV     P1.3,C
        RLC     A
        DJNZ    R7,MSB
        MOV     R3,A
        MOV     R7,#08H
        MOV     A,#00H
LSB:    CLR     P1.0
        NOP
        SETB    P1.0
        MOV     C,P1.2
        RLC     A
        DJNZ    R7,LSB
        MOV     R2,A
        NOP
        SETB    P1.1
        MOV     41H,R3
        MOV     40H,R2
LOOP:   MOV     A,41H
        MOV     SBUF,A
        ACALL   WAIT
        ACALL   Delay
        MOV     A,40H
        MOV     SBUF,A
        ACALL   WAIT
        AJMP    MAX1240
WAIT:   JNB     TI, $
        CLR     TI
        RET


;*******************************************
;延时程序
;*******************************************
Delay:  MOV     R4,#02H
```

```
LOOP1:  MOV     R1,#0FFH
LOOP2:  DJNZ    R1,LOOP2
        DJNZ    R4,LOOP1
        RET
        END
```

C 语言程序源代码：

```
/ * * * * * * * * * * * * * * * * * * * * * * * * * * * * * * * * * * * * * * * * * * * *
程序包含头文件
* * * * * * * * * * * * * * * * * * * * * * * * * * * * * * * * * * * * * * * * * * * * /
#include"reg52.h"
/ * * * * * * * * * * * * * * * * * * * * * * * * * * * * * * * * * * * * * * * * * *
端口定义
* * * * * * * * * * * * * * * * * * * * * * * * * * * * * * * * * * * * * * * * * * /
sbit DO=P1^2;
sbit CLK=P1^0;
sbit CS=P1^1;
sbit SHDN=P1^3;
  #define uchar   unsigned char
  #define uint    unsigned int
/ * * * * * * * * * * * * * * * * * * * * * * * * * * * * * * * * * * * * * * * * * * *
延时函数
* * * * * * * * * * * * * * * * * * * * * * * * * * * * * * * * * * * * * * * * * * * * /
void  delay(unsigned int loop)
{
    unsigned int i;
for(i=0;i<loop;i++);
}
/ * * * * * * * * * * * * * * * * * * * * * * * * * * * * * * * * * * * * * * * * * *
12 位串行数据采集函数
* * * * * * * * * * * * * * * * * * * * * * * * * * * * * * * * * * * * * * * * * * /
uint dat_col(void)
{
    uchar i;
uint dat=0;
for(i=0;i<12;i++)
   {
    dat=dat<<1;                //数据缓存器左移一位
    CLK=0;
    delay(1);
    CLK=1;
    if(DO)
    dat |=0x01;                //将采集到的一位二进制数存于最低位
   }
return(dat);
}
```

```
/ * * * * * * * * * * * * * * * * * * * * * * * * * * * * * * * * * * * * * * * *
主函数
* * * * * * * * * * * * * * * * * * * * * * * * * * * * * * * * * * * * * * * * /
void main( )
{
uint dat;
uchar dat1,dat2;
    SCON=0x50;              //串口工作方式 1, 允许接收
    PCON=0x80;              //波特率翻倍
    TCON=0;
    TMOD=0x26;              //T1 用于串口波特率控制
    TL1=0xfa;               //初始化 T1, 波特率为 9600bps(晶振 14.0592MHz)
    TH1=0xfa;
    TR1=1;                  //开定时器
    EA=1;                   //开总中断
    ES=1;
while(1)
      {
          CLK=0;
          CS=0;
          SHDN=1;
        while(!DO);         //等待转换结束
          CLK=1;
          dat=dat_col( );   //调用 12 位串行数据采集函数
          CS=1;
        dat1=dat&0x00ff;    //取出低 8 位数据
          dat=dat>>8;
          dat2=dat&0x000f;  //取出高 4 位数据
          SBUF=dat1;
        while(TI==0);
          TI=0;
          SBUF=dat2;
        while(TI==0);
          TI=0;
        }
  }
```

电路原理图

数据采集电路如图 14-23 所示。

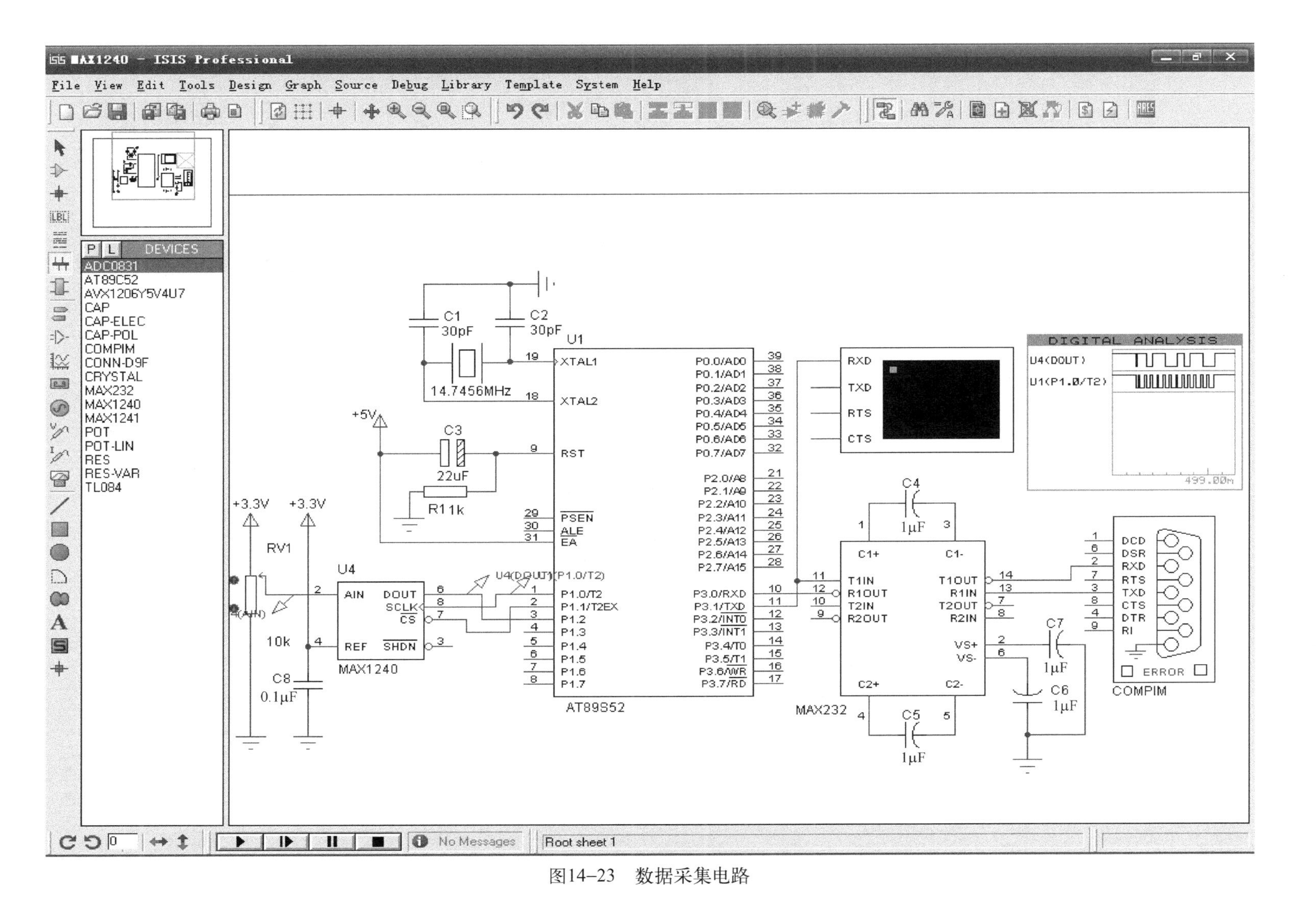

图14–23　数据采集电路

系统仿真

应用 Proteus 对该电路进行仿真，可以进一步分析电路的工作过程与原理，以及各个部分的电平变化。图 14-24 所示为输入电压电路。

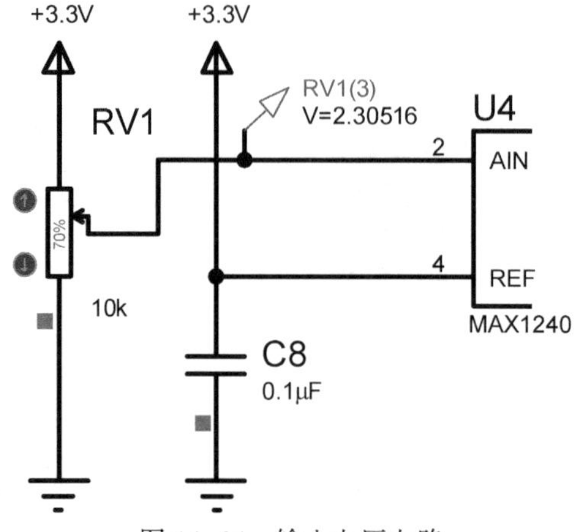

图 14-24　输入电压电路

1. 输入电压与 MAX1240 的数据传输仿真

MAX1240 的数据传输仿真结果如图 14-25 所示。

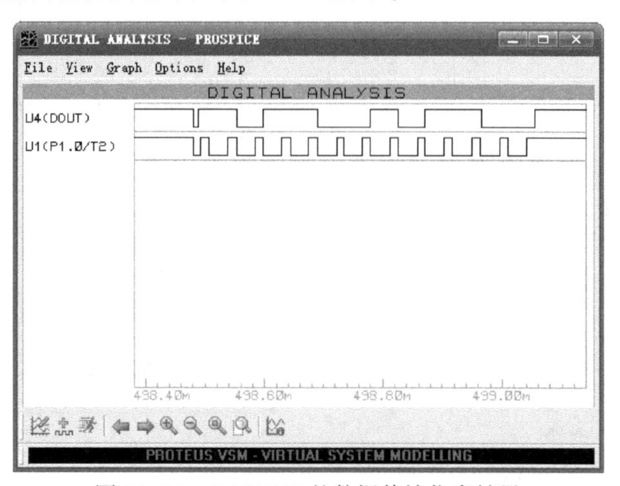

图 14-25　MAX1240 的数据传输仿真结果

由图 14-25 可以看到，待采集的模拟电压值大约为 2.30516V，根据模数转换的量化方程可知量化间隔为

$$\Delta=\frac{V_{\max}}{2^{n}-1}=\frac{3.3\text{V}}{4095}\approx 0.8058\text{mV} \tag{14-12}$$

所以，实际模拟电压的量化数值为

$$V_{\text{AD}}=\frac{V}{\Delta}\approx\frac{2305\text{mV}}{0.8058\text{mV}}\approx 2860.5 \tag{14-13}$$

将该计算结果转化为十六进制数码为 B2C；由图中 MAX1240 的数据波形图可知，读完一个转换结果需要 13 个时钟脉冲，由波形 U4（DOUT）可以对应时钟信号读出此时的数据值为 101100101100，转化为十六进制数值也为 B2C。

2. 单片机输出数据仿真

由于电路采集完数据以后最终使用串口输出，与其他设备进行通信，所以可以使用 Proteus 提供的串行虚拟终端进行输出信号的仿真。

如图 14-26 所示为仿真终端输出的十六进制数据，可以看到分为两个字节，高字节为 0B，低字节为 2C，也就是说单片机所传出的串行数值为 0B2C。这个结果与待转换模拟电压值的量化结果，与 MAX1240 的输出串行数据是一样的，说明该数据采集电路的运行是完全按照设计要求执行的。

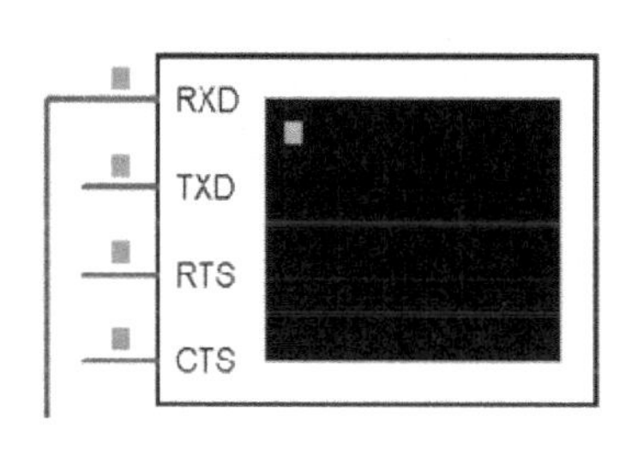

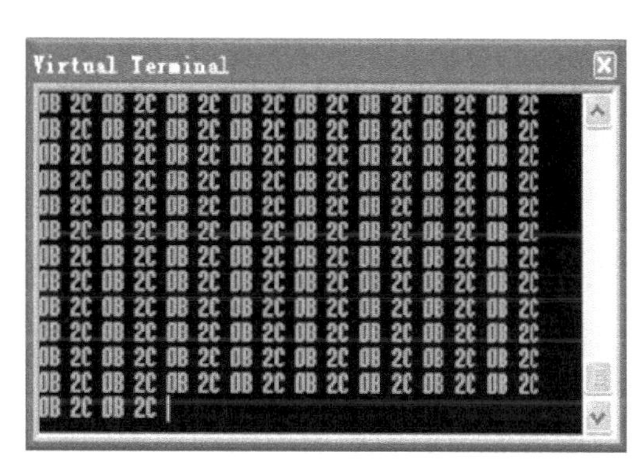

图 14-26　单片机串口输出信号

实物图

根据以上硬件电路，用 Altium Designer 6.7 软件设计印制电路板。PCB 为两层设计，为了提高电路板设计的抗干扰性，还对数字地（GNDD）和模拟地（GNDA）分别进行了铺铜，并将数字地和模拟地之间用一个 0Ω 的电阻跨接，这样既可以保证单点接地，又可以防止数字电路中的干扰信号流入模拟地，起到隔离的作用。调试通过的硬件采集电路板实物图如图 14-27 所示。

图 14-27　实物图

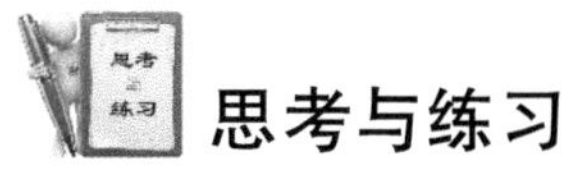

思考与练习

本设计用到的传感器为 HK2000B 压电式传感器，有没有其他方案同样可以采集到脉搏信号？

答：采用光电对管同样可以采集到脉搏信号。

特别提醒

使用 HK2000B 传感器进行脉搏信号采集时，注意找准手臂脉搏跳动幅度最大的位置。若没有采集到信号，应进行位置调整，并再次进行检测。

项目 15　自动求救报警电路设计

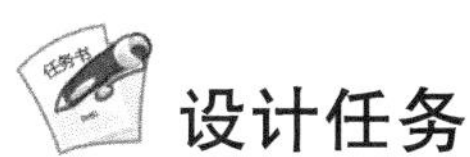

设计任务

设计一个简单的自动求救报警电路，在电路倾斜时发出警报。自动求救报警电路应满足电路倾斜时水银开关导通，发出报警声。

基本要求

☺ 能够实现自动报警功能。
☺ 电路倾斜时水银开关导通，可发出报警声。

设计思路

该电路由音乐集成芯片 KD－9561、稳压管 DW（2CW13）、水银开关、晶体管（9012、9013、9014）、可变电阻器 RV 和电源、开关等组成。它可用塑料小盒封装后放在口袋中，或装在手杖中。当人直立时，水银开关呈断开状态，电路的电源断开，电路不工作，音乐集成电路 IC 不发声。当人弯腰（报警器装在口袋中）或手杖落地（报警器放在手杖中）时，水银开关闭合，电路开始工作，音乐集成芯片发出信号，扬声器发出警报声。

系统组成

自动求救报警电路主要分为以下两部分。
☺ 第一部分：由三极管和电阻组成的短暂延时电路。
☺ 第二部分：音乐集成芯片 KD-9561 和扬声器组成的发声系统。

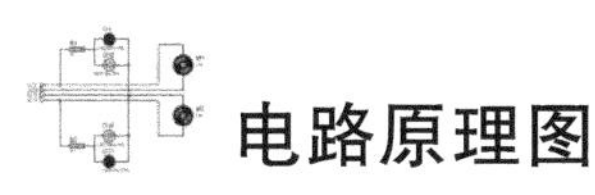

电路原理图

电路原理图如图 15-1 所示。

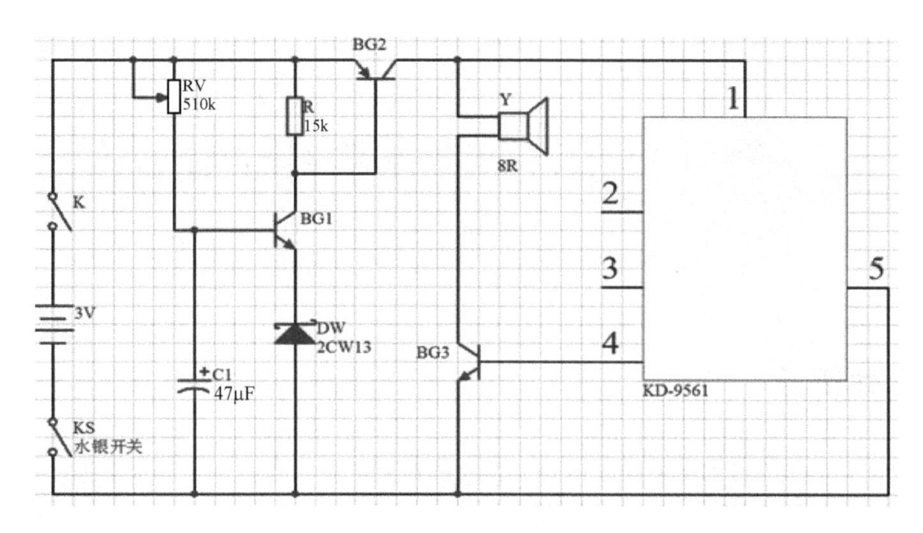

图 15-1　电路原理图

模块详解

1. 短暂延时电路

晶体管 BG1 上加有电源电压，并且电容器 C1 通过 RV 进行充电。当 C1 上的电压未达到 BG1 的导通电压时，BG1 不导通，同时 BG2 截止，KD-9561 集成电路不工作。当 C1 上的电压达到 BG1 的导通电压时，因稳压管 DW 的钳位作用，BG1 仍然不导通。C1 上的电压仍继续上升，直到其超过 BG1 的导通电压与稳压管 DW 的稳定电压之和时，BG1 才导通，从而使 BG2 导通，电源电压加到集成电路 KD-9561 上，使 KD-9561 发出音乐信号，扬声器 Y 发出报警声。

2. 发声系统

KD-9561 是一片 CMOS 四音音乐 IC，用示波器观察其输出端波形为变频方波信号，可以认为是逻辑电路中的数字信号。TWH8778 是大功率开关 IC，很适合处理数字信号，并因其输入阻抗高而能直接与 CMOS IC 连接，KD-9561 输出的最高频率不过几千赫兹，TWH8778 最高可工作于 15kHz，因此前者控制后者又不存在数字信号的处理时间问题，故将两者相结合，构成开关放大式警报发生器，如用于警车、救护车、救火车等的警报发生器。与其他线性音频功放相比，它具有结构简单、效率高、性价比优异这几项突出的优点，虽然音质不尽完善，但用于警报发生器却无高保真之需，此放大器输出功率用于一般警音已可满足要求。

图 15-2 所示为 KD-9561 的三种封装形式。

KD-9561 是一个音乐模块电路，采用的是软封装形式。

KD-9561 的引脚功能如表 15-1 所示。

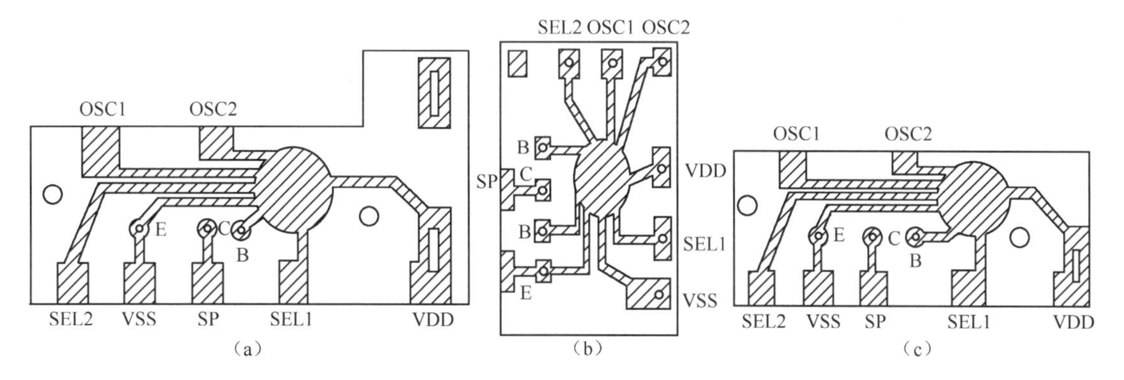

图 15-2　KD-9561 的三种封装形式

表 15-1　KD-9561 的引脚功能

模拟声种类	选声端 SEL1	选声端 SEL2
机枪声	空	VDD
警车声	空	空
救护车声	VSS	空
消防车声	VDD	空

KD-9561 中的三极管一般选择 8505 或 9013，如果声音太小可再增加一个三极管放大电路，在原来一级放大电路中的集电极接一个电阻，以此来产生电压降，再接到二级放大电路中的三极管基极。

电路 PCB 设计图

电路 PCB 设计图如图 15-3 所示。

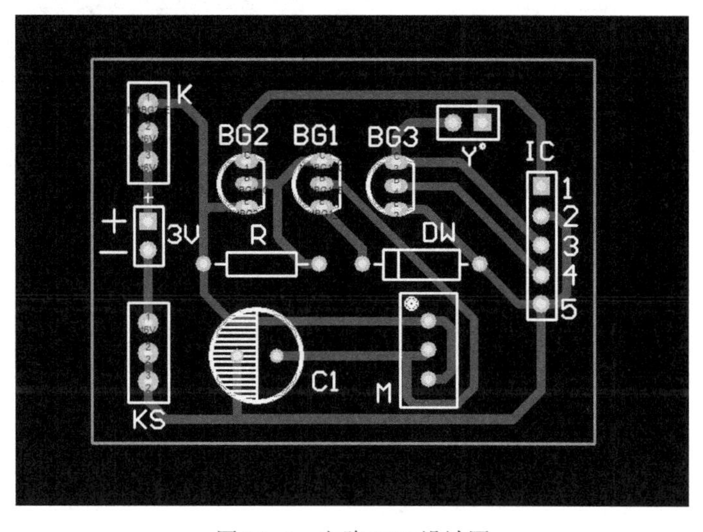

图 15-3　电路 PCB 设计图

实物测试

实物图如图 15-4 所示，测试图如图 15-5 所示。

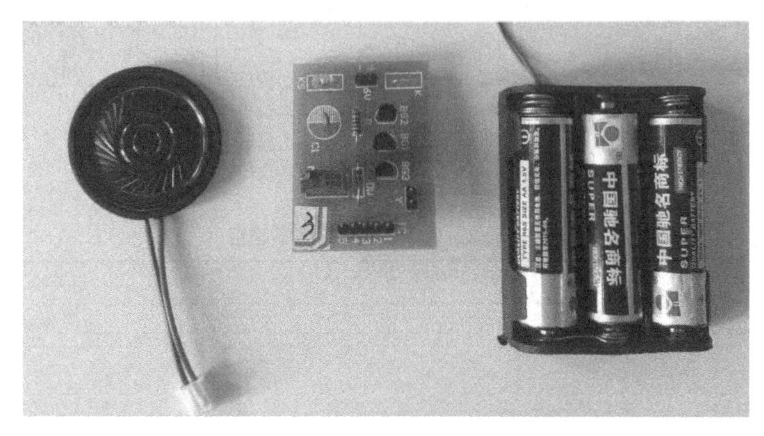

图 15-4 实物图

图 15-5 测试图

思考与练习

(1) 水银开关的工作原理是怎样的?

答: 水银开关内有一定量的水银和两个金属触点，它利用水银的导电性工作。当开关处于一个位置时，两个金属触点没有被水银浸泡，触点间没有连通；当开关处于另一个位置时，水银流动，两个金属触点同时被水银浸泡，触点间被连通。

（2）KD-9561芯片有哪几种工作方式？

答： KD-9561芯片有4种工作方式，分别是机枪声（SEL1悬空，SEL2接VDD）；警车声（SEL1悬空，SEL2悬空）；救护车声（SEL1接VSS，SEL2悬空）；消防车声（SEL1接VDD，SEL2悬空）。

（3）当电源电压刚大于BG1导通电压时，电路能否工作？

答： 不能，因为稳压管的钳位作用会使BG1无法导通，从而使BG2不导通，电源电压无法加到音乐芯片上，电路无法工作。只有当电压增加到BG1和稳压管稳定电压之和时，电路才会工作。

特别提醒

（1）当电路各部分设计完毕后，需对各部分进行适当的连接，并考虑器件间的相互影响。

（2）设计完成后要对电路进行测试。

（3）电容不能使用极性电容。

项目 16　脂肪分析电路设计

设计任务

本文设计的人体脂肪仪主要采用了生物电阻抗的方法。在该方法中，被测量对象身体阻抗将会由所设计的仪器测量得出。因为人体的电阻是一个不定量，常常会伴有变化或浮动，所以需要及时测量才能得出准确数据。

基本要求

☺ 设计一个人体脂肪测量电路。
☺ 由传感器测出人体阻抗。
☺ 工作电源为直流 5V。
☺ 通过单片机将测量得到的人体阻抗转换为脂肪含量。

设计思路

本次设计面对的被测对象是所有人而非特定群体，身体阻抗由传感器测得，然后通过单片机中的脂肪测量公式转换为脂肪含量。根据世界卫生组织拟定的标准，BMI（BMI 为身体质量指数，由体重的千克数除以身高米数的平方得到，本设计以此值衡量人体脂肪含量）值在 18~24 之间为正常人范围，所以大部分人的 BMI 值不会超过 24。

系统组成

脂肪分析电路主要分为以下 5 部分。
☺ 第一部分：最小系统电路。
☺ 第二部分：放大电路。
☺ 第三部分：复位电路。
☺ 第四部分：电源电路。
☺ 第五部分：LCD1602 显示电路。

系统结构框图如图 16-1 所示。

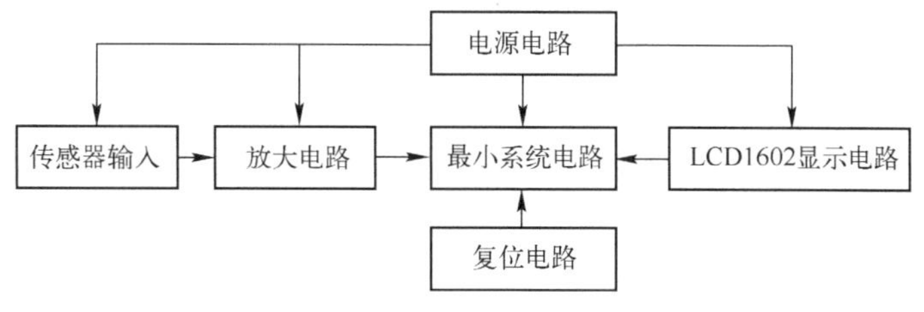

图 16-1　系统结构框图

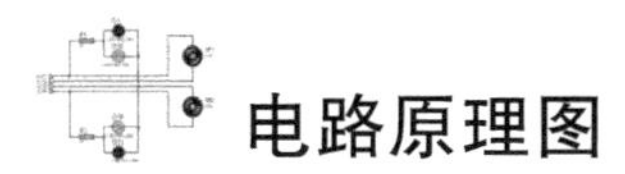

电路原理图

电路原理图如图 16-2 所示。

模块详解

1. 最小系统电路

在本系统的设计中，从价格、熟悉程度及满足系统的需求等方面考虑采用了 51 系列 AT89C51 单片机。AT89C51 提供以下标准功能：4KB Flash 闪速存储器，128B 内部 RAM，32 个 I/O 口线，两个 16 位定时/计数器，一个 5 向量两级中断结构，一个全双工串行通信口，片内振荡器及时钟电路。掉电时保存 RAM 中的内容，但振荡器停止工作并禁止其他所有部件工作直到下一个硬件复位。主要引脚如下。

VCC：供电电压。

GND：接地。

P0 口：P0 口为一个 8 位漏极开路双向 I/O 口，每脚可吸收 8TTL 门电流。在 Flash 编程时，P0 口作为原码输入口；当 Flash 进行校验时，P0 口输出原码，此时 P0 口外部必须接上拉电阻。

P1 口：P1 口是一个内部提供上拉电阻的 8 位双向 I/O 口，P1 口缓冲器能接收、输出 4 TTL 门电流。P1 口引脚写入 1 后，被内部上拉为高，可用作输入口；P1 口被外部下拉为低电平时，将输出电流，这是由于内部上拉的缘故。在 Flash 编程和校验时，P1 口用于低 8 位地址接收。

P2 口：P2 口是一个内部提供上拉电阻的 8 位双向 I/O 口，P2 口缓冲器可接收、输出 4 TTL 门电流。当 P2 口被写“1”时，其引脚被内部上拉电阻拉高，且作为输入。并因此作为输入时，P2 口的引脚被外部拉低，将输出电流。这是由于内部上拉的缘故。当用于外部程序存储器或 16 位地址外部数据存储器进行存取时，P2 口输出地址的高 8 位。在给出地址“1”时，它利用内部上拉电阻将端口拉为高电平；当对外部 8 位地址数据存储器进行读/写时，P2 口输出其特殊功能寄存器的内容。P2 口在 Flash 编程和校验时接收高 8 位地址信号和控制信号。

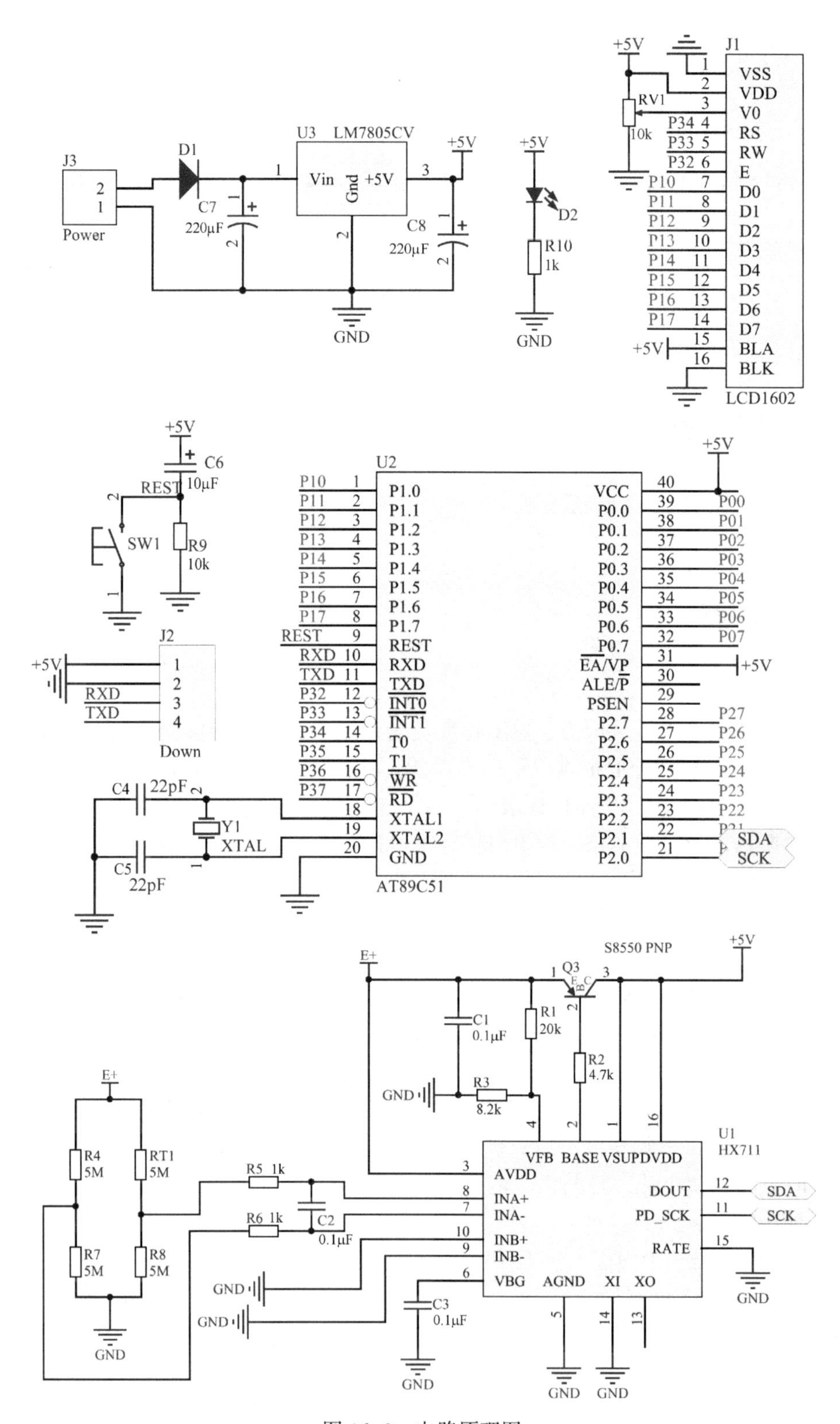

J3
2
1
Power
D1
C7
220μF
U3 LM7805CV
Vin
Gnd
+5V
1
2
3
C8
220μF
+5V
GND
+5V
D2
R10
1k
GND
+5V
RV1
10k
J1
VSS
VDD
V0
RS
RW
E
D0
D1
D2
D3
D4
D5
D6
D7
BLA
BLK
P34
P33
P32
P10
P11
P12
P13
P14
P15
P16
P17
LCD1602
+5V
C6
10μF
REST
SW1
R9
10k
J2
RXD
TXD
Down
C4
22pF
Y1
XTAL
C5
22pF
U2
P1.0
P1.1
P1.2
P1.3
P1.4
P1.5
P1.6
P1.7
REST
RXD
TXD
INT0
INT1
T0
T1
WR
RD
XTAL1
XTAL2
GND
VCC
P0.0
P0.1
P0.2
P0.3
P0.4
P0.5
P0.6
P0.7
EA/VP
ALE/P
PSEN
P2.7
P2.6
P2.5
P2.4
P2.3
P2.2
P2.1
P2.0
P00
P01
P02
P03
P04
P05
P06
P07
P27
P26
P25
P24
P23
P22
SDA
SCK
AT89C51
E+
S8550 PNP
Q3
C1
0.1μF
R1
20k
R2
4.7k
R3
8.2k
GND
R4
5M
RT1
5M
R7
5M
R8
5M
R5 1k
R6 1k
C2
0.1μF
C3
0.1μF
U1
HX711
VFB
BASE
VSUP
DVDD
AVDD
INA+
INA-
INB+
INB-
VBG
AGND
XI
XO
DOUT
PD_SCK
RATE
SDA
SCK
GND

图 16-2　电路原理图

P3 口：P3 口引脚是 8 个带内部上拉电阻的双向 I/O 口，可接收、输出 4 个 TTL 门电流。当 P3 口写入“1”后，被内部上拉为高电平，并用作输入口。作为输入口，由于外部下拉为低电平，P3 口将输出电流（ILL），这是由于内部上拉的缘故。

注意，P3 口也可作为 AT89C51 的一些特殊功能口：

☺ P3.0 RXD（串行输入口）；

☺ P3.1 TXD（串行输出口）；

☺ P3.2 $\overline{\text{INT0}}$（外部中断 0）；

☺ P3.3 $\overline{\text{INT1}}$（外部中断 1）；

☺ P3.4 T0（计时器 0 外部输入）；

☺ P3.5 T1（计时器 1 外部输入）；

☺ P3.6 $\overline{\text{WR}}$（外部数据存储器写选通）；

☺ P3.7 $\overline{\text{RD}}$（外部数据存储器读选通）。

REST：复位输入。当振荡器复位器件时，要保持 RST 脚两个机器周期的高电平时间。

XTAL1：反向振荡放大器的输入及内部时钟工作电路的输入。

XTAL2：来自反向振荡器的输出。

单片机为整个系统的核心，控制整个系统的运行，最小系统电路如图 16-3 所示。

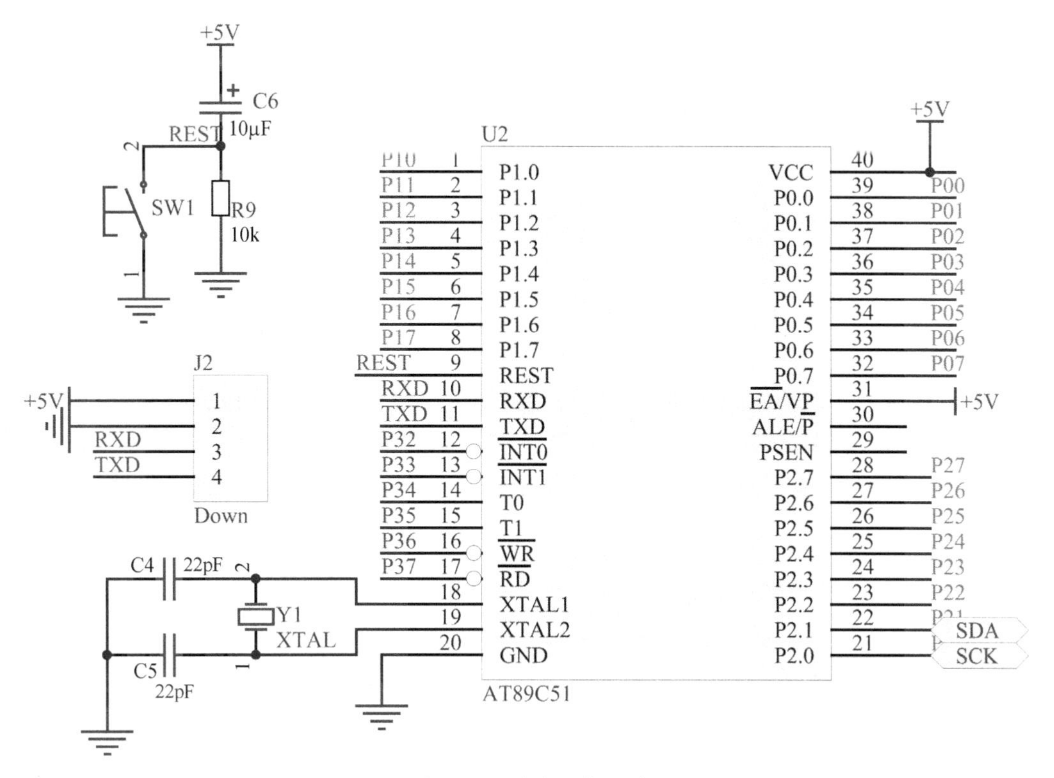

图 16-3　最小系统电路

通过 J2 写入程序，传感器将信号从 SDA、SCK 接口输入 AT89C51 单片机。传感器测出阻抗后，通过放大电路及 AT89C51 单片机中的程序将阻抗转化为所测得的脂肪含量。

2. 放大电路

传感器将测量信号送入放大电路，由于传感器测量到的人体阻抗信号较小，所以接收电路需要将其进行放大。与同类型其他芯片相比，HX711芯片集成了包括稳压电源、片内时钟振荡器等同类型其他芯片所需的外围电路，具有集成度高、响应速度快、抗干扰性强等优点。放大电路如图16-4所示。接收到的信号加到Q3构成的放大器上进行放大，放大器的放大倍数约为100。放大后经传感器SDA、SCK接口输入AT89C51单片机。该电路结构简单，性能较好，制作难度小。

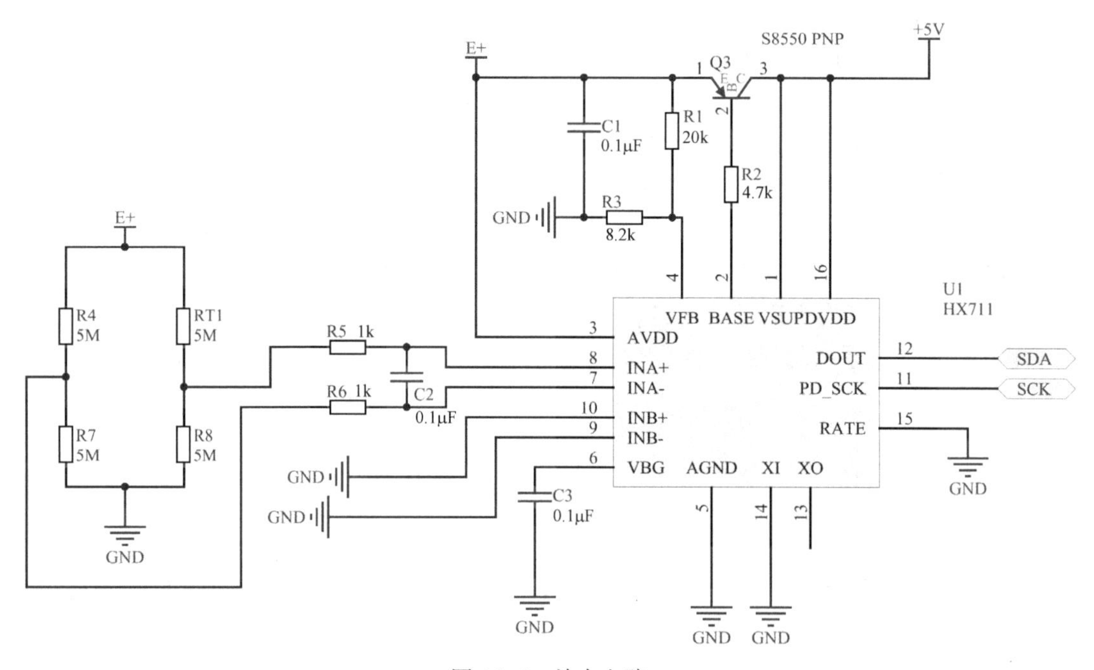

图16-4 放大电路

3. 电源电路

图16-5所示是电源电路。系统中用到两种幅值的电源，分别为12V和5V。12V给整个电路供电，通过LM7805CV电压转换电路，将12V的电压转换为5V，给最小系统电路、放大电路、LCD1602显示电路供电。电解电容C7、C8起到滤波作用，保证电路的电源完整性。

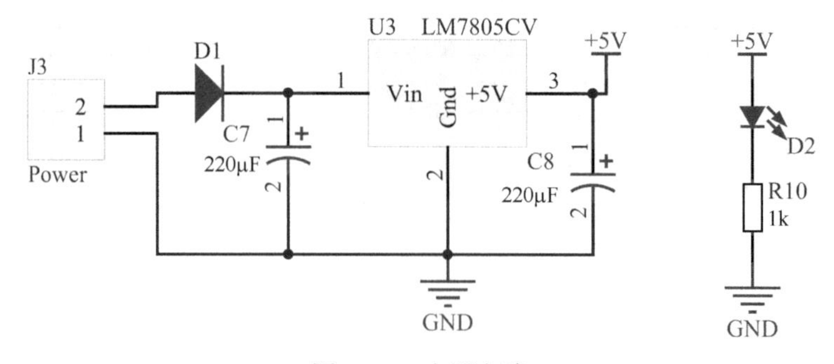

图16-5 电源电路

4. LCD1602 显示电路

在本系统中，需要将测量出来的脂肪值显示出来，LCD 显示器的微功耗、体积小、显示内容丰富、超薄轻巧的诸多优点非常符合系统需求。LCD1602 模块内部可以完成显示扫描，单片机只要向 LCD1602 发送命令和显示内容的 ASCII 码即可。LCD1602 显示器的工作电压为 4.5~5.5V，在本系统中，采用的电压为 5V。LCD1602 引脚如下。

1 脚：VSS 为地电源。

2 脚：VDD 接 5V 正电源。

3 脚：V0 为液晶显示器对比度调整端，接正电源时对比度最弱，接地电源时对比度最高。对比度过高会产生“鬼影”，使用时可以通过一个 10kΩ 的电位器调整对比度或者直接接地。

4 脚：RS 为寄存器选择，高电平时选择数据寄存器，低电平时选择指令寄存器。

5 脚：RW 为读写信号线，高电平时进行读操作，低电平时进行写操作。

6 脚：E 为使能端，当 E 端由高电平跳变为低电平时，液晶模块执行命令。

7~14 脚：D0~D7 为 8 位双向数据线。

15 脚：电源。

16 脚：地。

LCD1602 液晶显示器寄存器选择控制如表 16-1 所示。

表 16-1　LCD1602 液晶显示器寄存器选择控制表

RS	RW	操 作 说 明
0	0	写入指令寄存器 D0~D7
0	1	读取输出的 D0~D7 的状态字
1	0	写入数据寄存器 D0~D7
1	1	从 D0~D7 读取数据

开始时初始化 E 为 0，然后置 E 为 1，再清 0。读取状态字时，注意 D7 位，D7 为 1，禁止读写操作；D7 为 0，允许读写操作。所以对控制器每次进行读写操作前，必须进行读写检测。LCD1602 显示电路如图 16-6 所示，图中的 RV1 是一个 10kΩ 的可变电阻器，通过改变它的数值，可以调节显示器的对比度。

信号经单片机转化后输入 LCD1602 显示器，LCD1602 显示器显示出人体脂肪含量和测量时间，一般脂肪含量不会超过 24。正常人的脂肪含量在 22~24 之间，人体偏瘦脂肪含量会小于 22，只有过于肥胖才会超过 24。

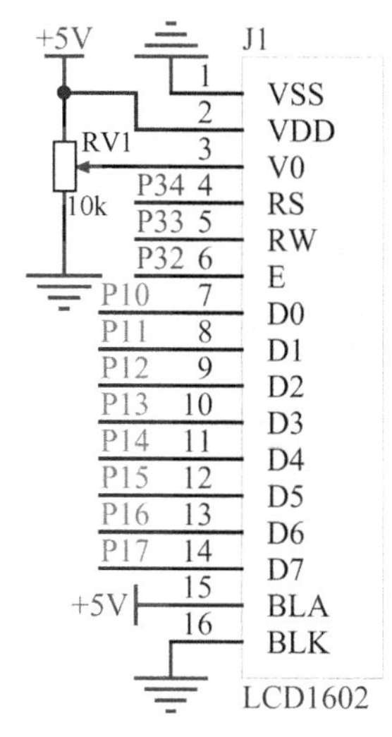

图 16-6　LCD1602 显示电路

软件设计

程序：

```
#include<reg52.h> //包含头文件，一般情况下不需要改动，头文件包含特殊功能寄存器的定义
#include<stdio.h>
#include<intrins.h>

#define HIGH (65536-10000)/256
#define LOW  (65536-10000)%256

#define RS_CLR RS=0
#define RS_SET RS=1

#define RW_CLR RW=0
#define RW_SET RW=1

#define EN_CLR EN=0
#define EN_SET EN=1

#define DataPort P1


sbit  HX_SCK = P2^0;
sbit  READ_HX_ADA = P2^1;


sbit RS = P3^4;                         //定义端口
sbit RW = P3^3;
sbit EN = P3^2;


bit TIMERFLAG = 0;
unsigned long ulGet_Val = 0;
unsigned long ulGet_Val_0 = 0;

unsigned long ulGet_Val_Init = 0;           //标定值


/*------------------------------------------------
 μs 延时函数，含有输入参数 unsigned char t，无返回值
```

```
 unsigned char 是定义无符号字符变量，其值的范围是 0~255，这里使用晶振 12MHz，精确延时
请使用汇编语言程序，大致延时长度为 T=tx2+5μs
--------------------------------------------------*/
void DelayUs2x(unsigned char t)
{
 while(--t);
}
/*--------------------------------------------------
 ms 延时函数，含有输入参数 unsigned char t，无返回值
unsigned char 是定义无符号字符变量，其值的范围是 0~255，这里使用晶振 12MHz，精确延时
请使用汇编语言程序
--------------------------------------------------*/
void DelayMs(unsigned char t)
{

 while(t--)
 {
     //大致延时 1ms
     DelayUs2x(245);
     DelayUs2x(245);
 }
}

/*--------------------------------------------------
                    判忙函数
--------------------------------------------------*/
 bit LCD_Check_Busy(void)
 {
    unsigned char ucDat = 0;
    DataPort= 0xFF;
    RS_CLR;
    RW_SET;
    EN_SET;
    _nop_();
    ucDat = DataPort;
    EN_CLR;
    return (bit)(ucDat & 0x80);
 }
/*--------------------------------------------------
                    写入命令函数
--------------------------------------------------*/
 void LCD_Write_Com(unsigned char com)
 {
```

```
    while(LCD_Check_Busy());                 //忙则等待
    RS_CLR;
    RW_CLR;
    EN_CLR;
    _nop_();
    _nop_();
    _nop_();
    _nop_();
    DataPort= com;
    _nop_();
    _nop_();
    _nop_();
    _nop_();
    EN_SET;
   _nop_();
   _nop_();
   _nop_();
   _nop_();
    EN_CLR;
 }
/*------------------------------------------------
                    写入数据函数
------------------------------------------------*/
 void LCD_Write_Data(unsigned char Data)
 {
    while(LCD_Check_Busy());                 //忙则等待
    RS_SET;
    RW_CLR;
    EN_CLR;
    DataPort= Data;
   _nop_();
   _nop_();
   _nop_();
   _nop_();
     EN_SET;
   _nop_();
   _nop_();
   _nop_();
   _nop_();
     EN_CLR;
 }
/*------------------------------------------------
                    清屏函数
```

```
---------------------------------------------------- */
 void LCD_Clear(void)
 {
 LCD_Write_Com(0x01);
 DelayMs(5);
 }
/*----------------------------------------------------
                  写入字符串函数
---------------------------------------------------- */
 void LCD_Write_String(unsigned char x,unsigned char y,unsigned char *s)
 {
 if (y == 0)
     {
      LCD_Write_Com(0x80 + x);              //表示第一行
     }
 else
     {
     LCD_Write_Com(0xC0 + x);               //表示第二行
     }
 while (*s)
     {
 LCD_Write_Data(*s);
 s ++;
     }
 }
/*----------------------------------------------------
                  写入字符函数
---------------------------------------------------- */
 void LCD_Write_Char(unsigned char x,unsigned char y,unsigned char Data)
 {
 if (y == 0)
     {
     LCD_Write_Com(0x80 + x);
     }
 else
     {
     LCD_Write_Com(0xC0 + x);
     }
 LCD_Write_Data(Data);
 }
/*----------------------------------------------------
                  初始化函数
---------------------------------------------------- */
```

```
void LCD_Init(void)
{
    LCD_Write_Com(0x38);                    /*显示模式设置*/
    DelayMs(5);
    LCD_Write_Com(0x38);
    DelayMs(5);
    LCD_Write_Com(0x38);
    DelayMs(5);
    LCD_Write_Com(0x38);
    LCD_Write_Com(0x08);                    /*显示关闭*/
    LCD_Write_Com(0x01);                    /*显示清屏*/
    LCD_Write_Com(0x06);                    /*显示光标移动设置*/
    DelayMs(5);
    LCD_Write_Com(0x0C);                    /*显示开及光标设置*/
    }

void SHow_Num(unsigned char x,unsigned char y,unsigned int Data)
{
unsigned char ucDis[6] ,ucII = 0;
 ucDis[0] = Data/10000;
 ucDis[1] = Data%10000/1000;
 ucDis[2] = Data%10000%1000/100;
 ucDis[3] = Data%10000%1000%100/10;
 ucDis[4] = Data%10;
 ucDis[5] = '\0';
 for(ucII = 0;ucII < 5;ucII++)
 {
  ucDis[ucII] = ucDis[ucII] + 0x30;
 }
 LCD_Write_String(x,y,ucDis);
}

unsigned long ReadCount(void)
{
  unsigned long Count;
  unsigned char i;
  HX_SCK = 0;
    if(READ_HX_ADA == 1)
        return 0;
  Count=0;
  for (i=0;i<24;i++){
    HX_SCK = 1;
    Count=Count<<1;
```

```
        HX_SCK = 0;
        if(READ_HX_ADA == 1) Count++;
    }
    HX_SCK = 1;
    Count = Count^0x800000;
    HX_SCK = 0 ;
    return(Count);
}

//
//男 FP = 9.2 *10^5*Z*BMI^2 + 0.07A - 4.1
//女 FP = 9.2 *10^5*Z*BMI^2 + 0.03A + 0.7
#define MAN_HIGHT      1.7
#define WOMEN_HIHT     1.6
#define MAN_WEIGHT     62
#define WOMEN_WEIGHT 50
#define MAN_AGE        24
#define WOMEN_AGE      24
//bmi =    W/H^2
//21.45
unsigned int MAN_CLE(unsigned int uiDat)
{
    float II = 0.000092;
    float BMI = MAN_WEIGHT/(MAN_HIGHT*MAN_HIGHT);
    BMI =   BMI*BMI + 0.07*MAN_AGE - 4.1;//19.03
    II *=(float)(uiDat) ;
    BMI *= (II*0.008812);
    return BMI;
}
/*-----------------------------------------------
                定时器1初始化子程序
                本程序用于定时
-----------------------------------------------*/
void Init_Timer1(void)
{
    TMOD |= 0x10;   //使用模式1，16位定时器，使用"|"符号可以在使用多个定时器时不受影响
    TH1=HIGH;       //给定初值，这里使用定时器最大值从0开始计数一直到65535溢出
    TL1=LOW;
    EA=1;           //总中断打开
    ET1=1;          //定时器中断打开
    TR1=1;          //定时器开关打开
}
```

```
void Show_Km( unsigned char x,unsigned char y,unsigned int Data)
{
  unsigned char ucDis[7] = {0} ;
  char   ucII = 0;
  ucDis[0] = Data/10000 + 0x30;
  ucDis[1] = Data%10000/1000 + 0x30;
  ucDis[2] = Data%10000%1000/100 + 0x30;
  ucDis[3] = Data%10000%1000%100/10 + 0x30;
  ucDis[4] = '.';
  ucDis[5] = Data%10 + 0x30;
  /////////////////
  ucDis[6] = '\0';
  LCD_Write_String( x,y,ucDis) ;
}
unsigned char ucTime = 0;
unsigned char ucTime_Count = 0;
unsigned char ucFlag = 0;
unsigned int val = 0;

/*------------------------------------------------
                 主程序
------------------------------------------------*/
main()
{
 val = MAN_CLE(35600) ;
 LCD_Init() ;                                //初始化液晶屏
 DelayMs(10) ;                               //延时用于稳定,可以去掉
 LCD_Clear() ;                               //清屏
 LCD_Write_String(0,0,"Welcome to use ") ; //写入第一行信息,主循环中不再更改此信息,
                                             //所以在 while 之前写入
 LCD_Write_String(0,1,"                ") ; //写入第一行信息,主循环中不再更改此信息,所
                                             //以在 while 之前写入
    DelayMs(220) ;
    DelayMs(220) ;
    DelayMs(220) ;
    DelayMs(220) ;
          SHow_Num(7,1,val) ;
          while(1) ;
    Init_Timer1() ;                          //初始化定时器 1
 while(1)
 {
 //标定值采集数据
```

```
if(ucFlag == 0)
   {
       LCD_Write_String(0,0,"Sen collect data");//写入第一行信息，主循环中不再更改此信
                                                  //息，所以在 while 之前写入
       LCD_Write_String(0,1,"TEST:          TIMES");//写入第一行信息，主循环中不再更改
                                                       //此信息，所以在 while 之前写入
       DelayMs(220);
       DelayMs(220);
       ucFlag |= 0x01;
       TIMERFLAG = 0;
   }
else   if(ucFlag == 1)
 {
    if(TIMERFLAG)
    {
       TIMERFLAG = 0;
       ulGet_Val = ReadCount();
       if(ulGet_Val != 0)
       {
        ulGet_Val >>= 8;
       // if(ulGet_Val != 0xffff)
             {ucTime_Count++;
             ulGet_Val_0 += ulGet_Val;
             if(ucTime_Count == 4)
             {
                   ucTime_Count = 0;
                   ulGet_Val_0 >>= 2;
                   ulGet_Val_Init   = ulGet_Val_0;
                  LCD_Write_String(0,0,"DATA:              ");//写入第一行信息，主循环
                                                               //中不再更改此信息，所以
                                                               //在 while 之前写入
                   SHow_Num(7,0,ulGet_Val_0);
                   ucFlag = 2;
             }
             }
    }
       /////采集次数显示
 if(ucFlag != 2)
 {
       ucTime++;
       SHow_Num(7,1,ucTime);
 }
 else
  {
```

```
    LCD_Write_String(0,1,"collect data OK       ");//写入第一行信息，主循环中不再更改此
                                                   //信息，所以在 while 之前写入
    }
  }
 }
 else if(ucFlag == 2)
  {
    DelayMs(220);
    DelayMs(220);
    DelayMs(220);
    DelayMs(220);
    if(TIMERFLAG)
    {
        TIMERFLAG = 0;
        ucTime_Count = 0;
        ulGet_Val_0 = 0;
        ulGet_Val = 0;
        ucFlag|=0x80;
        ucTime = 0;
        LCD_Write_String(0,0,"DATA:             ");//写入第一行信息，主循环中不再更
                                                  //改此信息，所以在 while 之前写入
        LCD_Write_String(0,1,"TEST:        TIMES");//写入第一行信息，主循环中不再更
                                                  //改此信息，所以在 while 之前写入
    }

 }

///////////////数据计算
 if((TIMERFLAG)&&(ucFlag&0x80))          //定时 100ms 到，进行数据处理
   {
    TIMERFLAG = 0;
    ulGet_Val = ReadCount();
    if(ulGet_Val != 0)
    {
      ulGet_Val >>= 8;
      if(ulGet_Val != 0xffff)
        {ucTime_Count++;
        ulGet_Val_0 += ulGet_Val;
        if(ucTime_Count == 2)
        {
            ucTime_Count = 0;
            ulGet_Val_0 >>= 1;
            SHow_Num(7,0,ulGet_Val_0);
```

```
            }
        }
            ulGet_Val = MAN_CLE(ulGet_Val);
            if(ulGet_Val < 15)
              ulGet_Val = 0;
            SHow_Num(7,0,ulGet_Val);
    }
    else
     {
       ulGet_Val_0 = 0;
       ucTime_Count = 0;
     }

        if(ucTime > 250)
           ucTime = 0;
        else
           ucTime++;
        SHow_Num(7,1,ucTime);
      }
    }
}

/*--------------------------------------------------
                定时器0中断子程序
--------------------------------------------------*/

/*--------------------------------------------------
                定时器1中断子程序
--------------------------------------------------*/
void Timer1_isr(void) interrupt 3
{
 static unsigned char i;
 TH1=HIGH;          //重新赋值10ms
 TL1=LOW;

 i++;
 if(i == 50)        //100ms计数时间单位，得出100ms脉冲个数x10就是1s中脉冲个数，即
                    //为频率Hz
   {
   i=0;
      TIMERFLAG=1;  //标志位清零
   }
}
```

电路 PCB 设计图

电路 PCB 设计图如图 16-7 所示。

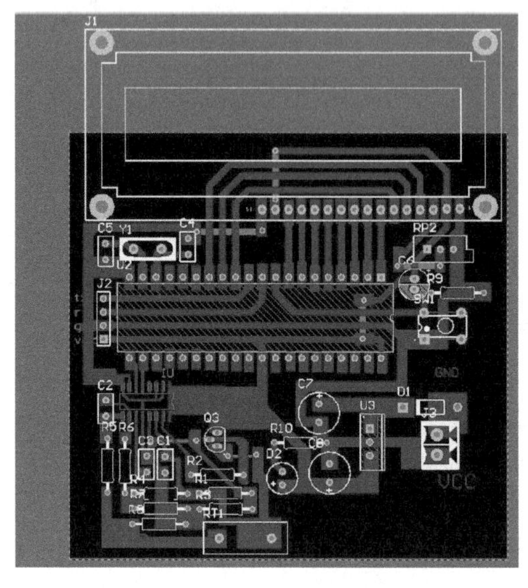

图 16-7　电路 PCB 设计图

实物测试

实物图如图 16-8 所示，测试图如图 16-9 所示。

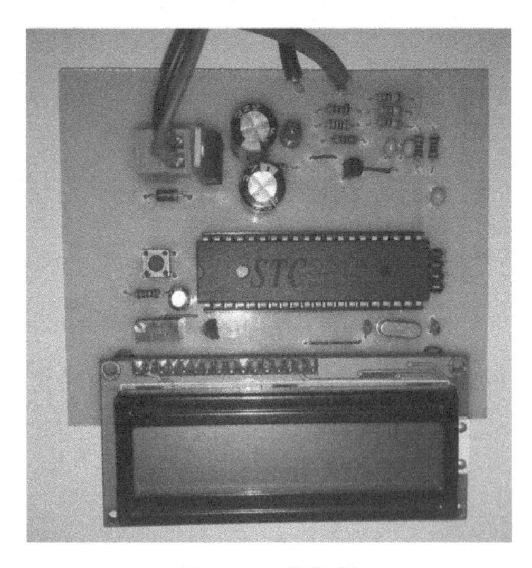

图 16-8　实物图

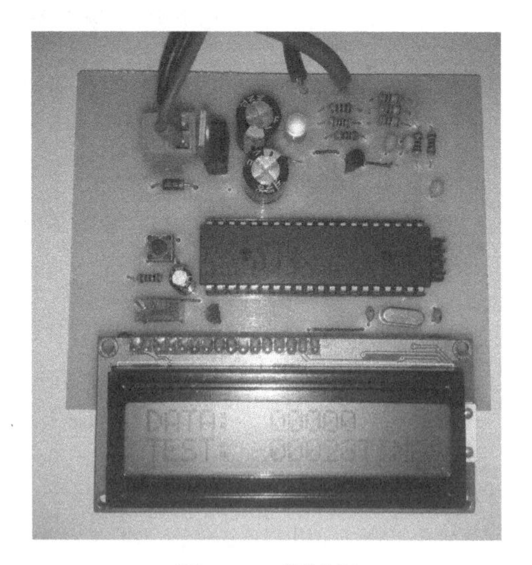

图 16-9　测试图

经过实物测试，电路成功测量到了人体脂肪，两名测试者的脂肪值分别为 17 和 23，属于正常范围（两名测试者具体信息为：①男，175cm/62kg；②女，162cm/49kg）。测试结果符合实际情况，设计的电路基本满足设计要求。

思考与练习

（1）电源电路中，为什么要加入两个电解电容 C7、C8，是否可以不用？

答：不可以，因为这两个电容是为了进行电源滤波，去掉将影响电路供电电源的稳定性，可能使得测量结果不准确。

（2）LCD1602 显示电路中，为什么要在 3 引脚加电位器？可否用电阻直接代替？

答：LCD1602 显示电路中的 RV1 是一个 10kΩ 的可变电阻器，通过改变它的数值，可以调节显示器的对比度。为了简便，也可以直接用电阻代替，但是将无法调节显示器的对比度。一般还是采用电位器进行调节。

（3）系统中为什么采用 HX711 芯片？

答：HX711 是一款高精度的 24 位 AD 转换器芯片。与同类型其他芯片相比，该芯片集成了包括稳压电源、片内时钟振荡器等同类型其他芯片所需的外围电路，具有集成度高、响应速度快、抗干扰性强等优点。

特别提醒

电路连接完成，进行实测时，注意两电表笔放置的位置，如果没有测试到脂肪值，则应进行调整，并重新测试。

项目 17　脑电信号检测电路设计

设计任务

设计一种脑电信号检测预处理电路，从大量的噪声中提取微弱的脑电信号。脑电信号很微弱，一般在 5~100μV 之间，需设计放大倍数为 10000~50000 的可调电路。同时，脑电信号还处于极化电压、高频干扰、50Hz 工频干扰等噪声干扰之下，为了消除干扰，需设计前置放大电路、高通滤波器、低通滤波器和 50Hz 陷波器。出于安全考虑，还需设计隔离电路。其中前置放大电路是整个电路设计的关键。

基本要求

脑电信号是一种夹杂着许多强噪声的低频微弱信号，因此在设计时需考虑去噪声的问题。同时，人体为一导电体，低频电流通过人体时会产生焦耳热，使离子和大分子等粒子产生振动，并且能够刺激神经和肌肉，因此需要在安全的电流数值范围中进行电路设计。电路设计必须满足以下要求。

☺ 前置放大电路必须满足高输入阻抗、高共模抑制比、低噪声、低漂移的要求。

☺ 为了保证人体安全，必须加上电源隔离电路。

☺ 为了消除地线中的干扰电流，需加上信号隔离电路。

☺ 必须考虑消除 50Hz 信号的干扰，所以应该加上带阻滤波器。

设计思路

进行脑电信号检测，需要使用传感器对人体信号进行采集和提取，然后对信号进行放大、存储、处理等，再将这些信号显示出来。检测的方法手段很多，主要分为 3 个步骤：使用传感器进行信号提取、信号处理和信号输出。

系统组成

脑电信号检测电路主要分为以下 6 部分。

☺ 第一部分：直流电压源，为整个电路提供±12V 的稳定电压。

☺ 第二部分：隔离电路，分为信号隔离电路和电源隔离电路两部分。

☺ 第三部分：前置放大电路，作用是对输入信号进行放大，以满足测量强度要求，同时将脑电图的向量信号萃取为单极信号。

☺ 第四部分：带阻滤波电路（50Hz），主要用来滤除来自稳压电源的工频干扰，提升检测电路的性能。

☺ 第五部分：带通滤波电路（由低通滤波电路和高通滤波电路组成），频宽为 0.1~100Hz，主要作用是让所设定的频段信号通过，而将其他频段的信号滤除掉。

☺ 第六部分：增益放大电路，脑电信号强度通常只有微伏级，只有通过增益放大器将信号进行放大才能在示波器上不失真地显示出来。

系统结构框图如图 17-1 所示。

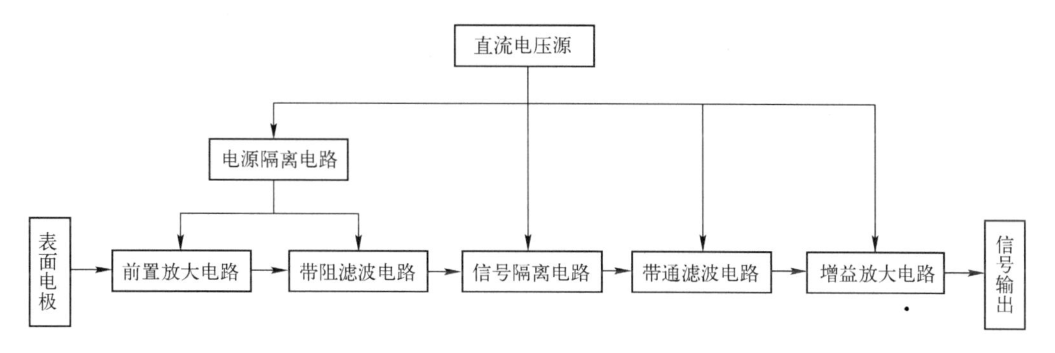

图 17-1　系统结构框图

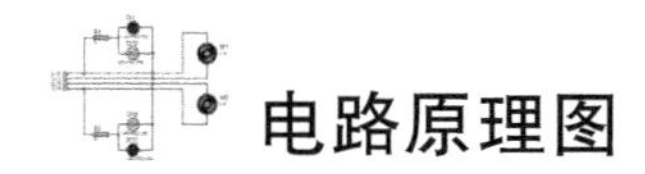

电路原理图

电路原理图如图 17-2 所示。

模块详解

1. 直流电压源

直流电压源要求提供+12V、-12V，以保证电路正常工作。

2. 隔离电路

在临床诊断和生物医学研究领域中，通常需要将被检测的人体生理信号放大到所要求的强度，考虑到人体安全和抗干扰等因素，要对信号进行有效隔离。通常生物电信号测量采用浮地形式，以便实现人体电气上的隔离。隔离电路主要包括信号隔离电路和电源隔离电路两部分。

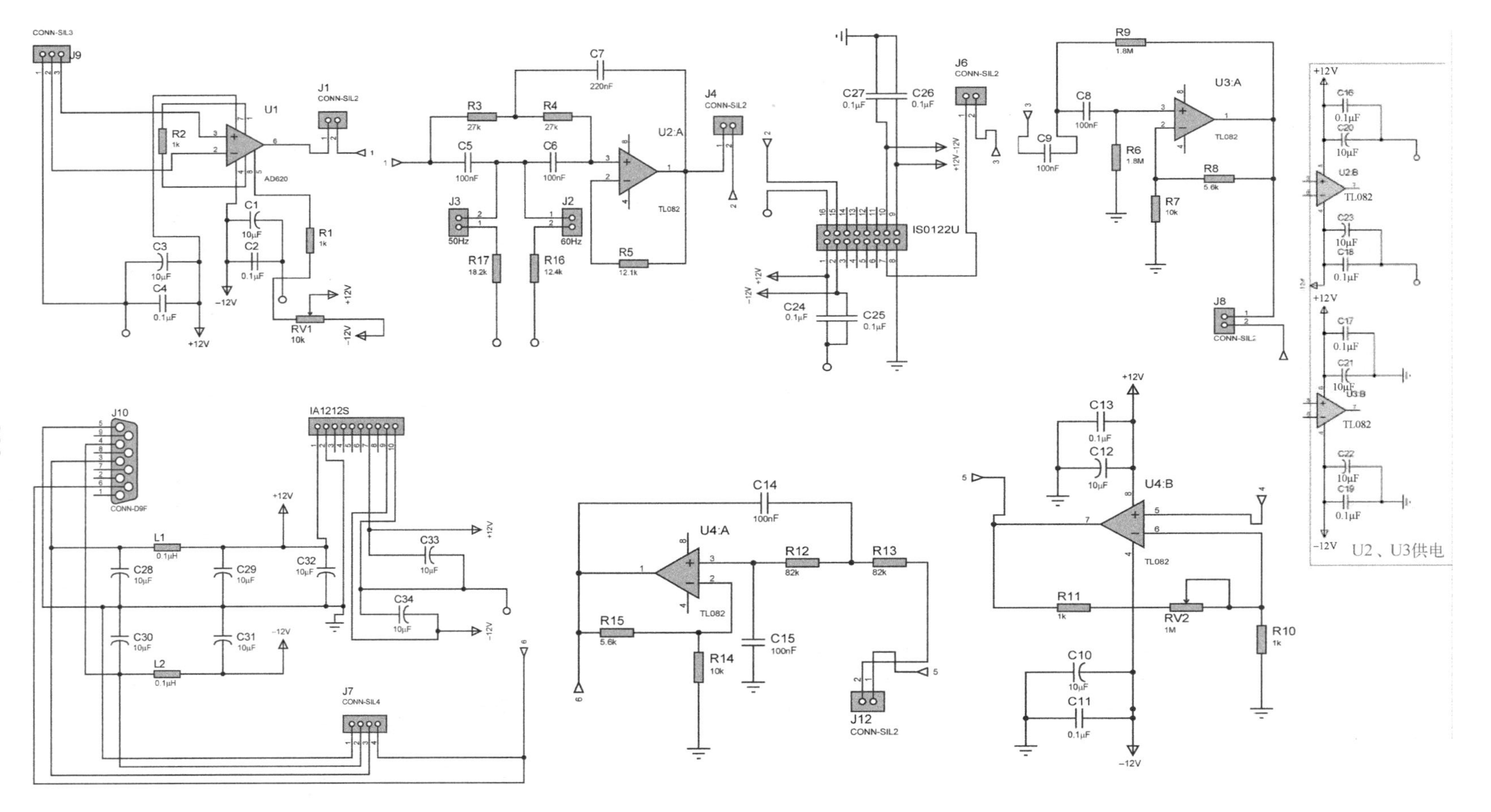

CONN-SIL3
J9
U1
AD620
R2
1k
J1
CONN-SIL2
C1
10μF
C2
0.1μF
R1
1k
C3
10μF
C4
0.1μF
RV1
10k
+12V
-12V
C7
220nF
R3
27k
R4
27k
C5
100nF
C6
100nF
U2:A
TL082
J4
CONN-SIL2
J3
50Hz
J2
60Hz
R17
18.2k
R16
12.4k
R5
12.1k
C27
0.1μF
C26
0.1μF
J6
CONN-SIL2
IS0122U
C24
0.1μF
C25
0.1μF
R9
1.8M
C8
100nF
C9
100nF
R6
1.8M
U3:A
TL082
R8
5.6k
R7
10k
J8
C16
0.1μF
C20
10μF
U2:B
TL082
C23
10μF
C18
0.1μF
C17
0.1μF
C21
10μF
U3:B
TL082
C22
10μF
C19
0.1μF
U2、U3供电
J10
CONN-D9F
IA1212S
L1
0.1μH
C28
10μF
C29
10μF
C32
10μF
C33
10μF
C34
10μF
C30
10μF
C31
10μF
L2
0.1μH
J7
CONN-SIL4
C14
100nF
U4:A
TL082
R12
82k
R13
82k
R15
5.6k
R14
10k
C15
100nF
J12
CONN-SIL2
C13
0.1μF
C12
10μF
U4:B
TL082
R11
1k
RV2
1M
R10
1k
C10
10μF
C11
0.1μF

图17-2 电路原理图

1）电源隔离电路

电源隔离的基本功能是将外部电源与内部电源隔离，提供系统内的浮地直流电源。它的电能量传递是通过高度绝缘的变压器直接耦合完成的。本系统使输入电极与浮地式放大器相连来实现电源隔离。系统内部电源是由 DC/DC 隔离后的直流电源提供的，从而实现整个系统的安全隔离。本系统中采用 IA1212S 直流变换模块，供给整个隔离部分的电源。隔离后输出电压的典型值为±12V。由图 17-3 可见，该电源隔离电路不仅结构简单，而且可以确保系统的安全性能。

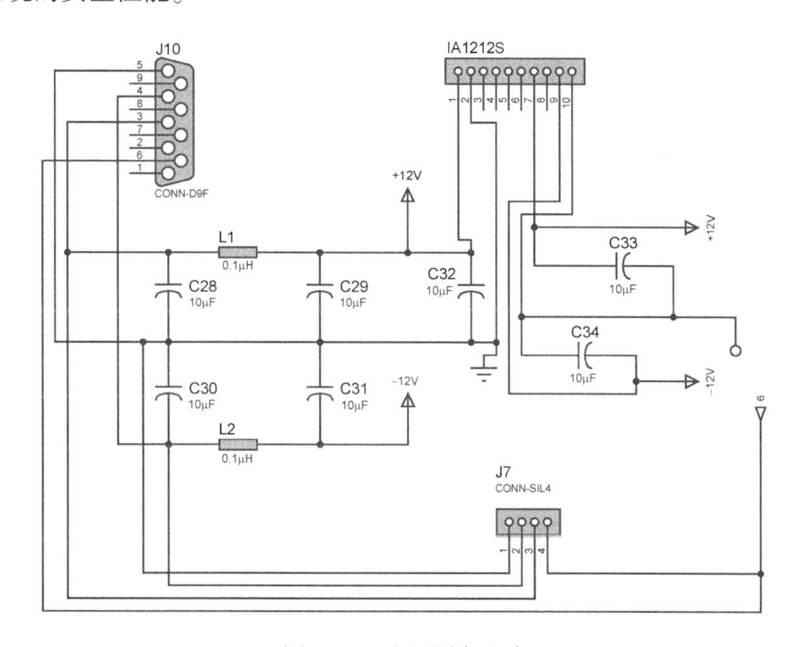

图 17-3　电源隔离电路

2）信号隔离电路

本设计采用 IS0122U 光电隔离器件，后接一个放大器构成，以保证输入、输出基本不变，以达到隔离电源的目的。信号隔离电路如图 17-4 所示。

3. 前置放大电路

前置放大电路如图 17-5 所示。在未屏蔽条件下，脑电信号一般处在工频干扰、极化电压等背景噪声之中，要想从强大的背景噪声中提取微弱的脑电信号，就需要采集电路具有很高的性能，而前置放大电路是整个电路的关键。前置放大电路采用集成仪表放大器 AD620。

AD620 具有以下特性。

（1）高共模抑制比，可达 130dB。

（2）高输入阻抗。

（3）温漂小。

（4）偏置电流小，最大为 10nA。

（5）失调电压小，最大为 125μV。

AD620 通过改变外接电阻 RV1 的大小来控制增益，由于 AD620 内部的两个增益电阻均为 24.7kΩ，因此，其增益公式为

$$A_{\mathrm{v}}=\frac{49.4\mathrm{k}\Omega}{R_{\mathrm{V1}}}+1 \tag{17-1}$$

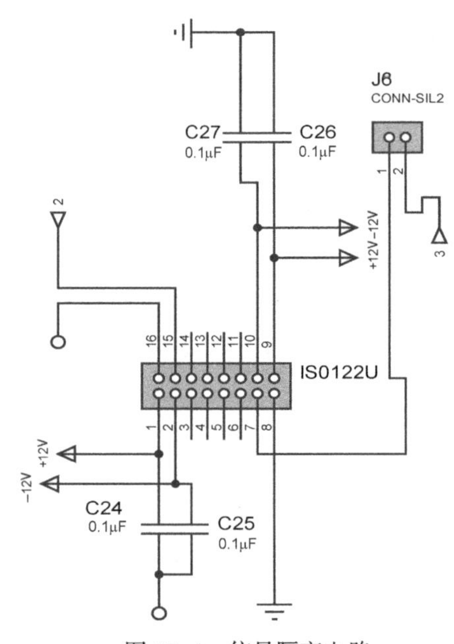

图 17-4　信号隔离电路

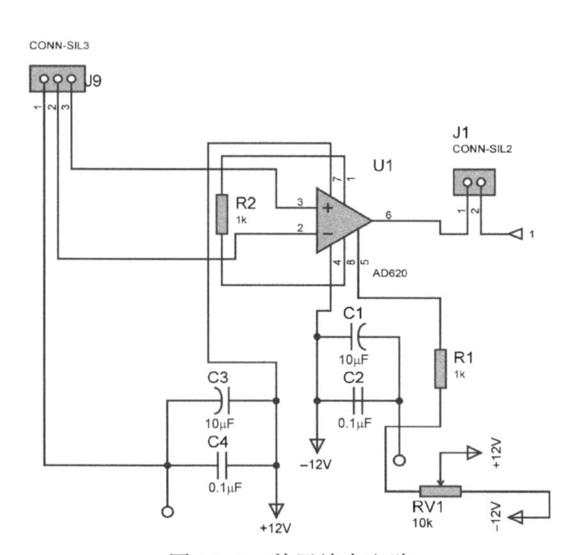

图 17-5　前置放大电路

4. 带阻滤波电路

在生物医学信号提取、处理过程中，滤波器发挥着比较重要的作用。各种生物信号的低噪声放大都要先严格限定在信号所包含的频谱范围内。

在中国，常用的电压频率为 50Hz，人体所分布的电容及电极引线会以电磁波辐射的形式造成干扰，这就是所谓的工频干扰。工频干扰会对电气设备和电子设备产生影响，导致设备运行异常。在脑电信号测量中，由于生物电信号属于低频微弱信号，灵敏度要求比较高，且强度小于 50Hz 的工频干扰，这样会将原本的脑电信号淹没，因而除去 50Hz 工频干扰是非常必要的。

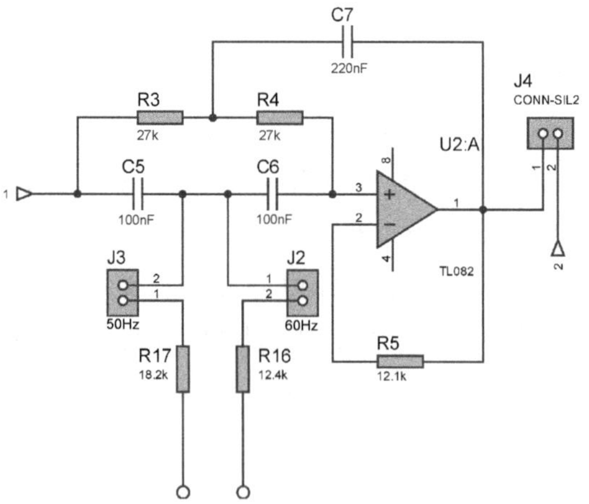

图 17-6　带阻滤波电路

利用 RC 回路组成双 T 型带阻滤波器，电路如图 17-6 所示。中心频率为

$$f=\frac{1}{2\pi R_3 C_5} \tag{17-2}$$

5. 带通滤波电路

带通滤波电路可由低通滤波电路和高通滤波电路结合来实现，这样带通滤波电路更具

有组成它的低通、高通滤波电路的滤波特性。脑电信号一般频带范围为 0.1～100Hz，主要集中在 1～20Hz。因此设计一个截止频率为 1Hz 的高通滤波器和截止频率为 20Hz 的低通滤波器来组成带通滤波器。

1）低通滤波电路

由 TL082 芯片组成主动式二阶低通滤波器，如图 17-7 所示，其截止频率为 20Hz，截止频率公式为

$$f=\frac{1}{2\pi\sqrt{C_{14}C_{15}R_{12}R_{13}}} \tag{17-3}$$

2）高通滤波电路

由 TL082 芯片组成主动式二阶高通滤波器，如图 17-8 所示，其截止频率为 1Hz，截止频率公式为

$$f=\frac{1}{2\pi\sqrt{C_8C_9R_6R_9}} \tag{17-4}$$

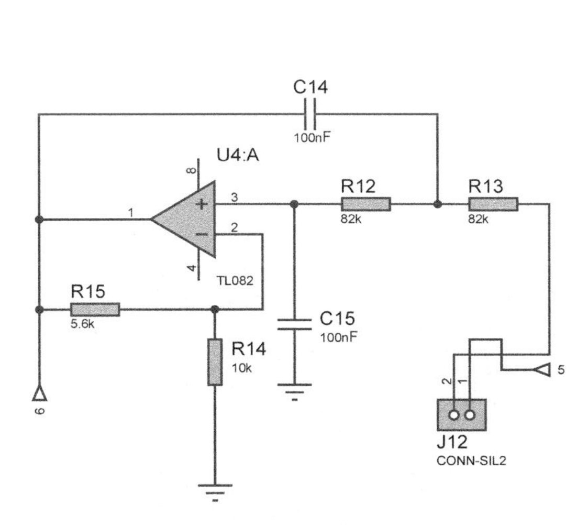

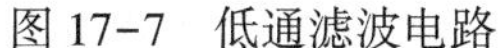

图 17-7　低通滤波电路

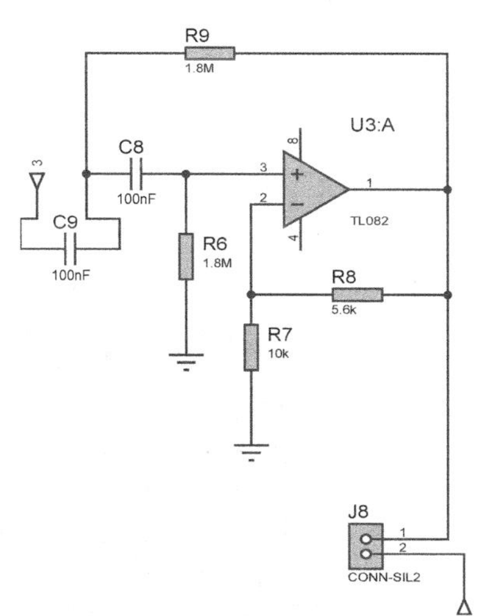

图 17-8　高通滤波电路

6. 增益放大电路

由于通过增益放大器以前的电路得到的人体阻抗信号非常微弱，要显示通过心脏而引起的人体阻抗变化信号，必须将此信号进行放大，增益放大器即是实现放大功能的。放大作用的实质是把电源的能量转移给输出信号。输入信号的作用是控制这种转移，使放大器输出信号的变化重复或反映输入信号的变化。

由 TL082 芯片组成非反相放大器，利用可变电阻器 RV2 调整放大增益倍数，如图 17-9 所示。其放大增益公式为

$$A_u=\frac{R_{V2}+R_{10}}{R_{10}}\approx 1000 \tag{17-5}$$

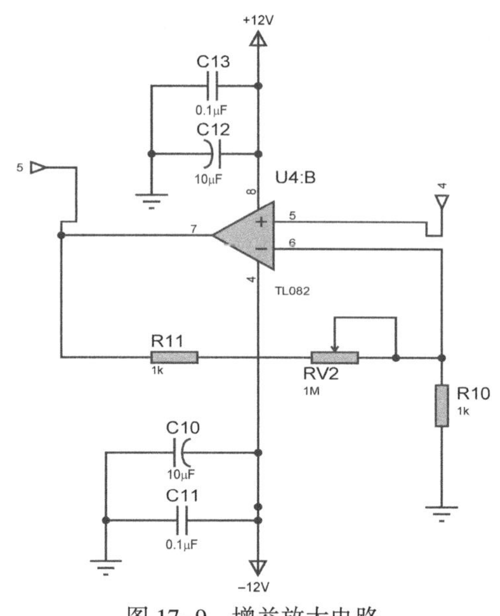

图 17-9　增益放大电路

电路 PCB 设计图

电路 PCB 设计图如图 17-10 所示。

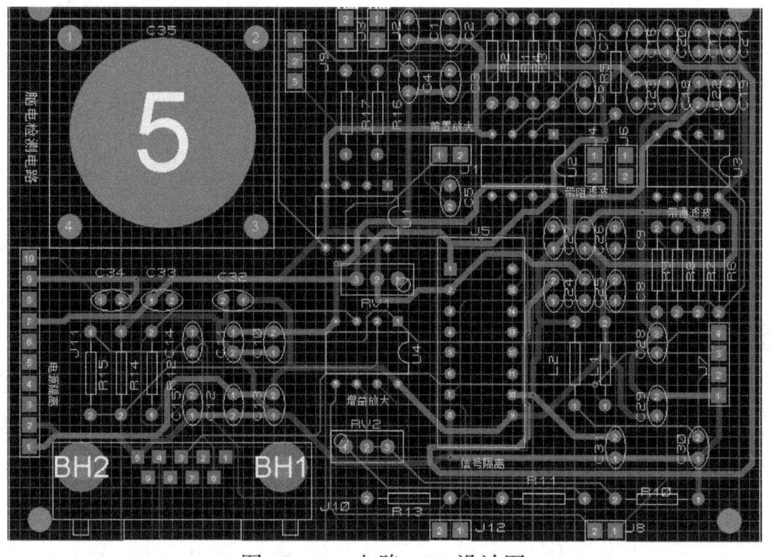

图 17-10　电路 PCB 设计图

实物测试

实物图如图 17-11 所示，测试图如图 17-12 所示。

图 17-11　实物图

图 17-12　测试图

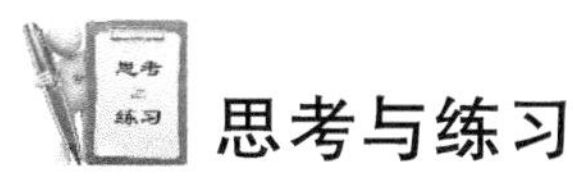

思考与练习

（1）集成仪表放大器 AD620 的特性是什么？

答： AD620 具有以下特性：高共模抑制比，可达 130dB；高输入阻抗；温漂小；偏置电流小，最大为 10nA；失调电压小，最大为 125μV。

（2）带通滤波器通带频率为何设计为 1～20Hz？

答： 脑电信号一般频带范围为 0.1～100Hz，主要集中在 1～20Hz。

（3）电路设计中为什么引入 50Hz 带阻滤波电路？

答： 在中国，常用的电压频率为 50Hz，人体所分布的电容及电极引线会以电磁波辐射的形式造成干扰，这就是所谓的工频干扰。工频干扰会对电气设备和电子设备产生影响，导致设备运行异常。在脑电信号测量中，由于生物电信号属于低频微弱信号，灵敏度要求比较高，且强度小于 50Hz 的工频干扰，这样会将原本的脑电信号淹没，因而除去 50Hz 工频干扰是非常必要的，从而引入 50Hz 带阻滤波电路。

特别提醒

（1）脑电信号属于低频信号，信号工作频率较小，布线与器件间电感所带来的影响相对较小，但对环流干扰较大，因此采用一点接地的方法。

（2）本次设计的电路板既有数字电路又有模拟电路，在设计时要将两者区分开来，分别与各自的电源地线相连接。还需要尽量增加电路的接地面积。

（3）对于地线要尽量采用加粗设计，接地电位会随着电流的变化而变化，导致电子设备信号电平不稳，抗噪声性能变坏。

（4）为提高抗噪声能力，将接地线做成死循环回路，避免产生较大的电位差。

项目 18　体温探测电路设计

设计任务

本系统设计一个测温范围为 0～100℃的测温电路，测量的分辨率为±0.1℃。根据铂热电阻的特性建立传感器的模型，并设计相应的测量电路，最后通过数据计算，完成物理量的分析。

基本要求

☺ 测量范围为 0～100℃。
☺ 测量分辨率为±0.1℃。

设计思路

测温的模拟电路是把当前 PT100 热电阻传感器的电阻值，转换为容易测量的电压值，经过放大器放大后送给 TC7106。TC7106 包含 $3\frac{1}{2}$位数字 AD 转换器，可直接驱动 LED 数码管。

系统组成

系统结构框图如图 18-1 所示。

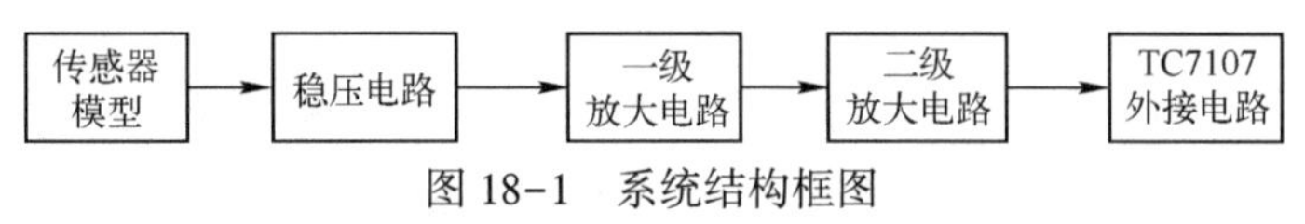

图 18-1　系统结构框图

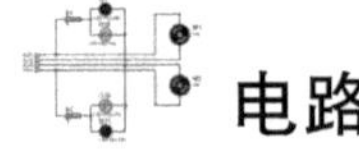

电路原理图

电路原理图如图 18-2 所示。

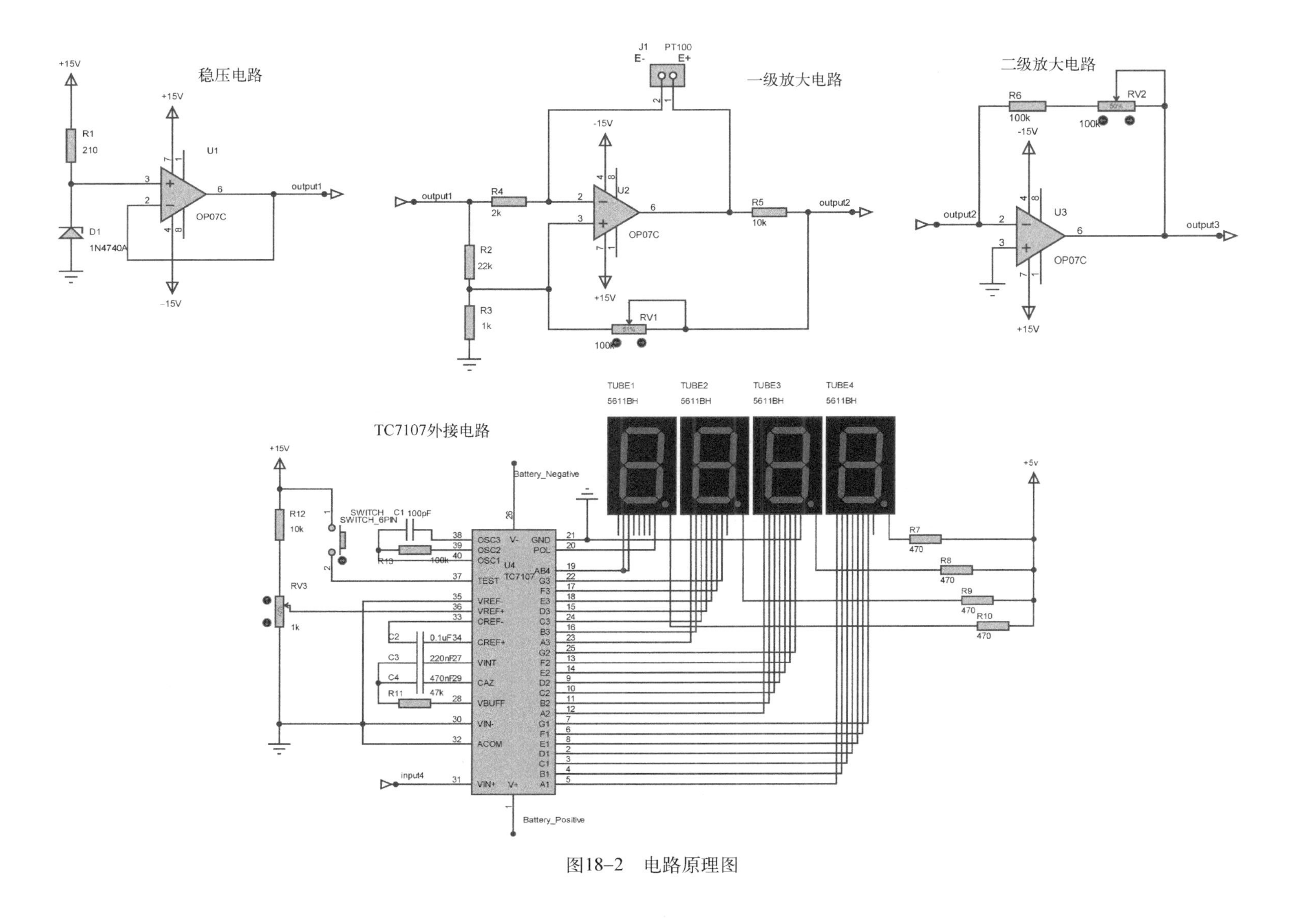

稳压电路
一级放大电路
二级放大电路
TC7107外接电路
U1
U2
U3
OP07C
+15V
-15V
+5v
R1
210
D1
1N4740A
output1
output2
output3
input4
J1
PT100
E-
E+
R2
22k
R3
1k
R4
2k
R5
10k
R6
100k
RV1
RV2
RV3
R7
R8
R9
R10
470
R11
47k
R12
10k
R13
100k
SWITCH
SWITCH_6PIN
C1 100pF
C2
C3
C4
0.1uF
220nF
470nF
TUBE1
TUBE2
TUBE3
TUBE4
5611BH
U4
TC7107
Battery_Negative
Battery_Positive
OSC3
OSC2
OSC1
TEST
VREF-
VREF+
CREF-
CREF+
VINT
CAZ
VBUFF
VIN-
ACOM
VIN+
GND
POL
V-
V+

图18-2　电路原理图

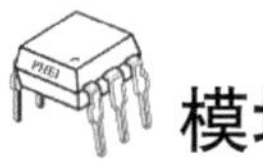

模块详解

1. 传感器模型

金属铂热电阻性能十分稳定，在-260～+630℃之间，铂热电阻可用作标准温度计，铂热电阻与温度的关系为

$$R_t = R_0(1+AT+BT^2) \tag{18-1}$$

式中，（0℃时的电阻）$R_0=100\Omega$，$A=0.0039684$，$B=-0.0000005847$。把参数代入上式，可以得到

$$R_t = -0.00005847T^2+0.39684T+100 \tag{18-2}$$

有了温度与铂热电阻的关系式，就可以建立铂热温度测量模型。并且由铂热电阻的原理可知，模型模拟的应是电阻值，所以再加上一个比例系数为1的压控电阻，输出电压按算式随温度值的变化而变化，由此即可根据电压值反求出温度值。PT100铂热电阻分度表如表18-1所示。

表18-1　PT100铂热电阻分度表

T/℃	R_0/Ω	A	B	R_t/Ω
35.0	100	0.0000000039694	0.0000005847	100.071639642900
35.1	100	0.0000000039694	0.0000005847	100.072049557294
35.2	100	0.0000000039694	0.0000005847	100.072460641088
35.3	100	0.0000000039694	0.0000005847	100.072872894282
35.4	100	0.0000000039694	0.0000005847	100.073286316876
35.5	100	0.0000000039694	0.0000005847	100.073700908870
35.6	100	0.0000000039694	0.0000005847	100.074116670264
35.7	100	0.0000000039694	0.0000005847	100.074533601058
35.8	100	0.0000000039694	0.0000005847	100.074951701252
35.9	100	0.0000000039694	0.0000005847	100.075370970846
36.0	100	0.0000000039694	0.0000005847	100.075791409840
36.1	100	0.0000000039694	0.0000005847	100.076213018234
36.2	100	0.0000000039694	0.0000005847	100.076635796028
36.3	100	0.0000000039694	0.0000005847	100.077059743222
36.4	100	0.0000000039694	0.0000005847	100.077484859816
36.5	100	0.0000000039694	0.0000005847	100.077911145810
36.6	100	0.0000000039694	0.0000005847	100.078338601204
36.7	100	0.0000000039694	0.0000005847	100.078767225998
36.8	100	0.0000000039694	0.0000005847	100.079197020192
36.9	100	0.0000000039694	0.0000005847	100.079627983786
37.0	100	0.0000000039694	0.0000005847	100.080060116780

续表

T/℃	R_0/Ω	A	B	R_t/Ω
37. 1	100	0. 0000000039694	0. 0000005847	100. 080493419174
37. 2	100	0. 0000000039694	0. 0000005847	100. 080927890968
37. 3	100	0. 0000000039694	0. 0000005847	100. 081363532162
37. 4	100	0. 0000000039694	0. 0000005847	100. 081800342756
37. 5	100	0. 0000000039694	0. 0000005847	100. 082238322750
37. 6	100	0. 0000000039694	0. 0000005847	100. 082677472144
37. 7	100	0. 0000000039694	0. 0000005847	100. 083117790938
37. 8	100	0. 0000000039694	0. 0000005847	100. 083559279132
37. 9	100	0. 0000000039694	0. 0000005847	100. 084001936726
38. 0	100	0. 0000000039694	0. 0000005847	100. 084445763720
38. 1	100	0. 0000000039694	0. 0000005847	100. 084890760114
38. 2	100	0. 0000000039694	0. 0000005847	100. 085336925908
38. 3	100	0. 0000000039694	0. 0000005847	100. 085784261102
38. 4	100	0. 0000000039694	0. 0000005847	100. 086232765696
38. 5	100	0. 0000000039694	0. 0000005847	100. 086682439690
38. 6	100	0. 0000000039694	0. 0000005847	100. 087133283084
38. 7	100	0. 0000000039694	0. 0000005847	100. 087585295878
38. 8	100	0. 0000000039694	0. 0000005847	100. 088038478072
38. 9	100	0. 0000000039694	0. 0000005847	100. 088492829666
39. 0	100	0. 0000000039694	0. 0000005847	100. 088948350660
39. 1	100	0. 0000000039694	0. 0000005847	100. 089405041054
39. 2	100	0. 0000000039694	0. 0000005847	100. 089862900848
39. 3	100	0. 0000000039694	0. 0000005847	100. 090321930042
39. 4	100	0. 0000000039694	0. 0000005847	100. 090782128636
39. 5	100	0. 0000000039694	0. 0000005847	100. 091243496630
39. 6	100	0. 0000000039694	0. 0000005847	100. 091706034024
39. 7	100	0. 0000000039694	0. 0000005847	100. 092169740818
39. 8	100	0. 0000000039694	0. 0000005847	100. 092634617012
39. 9	100	0. 0000000039694	0. 0000005847	100. 093100662606
40. 0	100	0. 0000000039694	0. 0000005847	100. 093567877600
40. 1	100	0. 0000000039694	0. 0000005847	100. 094036261994
40. 2	100	0. 0000000039694	0. 0000005847	100. 094505815788
40. 3	100	0. 0000000039694	0. 0000005847	100. 094976538982
40. 4	100	0. 0000000039694	0. 0000005847	100. 095448431576
40. 5	100	0. 0000000039694	0. 0000005847	100. 095921493570
40. 6	100	0. 0000000039694	0. 0000005847	100. 096395724964

续表

T/℃	R_0/Ω	A	B	R_t/Ω
40. 7	100	0. 0000000039694	0. 0000005847	100. 096871125758
40. 8	100	0. 0000000039694	0. 0000005847	100. 097347695952
40. 9	100	0. 0000000039694	0. 0000005847	100. 097825435546
41. 0	100	0. 0000000039694	0. 0000005847	100. 098304344540
41. 1	100	0. 0000000039694	0. 0000005847	100. 098784422934
41. 2	100	0. 0000000039694	0. 0000005847	100. 099265670728
41. 3	100	0. 0000000039694	0. 0000005847	100. 099748087922
41. 4	100	0. 0000000039694	0. 0000005847	100. 100231674516
41. 5	100	0. 0000000039694	0. 0000005847	100. 100716430510
41. 6	100	0. 0000000039694	0. 0000005847	100. 101202355904
41. 7	100	0. 0000000039694	0. 0000005847	100. 101689450698
41. 8	100	0. 0000000039694	0. 0000005847	100. 102177714892
41. 9	100	0. 0000000039694	0. 0000005847	100. 102667148486
42. 0	100	0. 0000000039694	0. 0000005847	100. 103157751480
42. 1	100	0. 0000000039694	0. 0000005847	100. 103649523874
42. 2	100	0. 0000000039694	0. 0000005847	100. 104142465668
42. 3	100	0. 0000000039694	0. 0000005847	100. 104636576862
42. 4	100	0. 0000000039694	0. 0000005847	100. 105131857456
42. 5	100	0. 0000000039694	0. 0000005847	100. 105628307450
42. 6	100	0. 0000000039694	0. 0000005847	100. 106125926844
42. 7	100	0. 0000000039694	0. 0000005847	100. 106624715638
42. 8	100	0. 0000000039694	0. 0000005847	100. 107124673832
42. 9	100	0. 0000000039694	0. 0000005847	100. 107625801426
43. 0	100	0. 0000000039694	0. 0000005847	100. 108128098420
43. 1	100	0. 0000000039694	0. 0000005847	100. 108631564814
43. 2	100	0. 0000000039694	0. 0000005847	100. 109136200608
43. 3	100	0. 0000000039694	0. 0000005847	100. 109642005802
43. 4	100	0. 0000000039694	0. 0000005847	100. 110148980396
43. 5	100	0. 0000000039694	0. 0000005847	100. 110657124390
43. 6	100	0. 0000000039694	0. 0000005847	100. 111166437784
43. 7	100	0. 0000000039694	0. 0000005847	100. 111676920578
43. 8	100	0. 0000000039694	0. 0000005847	100. 112188572772
43. 9	100	0. 0000000039694	0. 0000005847	100. 112701394366
44. 0	100	0. 0000000039694	0. 0000005847	100. 113215385360
44. 1	100	0. 0000000039694	0. 0000005847	100. 113730545754
44. 2	100	0. 0000000039694	0. 0000005847	100. 114246875548

续表

T/℃	R_0/Ω	A	B	R_t/Ω
44.3	100	0.0000000039694	0.0000005847	100.114764374742
44.4	100	0.0000000039694	0.0000005847	100.115283043336
44.5	100	0.0000000039694	0.0000005847	100.115802881330
44.6	100	0.0000000039694	0.0000005847	100.116323888724
44.7	100	0.0000000039694	0.0000005847	100.116846065518
44.8	100	0.0000000039694	0.0000005847	100.117369411712
44.9	100	0.0000000039694	0.0000005847	100.117893927306
45.0	100	0.0000000039694	0.0000005847	100.118419612300

通过分度表拟合后的 PT100 电阻-温度曲线如图 18-3 所示。

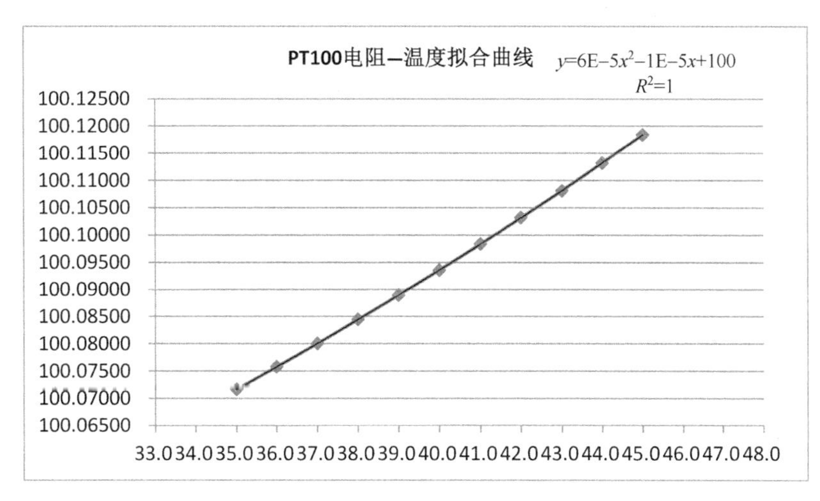

图 18-3　PT100 电阻-温度拟合曲线

2. 稳压电路

稳压环节用于为后面的电路提供基准电压，如图 18-4 所示。稳压二极管稳压电路的输出端接电压跟随器来稳定输出电压。电压跟随器具有高输入阻抗、低输出阻抗的优点。

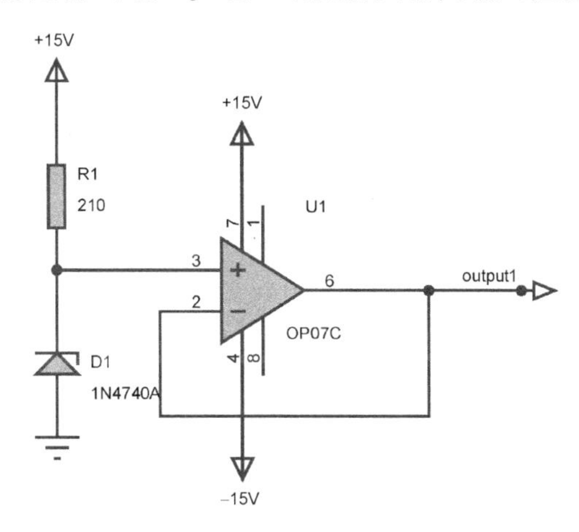

图 18-4　稳压电路

稳压二极管稳压电路由一个稳压二极管和一个限流电阻组成。限流电阻主要有两方面的作用：一是起限流作用，以保护稳压二极管；二是当输入电压或负载电流变化时，通过该电阻上电压降的变化，取出误差信号以调节稳压二极管的工作电流，从而起到稳压作用。

3. 放大电路

本设计中没有采用电桥法测量铂热电阻，这是因为铂热电阻测温采用的是惠斯通电桥，而惠斯通电桥本身存在一定的非线性，为了避免电桥引入非线性，所以采用放大电路测温。

基本放大电路的设计如图 18-5 所示。它可以分解为如图 18-6 和图 18-7 所示的两个简单的放大电路。

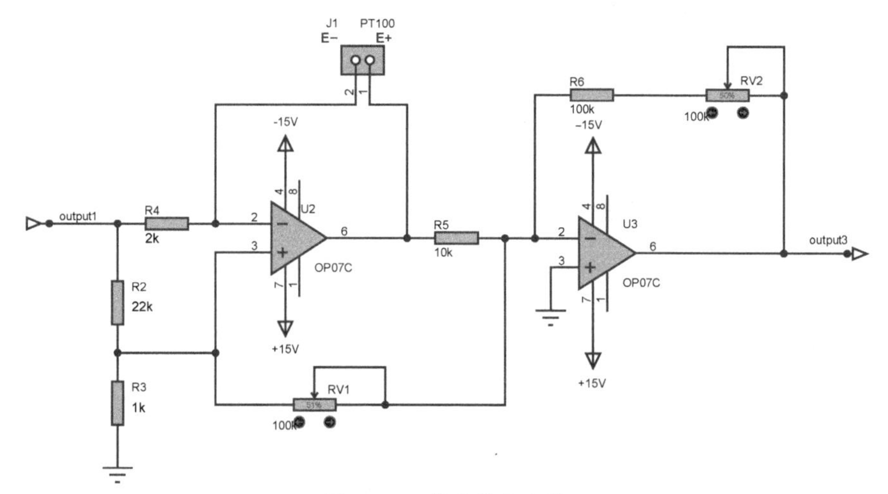

图 18-5　基本放大电路

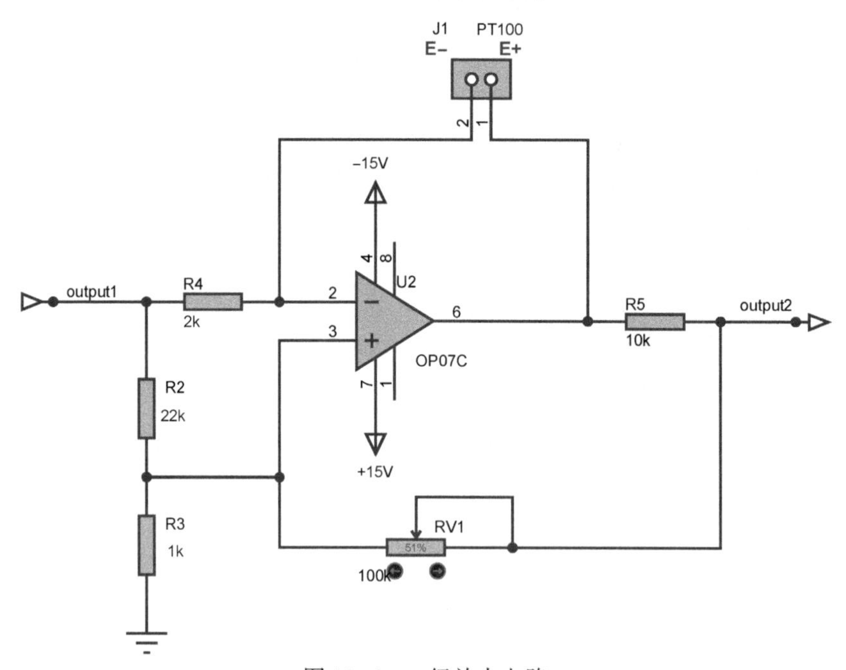

图 18-6　一级放大电路

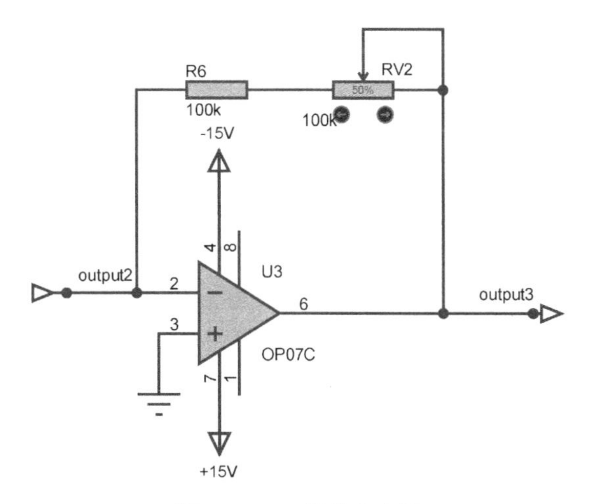

图 18-7　二级放大电路

图 18-6 所示电路满足下面公式中的关系：

$$U_{\text{output2}}=-\frac{R_{\text{PT100}}}{R_4}U_{\text{output1}} \tag{18-3}$$

$$U_{\text{output1}}=\frac{R_2}{R_2+R_3}V_{\text{CC}} \tag{18-4}$$

$$U_{\text{output2}}=-\frac{R_{\text{PT100}}}{R_4}\times\frac{R_2}{R_2+R_3}V_{\text{CC}} \tag{18-5}$$

图 18-7 所示为一个电压跟随器，所以

$$U_{\text{output3}}=V_{\text{DD}}=\frac{R_3}{R_2+R_3}V_{\text{CC}} \tag{18-6}$$

综上所述，图 18-5 所示基本放大电路的输出电压为上述两个电路输出电压的叠加，即

$$U_{\text{output3}}=-\frac{R_{\text{PT100}}}{R_4}\times\frac{R_2}{R_2+R_3}V_{\text{CC}}+\frac{R_3}{R_2+R_3}V_{\text{CC}} \tag{18-7}$$

4. TC7107 外接电路

1）TC7107 的特点

本设计采用了集成电路 TC7107，TC7107 主要具有以下几个特点。

（1）TC7107 是 $3\frac{1}{2}$位双积分型 AD 转换器，属于 CMOS 大规模集成电路，它的最大显示值为±1999，最小分辨率为 100μV，转换精度为 0.05±1 个字。

（2）能直接驱动共阳极 LED 数码管，不需要另加驱动器件，使整机线路简化。

（3）在芯片内部从 V+与 COM 之间有一个稳定性很高的 2.8V 基准电源，通过电阻分压器可获得所需的基准电压 VREF。

（4）能通过内部的模拟开关实现自动调零和自动极性显示功能。

（5）输入阻抗高，对输入信号无衰减作用。

（6）整机组装方便，无须外加有源器件，配上电阻、电容和 LED 共阳极数码管，就能构成一只直流数字电压表头。

（7）噪声低，温漂小，具有良好的可靠性，寿命长。

（8）芯片本身功耗小于 15mW（不包括 LED）。

2）TC7107 的工作原理

（1）双积分型 AD 转换器 TC7107 是一种间接 AD 转换器。它通过对输入模拟电压和参考电压分别进行两次积分，将输入电压平均值变换成与之成正比的时间间隔，然后利用脉冲时间间隔，进而得出相应的数字性输出。

（2）它包括积分器、比较器、计数器、控制逻辑和时钟信号源。积分器是 AD 转换器的心脏，在一个测量周期内，积分器先后对输入信号电压和基准电压进行两次积分。比较器将积分器的输出信号与零电平进行比较，比较的结果作为数字电路的控制信号。

（3）以时钟信号源的标准周期 T_c 作为测量时间间隔的标准时间。它是由内部的两个反相器及外部的 RC 组成的。

（4）计数器对反向积分过程的时钟脉冲进行计数。控制逻辑包括分频器、译码器、相位驱动器、控制器和锁存器。分频器用来对时钟脉冲逐渐分频，得到所需的计数脉冲和共阳极 LED 数码管公共电极所需的方波信号。

（5）译码器为 BCD 七段译码器，将计数器的 BCD 码译成 LED 数码管七段笔画组成的相应数字编码。驱动器将译码器输出的对应于共阳极数码管七段笔画的逻辑电平变换成驱动相应笔画的方波。

（6）控制器的作用有 3 个：第一，识别积分器的工作状态，适时发出控制信号，使各模拟开关接通或断开，AD 转换器能循环工作；第二，识别输入电压极性，控制 LED 数码管的负号显示；第三，当输入电压超量限时发出溢出信号，使千位显示“1”，其余码全部熄灭。

（7）锁存器用来存放 AD 转换的结果，锁存器的输出经译码器后驱动 LED。它的每个测量周期均分为自动调零（AZ）、信号积分（INT）和反向积分（DE）3 个阶段。

系统中采用 TC7107 直接驱动 4 个八段共阳极数码管进行数字显示，如图 18-8 所示。

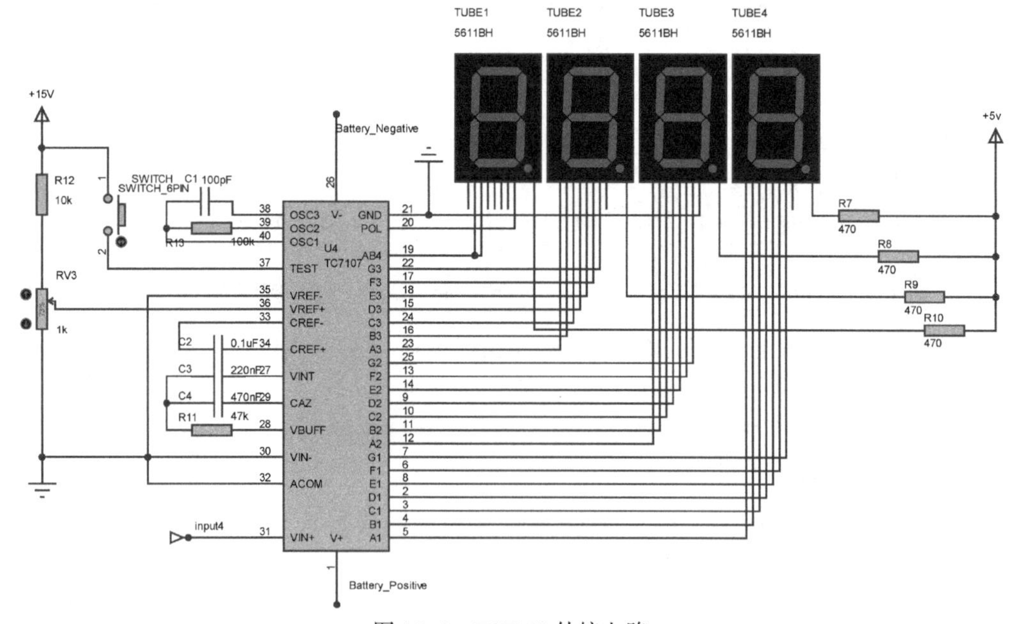

图 18-8　TC7107 外接电路

电路 PCB 设计图

电路 PCB 设计图如图 18-9 所示。

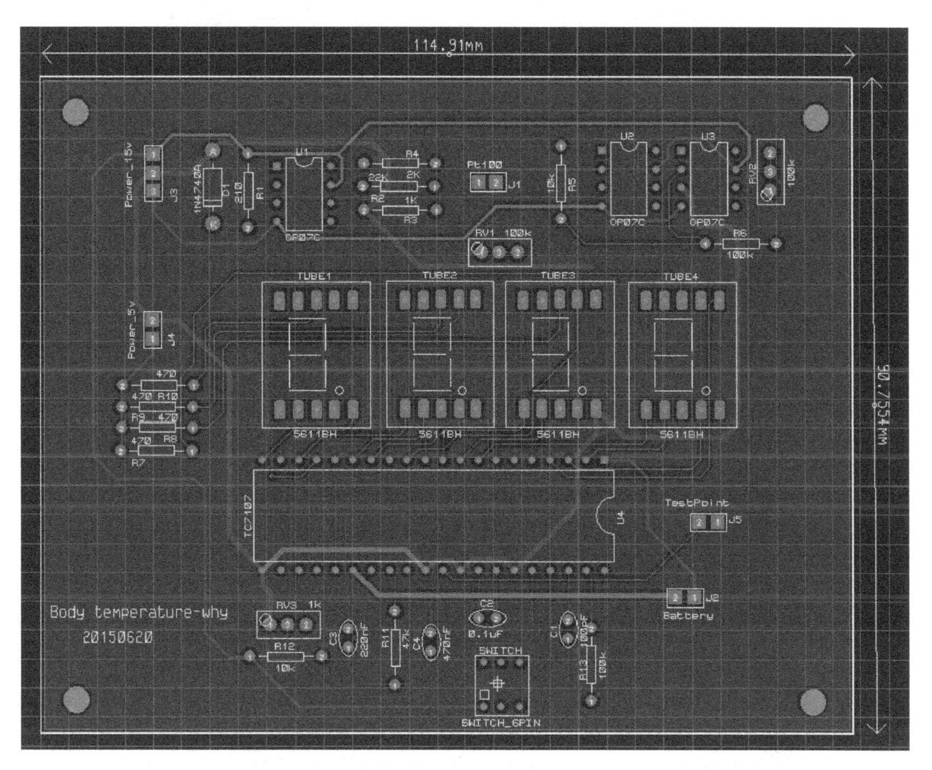

图 18-9　电路 PCB 设计图

实物测试

实物图如图 18-10 所示，测试图如图 18-11 所示。

经过实物测试，电路能够捕获到 PT100 由于接触体温度变化所导致的电压变化，再经过放大和显示电路，最终通过 4 位数码管能够实时显示出温度的变化。测试时室温约为 27℃，测量手心温度时，从数码管上显示的数值，再经过拟合公式的换算，温度约为 34.5℃（正常温度为 35℃），在误差范围内，基本满足电路设计要求。

图 18-10　实物图

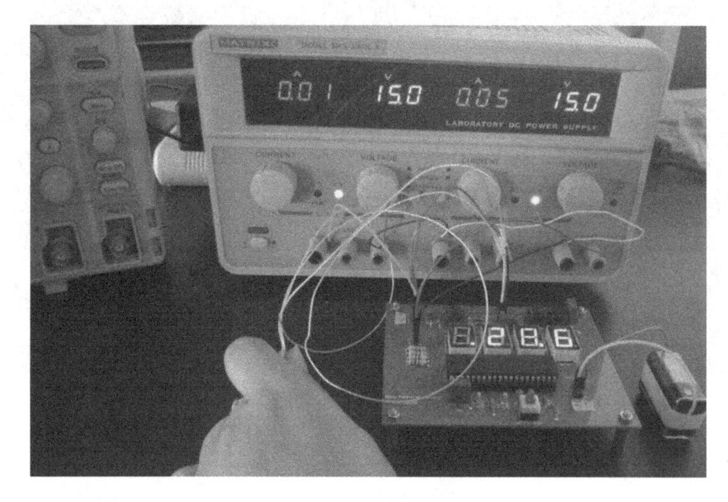

图 18-11　测试图

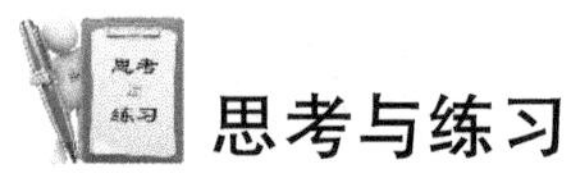

思考与练习

(1) 稳压二极管稳压电路中的限流电阻有什么作用?

答：限流电阻主要有两方面的作用：一是起限流作用，以保护稳压二极管；二是当输入电压或负载电流变化时，通过该电阻上电压降的变化，取出误差信号以调节稳压二极管的工作电流，从而起到稳压作用。

(2) 为什么采用放大电路测温，而不采用惠斯通电桥?

答：本设计中没有采用电桥法测量铂热电阻，这是因为铂热电阻测温采用的是惠斯通电桥，而惠斯通电桥本身存在一定的非线性，为了避免电桥引入非线性，所以采用放大电路测温。

（3）放大电路的增益如何计算?

答：放大电路的输出电压为图 18-6、图 18-7 所示两个电路输出电压的叠加，如下所示：

$$U_{\text{output3}}=-\frac{R_{\text{PT100}}}{R_4}\times\frac{R_2}{R_2+R_3}V_{\text{CC}}+\frac{R_3}{R_2+R_3}V_{\text{CC}}$$

特别提醒

电路板焊接中应注意以下几点。

（1）采用万用表检查 PCB 是否存在短路现象，如 VCC 与 GND 之间、Signal 与 VCC/GND 之间。

（2）与原理图和电路 PCB 设计图对应起来，检查做出来的 PCB 是否正确。

（3）放置元器件，先不要焊接。正确焊接以后，剪掉多余的引脚线。

（4）进行测试，如果结果不正确，逐级进行测试、检查。

项目 19　眼电信号检测电路设计

设计任务

眼电信号的产生来源于人体角膜-视网膜电势。医学研究表明，在角膜与视网膜二者之间存在范围介于0.4~10mV的电势差，即称为角膜-视网膜电势。该电势起源于视网膜色素上皮细胞和光感受器细胞之间的静息电势。在眼球运动过程中，角膜与视网膜之间的电势差就会随着眼球的运动不断变化，此电势信号即是眼电信号。

综合分析眼电信号的特点，在眼电检测电路的设计中需要设置第一级差分放大；其次根据眼电信号的频率范围设置相应的带通滤波器，以及为了进一步抑制50Hz工频干扰设置工频陷波器；最后还需设计一级主放大电路，来将滤除干扰的眼电信号放大并提升到AD转换及后续信号处理所需的电压范围。

基本要求

一般人体眼电信号的幅值范围为0.4~10mV，频率集中在0.1~38Hz，其主要成分在10Hz以下。由于眼电信号取自人体皮肤表面，所以具有数千欧乃至数百千欧的高信号源内阻，且由于人体肌肉及头部运动带来的影响，眼电信号存在着较强的背景噪声和干扰，这些干扰常常会造成正常眼电信号发生基线漂移等。所以电路设计必须满足以下要求。

☺ 前置放大电路必须满足高输入阻抗、高共模抑制比、低噪声、低漂移的要求。

☺ 为了保证人体安全及减小电源对信号的干扰，必须加上电源隔离电路。

☺ 为了消除地线对眼电信号的干扰，需加上信号隔离电路。

☺ 必须考虑消除50Hz信号的干扰，所以应该加上50Hz带阻滤波电路。

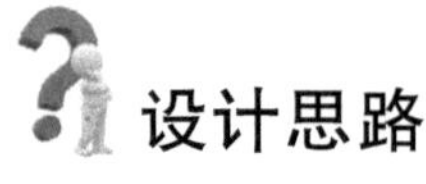

设计思路

进行眼电信号检测，首先需要用电极片导联线将人体眼电信号采集并输入到眼电检测电路，然后依次通过前置放大电路、带阻电路、带通电路、主级放大滤波电路对眼电信号进行滤波、放大等处理，最后将滤波后的信号显示出来。

系统组成

眼电信号检测电路主要分为以下 6 部分。

☺ 第一部分：直流电压源，为整个电路及各芯片提供±12V 的工作电压。

☺ 第二部分：隔离电路，分为信号隔离电路和电源隔离电路两部分。

☺ 第三部分：前置放大电路，对输入信号进行放大，以满足测量要求强度，同时将眼电信号转换为单极信号。

☺ 第四部分：带阻滤波电路（50Hz），主要用来滤除来自稳压电源的工频干扰，提升检测电路的性能。

☺ 第五部分：带通滤波电路（由低通滤波电路和高通滤波电路组成），频宽为 0.05~30Hz，主要作用是让所设定的频段信号通过，而将其他频段的信号滤除掉。

☺ 第六部分：主级放大电路，眼电信号的幅值一般在 5mV 左右，所以需要通过主级放大电路将信号放大到 AD 转换器所要求的 0~5V 电压范围内。

系统结构框图如图 19-1 所示。

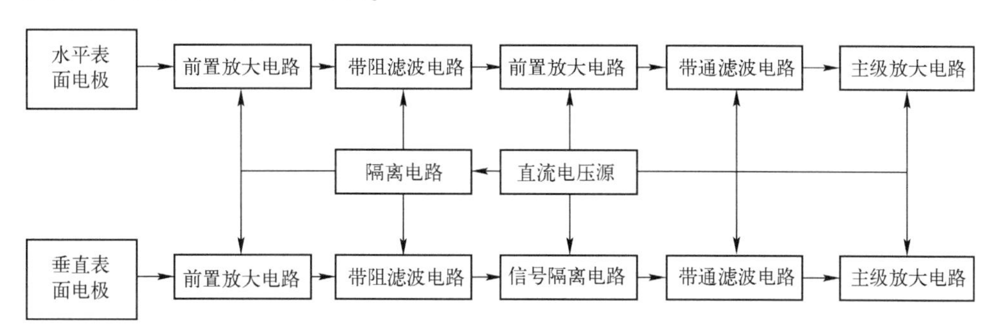

图 19-1　系统结构框图

电路原理图

电路原理图如图 19-2 所示。

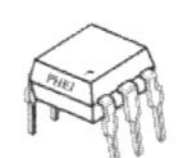

模块详解

1. 前置放大电路

在眼电信号检测电路设计中，对于前置放大电路，要求满足以下几点设计要求。

☺ 高输入阻抗、高共模抑制比；

☺ 低噪声、低温漂；

☺ 合适的带宽和动态范围。

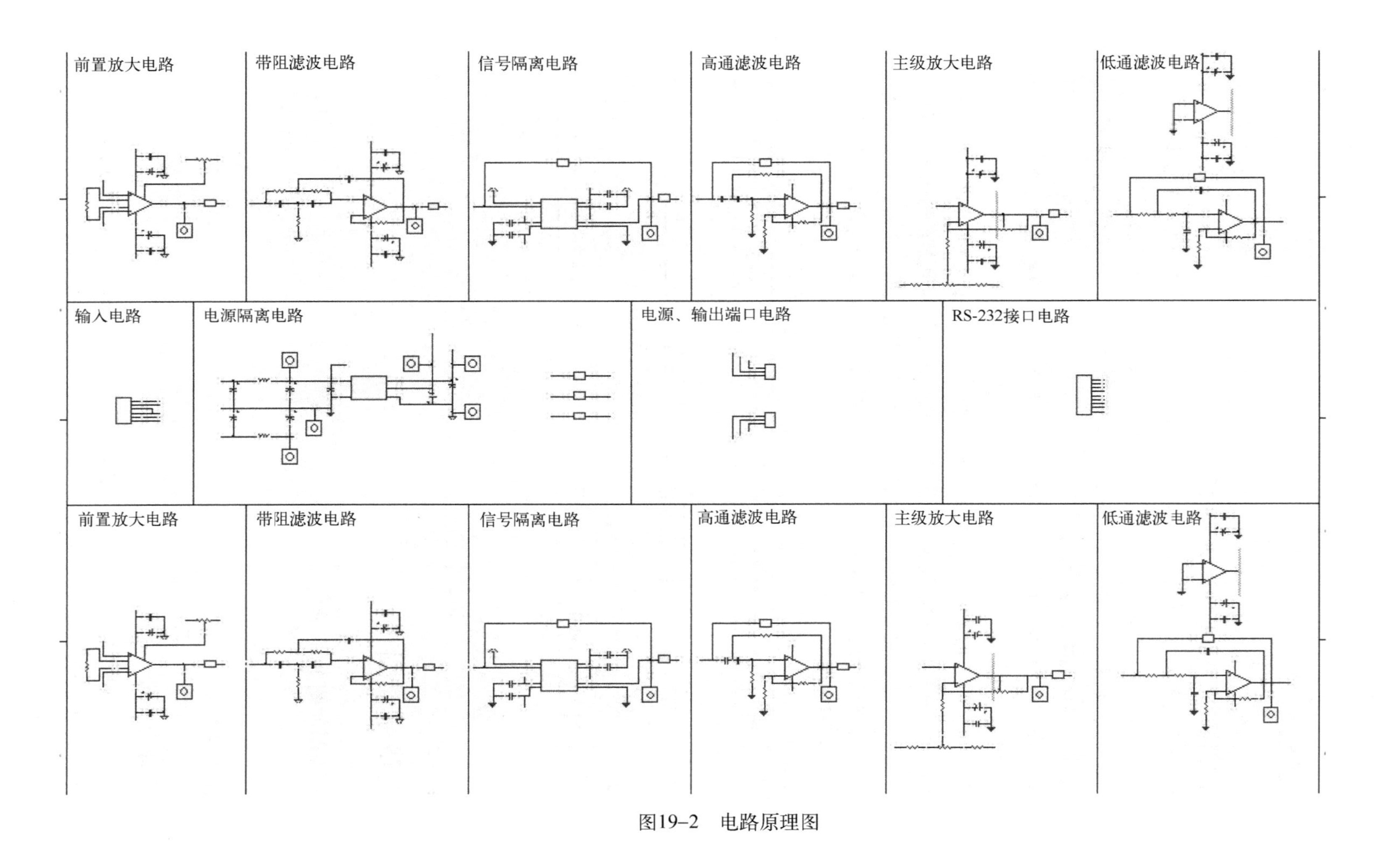
前置放大电路
带阻滤波电路
信号隔离电路
高通滤波电路
主级放大电路
低通滤波电路
输入电路
电源隔离电路
电源、输出端口电路
RS-232接口电路
前置放大电路
带阻滤波电路
信号隔离电路
高通滤波电路
主级放大电路
低通滤波电路

图19–2　电路原理图

从人眼周围皮肤拾取的眼电信号只有几毫伏，为了提高其分辨率，以便于后续工作的显示和处理，首先需要对信号进行放大处理。在眼电信号调理过程中，前置放大电路的设计对眼电信号的影响最大。为提高眼电信号的性能，前置放大电路的放大倍数不能选择得太大（一般小于 20），以免由于存在较大的干扰信号使放大器出现阻塞现象。

通过眼电信号产生机理可知，对于眼电信号而言，采集的信号属于差模信号。前置放大电路的作用是将眼电信号转换为单极信号，本设计采用通用的集成运放 AD8221 来构成这种放大器。

设计电路时可以简单通过一个标准电阻轻松而精确地设置增益。前置放大电路放大增益可由式（19-1）给出：

$$A_v = 1+\frac{49.4\Omega}{R_4}\approx 6 \tag{19-1}$$

前置放大电路如图 19-3 所示。

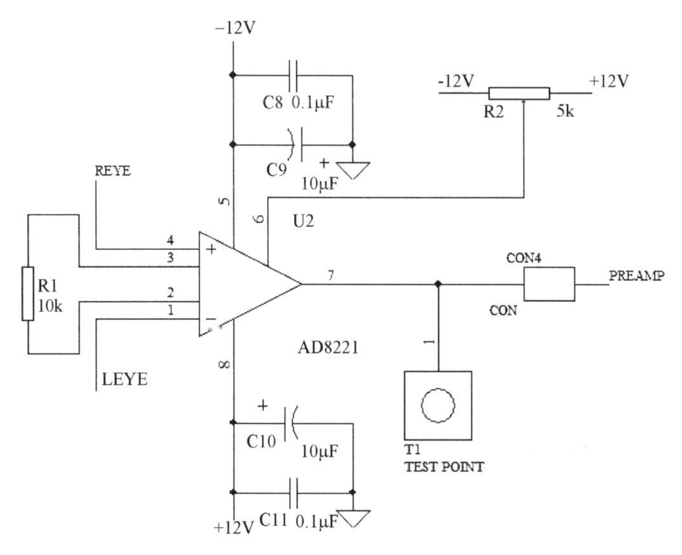

图 19-3　前置放大电路

2. 带阻滤波电路

带阻滤波器主要对工频干扰进行陷波处理。工频干扰是由人体周围的电子设备及体内分布电容引起的，为人体所携带且很容易淹没微伏级的眼电信号，因而工频干扰在所有眼电信号噪声中影响最大。

这里将采用当前普遍使用的由 RC 网络所组成的双 T 型带阻滤波器滤除工频干扰，该滤波器中心频率可以由式（19-2）给出：

$$f=\frac{1}{2\pi C_{12}R_3}\approx 50\text{Hz} \tag{19-2}$$

带阻滤波电路如图 19-4 所示。

3. 隔离电路

眼电信号在采集过程中，需要将采集设备与人体皮肤直接连接起来，因此对设备的供电隔离要求很高，以免发生电击危险。隔离电路如图 19-5 所示。

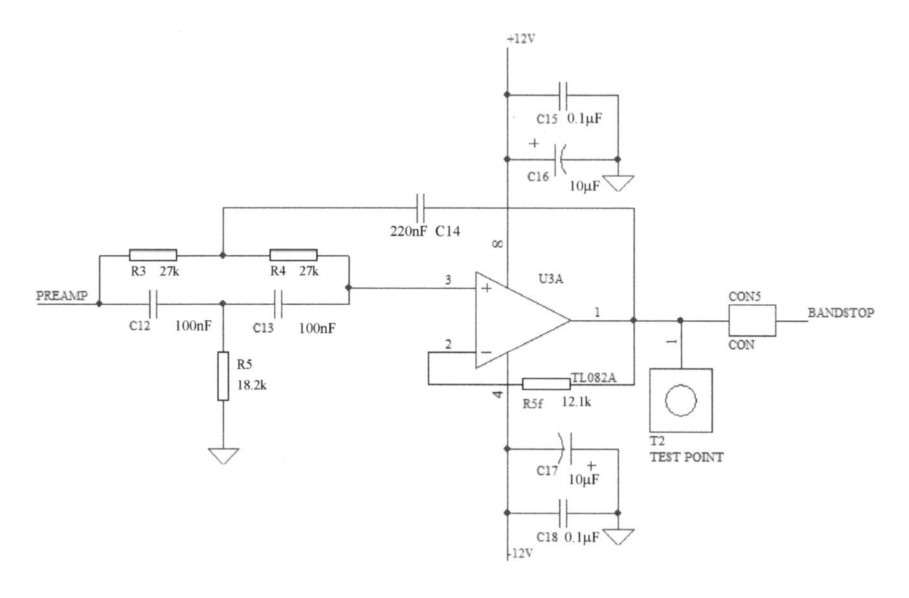

图 19-4　带阻滤波电路

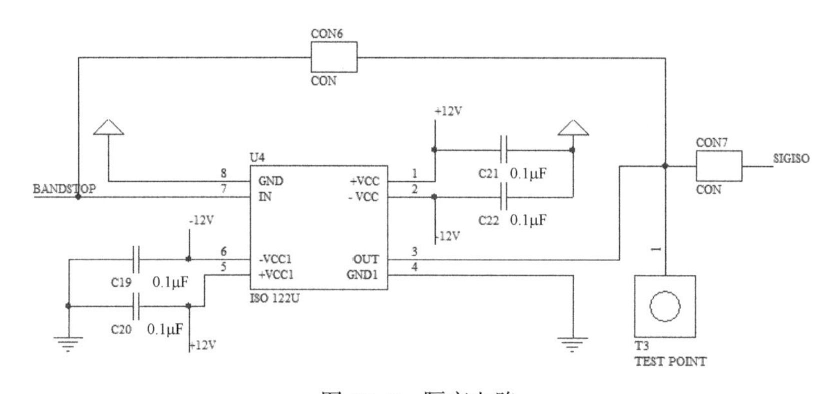

图 19-5　隔离电路

该隔离电路的设计有两大特点；将输入和输出两部分间的地线分开，使得前后的电路不共地，并各自使用一套电源供电，切断信号的回流路径，进而减少了电磁干扰。同时，能够在设备发生电击危险的情况下对病人提供切实可靠的保护。

本设计采用专用光电隔离芯片 ISO122U，光电隔离是最常用的隔离方法。在光电隔离的情况下，以光为媒介传送信号，有效抑制系统噪声，消除接地回路的干扰，且具有反应速度快、寿命长、体积小等优点，电路简单且芯片价格低廉，满足电路实际要求，避免电气与磁场噪声对电路的影响。

4. 带通滤波电路

人体眼电信号的频率范围一般为 0~100Hz，其主要能量集中在 0.1~38Hz 之间。因为经过放大的眼电信号主要存在肌电等干扰信号，为了提高滤波效果，本文采用典型的二阶有源滤波器 sallen-key 电路结构，采用双运放 TL082 分别设计高通和低通滤波器进行级联而构建带通滤波器。其中高通滤波器的截止频率为 0.05Hz，低通滤波器的截止频率为 30Hz。高通滤波电路如图 19-6 所示，低通滤波电路如图 19-7 所示。

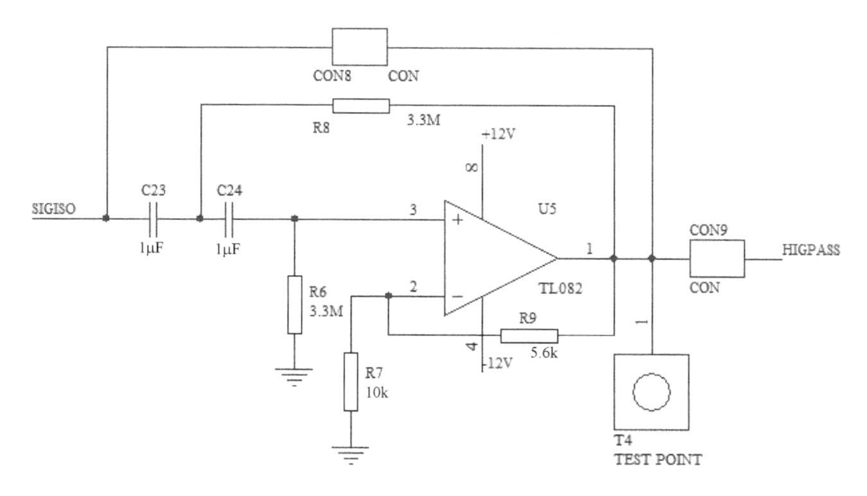

图 19-6　高通滤波电路

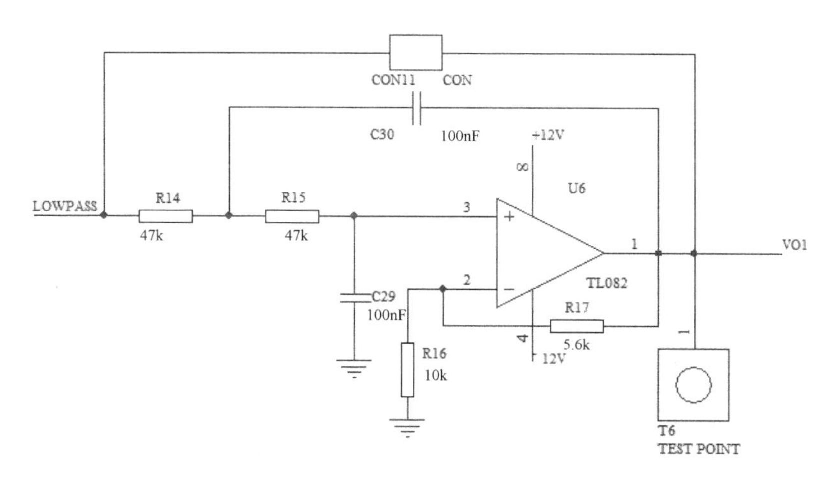

图 19-7　低通滤波电路

高通滤波电路的截止频率可由电容和电阻的值求得，如式（19-3）所示：

$$f=\frac{1}{2\pi\sqrt{C_{23}C_{24}R_6R_8}}\approx 0.05\text{Hz} \tag{19-3}$$

低通滤波电路的截止频率也可由电容和电阻的值求得，如式（19-4）所示：

$$f=\frac{1}{2\pi\sqrt{C_{29}C_{30}R_{14}R_{15}}}\approx 30\text{Hz} \tag{19-4}$$

5. 主级放大电路

人体眼电信号的幅值一般在 5mV 左右，而本系统将信号电压提升到 AD 转换器中要求的 0~5V 模拟电压范围，故总的放大倍数应为 5V/5mV = 1000 倍。因为前两级已放大 6×1.56×1.56≈14.6 倍，故仍需要一级放大电路来提高整体电路增益，这里采用增益可调放大电路进行信号放大，其原理图如图 19-8 所示。经实际电路测试调节，主级放大电路的电压增益约为 68，可满足转换要求。

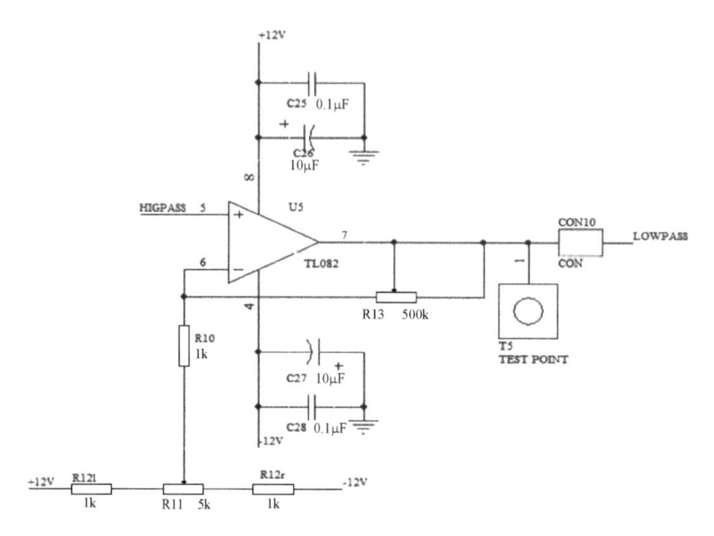

图 19-8　主级放大电路

电路 PCB 设计图

电路 PCB 设计图如图 19-9 所示。

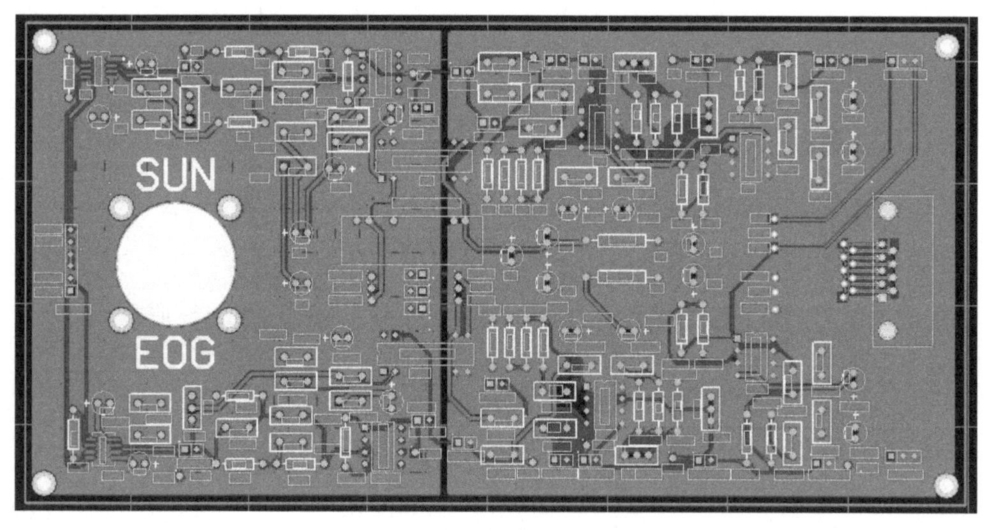

图 19-9　电路 PCB 设计图

实物图

实物图如图 19-10 所示。

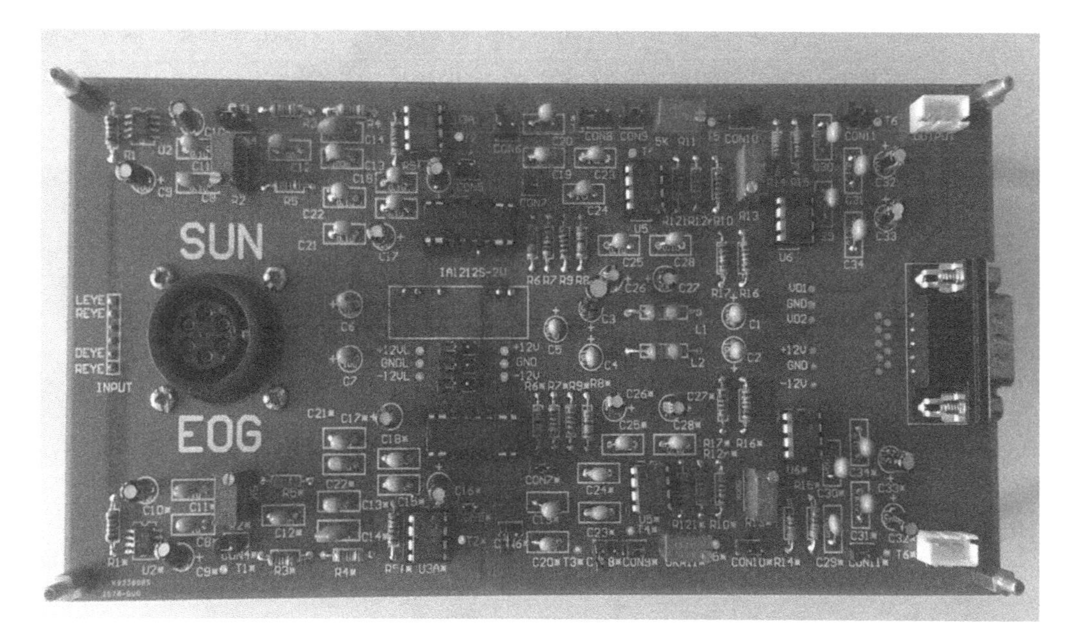

图 19-10　实物图

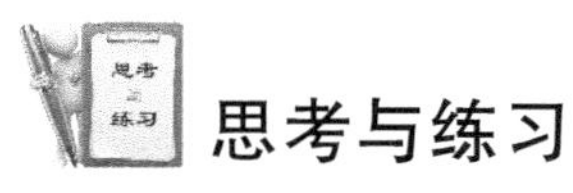

思考与练习

（1）前置放大电路为何要使用差分信号输入？

答：通过眼电信号产生机理得知，对于眼电信号而言，采集的信号属于差模信号。前置放大电路采用差分信号输入可以有效地对共模干扰进行强烈抑制，也可以很好地抑制温度漂移。

（2）整个电路的设计为什么要引入信号隔离？

答：眼电信号在采集过程中，需要将采集设备与人体皮肤直接连接起来。为了安全起见，需对设备进行供电隔离，以免发生电击危险。隔离电路将输入和输出两部分间的地线分开，使得前后的电路不共地，并各自使用一套电源供电，切断信号的回流路径，进而减少了地线干扰和电磁干扰。

（3）既然有了前置放大电路，为什么还要引入主级放大电路？

答：人体眼电信号的幅值一般在 5mV 左右，而为了对信号进行后续处理及屏幕显示，需要将信号放大到 0~5V 的电压范围内，故总的放大倍数应为 5V/5mV＝1000 倍。因为前置放大电路和高通与低通滤波电路的放大倍数为 6×1. 56×1. 56≈14. 6 倍，还远远不能满足要求，故仍需要一级放大电路来提高整体电路增益，即主级放大电路。

特别提醒

（1）人体眼电信号的幅值一般在 5mV 左右，所以在电路板设计过程中，不要将各器件布局太过紧密，且信号线要尽量远离电源线，以避免各信号间的相互干扰。其次，要将没有布线的板面覆铜，以减小地线阻抗，提高抗干扰能力；降低压降，提高电源效率；与地线相连，减小环路面积。

（2）在电路调试过程中，首先要检测电路供电是否正常，然后再将各模块分开，一级一级进行调试。

（3）为了提高电路调试效率，在 PCB 中标注必要的模块信息，以便于调试。对于电源接口一定要注意正、负极。

项目 20　肌电信号检测电路设计

设计任务

设计一个主要针对骨骼肌中的肱二头肌肌电检测电路，将肱二头肌进行等长收缩、等张收缩时的信号采集下来，然后经过信号处理（放大、滤波等处理），将肌电信号输出。

基本要求

表面肌电信号是一个夹杂着许多强噪声的低频微弱信号，因此在设计时需要考虑去噪声的问题。同时，人体为一导电体，低频电流通过人体时会产生焦耳热，使离子和大分子等粒子产生振动，并且能够刺激神经和肌肉。因此，需要在安全的电流数值范围内进行电路设计。电路设计必须满足以下要求。

☺ 前置放大电路必须满足高输入阻抗、高共模抑制比、低噪声、低漂移的要求。

☺ 为了保证人体安全，必须加上电源隔离电路。

☺ 为了消除地线中的干扰电流，需加上信号隔离电路。

☺ 必须考虑消除 50Hz 信号的干扰，所以应该加上带阻滤波器。

设计思路

进行表面肌电信号检测，需要使用传感器对人体信号进行采集和提取，然后对信号进行放大、存储、处理等，再将这些信号显示出来。检测的方法手段很多，主要分为 3 个步骤：使用传感器进行信号提取、信号处理和信号输出。

系统组成

肌电信号检测电路主要分为以下 6 部分。

☺ 第一部分：直流电压源，为整个电路提供±12V 的稳定电压。

☺ 第二部分：隔离电路，分为信号隔离电路和电源隔离电路两部分。

☺ 第三部分：前置放大电路，作用是对输入信号进行放大，以满足测量强度要求，同时将肌电图的向量信号萃取为单极信号。

☺ 第四部分：带阻滤波电路（50Hz），主要用来滤除来自稳压电源的工频干扰，提升检测电路的性能。

☺ 第五部分：带通滤波电路（由低通滤波电路和高通滤波电路组成），频宽为 100~1000Hz，主要作用是让所设定的频段信号通过，而将其他频段的信号滤除掉。

☺ 第六部分：增益放大电路，肌电信号通常只有毫伏级，只有通过增益放大器将信号进行放大才能在示波器上不失真地显示出来。

系统结构框图如图 20-1 所示。

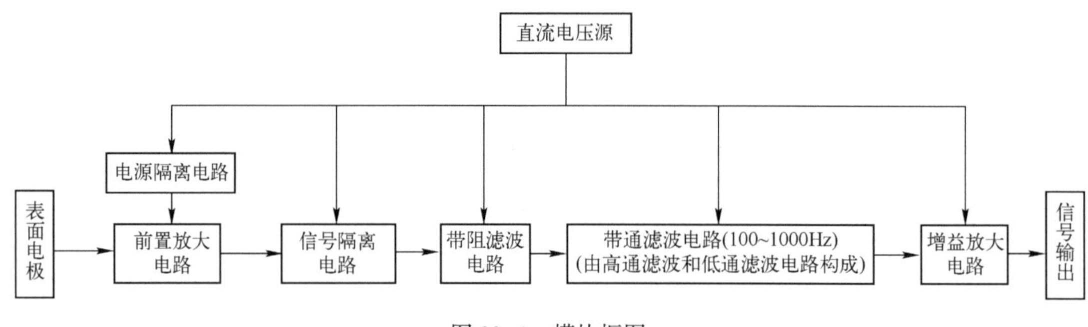

图 20-1　模块框图

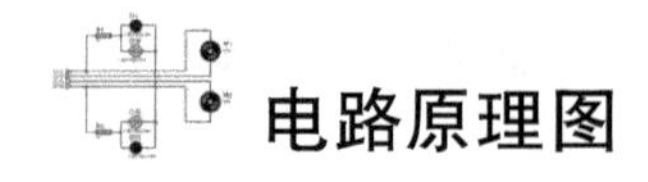

电路原理图

电路原理图如图 20-2 所示。

模块详解

1. 直流电压源

直流电压源要求提供+12V、-12V 以保证电路正常工作。

2. 隔离电路

在临床诊断和生物医学研究领域中，通常需要将被检测的人体生理信号放大到所要求的强度，考虑到人体安全和抗干扰等因素，要对信号进行有效隔离。通常生物电信号测量采用浮地形式，以便实现人体与电气上的隔离。隔离电路主要包括信号隔离电路和电源隔离电路两部分。

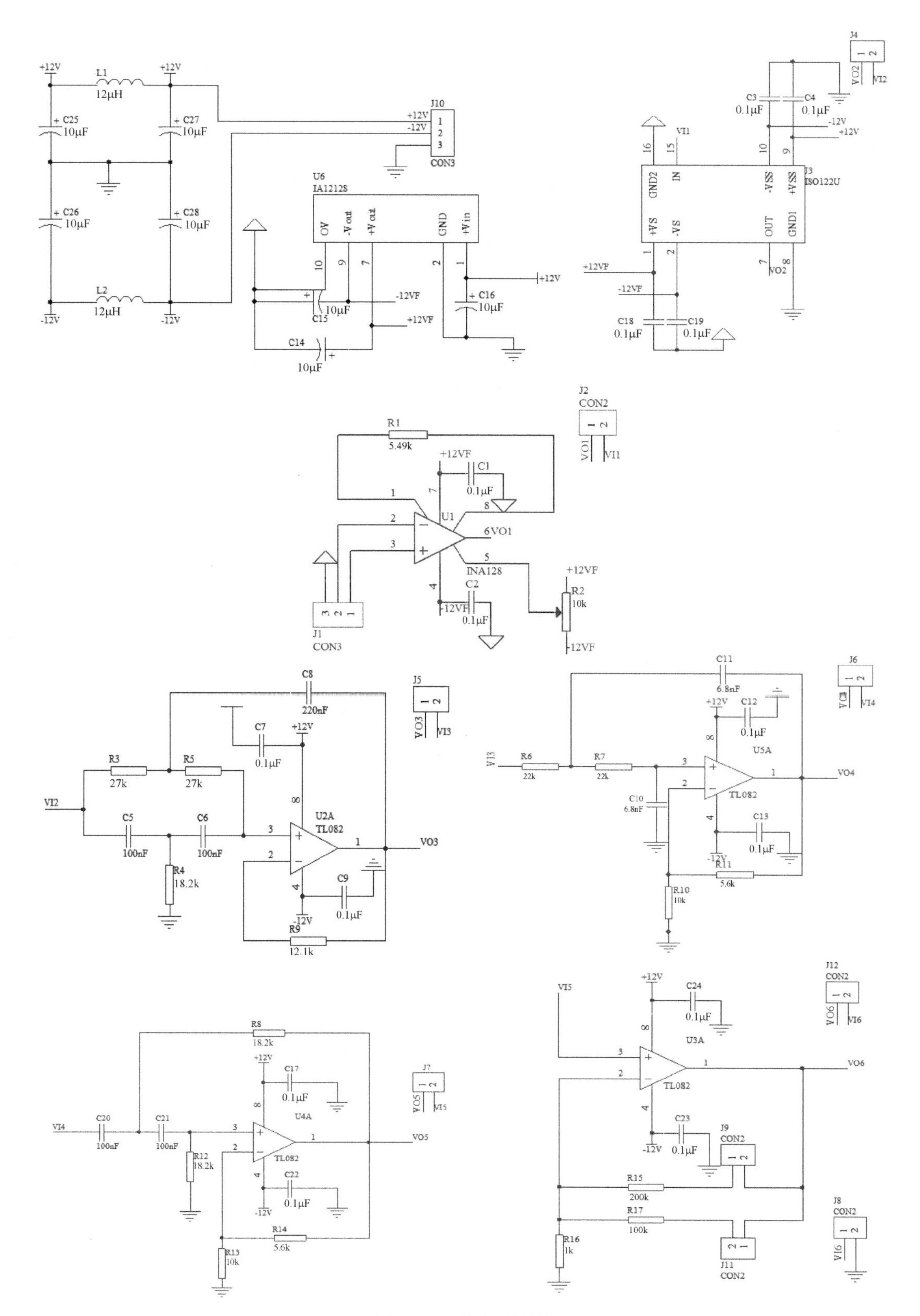
+12V
L1
12μH
C25
10μF
C27
10μF
C26
10μF
C28
10μF
L2
-12V
J10
CON3
U6
IA1212S
0V
-Vout
+Vout
GND
+Vin
C15
C14
C16
-12VF
+12VF
J3
ISO122U
GND2
IN
-VSS
+VSS
+VS
-VS
OUT
GND1
VI1
VO2
C3
C4
0.1μF
C18
C19
J4
VI2
J2
CON2
VO1
R1
5.49k
C1
U1
INA128
R2
10k
C2
J1
CON3
C8
220nF
J5
VO3
VI3
C7
R3
27k
R5
C5
100nF
C6
R4
18.2k
U2A
TL082
C9
R9
12.1k
C11
6.8nF
J6
VI4
C12
R6
22k
R7
U5A
C10
C13
VO4
R11
5.6k
R10
10k
R8
J7
VO5
VI5
C17
U4A
C20
C21
R12
C22
R14
R13
J12
VO6
VI6
C24
U3A
C23
J9
R15
200k
R17
100k
R16
1k
J11
J8

图 20-2　电路原理图

1）电源隔离电路

电源隔离的基本功能是将外部电源与内部电源隔离，提供系统内的浮地直流电源。它的电能量传递是通过高度绝缘的变压器直接耦合而完成的。本系统使输入电极与浮地式放大器相连来实现电源隔离。系统内部电源是由 DC/DC 隔离后的直流电源提供的，从而实现整个系统的安全隔离。本系统中采用 IA1212S 直流变换模块，供给整个隔离部分的电源。隔离后输出电压的典型值为±12V。由图 20-3 可见，该电源隔离电路不仅结构简单，而且可以确保系统的安全性能。

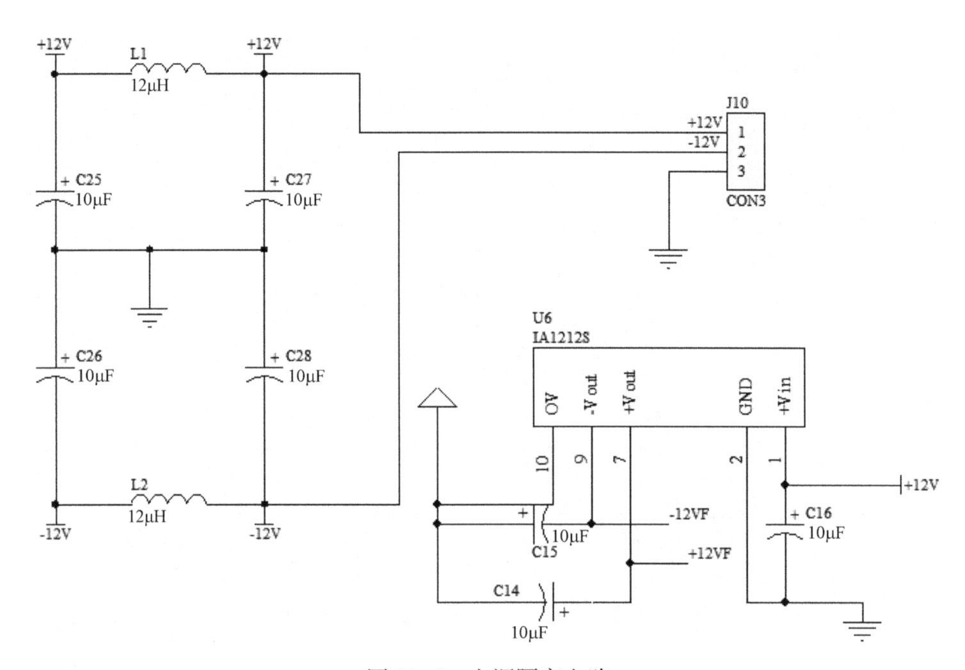

图 20-3　电源隔离电路

2）信号隔离电路

本设计采用 ISO122U 光电隔离器件，后接一个放大器构成，以保证输入、输出基本不变，以达到隔离电源的目的。信号隔离电路如图 20-4 所示。

3. 前置放大电路

为了对生物信号进行各种处理、记录、显示，需要把微弱的信号进行放大，以便达到测量强度要求。根据生物电信号的特点，对生物电放大器前置级有以下的要求。

1）高输入阻抗

生物信号源是微弱的信号源，并且具有较高的内阻，通过电极提取出的电信号会呈现出不稳定的高内阻源性质。本项目中电极与肌纤维的接触面积非常小，接触阻抗有时高达 1MΩ 以上，因此要求肌电放大器具有高输入阻抗。

2）高共模抑制比

为了抑制其他生理干扰，共模抑制比是放大器的主要指标。表面肌电信号放大器共模抑制比一般为 60~80dB，高性能放大器共模抑制比要达到 100dB。

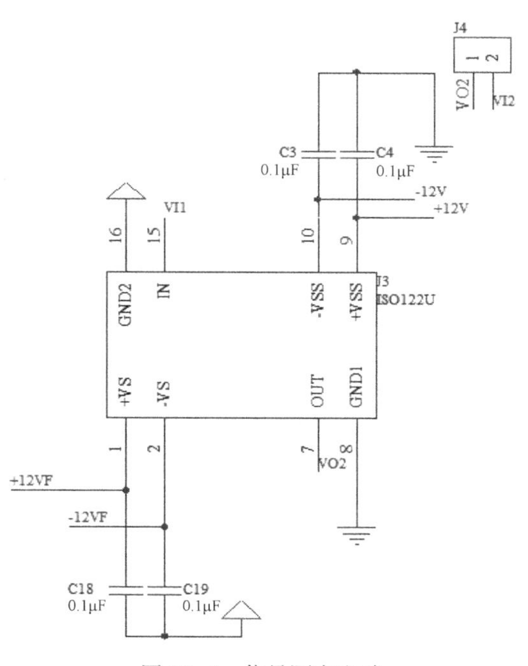

图 20-4　信号隔离电路

3）低噪声、低漂移

肌电信号幅度仅在毫伏数量级，因此对放大器前置级要求比较重要。热噪声是由高阻抗源本身带来的，因此对于输入信号来说会变差。为获得较高输出信号的信噪比，需要对放大器的低噪声进行严格要求。

绝大多数生物电信号属于低频信号，常用的直流放大器零点漂移现象对直流放大器的输入范围进行了限制，无法对微弱缓变的信号进行放大，严重影响检测时的基线漂移，不能正常进行测量。

仪表放大器 INA128 组成了前置放大器，前置放大电路如图 20-5 所示，根据芯片资料，其增益公式为

$$A_v = \frac{50\text{k}\Omega}{5.49\text{k}\Omega} + 1 \approx 10 \qquad (20\text{-}1)$$

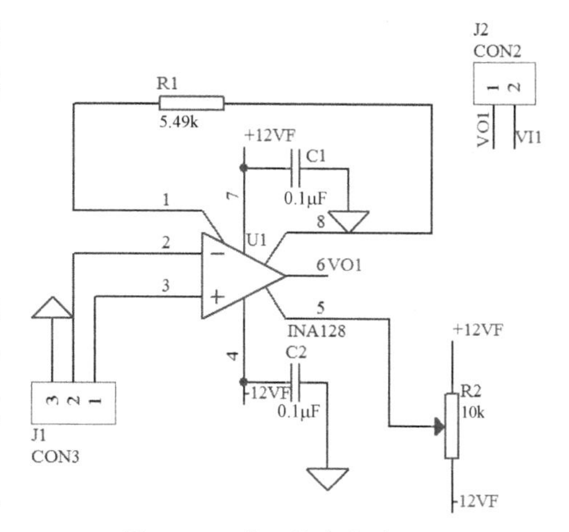

图 20-5　前置放大电路

4. 带阻滤波电路

在生物医学信号提取、处理过程中，滤波器发挥着比较重要的作用。各种生物信号的低噪声放大都要先严格限定在信号所包含的频谱范围内。

在中国，常用的电压频率为 50Hz，人体所分布的电容及电极引线会以电磁波辐射的形式造成干扰，这就是所谓的工频干扰。工频干扰会对电气设备和电子设备产生影响，导致设备运行异常。在肌电信号测量中，由于生物电信号属于低频微弱信号，灵敏度要求比较高，且强度小于 50Hz 的工频干扰，这样会将原本的肌电信号淹没，因而除去 50Hz 工频干扰是

非常必要的。

利用 RC 回路组成双 T 型带阻滤波器，电路如图 20-6 所示。中心频率为

$$f=\frac{1}{2\pi R_3 C_5}\approx 50\text{Hz} \tag{20-2}$$

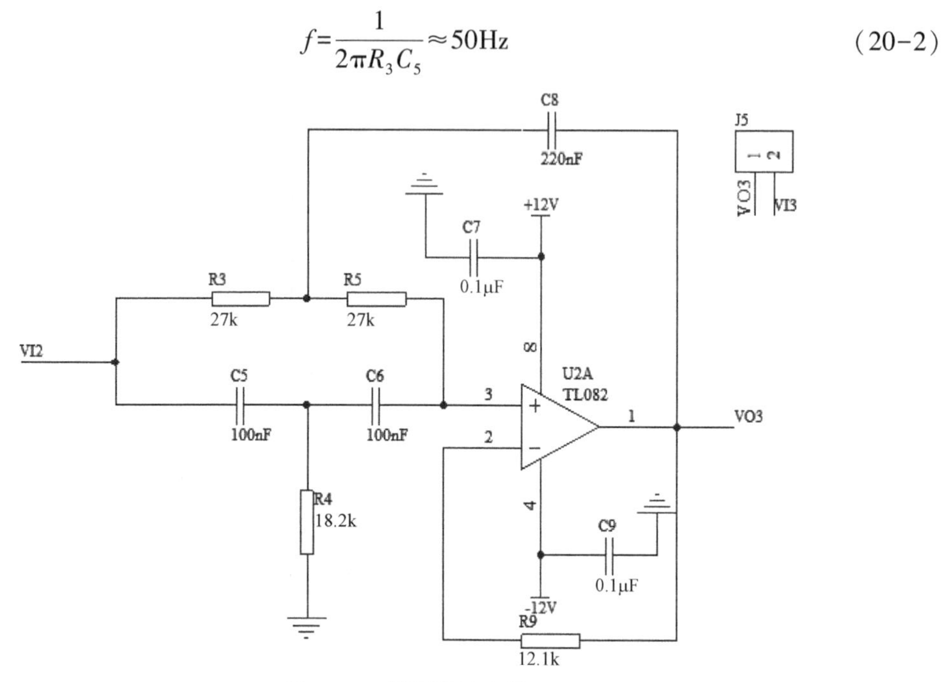

图 20-6　带阻滤波电路

5. 带通滤波电路

带通滤波电路可由低通滤波电路和高通滤波电路结合来实现，这样带通滤波电路更具有组成它的低通、高通滤波电路的滤波特性。肌电信号一般频带范围为 20～5000Hz，主要集中在 100～1000Hz。因此设计一个截止频率为 100Hz 的高通滤波器和截止频率为 1000Hz 的低通滤波器来组成带通滤波器。

1）低通滤波电路

由 TL082 芯片组成主动式二阶低通滤波器，如图 20-7 所示，其截止频率为 1000Hz，截止频率公式为

$$f=\frac{1}{2\pi\sqrt{C_{10}C_{11}R_6R_7}}\approx 1000\text{Hz} \tag{20-3}$$

2）高通滤波电路

由 TL082 芯片组成主动式二阶高通滤波器，如图 20-8 所示，其截止频率为 100Hz，截止频率公式为

$$f=\frac{1}{2\pi\sqrt{C_{20}C_{21}R_8R_{12}}}\approx 100\text{Hz} \tag{20-4}$$

6. 增益放大电路

由于通过增益放大器以前的电路得到的人体阻抗信号非常微弱，要显示通过心脏而引起的人体阻抗变化信号，必须将此信号进行放大，增益放大器即是实现放大功能的。放大作用的实质是把电源的能量转移给输出信号。输入信号的作用是控制这种转移，使放大器

输出信号的变化重复或反映输入信号的变化。

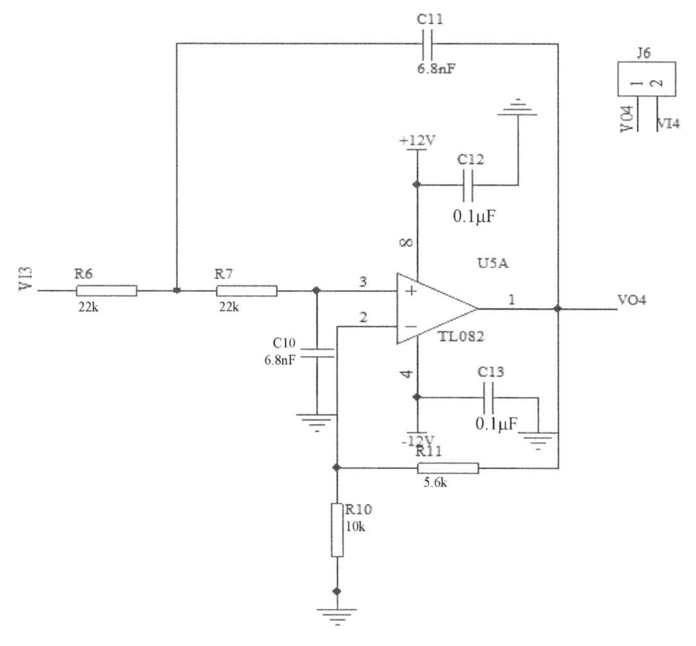

图 20-7　低通滤波电路

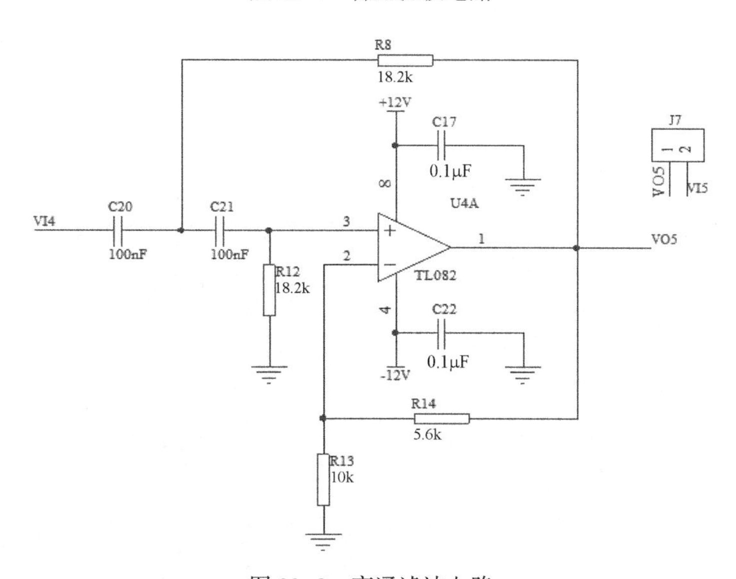

图 20-8　高通滤波电路

由 TL082 芯片组成非反相放大器，利用电阻 R15、R17 调整放大增益倍数，如图 20-9 所示。其放大增益公式为

$$A_u = \frac{R_{15}+R_{16}}{R_{16}} \approx 200 \tag{20-5}$$

或

$$A_u = \frac{R_{17}+R_{16}}{R_{16}} \approx 100 \tag{20-6}$$

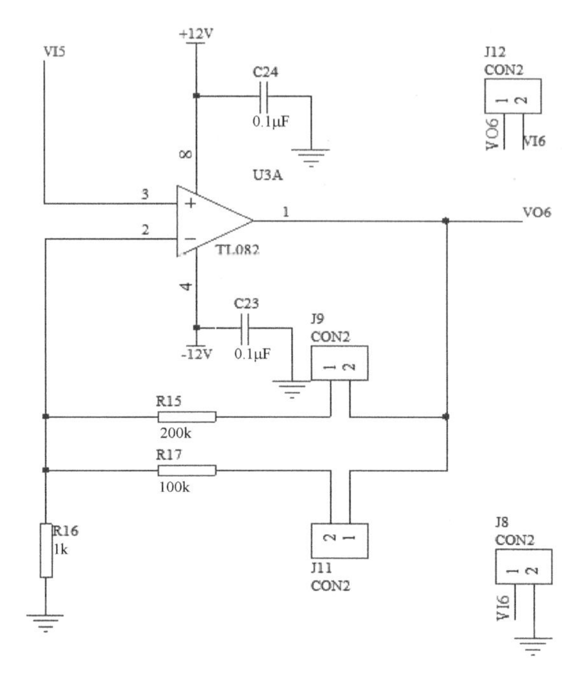

图 20-9　增益放大电路

 电路 PCB 设计图

电路 PCB 设计图如图 20-10 所示。

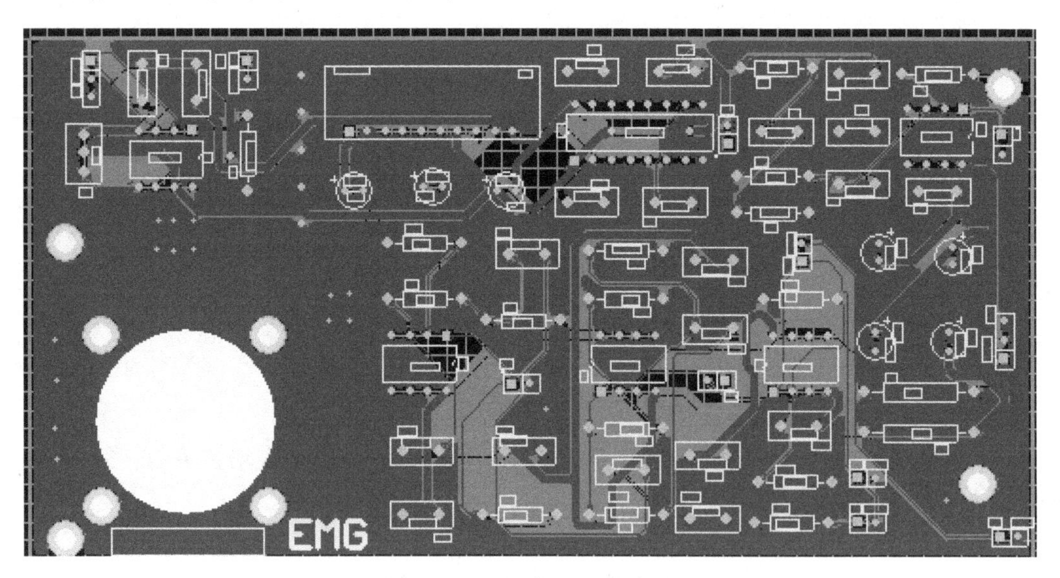

图 20-10　电路 PCB 设计图

实物测试

实物图如图 20-11 所示，测试图如图 20-12 所示。

图 20-11　实物图

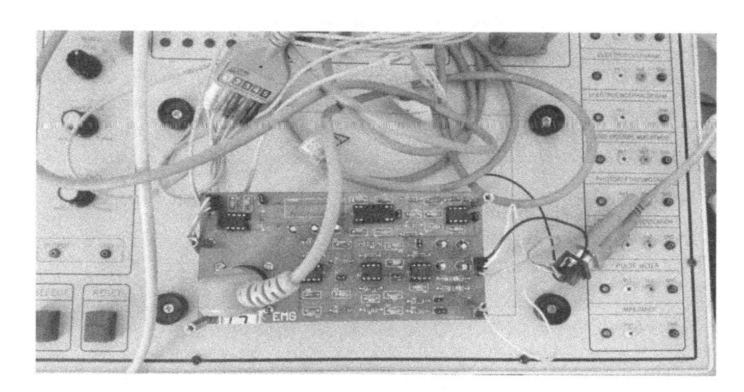

图 20-12　测试图

测试结果

1. 手臂无动作时的波形图

手臂无动作时的波形图如图 20-13 所示。

2. 手握 5kg 哑铃做弯曲动作时的波形图

手握 5kg 哑铃做弯曲动作时的波形图如图 20-14 所示。

3. 测试结果分析

从测试时手臂无动作和手臂进行弯曲动作时的波形图对比可知，肌肉发生运动时，肌电信号发生了明显变化，电路达到了设计的目标。

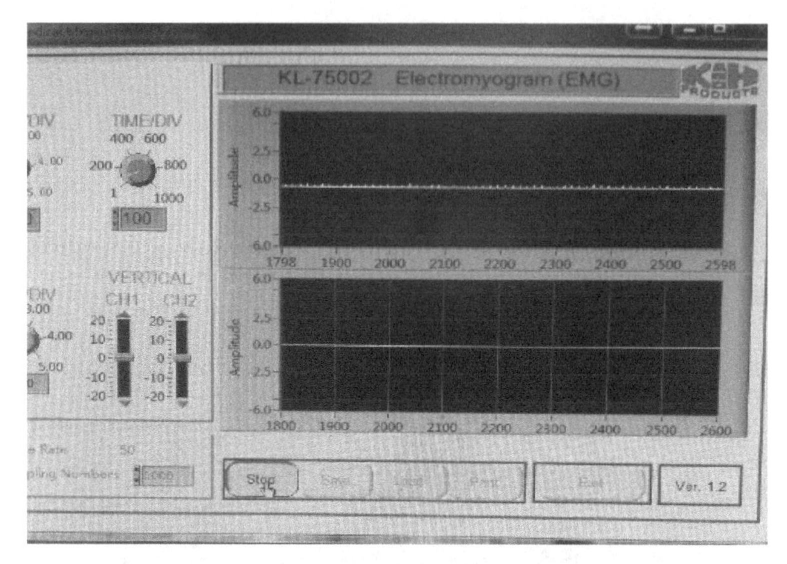

图 20-13 手臂无动作时的波形图

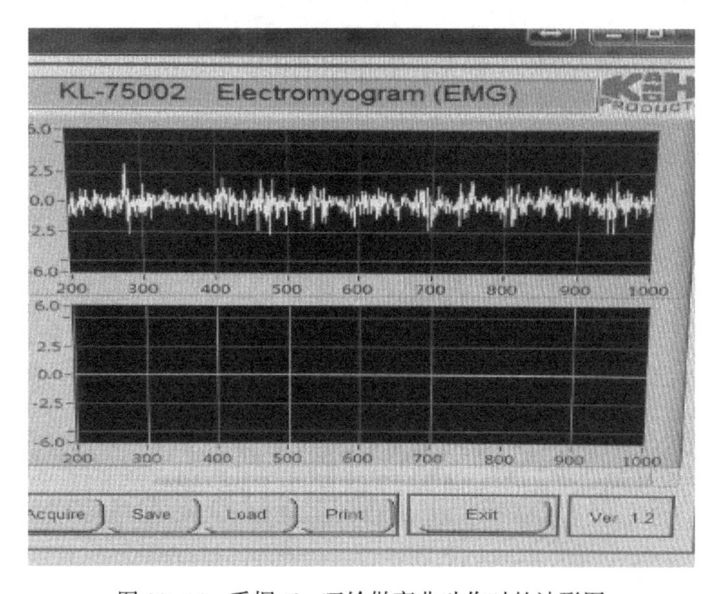

图 20-14 手握 5kg 哑铃做弯曲动作时的波形图

思考与练习

（1）前置放大电路为何要满足高输入阻抗的要求？

答：生物信号源是微弱的信号源，并且具有较高的内阻，通过电极提取出的电信号会呈现出不稳定的高内阻源性质。理论上源阻抗是信号频率的函数，电极阻抗也是频率函数，随着频率的增加而下降。针对肌电电极这种小面积的电极，伴随信号幅度的变化，电极电流密度也有比较明显的变化，相对应的电极阻抗也会随信号幅度产生变化。本项目中受测者在运动的情况下，电极与皮肤接触的压力产生变化，人体组织液和导电液中的离子浓度会产生变化，导致肌电信号在放大器输出时有较强的干扰。电极与肌纤维的接触面积非常小，接触阻抗有时高达 1MΩ 以上，因此要求肌电放大器具有高输入阻抗。

（2）带通滤波器通带频率为何设计为 100~1000Hz？

答： 肌电信号一般频带范围为 20~5000Hz，主要集中在 100~1000Hz。

（3）电路设计中为何引入 50Hz 带阻滤波电路？

答： 在中国，常用的电压频率为 50Hz，人体所分布的电容及电极引线会以电磁波辐射的形式造成干扰，这就是所谓的工频干扰。工频干扰会对电气设备和电子设备产生影响，导致设备运行异常。在肌电信号测量中，由于生物电信号属于低频微弱信号，灵敏度要求比较高，且强度小于 50Hz 的工频干扰，这样会将原本的肌电信号淹没，因而除去 50Hz 工频干扰是非常必要的，从而引入 50Hz 带阻滤波电路。

特别提醒

（1）肌电信号属于低频信号，信号工作频率较小，布线与器件间电感所带来的影响相对较小，但对环流干扰较大，因此采用一点接地的方法。

（2）本次设计的电路板既有数字电路又有模拟电路，在设计时要将两者区分开来，分别与各自的电源地线相连接。还需要尽量增加电路的接地面积。

（3）对于地线要尽量采用加粗设计，接地电位会随着电流的变化而变化，导致电子设备信号电平不稳，抗噪声性能变坏。

（4）为提高抗噪声能力，将接地线做成死循环路，避免产生较大的电位差。

项目 21　人体阻抗测量电路设计

设计任务

设计一个人体阻抗测量电路，将人体阻抗信号放大，并在一定的频率范围内将信号输出。

基本要求

本项目构建一套基于 50kHz 激励频率的人体阻抗测量系统，该系统采用四电极法实现对人体阻抗幅值和相位的测量。

设计思路

通过传感器将微弱的人体阻抗信号放大并通过带阻滤波电路滤除 50Hz 工频和直流干扰，通过带通滤波电路获得 0.1～10Hz 的人体阻抗信号，然后经过增益放大电路最后一级放大得到人体阻抗图形。

系统组成

人体阻抗测量电路主要分为以下 9 部分。

☺ 第一部分：文氏桥电路，人体阻抗测量交流频率要高于 20kHz，可选用能产生 50kHz 频率的文氏桥电路。

☺ 第二部分：恒流源电路，为电压–电流转换电路，产生恒定的正弦电流。

☺ 第三部分：前置放大电路，选用 AD8221 芯片，将信号放大 6 倍。

☺ 第四部分：带阻滤波电路，滤除直流和 50Hz 干扰。

☺ 第五部分：信号隔离电路，为了人体安全，并且生理信号为低频微弱信号，此电路可以提高电路信噪比。

☺ 第六部分：带通滤波电路，可以获得 0.1～10Hz 的人体信号。

☺ 第七部分：解调电路，全波整流，将 50kHz 载波信号和阻抗低频信号分离。

☺ 第八部分：增益放大电路，将信号放大 500 倍和 250 倍。

☺ 第九部分：电源隔离电路，为了人体安全并将外部电源与内部电源隔离，内部采用的是隔离后的电源。

系统结构框图如图 21-1 所示。

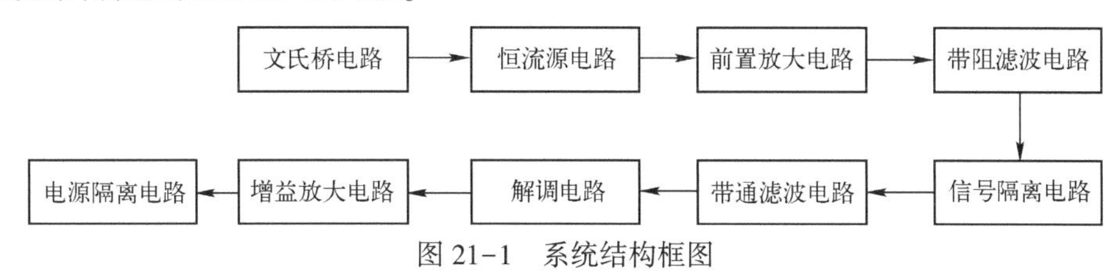

图 21-1　系统结构框图

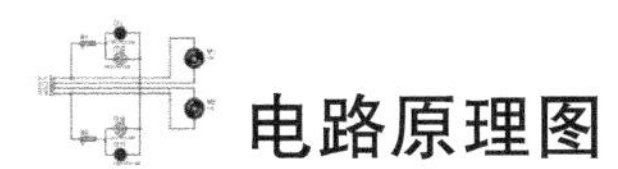

电路原理图

电路原理图如图 21-2 所示。

模块详解

1. 文氏桥电路

文氏桥电路产生频率一定、幅度恒定的正弦电流，最终施加到生物体测量部位。由于测量部位在心跳过程中发生有规律的阻抗变化，则于该部位测得的高频电压的幅度将按阻抗变化的规律而变化。生物体的感觉电流、皮肤-电极阻抗的大小与交流电的频率有很大关系。而采用四电极测量技术，皮肤阻抗受频率的影响不大。为避免对电流的感觉和减小皮肤电极阻抗的影响，人体阻抗测量的电流频率以高于 20kHz 为宜，一般多用 50～100kHz。在此频率范围内呼吸对阻抗测定的影响也最小，呼吸引起的阻抗改变基本上是电极的改变，电容的影响可忽略不计。本设计采用频率为 50kHz 的正弦信号，是因为这个频率是工频 50Hz 的整数倍，受工频干扰最小。文氏桥电路如图 21-3 所示。

2. 恒流源电路

恒流源电路实际上是一个电压-电流转换电路。其中一个运放（U6AA）接到具有深度负反馈的同相输入端，在忽略运放输入偏置电流和恰当选择外围电阻的条件下，输出电流可以通过调整电阻 R5 的大小而改变。恒流源电路如图 21-4 所示。

3. 前置放大电路

生物医学电信号大都属于低频的微弱自然信号。为了对生物医学信号进行各种处理，必须把原始信号放大到一定的程度。信号的放大电路是人体电子测量系统中最基本的组成部分，而放大器的前置级电路又是放大电路的关键部分。根据生物医学信号的特点及信号的提取方式，通常要求前置级电路具有以下特征。

1）高输入阻抗

生物医学信号源一般是高内阻的微弱信号源。在信号的提取过程中，信号源的内阻、电极的阻抗、电极与皮肤的接触阻抗，都会随着各种因素而变化。例如，源内阻和电极阻抗是信号频率的函数，其阻值随着频率的升高而降低；电极阻抗还随电极中电流密度的大小而变化，信号幅值低时，电流密度小，相应的电极阻抗大；电极与皮肤的接触阻抗在人体运动的情况下会发生很大的变化。当放大器的输入阻抗不够高时，就会使得放大器输入端的电压信号发生波动或频率产生失真，进而影响电路的质量。

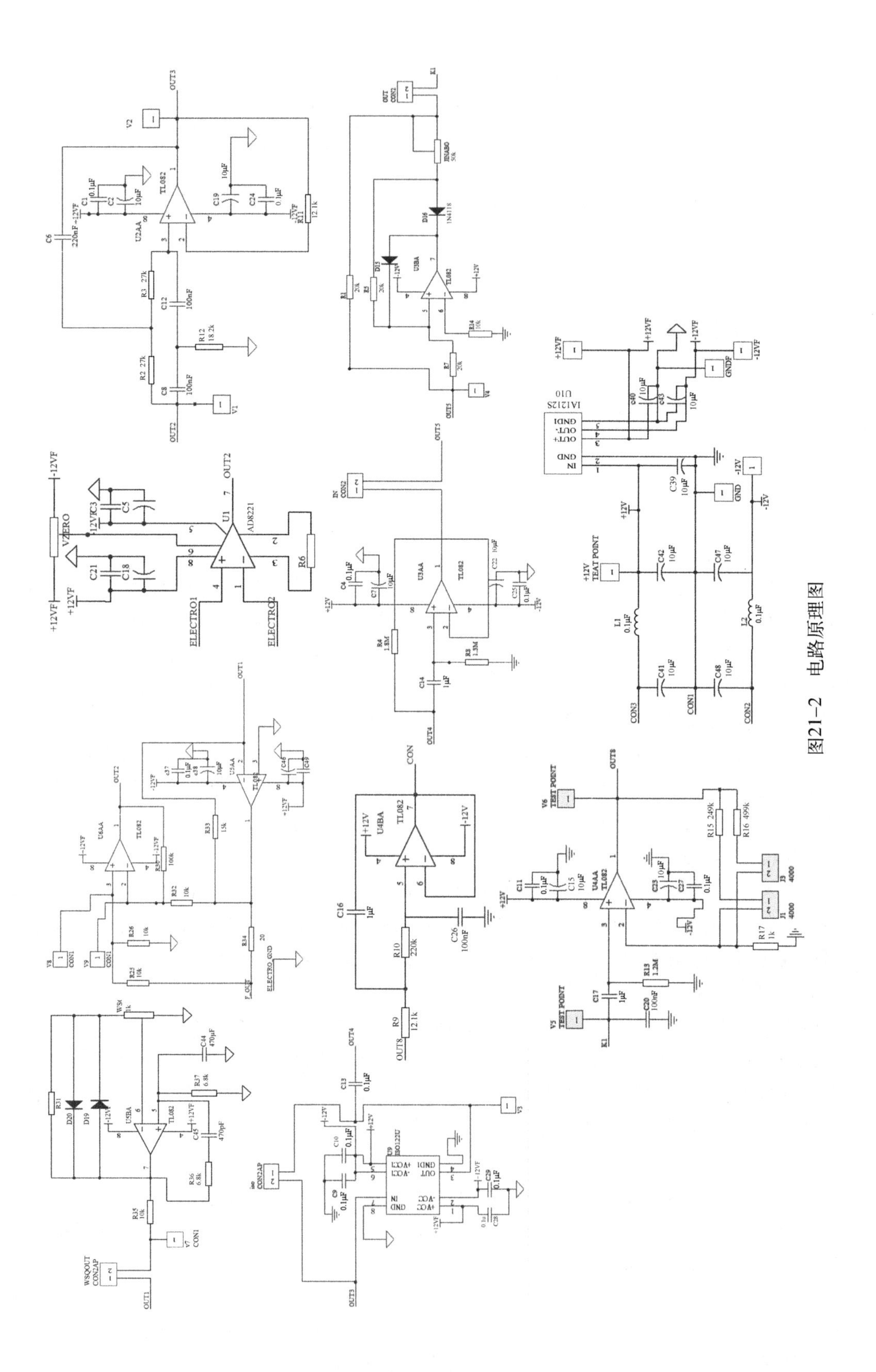
AD8221
TL082
ELECTRO1
ELECTRO2
VZERO
+12VF
-12VF
OUT2
R6
U4BA

图21-2 电路原理图

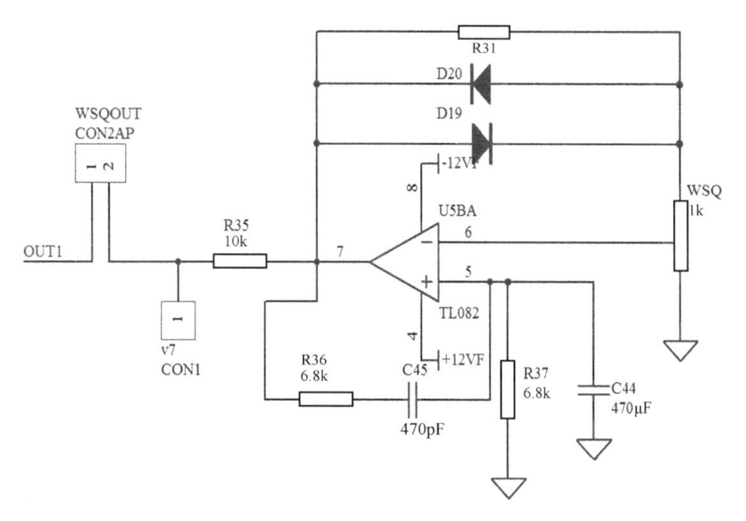

图 21-3　文氏桥电路

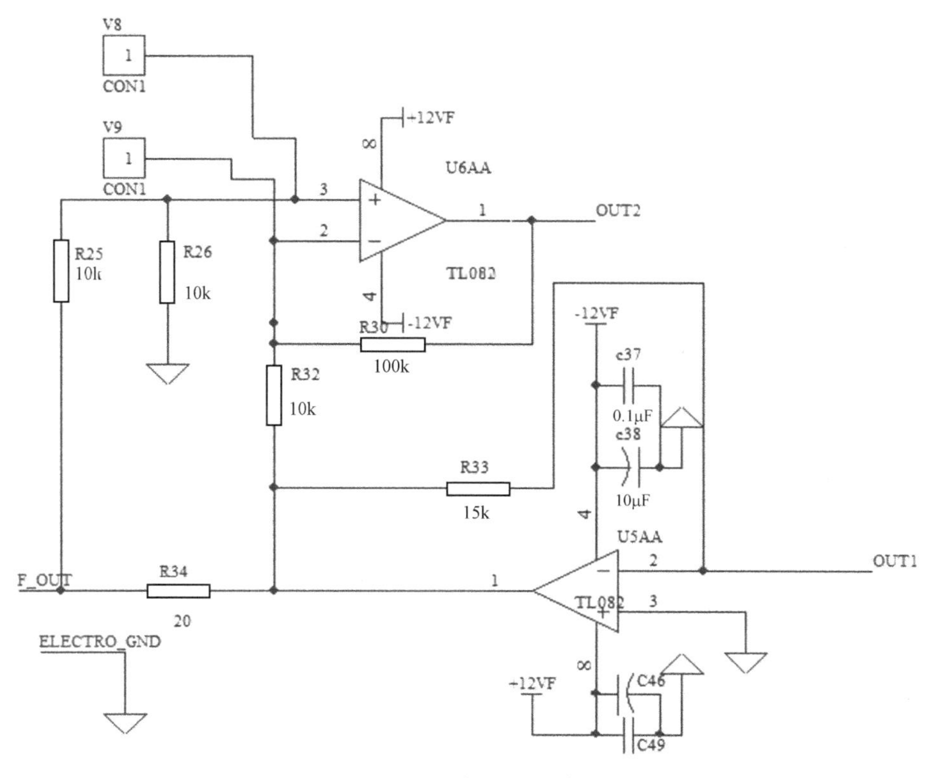

图 21-4　恒流源电路

2）高共模抑制比

生物医学电信号进行放大的通常是电极所处两点之间的电压差，为了抑制人体携带的工频干扰或其他生理作用的干扰，需要放大电路具有高的共模抑制比（CMRR）。生物电信号放大器的 CMRR 一般要求为 60~100dB，高性能放大器的 CMRR 达 120dB。

3）低噪声、低漂移

由于生物医学电信号本身的幅值微弱，为了获得一定信噪比的输出信号，使整个放大电路具有较好的低噪声性能，低噪声、低漂移的要求对于前置级电路是必需的。接收电极上测得的信号很小，因此需要进行适当的放大，同时滤除信号中的噪声，以使后面的测量能得到较好的效果，这就要求选用的仪表放大器有较高的共模抑制比和足够的带宽。本系统选用 Analog Devices 公司的 AD8221。AD8221 是一种只用一个外部电阻就能设置放大倍数为 1~1000 的低功耗、高精度仪表放大器。前置放大电路如图 21-5 所示。

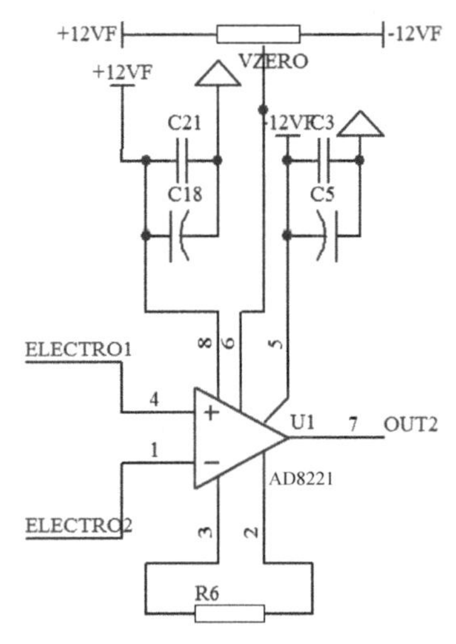

图 21-5　前置放大电路

4. 带阻滤波电路

由于信号源输出幅度往往很小，不足以激励功率放大器输出需要的值，因此常在信号与功率放大器之间插入一个前置放大电路对信号进行放大，同时，对采集到的有用信号和干扰信号也都进行了放大，所以要对信号进行适当的处理。带阻滤波电路就是为了滤掉多余的干扰信号，干扰信号主要为直流和 50Hz 工频干扰，用 50Hz 带阻滤波器将其滤去，以免影响有用的信号，在输出端得到准确的输出波形。带阻滤波电路如图 21-6 所示。

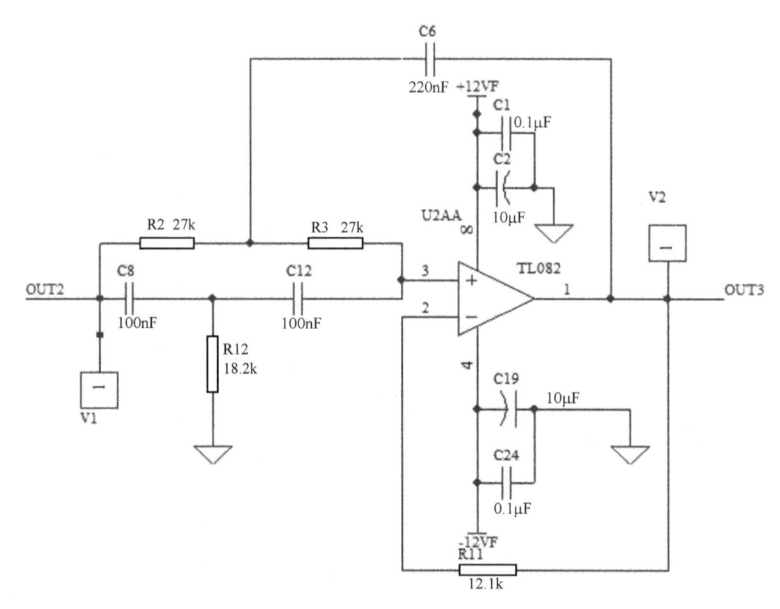

图 21-6　带阻滤波电路

5. 信号隔离电路

信号隔离可分为模拟信号隔离和数字信号隔离，相对于模拟信号隔离，数字信号隔离有较强的抗干扰性能，且因设计简单而被广泛采用。但是由于生理信号属于低频微弱信号，为了低噪放大器的设计，必须进行前级的模拟隔离，以提高电路的信噪比。模拟信号隔离对信号传输的线性度、电路增益的稳定性等指标有较高的要求，因而模拟信号隔离实现起来有一定的难度。现有的模拟信号隔离方式主要有：*V/F* 转换后经光电耦合再做 *F/V*

反变换；线性变压器隔离；线性调制与解调；光电耦合器线性放大等。第一种隔离方式工作可靠，但信号传输速率低，频带窄；变压器隔离方式的线性度和隔离度均较好，但体积大，主要限于音频功率信号的传输，不利于系统的集成；第三种方式的频带宽，但电路复杂，尽管已有专用集成模拟隔离放大器产品，但成本很高；光电耦合器构成的隔离电路简单，成本低，隔离效果好，传输信号频带较宽，在有限信号变化范围内线性度较高。所以光电耦合器构成的线性隔离放大器是较理想的模拟信号隔离方式。

本设计采用 IS0122U 光电隔离器件，后接一个放大器构成，以保证输入、输出基本不变，以达到隔离电源的目的。信号隔离电路如图 21-7 所示。

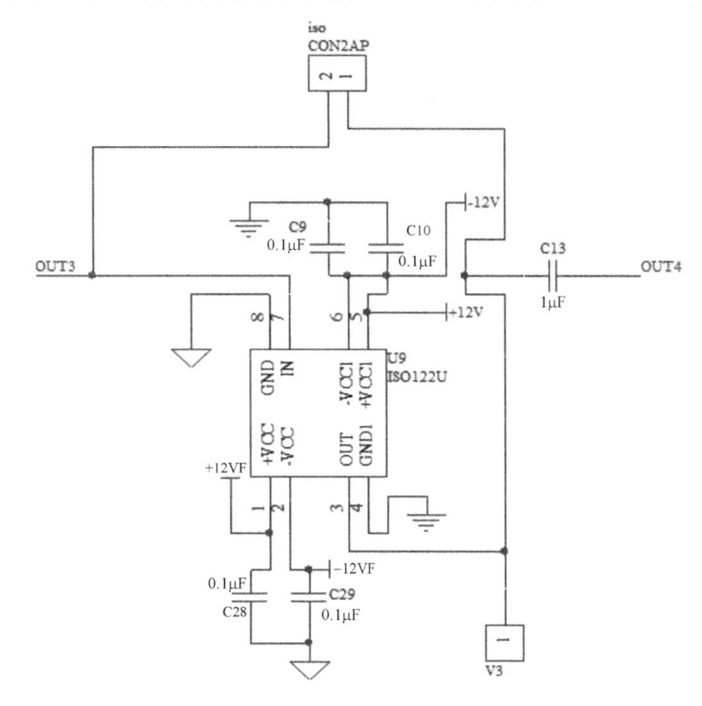

图 21-7　信号隔离电路

6. 带通滤波电路

常规阻抗信号的主要频带范围是 0.1~10Hz。为防止处于干扰环境时阻抗信号中混入各种噪声，因此在本系统中设计了通带频率为 0.1~10Hz 的带通滤波电路，将阻抗信号的有用成分从载波信号中分离出来。设计的带通滤波器由 10Hz 的低通滤波器级联 0.1Hz 的高通滤波器实现。由于对运放没有特别要求，这里采用通用型放大器 TL082。

由 TL082 组成的二阶低通滤波器，截止频率为 10Hz，电路如图 21-8 所示。

由 TL082 组成的二阶高通滤波器，截止频率为 0.1Hz，电路如图 21-9 所示。

将前面设计的低通滤波器和高通滤波器级联起来，便得到所需的带通滤波器。

7. 解调电路

输入信号经由精密全波整流，可将 50kHz 的载波信号和阻抗低频信号分离开来。通过 TL082、D15、D16、R5、R7 组成一反相半波整流电路，再由 R1、JINABO（可变电阻器）对原始信号和半波信号进行叠加，形成一全波整流电路。设计解调电路时主要应该从这几个方面进行考虑：失真小，效率高，相关参数选择要适当。解调电路如图 21-10 所示。

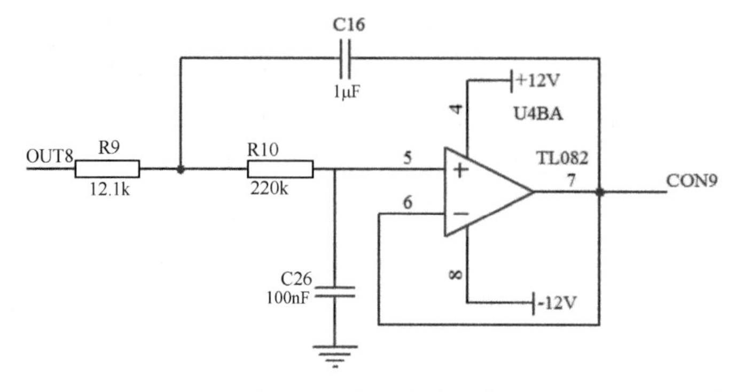

图 21-8　低通滤波电路

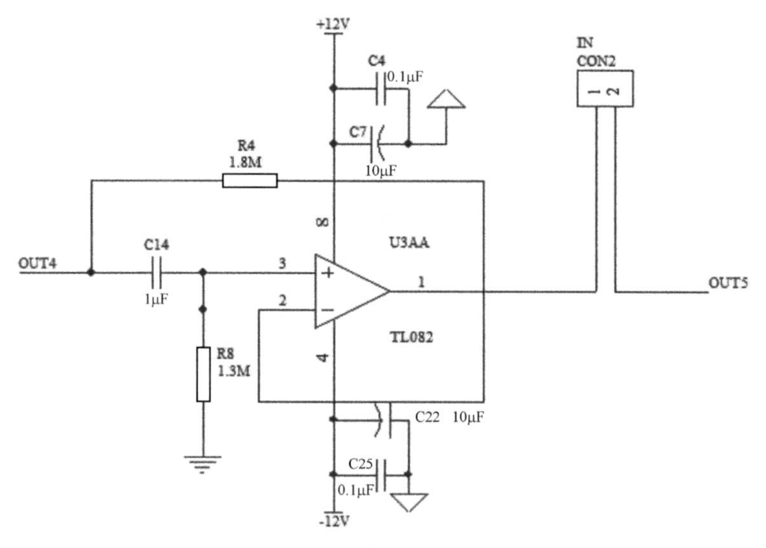

图 21-9　高通滤波电路

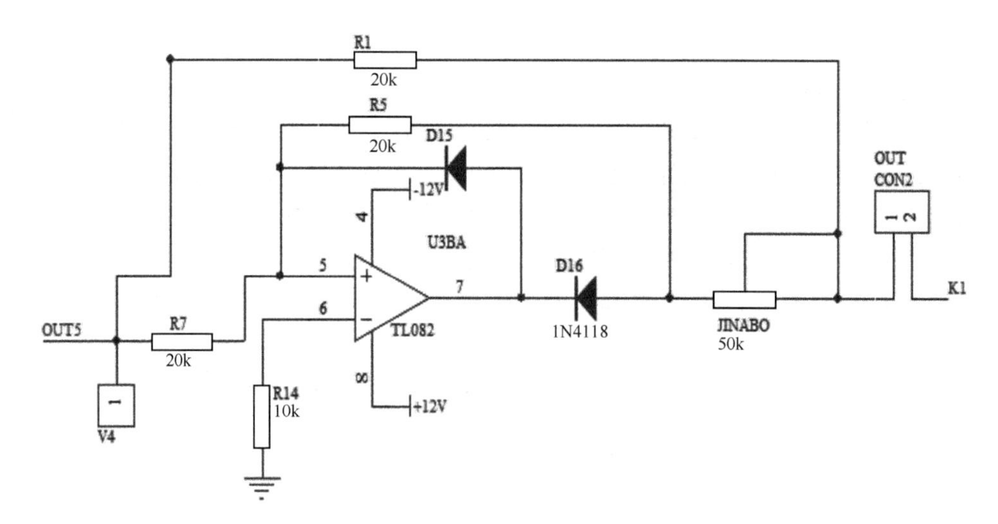

图 21-10　解调电路

8. 增益放大电路

由于通过增益放大器以前的电路得到的人体阻抗信号非常微弱，要显示通过心脏而引起的人体阻抗变化信号，必须将此信号进行放大，增益放大器即是实现放大功能的，放大作用的实质是把电源的能量转移给输出信号。输入信号的作用是控制这种转移，使放大器输出信号的变化重复或反映输入信号的变化。设计该增益放大器主要应该从这几个方面考虑：失真小，效率高，不失真输出要大，也即效率高。如果效率低，不仅标志着电能的浪费大，而且由于浪费的这些电能绝大部分都耗费在增益管上，既加重了增益管的负担，又造成机内升温。按其设计要求，需满足增益放大率 500，为了有一定的裕量，增益放大率可以略大于 500。增益放大电路如图 21-11 所示。

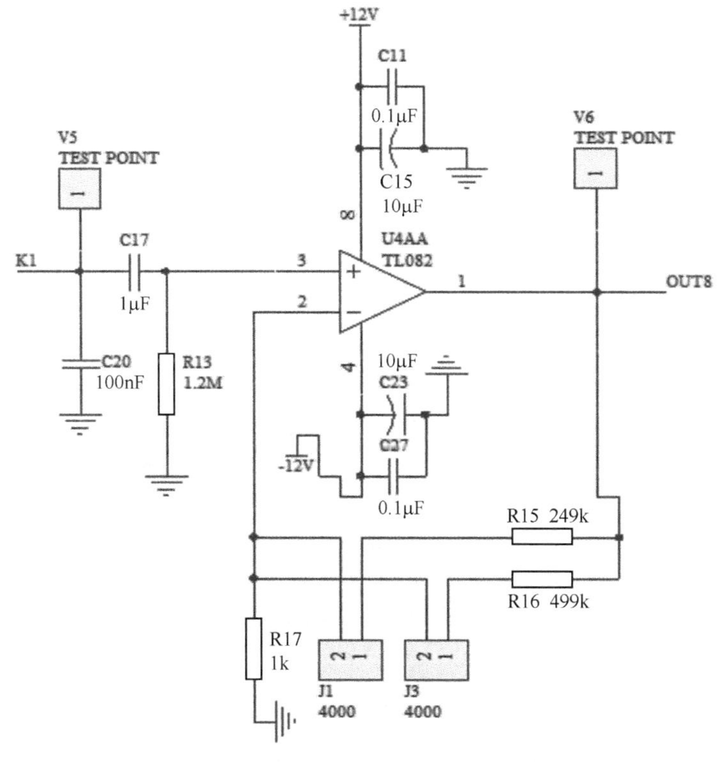

图 21-11　增益放大电路

9. 电源隔离电路

电源隔离的基本功能是将外部电源与内部电源隔离，提供系统内的浮地直流电源。它的电能量传递是通过高度绝缘的变压器直接耦合而完成的。本系统使输入电极与浮地式放大器相连来实现电源隔离。系统内部电源是由 DC/DC 隔离后的直流电源提供的，从而实现整个系统的安全隔离。DC/DC 直流变换器，顾名思义，就是将一种直流电平变换成另外一种直流电平。在医疗保健设备中，通常利用 DC/DC 变换模块将对人体安全的低输入电压转换成设备所必需的工作电压。本系统中采用 IA1212S 直流变换模块，供给整个隔离部分的电源。隔离后输出电压的典型值为±12V。采用 DC/DC 变换模块后，输入、输出之间的绝缘耐压可达到 1500V 左右；采用高度的集成化设计，基本不需要外围元件。由图 21-12 可见，该隔离电源不仅结构简单，而且可以确保系统的安全性能。

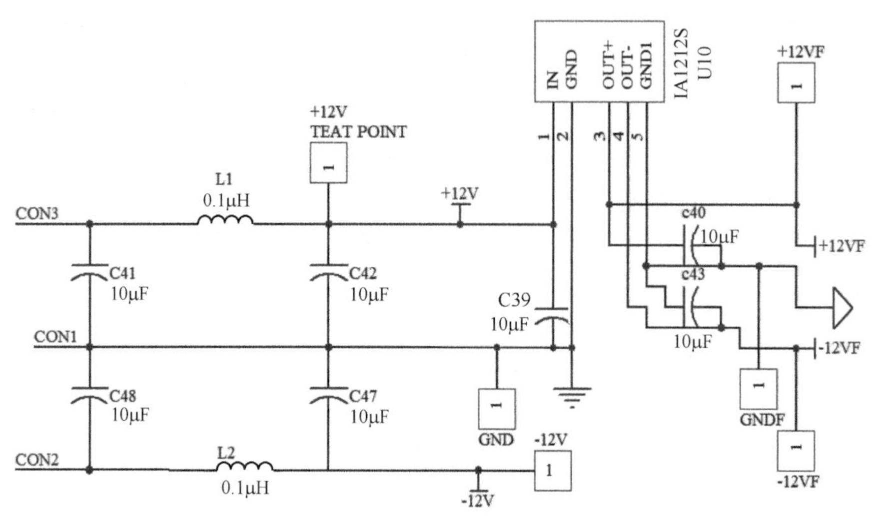

图 21-12　电源隔离电路

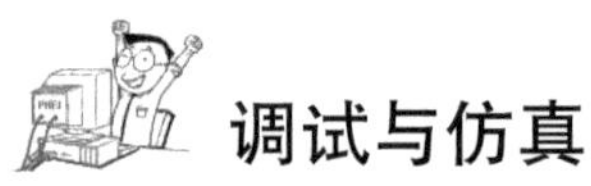

调试与仿真

人体阻抗测量电路的设计仿真运行结果如图 21-13 所示。

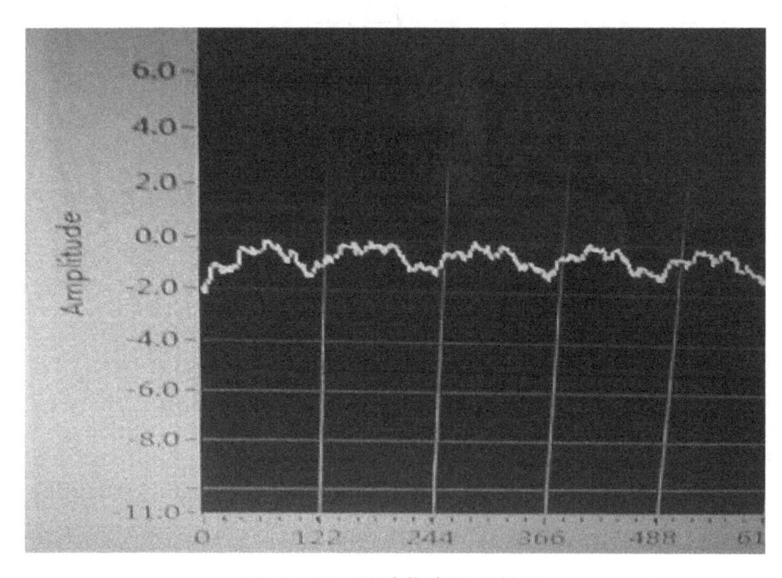

图 21-13　设计仿真运行结果

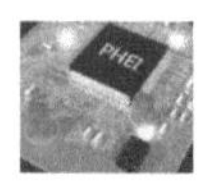

电路 PCB 设计图

电路 PCB 设计图如图 21-14 所示。

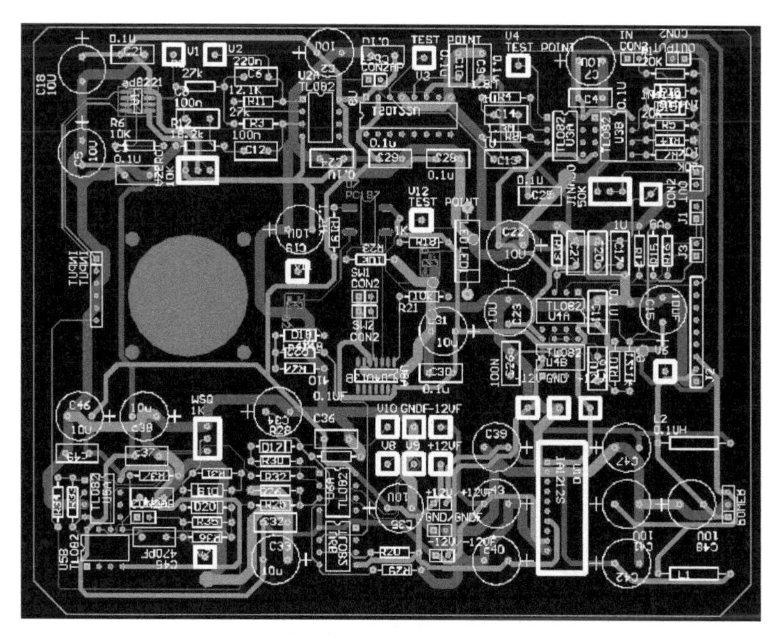

图 21-14　电路 PCB 设计图

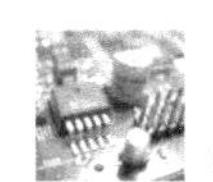

实物图

实物图如图 21-15 所示。

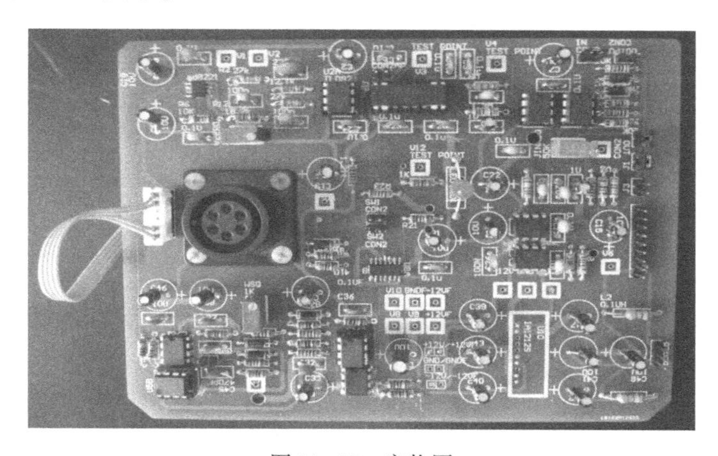

图 21-15　实物图

思考与练习

（1）为什么要设计解调电路（整流滤波电路）？

答：本文中整流电路是全波整流，目的是将 50kHz 载波信号和阻抗低频信号分离开来。

（2）为什么要设计前置放大和增益放大两个放大电路？

答：人体阻抗信号非常微弱，一般要放大2000~4000倍，设计前置放大电路先将人体信号放大6倍，最后经过增益放大电路放大500倍。在两个放大电路的综合作用下，实现了将人体阻抗信号放大3000倍。

（3）为什么要设计信号隔离电路？

答：首先是为了测试人体的安全，其次生理信号为低频微弱信号，通过信号隔离可以提高电路信噪比。

特别提醒

（1）当电路各部分设计完毕后，需对各部分进行适当的连接，并考虑器件间的相互影响。

各部分的连接顺序为：文氏桥电路→恒流源电路→前置放大电路→带阻滤波电路→信号隔离电路→带通滤波电路→解调电路→增益放大电路→电源隔离电路。

（2）设计完成后要对电路进行模块测试、图像分析等。

项目 22　血压测量电路设计

设计任务

与传统血压脉搏检测相比，本血压测量电路无水银，避免了因水银泄漏而造成的环境污染问题，而且操作简单易行，适合家庭使用。本电路通过压力传感器测得血压值，再通过 *V/F* 转换器将血压对应的电压信号转换为与之对应的频率信号，传入单片机，然后由单片机控制，经主程序处理后，在液晶显示器上显示血压值。

基本要求

设计一种基于 ATmega16 单片机的电子血压脉搏实时检测电路，将血压数值显示在 LCD 显示屏上。

设计思路

该电子血压脉搏实时检测硬件电路包括 5 大模块：控制模块、人机交互模块、传感器模块、报警电路模块、袖带气囊驱动模块。控制模块采用 ATmega16 作为主控制器。传感器模块采用新型的医用专用电容式压力传感器 Sensor101。人机交互模块采用 LCD1602 液晶对显示的血压和脉搏进行设置。系统通过将袖带气囊包在待测者的上臂上，通过向气囊增压和减压的过程采集压力传感器的输出值，通过数据处理计算出血压，并显示在 LCD 显示屏上。

系统组成

血压测量电路主要分为以下 5 部分。

☺ 第一部分：传感器电路。

☺ 第二部分：ATmega16 单片机系统电路。

☺ 第三部分：人机交互电路。

☺ 第四部分：电源电路。

☺ 第五部分：驱动电路。

系统结构框图如图 22-1 所示。

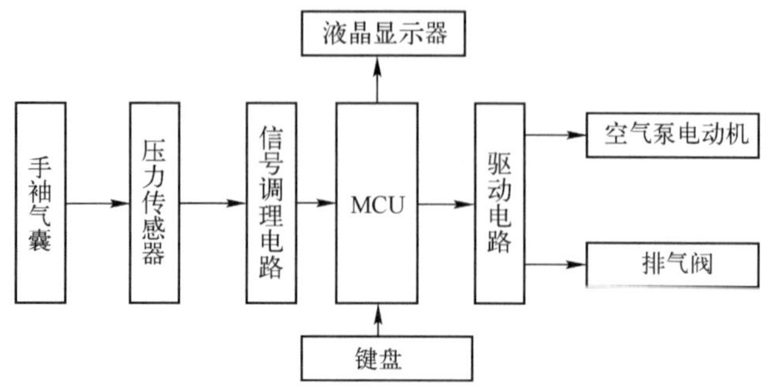

图 22-1　系统结构框图

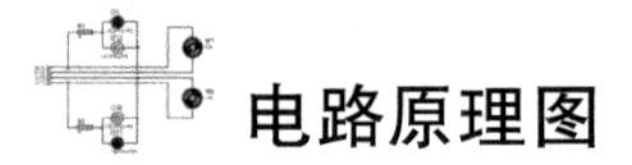

电路原理图

电路原理图如图 22-2 所示。

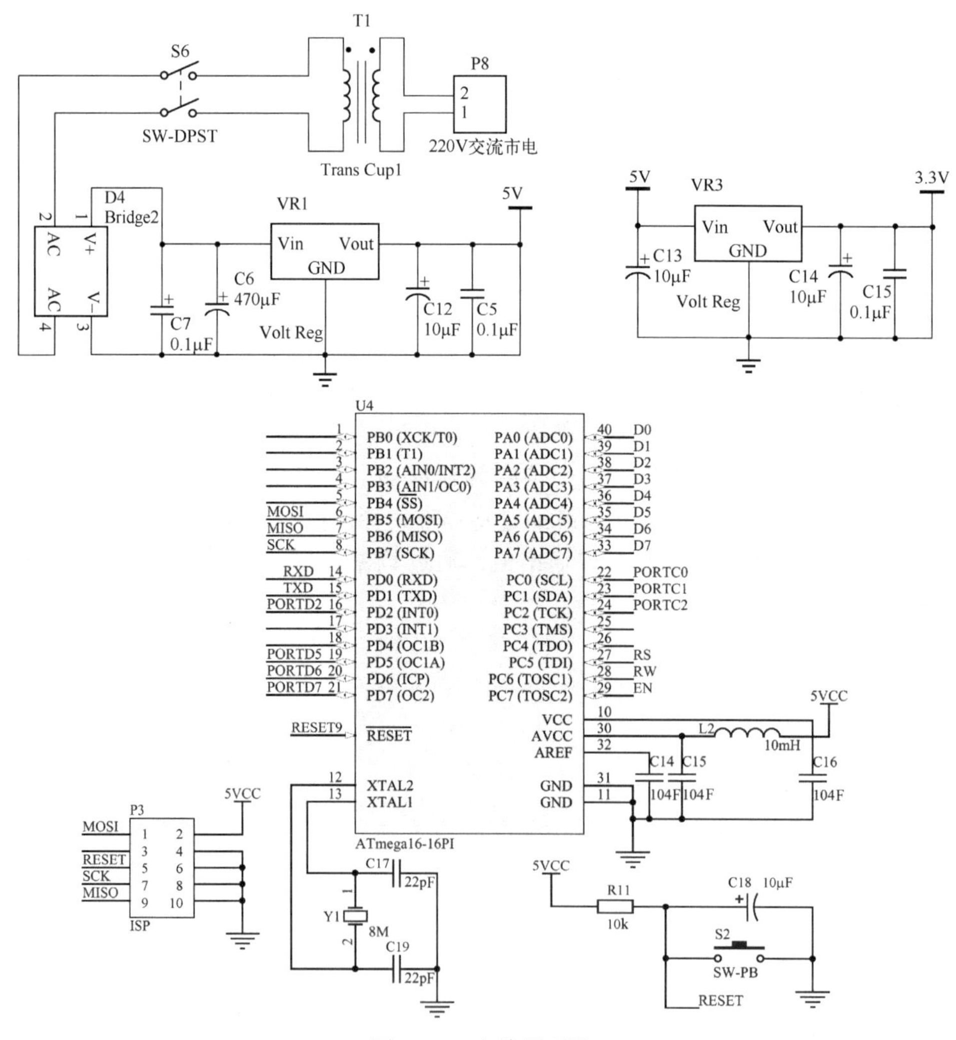

图 22-2　电路原理图

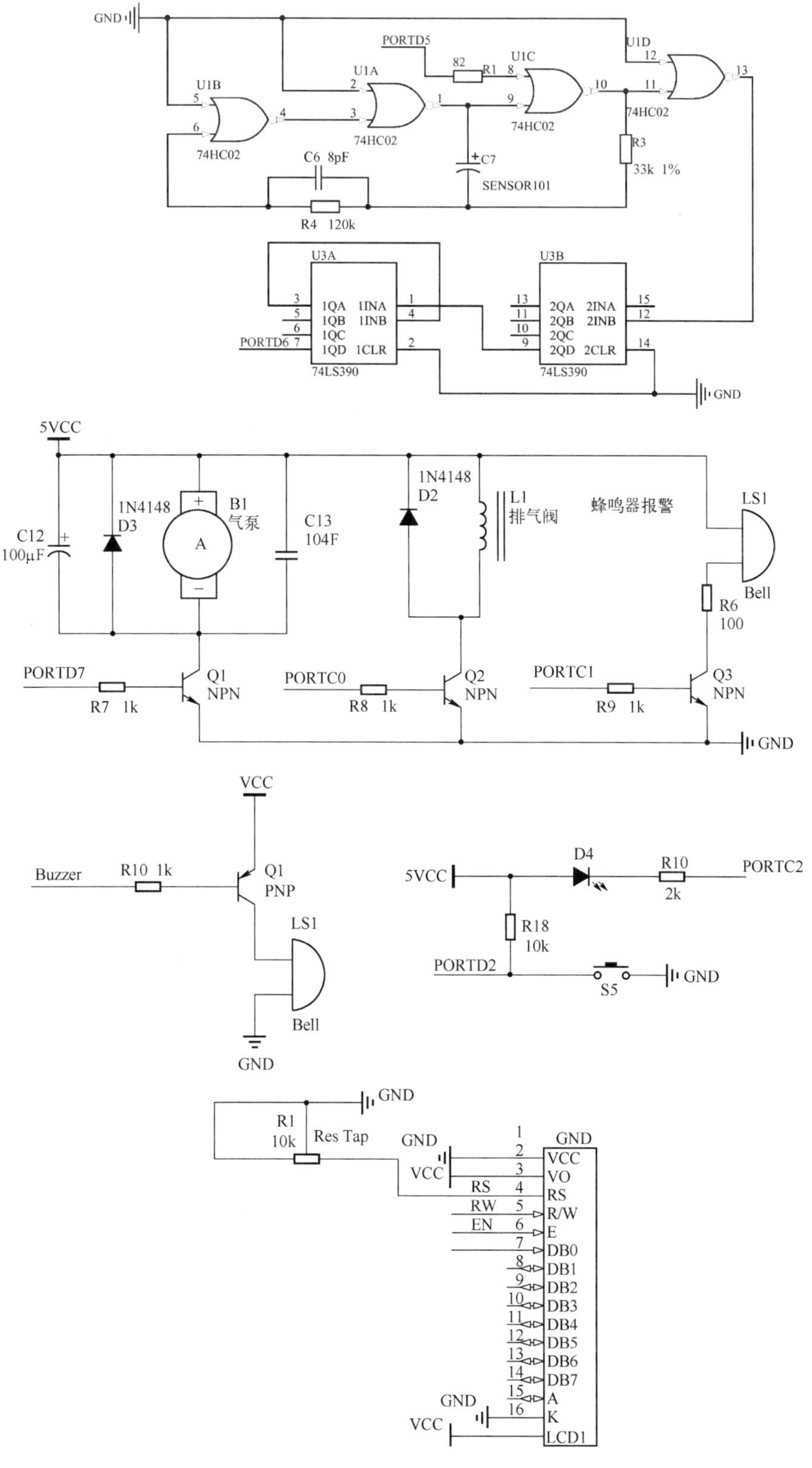
GND
PORTD5
82
R1
U1A
U1B
U1C
U1D
74HC02
C6 8pF
C7
SENSOR101
R3
33k 1%
R4 120k
U3A
U3B
1QA 1INA
1QB 1INB
1QC
1QD 1CLR
2QA 2INA
2QB 2INB
2QC
2QD 2CLR
PORTD6
74LS390
5VCC
1N4148
D3
B1
气泵
C13
104F
C12
100μF
D2
L1
排气阀
蜂鸣器报警
LS1
Bell
R6
100
PORTD7
R7 1k
Q1
NPN
PORTC0
R8 1k
Q2
PORTC1
R9 1k
Q3
VCC
Buzzer
R10 1k
PNP
D4
R10
2k
PORTC2
R18
10k
PORTD2
S5
R1
10k
Res Tap
VO
RS
R/W
E
RW
EN
DB0
DB1
DB2
DB3
DB4
DB5
DB6
DB7
A
K
LCD1

图 22-2　电路原理图（续）

模块详解

1. 传感器电路

本设计采用静电容式压力传感器配合气囊手袖采集血压信号。传感器电路如图 22-3 所示。

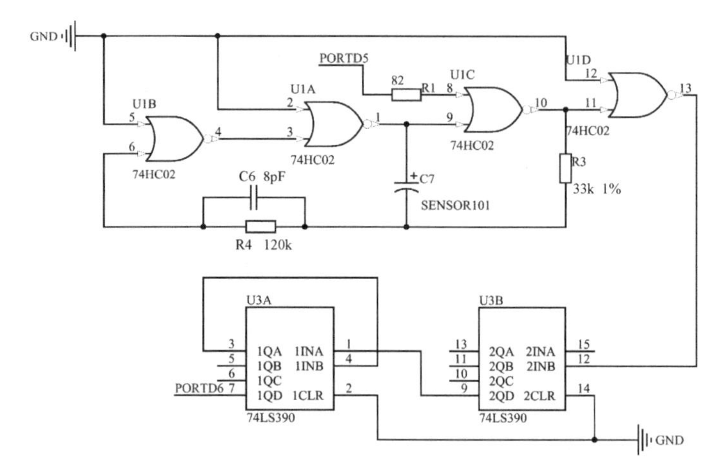

图 22-3　传感器电路

传感器将压力信号变换为同比例的频率信号。由于人体的血压范围在 40～140mmHg 之间，传感器对应的输出频率范围在 920～1120kHz。该频率范围对于单片机的处理速度要求较高，所以需要对传感器信号进行分频处理。本设计采用的 AVR 单片机，其外部时钟为 8MHz，利用两片 74LS390 计数器串联组成 50 倍分频电路，将传感器输出频率范围分到 18.4～22.4kHz 的范围，在这个范围内，利用单片机的 ICP 模块即能很好地捕捉测频。

2. ATmega16 单片机系统电路

如图 22-4 所示为 ATmega16 单片机系统电路，其中控制器采用 Atmega16，按键 S2 为复位按键，Y1 为晶振。为了计时方便，晶振选用 8MHz 无源外部晶振，配合两个起振电容 C17、C19，形成晶体谐振电路为单片机提供一个 8MHz 的稳定时钟源。为了方便起振，起振电容选用 22pF。

3. 人机交互电路

人机交互电路包括报警提示电路、按键设定电路和 LCD1602 显示电路。

1）报警提示电路

本设计中采用蜂鸣器作为血压脉搏检测仪测量时的报警提示器，当测量结束时，蜂鸣器发出蜂鸣声提示用户测量完成。报警提示电路如图 22-5 所示。

蜂鸣器通过线圈带动鼓膜振动而发出蜂鸣声，驱动线圈振动需要的驱动电流较大，而 51 单片机的端口驱动能力有限，不能直接驱动蜂鸣器，需要增加额外的驱动电路。本设计的蜂鸣器采用一个 PNP 型三极管驱动，此时三极管只做开关管使用，工作在饱和区。为防止三极管过电流击穿，在其基极需要增加一个限流电阻。

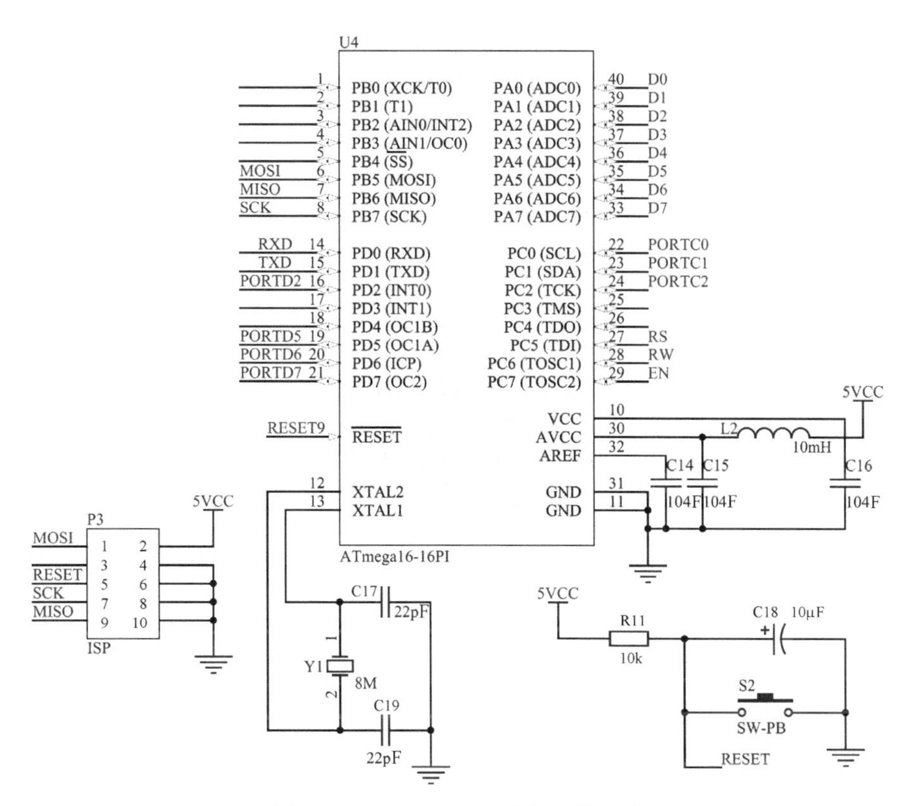

图 22-4　ATmega16 单片机系统电路

2）按键设定电路

如图 22-6 所示为按键设定电路，其中电阻 R18 为上拉电阻，大小为 10kΩ。本设计中每个按键一端接地，另一端通过一个上拉电阻接到 VCC 上。通过读出按键的电平信号而执行相应的程序完成人机交互的目的。

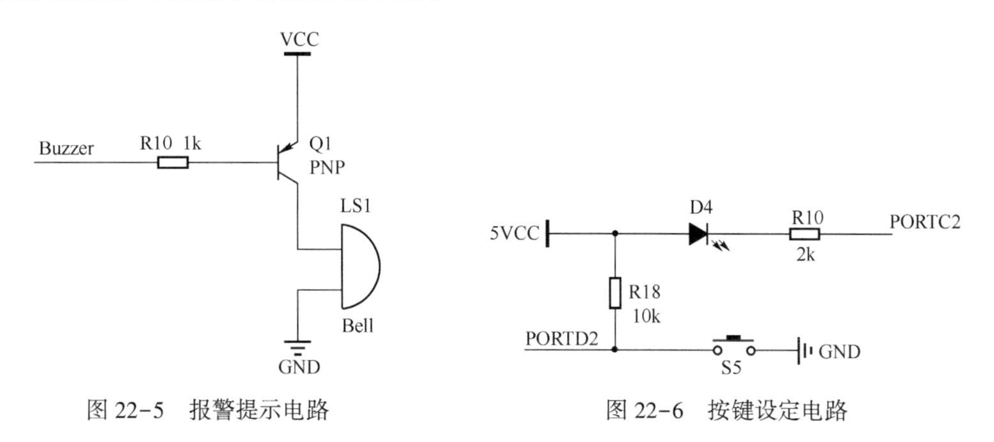

图 22-5　报警提示电路

图 22-6　按键设定电路

由于 LED 的导通电流为 5mA 左右，所以需在电路上加上限流电阻。因为电源电压为 5V，为保证灯的亮度，在此选择 2kΩ 的电阻限流。

3）LCD1602 显示电路

如图 22-7 所示为 LCD1602 液晶显示器，此液晶显示器属于工业字符型液晶显示器，能够同时显示 16×02 即 32 个字符。1602 液晶显示器也叫 1602 字符型液晶显示器，它是一种专门用来显示字母、数字、符号等的点阵型液晶模块。它由若干个 5×7 或者 5×11 等点阵字符位组成，每个点阵字符位都可以显示一个字符，每位之间有一个点距的间隔，每行之间也有间隔，起到了字符间距和行间距的作用。正因为如此，所以它不能很好地显示图形（用自定义 CGRAM，显示效果也不好）。

目前市面上的字符型液晶显示器绝大多数是基于 HD44780 液晶芯片的，控制原理也完全相同，因此，基于 HD44780 编写的控制程序可以很方便地应用于市面上大部分的字符型液晶显示器。

如图 22-8 所示为 LCD1602 液晶显示电路，因控制器单元 ATmega16 的 P0 端口带载能力比较差，需要外接上拉电阻。其中，电阻 R1 用来调节 LCD1602 的背光亮度，输入到 LCD1602 的 V0 端电压越大，LCD1602 的背光越亮。

图 22-7　LCD1602 液晶显示器

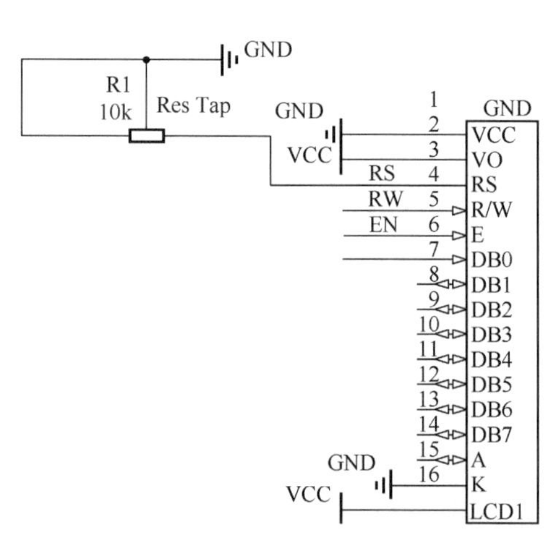

图 22-8　LCD1602 液晶显示电路

本设计中液晶显示器主要用于显示系统设置信息，方便用户录入感应器的感应类别，以及报警指示是何种指标超标。由于液晶显示及程序设计灵活，可以省去数码管显示的烦琐操作。同时，液晶显示更加人性化，且现在液晶显示器成本低廉，在本设计中是一个很好的选择。单片机的 P0 口作为液晶显示的数据端口。单片机的 P0 口输出增加上拉电阻 R2 将 P0 口输出上拉至 V_{CC}，以保证单片机输出 1 时，液晶数据口接收到的信号为高电平。

4. 电源电路

本系统控制电源为直流 5V 及 3. 3V 两个电压等级，系统供电采用线性电源，电源电路如图 22-9 所示。所接电源为 220V 交流市电。通过工频变压器将电压降压到 9V 后，整流滤波为直流电，然后再经过 5V 的三端稳压器 LT7805 将电压稳定为 5V 的直流电压输出，为 ATmega16 单片机系统电路、人机交互电路及传感器电路等提供电源。另外，再通过 5V 的三端稳压器 LM7805 及 3. 3V 三端稳压器 L1117 为 AD 转换电路供电。

5. 驱动电路

充放气也是影响测量准确度的一个重要因素。因此，怎样控制充气阀和放气阀，才能得到最好的测量结果是关键。在测量过程中，采用单片机控制充放气速率，根据压力大小控制充气阀和放气阀的动作，这样不但能够准确控制充放气的速率，而且能很好地监测整个系统的运行情况，还可以避免一些意外的人身伤害。

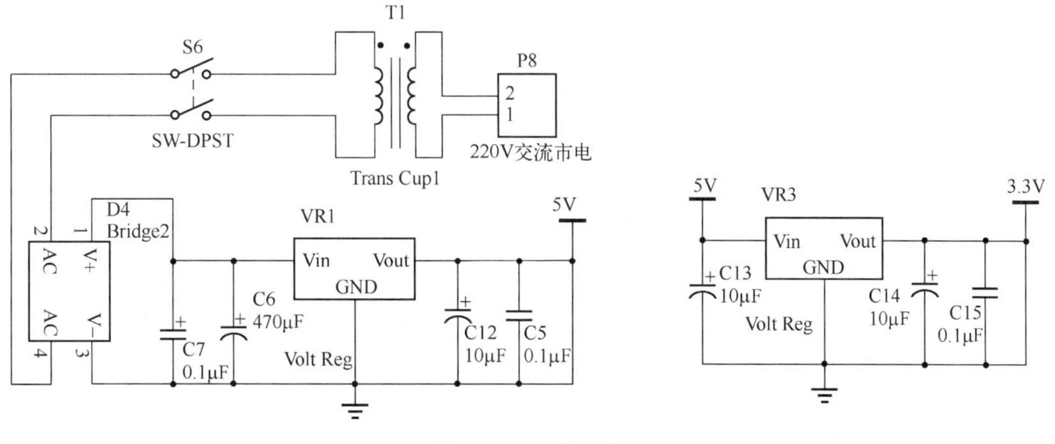

图 22-9　电源电路

驱动电路如图 22-10 所示。在充气过程中，可以稍微快点充气，并估计收缩压和舒张压，以便计算放气速率。当达到最大值后停止充气，开始慢慢地匀速放气。在放气过程中，时刻察觉血压袖套 CUFF 的压力情况，保持匀速放气。最后，当压力小于 20mmHg 时，立即把放气阀全部打开。

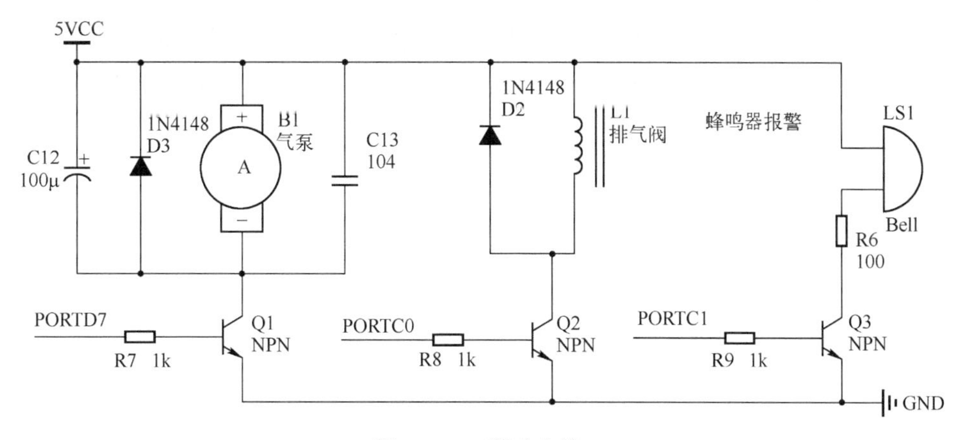

图 22-10　驱动电路

排气阀与继电器的控制原理相同，排气阀内部实际为一个电磁线圈，通过向线圈通入 5V 的电压，即可使线圈产生磁场，吸合排气阀门从而打开排气阀。由于控制器端口输出为 TTL 电平，所以对排气阀需要增设驱动电路。本设计采用 NPN 型三极管 8050 作为继电器的驱动电路，利用三极管工作于开关状态的特性，对三极管基极施加一定的电流，即能实现集电极和发射极之间的接通和断开的功能。当工作于开关状态时，由于三极管的导通电阻很小，相当于在线圈两端直接施加一个 5V 的电压，排气阀打开。当控制器输出低电平时线圈失电，排气阀关闭。

空气泵电动机采用大功率三极管驱动，同排气阀相同，此时三极管工作于开关状态。通过控制三极管基极的电流即能控制电动机的开启和关断，通过对三极管基极施加 PWM 信号，还可以实现电动机的 PWM 调速，即实现对充气泵充气速度的控制。

电路 PCB 设计图

电路 PCB 设计图如图 22-11 所示。

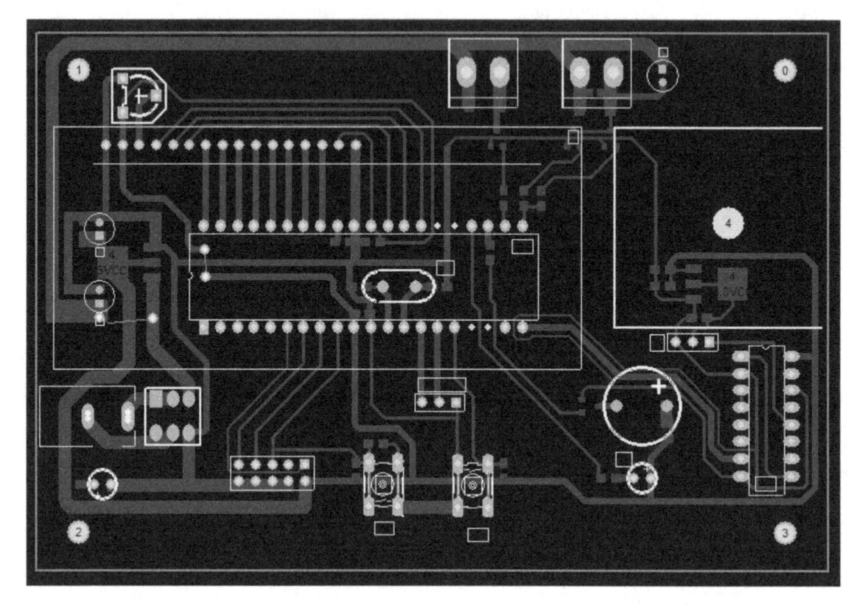

图 22-11　电路 PCB 设计图

实物测试

实物图如图 22-12 所示，测试图如图 22-13 所示。

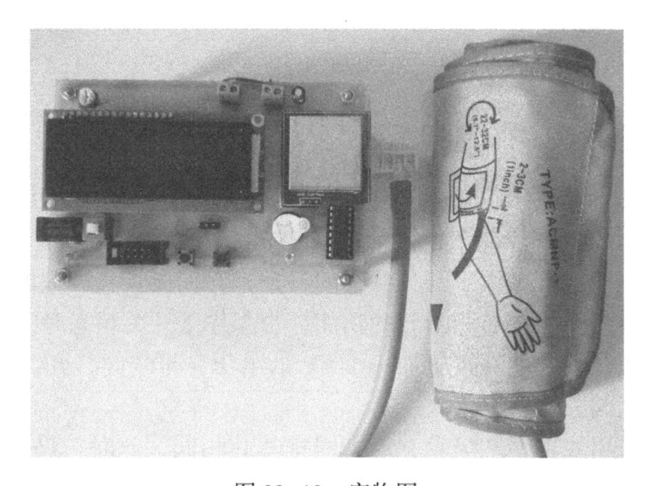

图 22-12　实物图

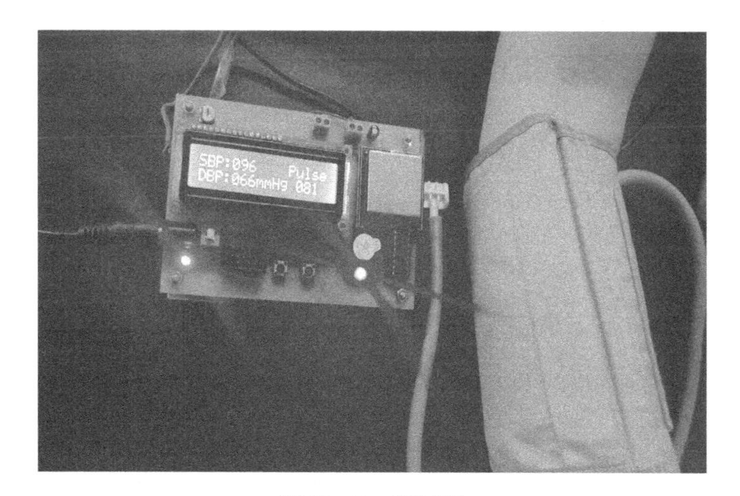

图 22-13　测试图

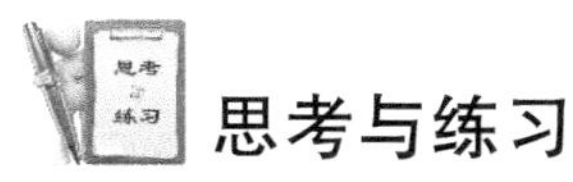

思考与练习

（1）报警提示电路中，为防止三极管过电流击穿，应采取什么措施？

答：在三极管基极需要增加一个限流电阻。

（2）请对本设计中的电源进行分析。

答：系统中电源为直流 5V 及 3.3V 两个电压等级，系统供电采用线性电源，电源电路如图 22-9 所示。所接电源为 220V 交流市电。通过工频变压器将电压降压到 9V 后，整流滤波为直流电，然后再经过 5V 的三端稳压器 LT7805 将电压稳定为 5V 的直流电压输出，为 ATmega16 单片机系统电路、人机交互电路及传感器电路等提供电源。另外，再通过 5V 的三端稳压器 LM7805 及 3.3V 三端稳压器 L1117 为 AD 转换电路供电。

（3）排气阀的控制原理是什么？

答：排气阀与继电器的控制原理相同，排气阀内部实际为一个电磁线圈，通过向线圈通入 5V 的电压，即可使线圈产生磁场，吸合排气阀门从而打开排气阀。由于控制器端口输出为 TTL 电平，所以对排气阀需要增设驱动电路。本设计采用 NPN 型三极管 8050 作为继电器的驱动电路，利用三极管工作于开关状态的特性，对三极管基极施加一定的电流，即能实现集电极和发射极之间的接通和断开的功能。当工作于开关状态时，由于三极管的导通电阻很小，相当于在线圈两端直接施加一个 5V 的电压，排气阀打开。当控制器输出低电平时线圈失电，排气阀关闭。

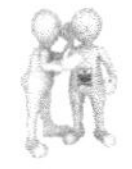

特别提醒

测试过程中，请测试者保持其手臂与心脏齐高，只有这样才能使测试结果更加符合实际情况。

项目 23　光电脉搏测量电路设计

设计任务

设计一个光电脉搏测量电路，将脉搏信号转换为模拟电压信号，从而反映人体的脉搏心率。

基本要求

电路应满足以下要求。

（1）规模小，佩戴方便。

（2）可采集到反映人体脉搏心率的模拟信号。

（3）可以使用示波器显示光电脉搏测量电路采集到的模拟信号。

设计思路

本光电脉搏测量电路采用的脉搏测量方法为光电容积法，具有方法简单、佩戴方便、可靠性高等特点。光电容积法的基本原理是利用人体组织在血管搏动时透光率的不同来进行脉搏测量。其使用的传感器由光源和光电变换器两部分组成。光源一般采用对动脉血液中氧和血红蛋白有选择性的一定波长（500～700nm）的发光二极管。当光束透过人体外周血管时，由于动脉搏动充血容积变化导致这束光的透光率发生改变，此时由光电变换器接收经人体组织反射的光线，转变为电信号并将其放大和输出。由于脉搏是随心脏的搏动而周期性变化的信号，动脉血管容积也周期性变化，因此光电变换器的电信号变化周期就是脉搏率。

系统组成

光电脉搏测量电路主要分为以下 3 部分。

☺ 第一部分：发光 LED 电路。

☺ 第二部分：光感受器电路。

☺ 第三部分：滤波放大电路。

系统结构框图如图 23-1 所示。

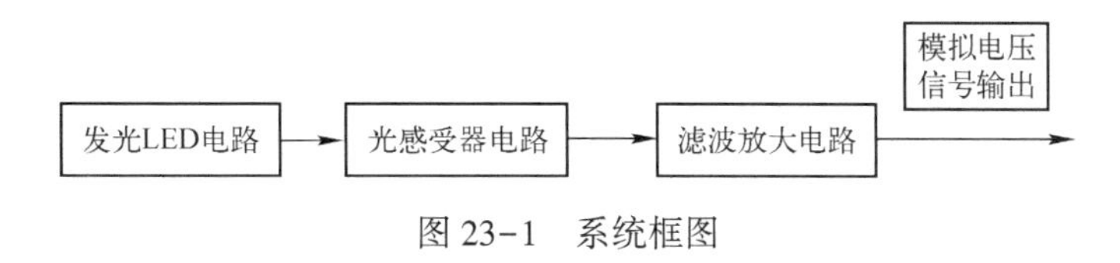

图 23-1　系统框图

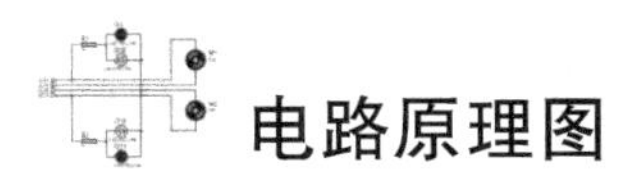

电路原理图

电路原理图如图 23-2 所示。

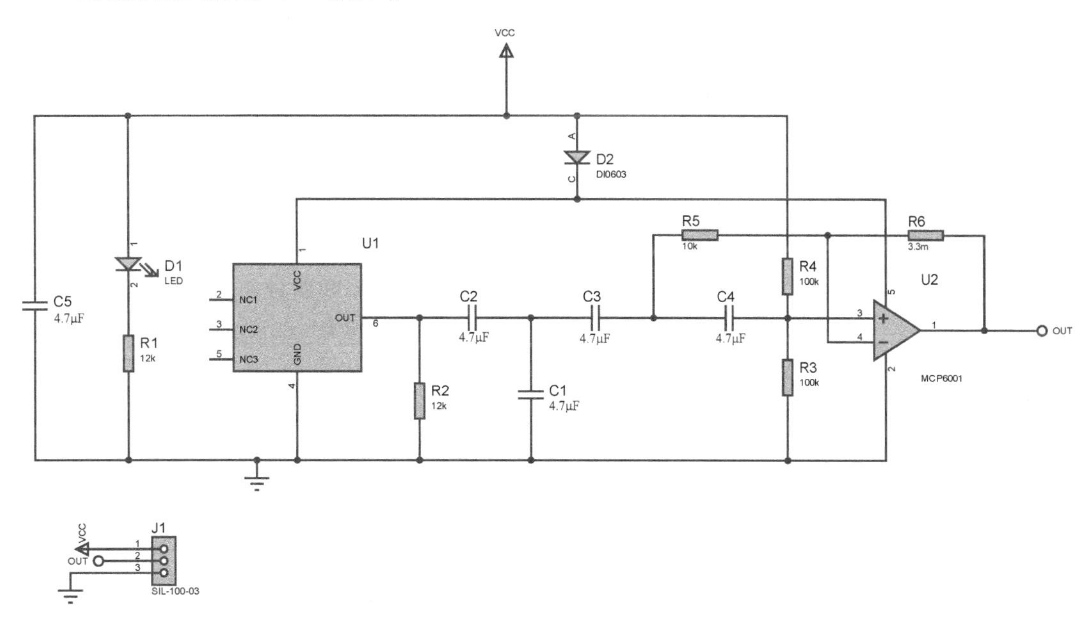

图 23-2　电路原理图

模块详解

1. 发光 LED 电路

根据相关资料，560nm 波长左右的波可以反映皮肤浅部微动脉信息，适合用来提取脉搏信号。本传感器采用峰值波长为 515nm 的绿光 LED，型号为 AM2520，串联一个 12kΩ 的分压电阻接于电源两端。其中电源和地之间接的 4.7μF 的无极电容可以滤除杂波，降低电源的高频内阻，使电源的线性更好。发光 LED 电路如图 23-3 所示。

2. 光感受器电路

本电路光感受器采用 APDS-9008，这是一款环境光感受器，感受峰值波长为 565nm，与 AM2520 的峰值波长比较接近，故灵敏度较高。二极管 DI0603 的作用为保护电路，防止反向电流损坏电源。光感受器电路如图 23-4 所示。

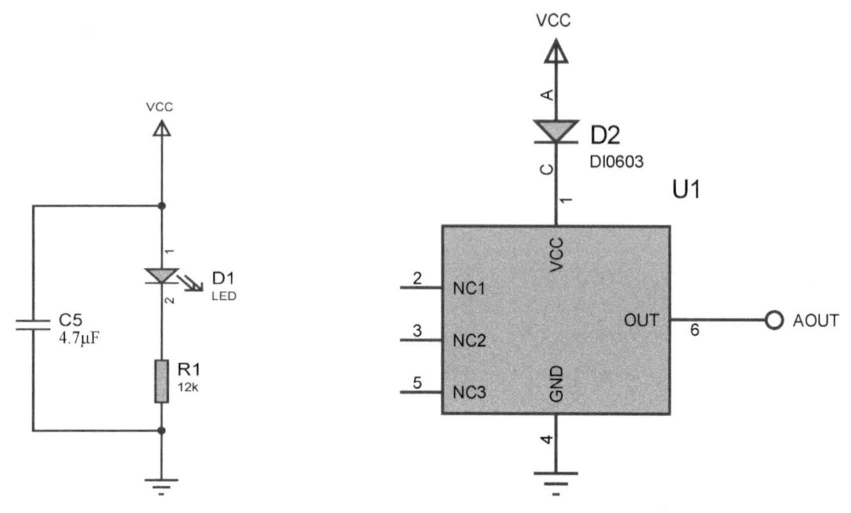

图 23-3　发光 LED 电路

图 23-4　光感受器电路

3. 滤波放大电路

由于光感受器输出的脉搏信号的频带一般在 0.05~200Hz 之间，信号幅度均很小，一般在毫伏级水平，容易受到各种信号的干扰，所以在传感器后面设计了低通滤波器，以滤除高频干扰信号；又采用运放 MCP6001，通过设置电阻 R5 和 R6 的阻值将传感器信号放大了 330 倍。同时，采用分压电阻设置直流偏置电压为电源电压的 1/2，以获得最大的输出动态响应范围，使放大后的信号可以很好地被采集到。电路中电容 C4 的作用是去除高频噪声，减少运放输入端的电磁干扰。滤波放大电路如图 23-5 所示。

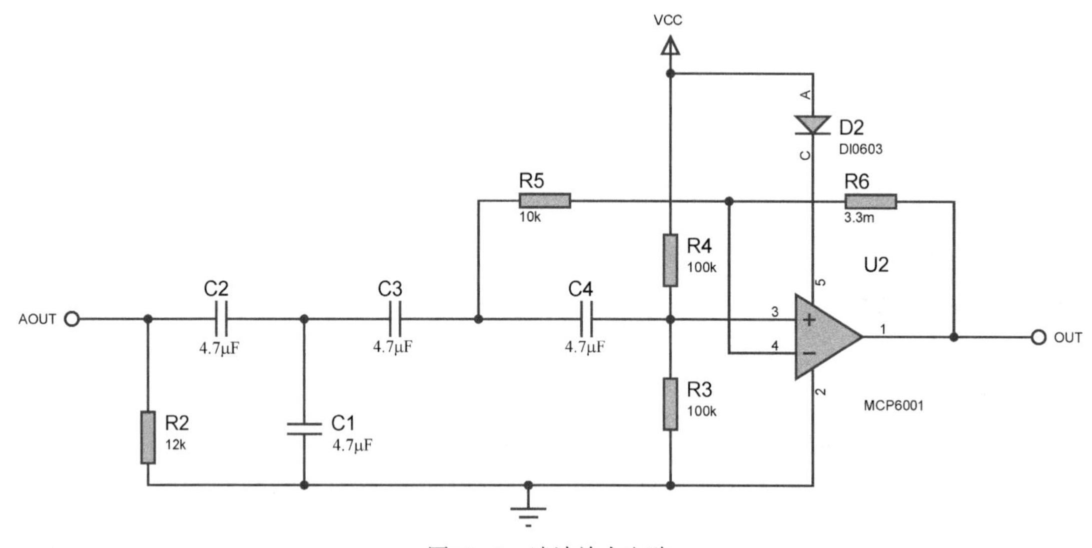

图 23-5　滤波放大电路

本设计为硬件电路，无软件设计。但可以将本设计的信号输出端接单片机的 AD 采集口，设计单片机程序对信号进行具体分析，将其转换为可视的图像进行显示。

电路 PCB 设计图

电路 PCB 设计图如图 23-6 所示。

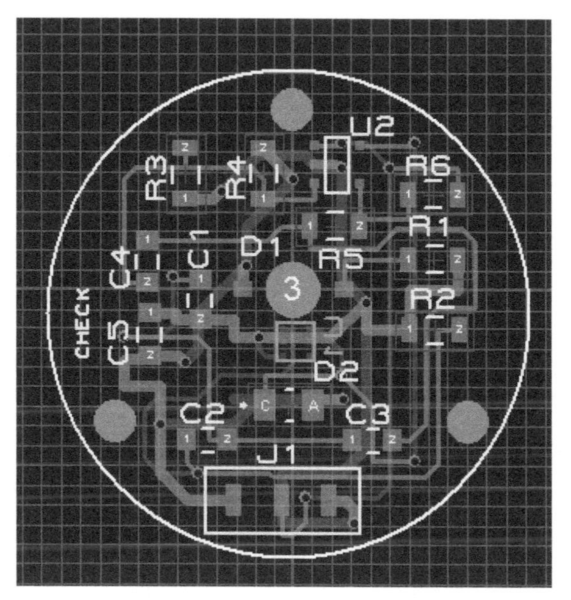

图 23-6　电路 PCB 设计图

实物图

实物图如图 23-7 和图 23-8 所示。

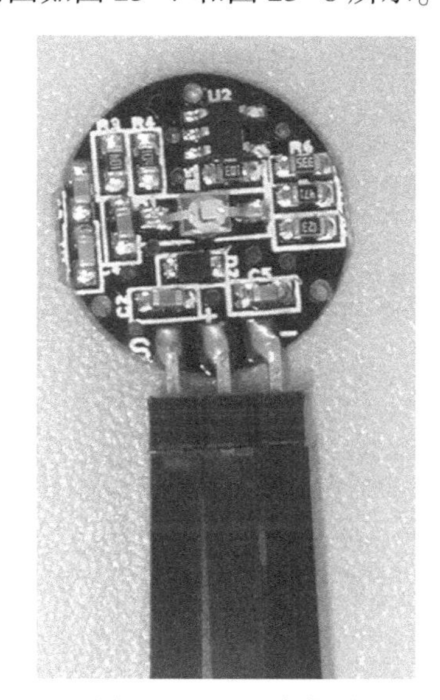

图 23-7　正面实物图

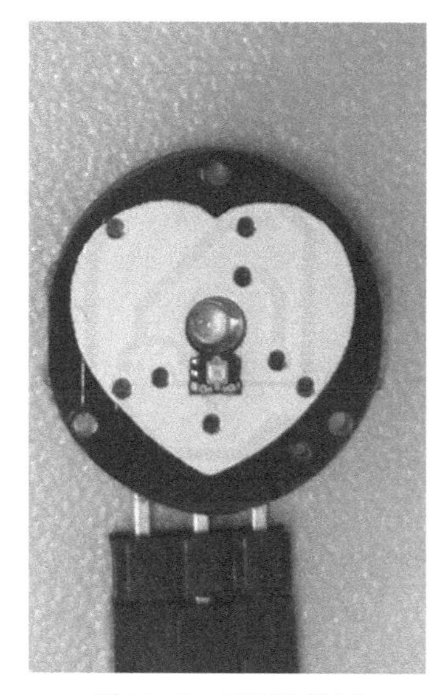

图 23-8　反面实物图

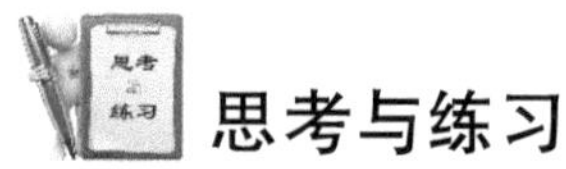

思考与练习

（1）本设计是利用什么实现脉搏信息采集的？

答：本设计采用光电容积法的基本原理来设计电路进行脉搏信息的采集。光电容积法的基本原理是利用人体组织在血管搏动时透光率的不同来进行脉搏测量。当 LED 灯所发出的光束透过人体外周血管时，由于动脉搏动充血容积变化导致这束光的透光率发生改变，此时由光电变换器即本设计中的环境光感受器接收经人体组织反射的光线，转变为电信号并将其放大和输出。

（2）本设计中 LED 和环境光感受器是如何选择的？

答：根据相关文献和实验结果，560nm 波长左右的波可以反映皮肤浅部微动脉信息，适合用来提取脉搏信号，所以本设计采用型号为 AM2520、峰值波长为 515nm 的绿光 LED；光感受器采用 APDS-9008，其感受峰值波长为 565nm，与 AM2520 的峰值波长相近，灵敏度高。

（3）为什么要加滤波电路？

答：由于脉搏信号的频带一般在 0.05~200Hz 之间，信号幅度均很小，一般在毫伏级水平，容易受到各种信号的干扰，所以使用低通滤波电路滤除高频干扰，保留低频的脉搏信号。

特别提醒

（1）测试时保持指尖与传感器接触良好。

（2）不要太用力按，否则血液循环不畅会影响测量结果。

（3）保持镇静，测量时身体不要大幅移动，否则会影响测量结果。

项目 24　基于无线传感网的脉搏感测系统设计

设计任务

进行基于无线传感网的脉搏感测系统设计，需首先采集人体脉搏变化引起的一些生物信号，然后把生物信号转换为物理信号，使得这些变化的物理信号能够表达人体的脉搏变化，最后通过显示模块显示每分钟的脉搏次数。

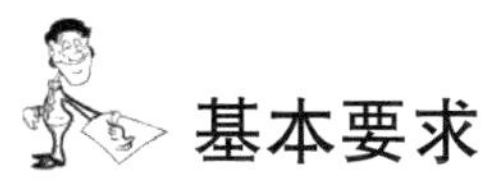

基本要求

☺ 检测人体脉搏信号。

☺ 使用 LED 显示每分钟的脉搏次数。

设计思路

光电脉搏测量指利用光电传感器作为变换元件，把采集到的用于检测脉搏跳动的红外光转换成电信号，再经过信号处理电路、主控电路、LCD1602 显示电路等来实现脉搏次数的显示。系统设计包括硬件设计和软件设计，其中硬件设计主要包括脉搏检测电路、低通放大电路、波形整形电路、主控电路、NRF24101 接口电路等；软件设计主要包括主程序、定时器中断程序、INT 中断程序、LCD1602 显示程序等。

系统组成

本设计采用单片机 STC89C52 为控制核心来实现脉搏的基本测量功能。系统结构框图如图 24-1 所示。

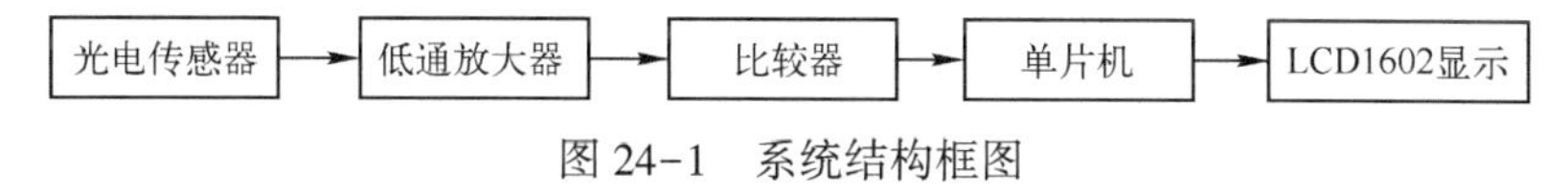

图 24-1　系统结构框图

当手指放在红外线发射二极管和接收二极管中间时，随着心脏的跳动，人体中流体（如血液）的流量将发生变化。由于手指放在光的传递路径中，人体血液饱和程度的变化会导致光强产生改变，所以与脉搏跳动节奏相对应，接收三极管中的电流信号也必须随之变化，这就使得接收三极管输出脉冲信号。该信号经放大、滤波、整形后输出，输出的脉冲信号作为单片机的外部中断信号。经过单片机处理后，最终在 LCD1602 上对采集到的脉搏数进行实时显示。

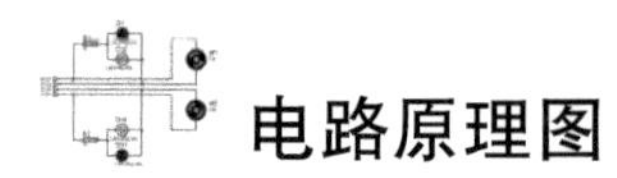

电路原理图

电路原理图如图 24-2、图 24-3 所示。经过实物测试，电路能够捕获到随着心脏跳动而引起的血管中血液流量的电压变化，再经过调理电路和单片机处理，最终通过液晶实时显示了脉搏测量的结果，测得的脉搏为 71 次/分钟左右，满足实际情况，设计的电路基本符合设计要求。

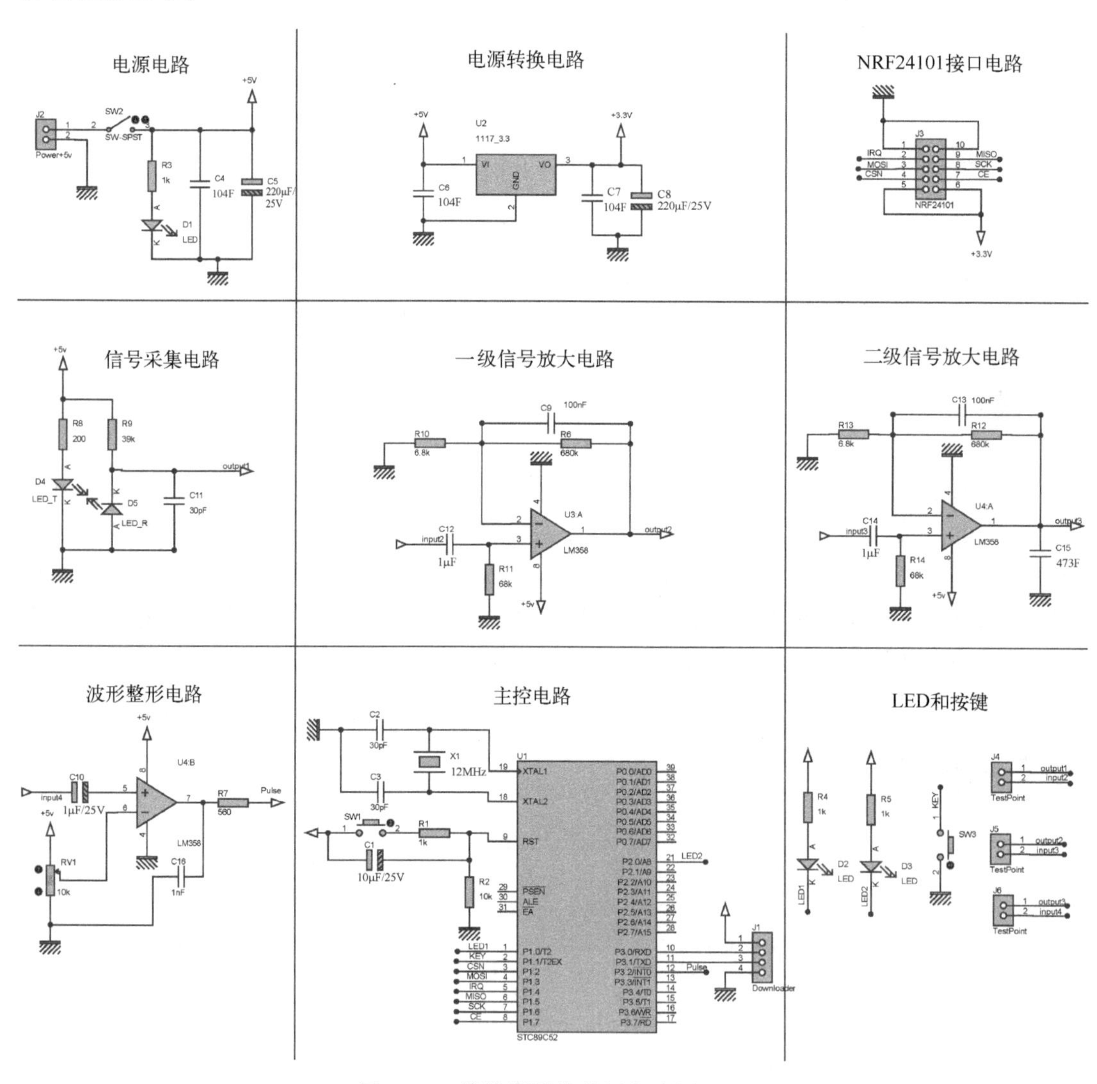

图 24-2 脉搏测量发送板电路原理图

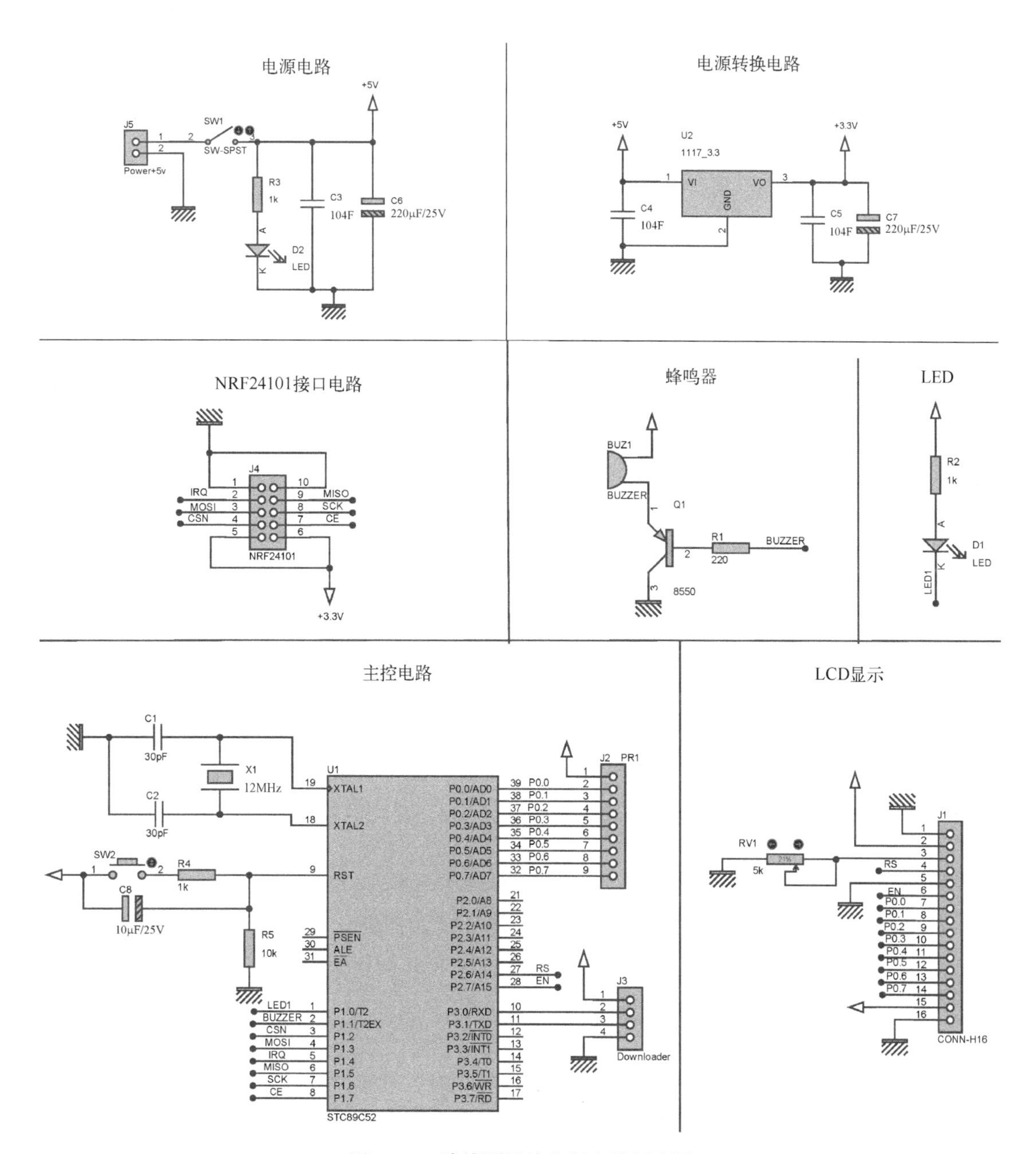

图 24-3　脉搏测量接收板电路原理图

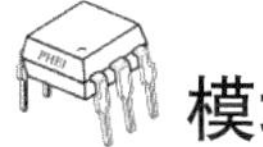模块详解

1. 脉搏检测电路

图 24-4 所示是脉搏检测电路，D4、D5 是红外发射和接收装置。由于红外发射二极管中的电流越大，发射角度越小，发射强度就越大，所以对 R8 阻值的选取要求较高。同时，R8 阻值选择 200Ω 也是基于红外接收二极管感应红外光灵敏度考虑的。R_8过大，通过红外发射二极管的电流偏小，红外接收二极管无法区别有脉搏和无脉搏时的信号；反

之，R_8过小，则通过的电流偏大，红外接收二极管也不能准确地辨别有脉搏和无脉搏时的信号。当手指离开传感器或检测到较强的干扰光线时，输入端的直流电压会发生很大变化，为了使它不致泄漏到下一级电路输入端而造成错误指示，用 C12 耦合电容将它隔断。

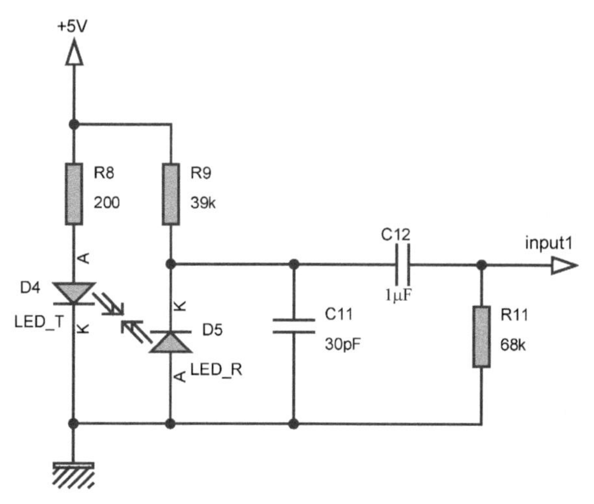

图 24-4　脉搏检测电路

当手指处于测量位置时，有有脉期和无脉期。人体组织遮挡了一部分红外发射二极管发射的光，但是由于二极管中存在暗电流，会造成输出电压略低。有脉期即是当脉搏跳动时，血脉使手指透光性变差，在二极管中的暗电流越来越小，输出电压上升。但该传感器输出信号的频率很低，如当脉搏只有 50 次/分钟时，输出信号的频率只有 0. 78Hz，当脉搏为 200 次/分钟时，输出信号的频率也只有 3. 33Hz，因此信号首先经 C11 滤波以滤除高频干扰。

2. 低通放大电路

按运动后人体脉搏跳动次数达 150 次/分钟来设计低通放大电路，如图 24-5 所示。R6、C9 组成低通滤波器以进一步滤除残留的干扰，截止频率由 R_6、C_9决定，运放 U3：A 将信号放大，放大倍数由 R_6和 R_{10}的比值决定。

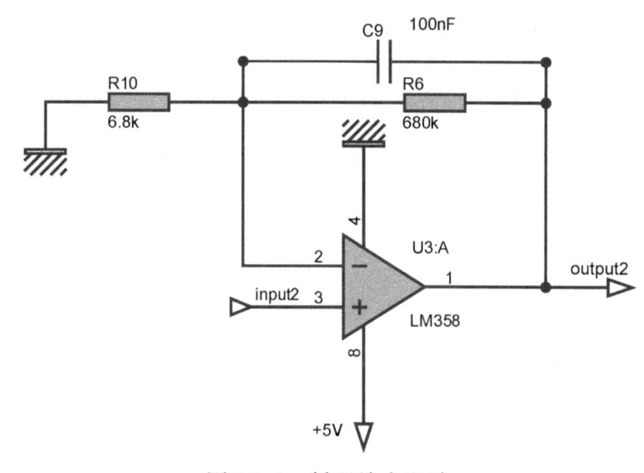

图 24-5　低通放大电路

3. 波形整形电路

波形整形电路如图 24-6 所示。LM358 是一个电压比较器，在电压比较器的负向电压输入端通过 RV1 分压得到基准电压，放大后的信号通过 C10 电容耦合进入比较器。当输入的电压低于基准电压时，LM358 的引脚 7 输出高电平，并且输入单片机参与运算处理；反之，输出低电平。

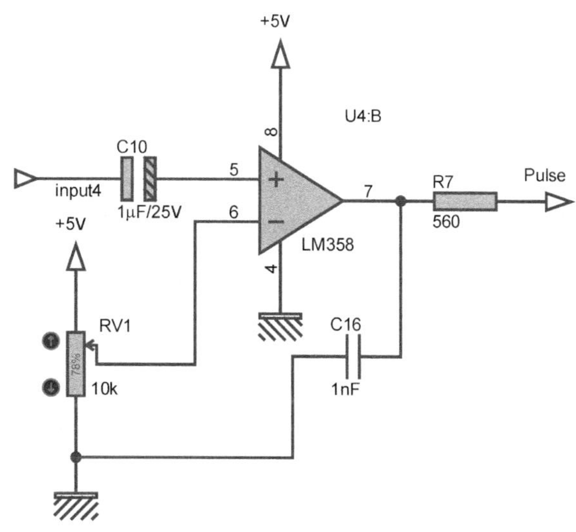

图 24-6 波形整形电路

4. 主控电路

在本系统的设计中，从价格、熟悉程度及满足系统的需求等方面考虑采用了 51 系列 STC89C52 单片机。STC89C52 是一种低功耗、高性能 CMOS 8 位微控制器，具有 8KB 在系统可编程 Flash 存储器。在单芯片上，拥有灵巧的 8 位 CPU 和在系统可编程 Flash，使得 STC89C52 为众多嵌入式控制应用系统提供高灵活、超有效的解决方案。STC89C52 单片机芯片引脚介绍如下。

（1）引脚 1~8：P1 口，8 位准双向 I/O 口，可驱动 4 个 LS 型 TTL 负载。

（2）引脚 9：RST 复位键，单片机的复位信号输入端，对高电平有效。当进行复位时，要保持 RST 引脚大于两个机器周期的高电平时间。

（3）引脚 10、11：RXD 串口输入、TXD 串口输出。

（4）引脚 12~19：P3 口，P3.2 为 INT0 中断 0，P3.3 为 INT1 中断 1，P3.4 为计数脉冲 T0，P3.5 为计数脉冲 T1，P3.6 为 WR 写控制，P3.7 为 RD 读控制输出端。

（5）引脚 20：VSS 端。

（6）引脚 21~28：P2 口，8 位准双向 I/O 口，与地址总线（高 8 位）复用，可驱动 4 个 LS 型 TTL 负载。

（7）引脚 29：PSEN 片外 ROM 选通端，单片机对片外 ROM 操作时 29 脚（$\overline{\text{PSEN}}$）输出低电平。

（8）引脚 30：ALE/PROG 地址锁存器。

（9）引脚 31：EA ROM 取指令控制器，高电平片内取，低电平片外取。

（10）引脚 32~39：P0 口，双向 8 位三态 I/O 口，此口为地址总线（低 8 位）及数据总线分时复用口，可驱动 8 个 LS 型 TTL 负载。

（11）引脚 40：VCC 端，接电源+5V。

单片机为整个系统的核心，控制整个系统的运行，主控电路如图 24-7 所示。

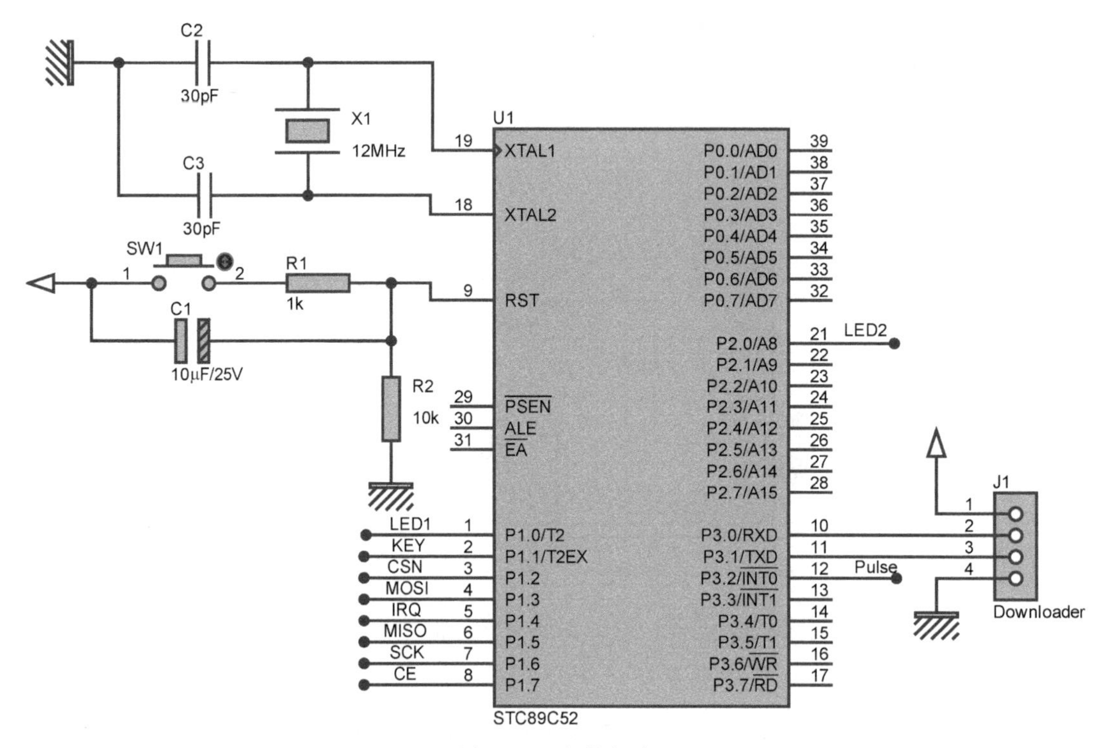

图 24-7　主控电路

5. NRF24101 接口电路

NRF24101 接口电路如图 24-8 所示。NRF24101 是一款工作在 2.4～2.5GHz 世界通用 ISM 频段的单元无线收发器芯片。无线收发器包括频率发生器、增强型“SchockBurst”模式控制器、功率放大器、晶体振荡器、调制器、解调器，输出功率频道选择和协议的设置可通过 SPI 接口进行。

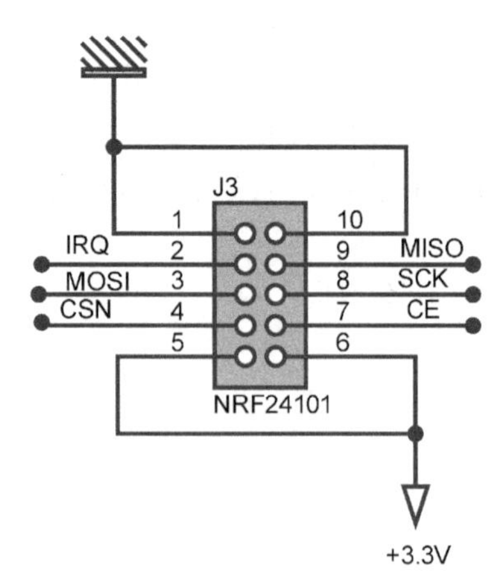

图 24-8　NRF24101 接口电路

极低的电流消耗：发射模式下功率为-6dBm 时电流消耗为 9mA，接收模式时为 12.3mA。掉电模式和待机模式下电流消耗更低。

程序流程图

1. 主程序流程图

系统主程序控制单片机系统按预定的操作方式运行，它是单片机系统程序的框架。系统上电后，对系统进行初始化。初始化程序主要完成对单片机内专用寄存器、定时器工作方式及各端口的工作状态的设定。系统初始化之后，进行定时器中断、外部中断、显示等工作，不同的外部硬件控制不同的子程序。主程序流程图如图 24-9 所示。

2. 定时器中断程序流程图

定时器中断服务程序由 60s 计时、按键检测、有无测试信号判断等部分组成。当定时器中断开始执行后，对 60s 开始计时，1s 计时到之后继续检测下 1s，直到 60s 到了再停止并保存测得的脉搏次数。同时，可以对按键进行检测，只要复位测试值就可以重新开始测试。主要完成 60s 的定时功能和保存测得的脉搏次数。定时器中断程序流程图如图 24-10 所示。

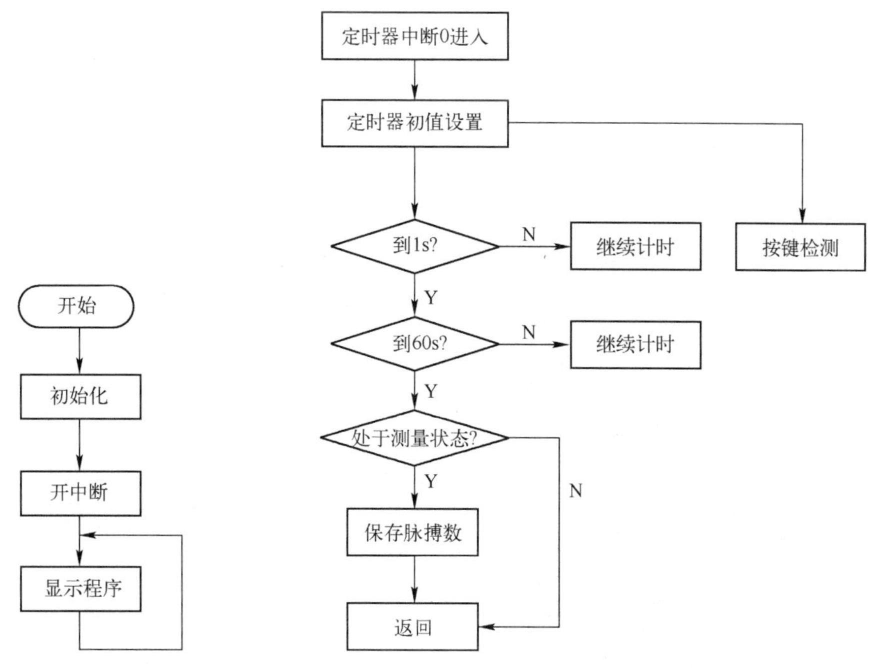

图 24-9　主程序流程图　　图 24-10　定时器中断程序流程图

3. INT 中断程序流程图

INT 中断程序完成对外部信号的测量和计算。外部中断采用边沿触发的方式，当处于测量状态时，来一个脉冲脉搏次数就加 1，由单片机内部定时器控制 60s，累加得出 60s 内的脉搏次数。INT 中断程序流程图如图 24-11 所示。

4. LCD1602 显示程序流程图

LCD1602 显示程序流程图如图 24-12 所示。

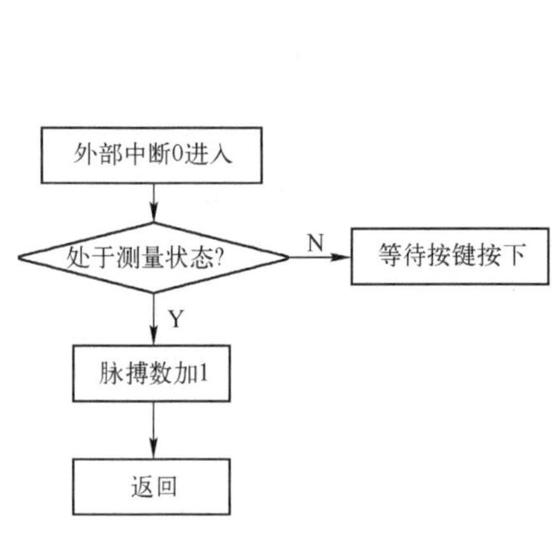

图 24-11 INT 中断程序流程图

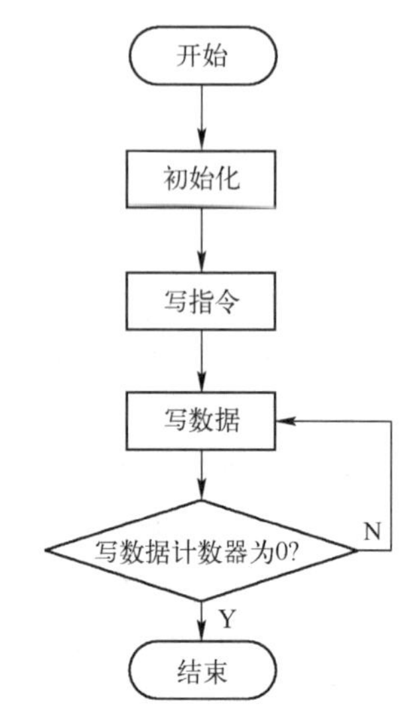

图 24-12 LCD1602 显示程序流程图

电路 PCB 设计图

电路 PCB 设计图如图 24-13、图 24-14 所示。

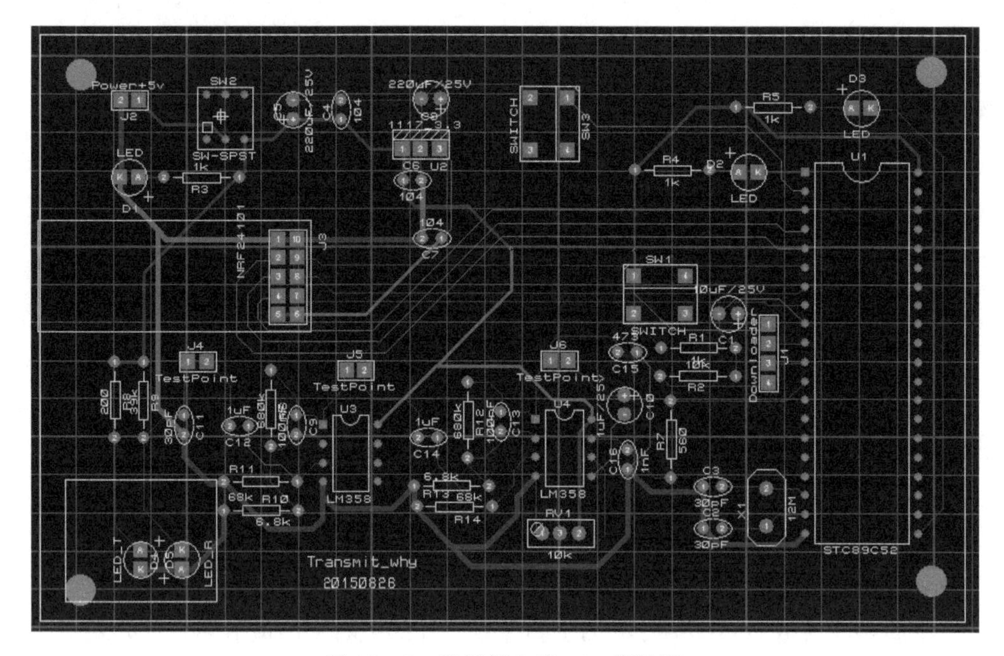

图 24-13 发送板电路 PCB 设计图

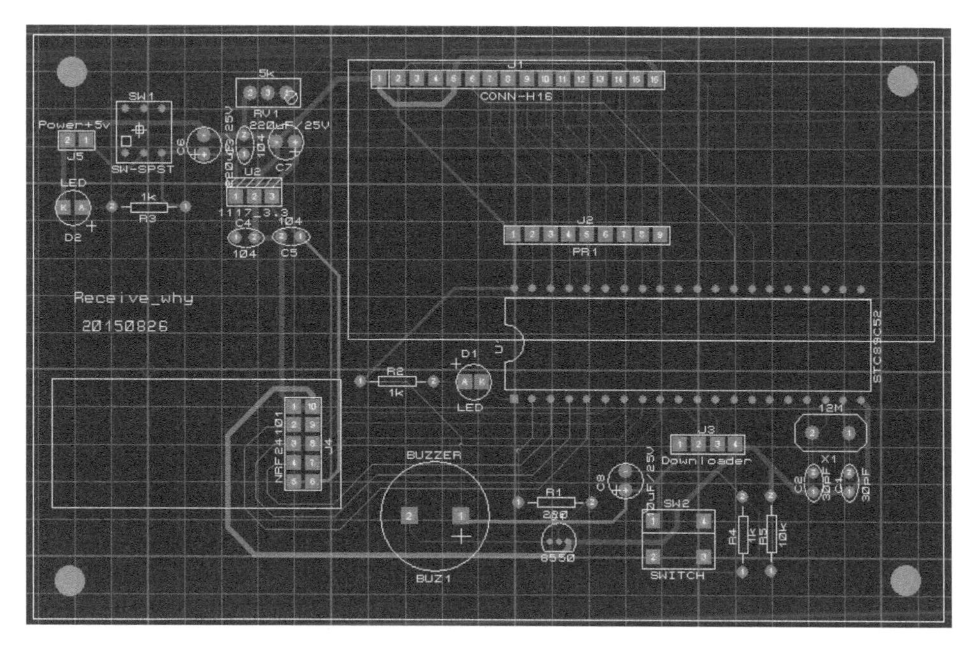

图 24-14　接收板电路 PCB 设计图

 实物测试

实物图如图 24-15、图 24-16 所示，测试图如图 24-17 所示。

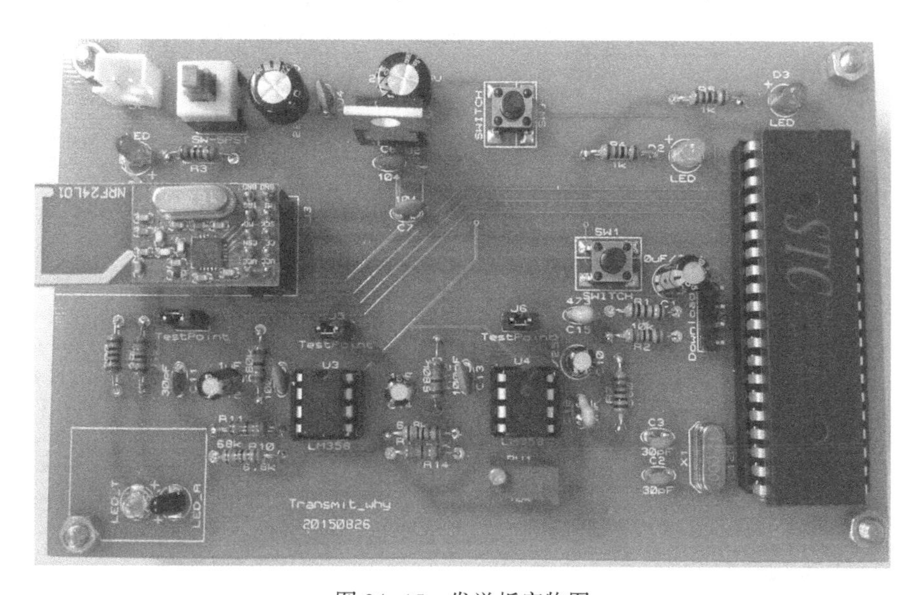

图 24-15　发送板实物图

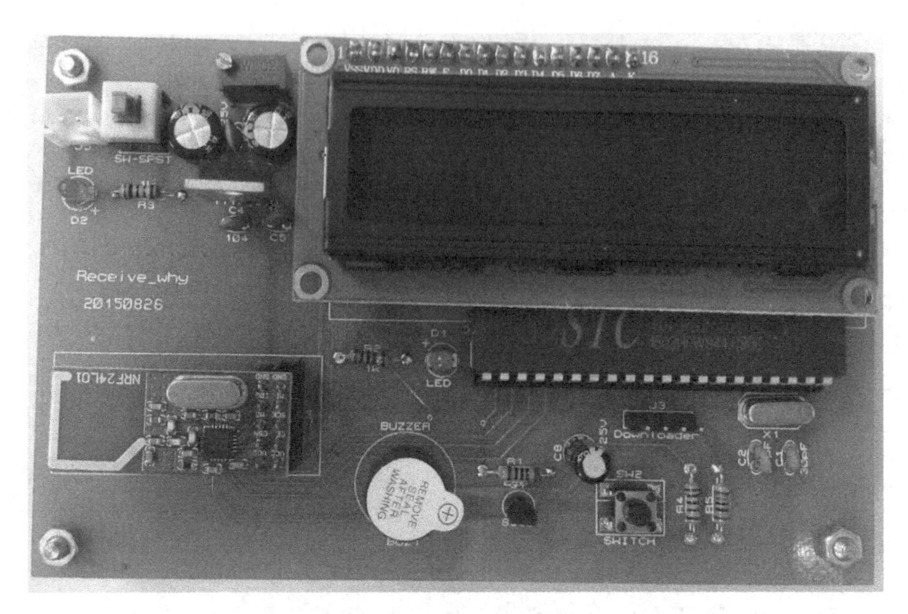

图 24-16　接收板实物图

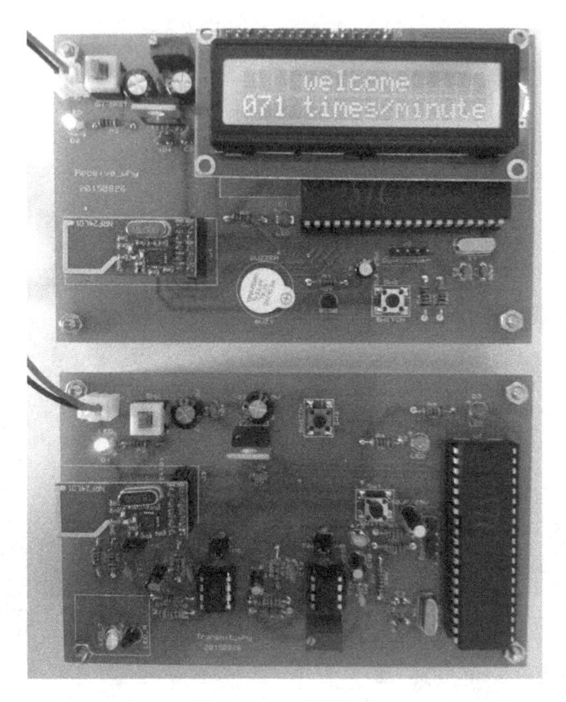

图 24-17　测试图

思考与练习

（1）脉搏检测电路中，选取 R_8的阻值时，应该考虑什么因素？

答： R_8选择 200Ω，是基于红外接收二极管感应红外光灵敏度考虑的。R_8过大，通过红外发射二极管的电流偏小，红外接收二极管无法区别有脉搏和无脉搏时的信号；反之，R_8过小，则通过的电流偏大，红外接收二极管也不能准确地辨别有脉搏和无脉搏时的信号。

（2）低通放大电路中，放大倍数如何计算？

答：根据一阶有源滤波电路的传递函数，可得

$$A(s)=\frac{V_0(s)}{V(s)_i}=\frac{A_0}{1+\frac{s}{w_c}}$$

（3）如何通过检测脉搏信号来计算并显示心率？

答：通过波形整形电路将脉搏信号转换为计算心率的脉冲。波形整形电路中 LM358 是一个电压比较器，在电压比较器的负向电压输入端通过 RV1 分压得到基准电压，放大后的信号通过电容耦合进入比较器。当输入的电压低于基准电压时，LM358 的引脚 7 输出高电平，并且输入单片机参与运算处理；反之，输出低电平。

特别提醒

（1）当电路各部分设计完毕后，需对各部分进行适当的连接，并考虑器件间的相互影响。注意顶层的跳线连接。

（2）电路连接完成，进行实测时，注意手指放置的位置，应位于红外发光二极管和红外接收二极管之间。如果检测结果不对，应进行调整，并重新测试。

项目 25　人体反应测速电路设计

设计任务

设计一个简单的人体反应测速电路，能通过一定指示功能测试人体反应的速度。

基本要求

电路应满足以下要求。

☺ 人体反应的速度大致可以计算出来。

☺ 电路测试的开始时间可以人为更改，以增强测试的随机性。

设计思路

人体反应测速电路主要由 4 只数字电路芯片和 10 只 LED 发光二极管等组成，可将人对信号的反应能力分为 8 段，段数越高代表反应速度越快。经常进行反应测试训练，可以逐步提高人的反应速度。

系统组成

人体反应测速电路由开机延时、测试信号控制、时钟脉冲、减法计数、驱动显示、停止控制等部分组成，主要分为以下 4 部分。

☺ 第一部分：开机延时及触发器电路。

☺ 第二部分：停止控制电路。

☺ 第三部分：多谐振荡器电路。

☺ 第四部分：减法计数及显示电路。

系统结构框图如图 25-1 所示。

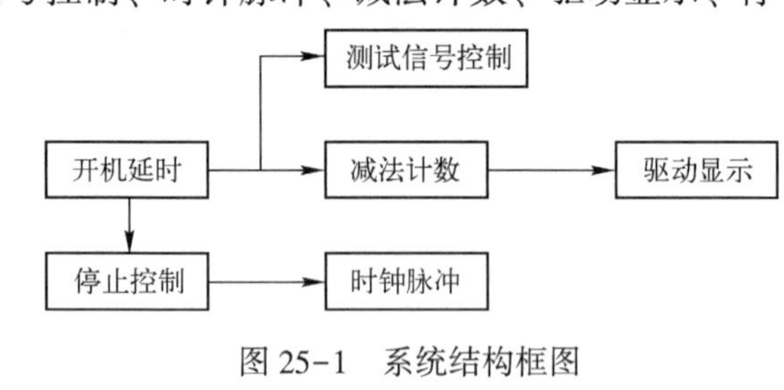

图 25-1　系统结构框图

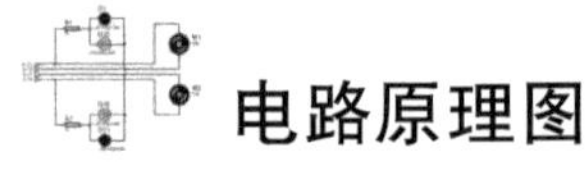

电路原理图

电路原理图如图 25-2 所示。

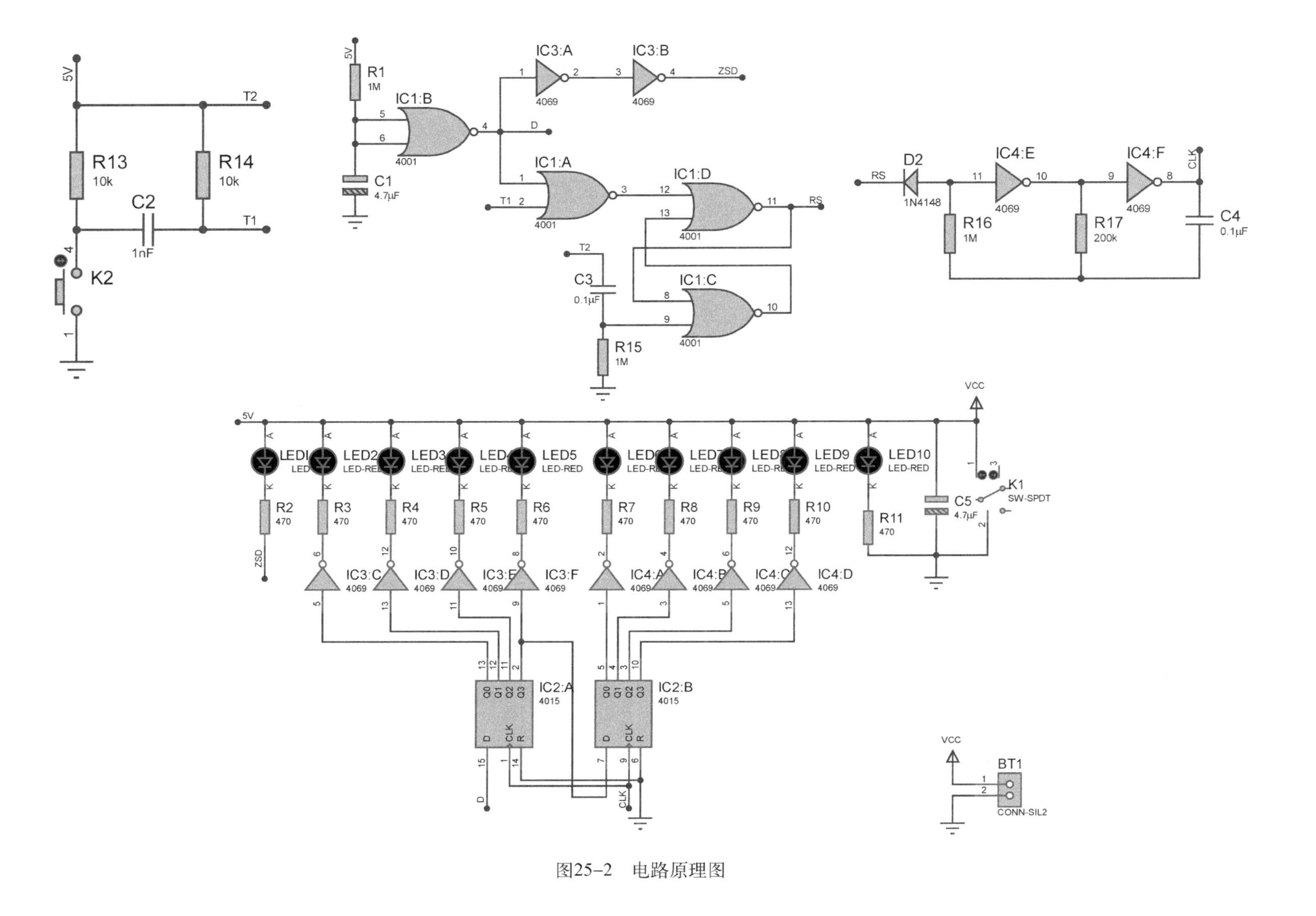

5V
R13
10k
R14
10k
C2
1nF
K2
T1
T2
R1
1M
C1
4.7μF
IC1:B
4001
D
IC3:A
4069
IC3:B
4069
ZSD
IC1:A
4001
IC1:D
4001
IC1:C
4001
RS
C3
0.1μF
R15
1M
D2
1N4148
IC4:E
4069
IC4:F
4069
CLK
R16
1M
R17
200k
C4
0.1μF
VCC
LED10
LED-RED
LED9
LED-RED
LED5
LED-RED
R2
470
R3
470
R4
470
R5
470
R6
470
R7
470
R8
470
R9
470
R10
470
R11
470
C5
4.7μF
K1
SW-SPDT
IC3:C
4069
IC3:D
4069
IC3:F
4069
IC4:D
4069
IC2:A
4015
IC2:B
4015
BT1
CONN-SIL2

图25-2 电路原理图

模块详解

1. 开机延时及触发器电路

如图 25-3 所示，IC1:B、R1、C1 等组成开机延时电路。改变 R1、C1 的参数可以改变通电后测试延迟开始的时间。由 IC1:C、IC1:D 组成的电路为 RS 触发器。这里的 IC1:A 的作用是只有当测试信号灯 LED1 点亮后，按下停止按钮 K2 才有效，提前按下 K2 无效。

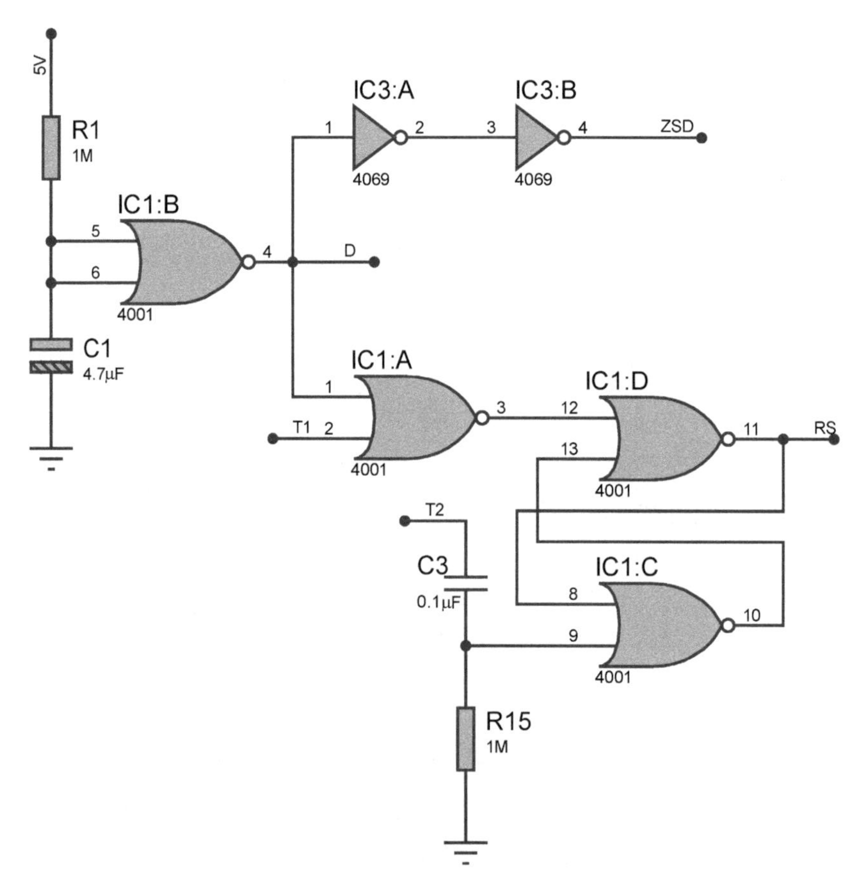

图 25-3　开机延时及触发器电路

2. 停止控制电路

停止控制电路如图 25-4 所示，只有当测试信号灯 LED1 点亮后，按下停止按钮 K2 才有效。它的作用是使时钟脉冲停振，以保持 LED2～LED9 的熄灭个数。

3. 多谐振荡器电路

由 IC4:E、IC4:F、R16、R17、C4 等组成多谐振荡器，作为时钟脉冲，其振荡周期约为 $2.2\times R_{17}\times C_4$。多谐振荡器电路如图 25-5 所示。通过改变 R17 或 C4 的参数，可以调整多谐振荡器的频率，即可改变测试速度，以增强测试的随机性。

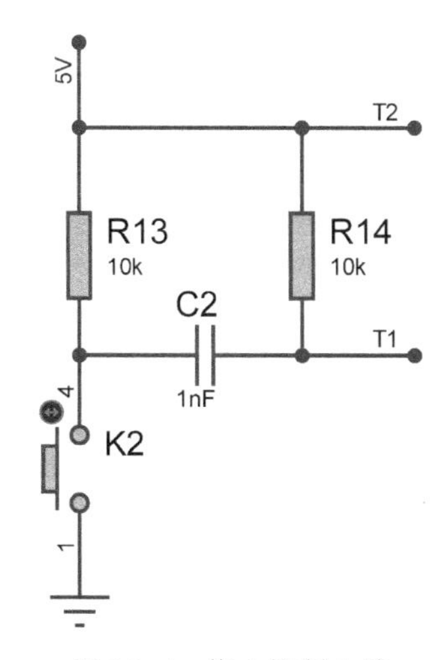

图 25-4　停止控制电路

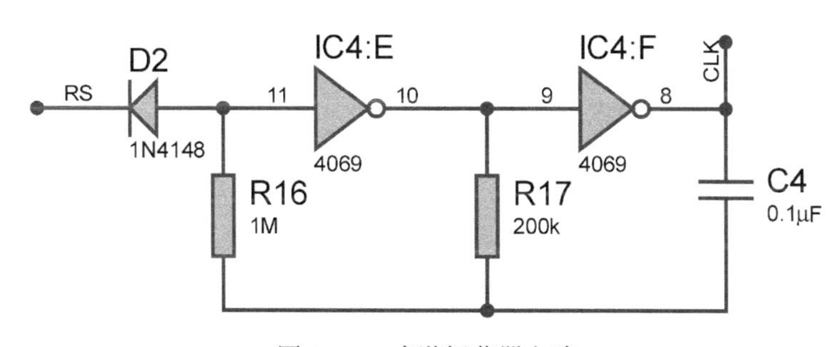

图 25-5　多谐振荡器电路

4. 减法计数及显示电路

减法计数及显示电路如图 25-6 所示。两组 IC2（4015）级联组成 8 位右移寄存器，IC3、IC4 是 6 反相器 4069，每个芯片内含有 6 个独立的反相器，具有较大的驱动电流能力，可以直接驱动发光二极管。当刚闭合电源开关 K1 时，IC1:B 的输出端为“1”，在时钟脉冲的作用下，IC2 的 8 位寄存单元迅速全为“1”，几秒后，IC1:B 的输出端变为“0”，经过 IC3:A、IC3:B（IC3:A、IC3:B 分别为 6 反相器 4069 中 IC3、IC4 的引脚）的两极反向后，驱动测试信号灯 LED1 点亮。同时，IC2 的 8 位寄存单元将在时钟脉冲的作用下，从左到右依次变为“0”。

电路的工作过程是当电源开关闭合后，LED10 电源指示灯点亮，之后延迟数秒，测试信号灯 LED1 点亮，减法计数及显示电路在时钟脉冲的作用下开始递减，由 LED2～LED9 组成的测试显示发光二极管依次熄灭。在此过程中，当被测试者按下停止按钮 K2 时，时钟脉冲停振，减法计数器处于保持状态，LED2～LED9 的熄灭个数将记录为被测试者的反应速度。

接上电池进行电路测试，闭合电源开关 K1，发光二极管 LED10 点亮，表明电源已接通。紧接着 LED2～LED9 被迅速点亮，延迟几秒后，LED1 点亮，表示测试开始，LED2～LED9 迅速依次熄灭。此时按下停止按钮 K2，则 LED2～LED9 立即停止熄灭，保留状态。由于多谐振荡器的周期大约为 44ms，因此通过计算 LED2～LED9 的熄灭个数，可以推算出被测试者的反应速度。

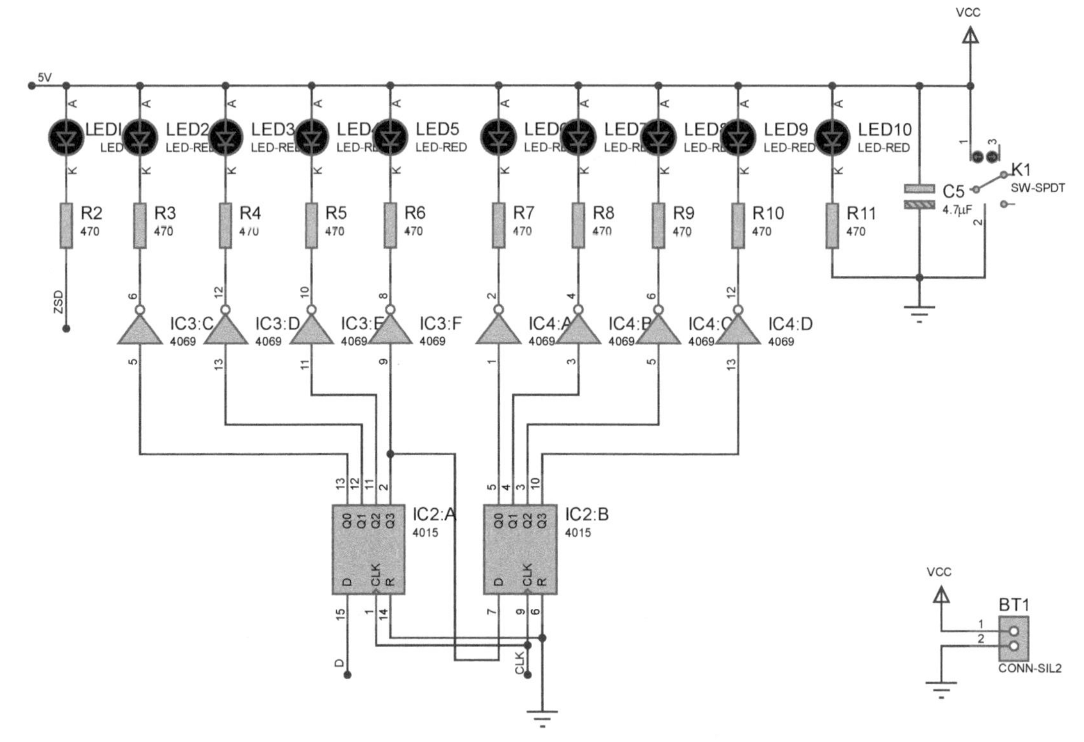

图 25-6　减法计数及显示电路

电路 PCB 设计图

电路 PCB 设计图如图 25-7 所示。

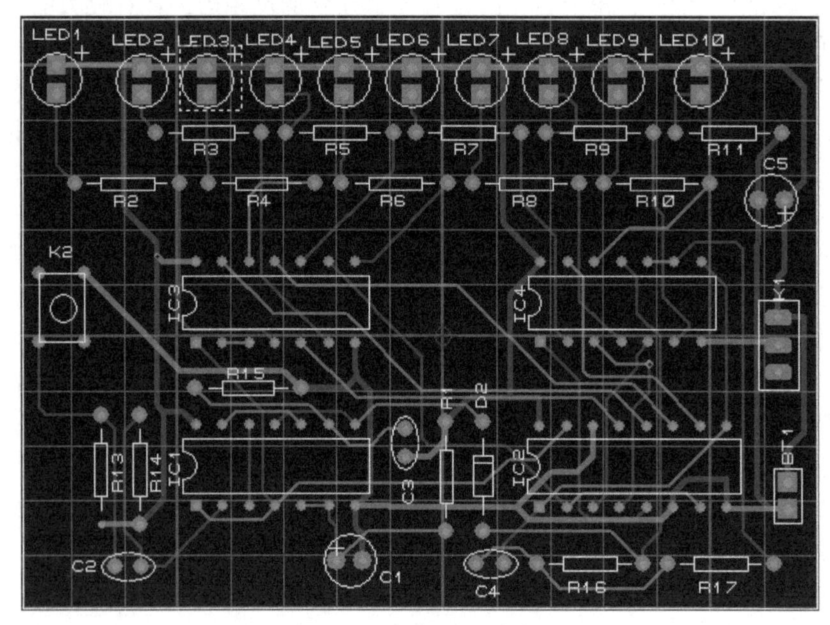

图 25-7　电路 PCB 设计图

实物测试

实物图如图 25-8 所示，测试图如图 25-9 所示。

图 25-8　实物图

图 25-9　测试图

思考与练习

（1）人体反应测速电路的工作原理是什么？

答：人体反应测速电路由开机延时、测试信号控制、时钟脉冲、减法计数、驱动显示、停止控制等部分组成。在多谐振荡器提供的时钟脉冲作用下，IC2 的 8 位寄存单元迅速全为“1”，几秒后，IC1:B 的输出端变为“0”，经过 IC3:A、IC3:B 的两极反向后，驱动测试信号灯 LED1 点亮。同时，IC2 的 8 位寄存单元将在时钟脉冲的作用下，从左到右依次变为“0”。当被测试者按下停止按钮 K2 时，RS 触发器置“0”，使 IC4:E、IC4:F 停振，IC2 处于保持状态，结果通过 IC3:C、IC3:D 驱动发光二极管显示。

（2）本电路中多谐振荡器的振荡周期为多少？

答：振荡周期约为 $2.2\times R_{17}\times C_4$。

（3）芯片 IC3、IC4（4069）的作用是什么？

答：芯片 4069 内含有 6 个独立的反相器，具有较大的驱动电流能力，可直接驱动发光二极管。

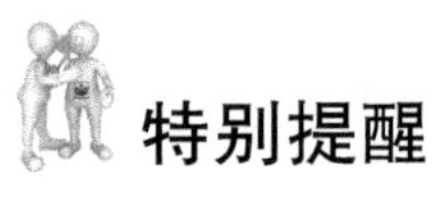

特别提醒

当进行第二次测试时，先将电源开关 K1 关闭数秒，再接通测试。

项目 26　声光听诊器电路设计

设计任务

设计一个简单的声光听诊器，将微弱的生理声音放大到清晰可听的程度，并可使发光二极管随生理信号发光指示。

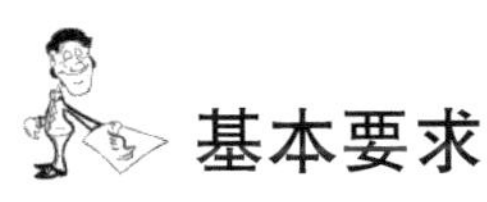

基本要求

☺ 供电电压为 6V 直流电。
☺ 能推动喇叭和耳机发出清晰的声音。
☺ 能够采集到频率为 20~1500Hz 的信号。
☺ 发光二极管能随输入信号闪动。

设计思路

心、肺、脉搏等声音通过声音探头转换为电信号，经过晶体管 VT1 组成的放大器放大后，再通过电位器 W 进行调节，由晶体管 VT2、VT3 组成的复合管放大，直接由扬声器发出声音，同时，LED 随生理信号波动而闪动，这样就组成了声光听诊器。

系统组成

声光听诊器电路主要分为以下 4 部分。
☺ 第一部分：音频放大电路，采集心音信号，并进行初步放大。
☺ 第二部分：复合管放大电路，将心音信号再次放大。
☺ 第三部分：音频输出电路，将微弱的心跳声放大到清晰可闻的程度。
☺ 第四部分：光显电路，LED 能以视觉的形式显示心跳的状态。
系统结构框图如图 26-1 所示。

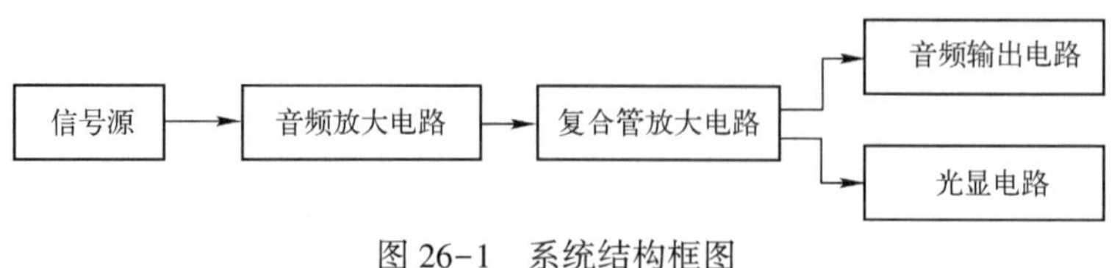

图 26-1 系统结构框图

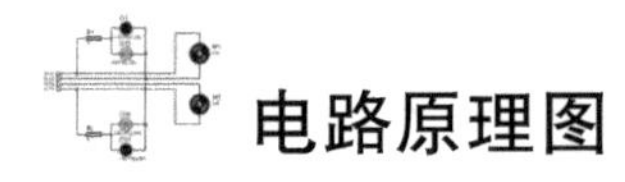

电路原理图

电路原理图如图 26-2 所示。

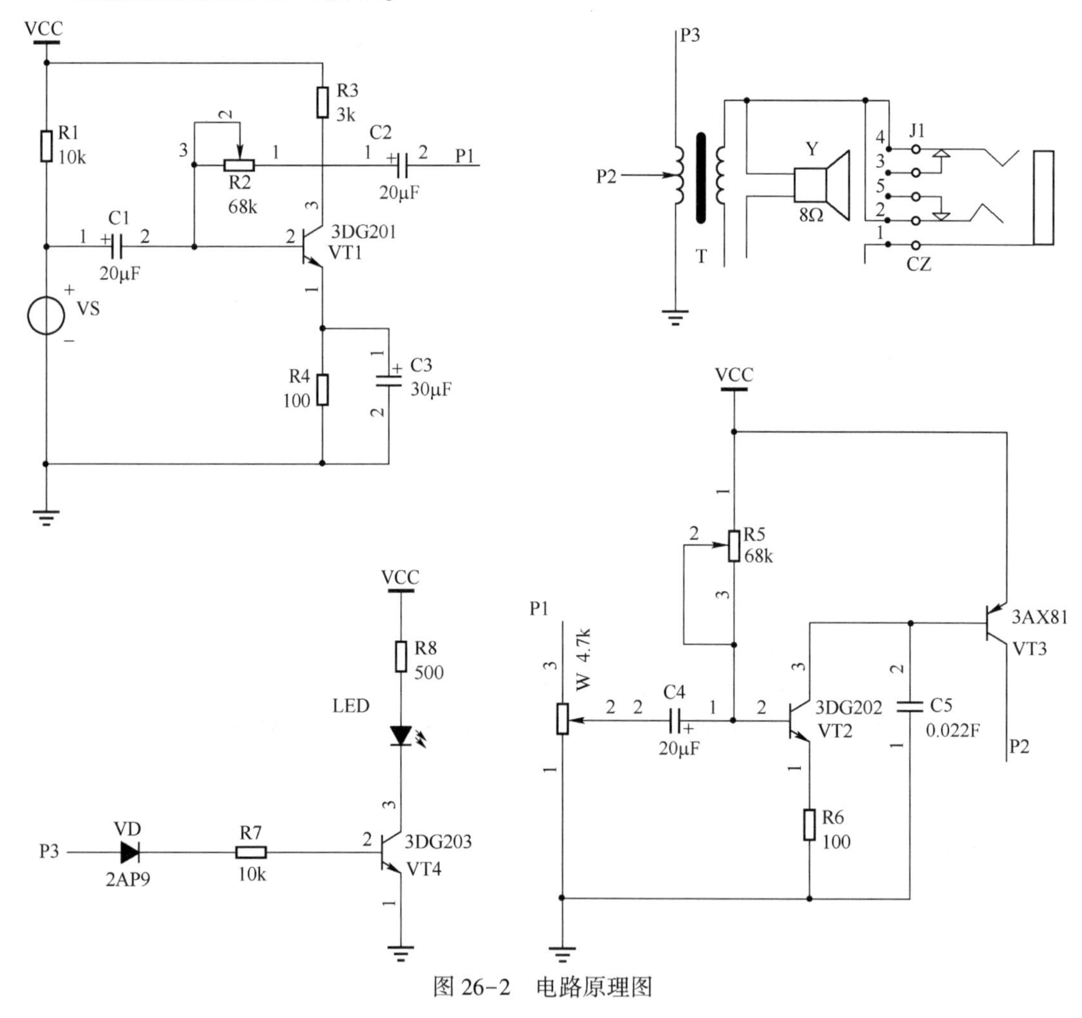

图 26-2 电路原理图

模块详解

1. 音频放大电路

拾音头输出的音频信号经耦合电容 C1 到音频放大电路，为保证拾音头正常工作须提供较大的负载电阻，为此设计中采用由 NPN 型三极管构成的射极跟随器作为输入级，R2 用来调节 VT1 的基极偏置电压。音频放大电路如图 26-3 所示。

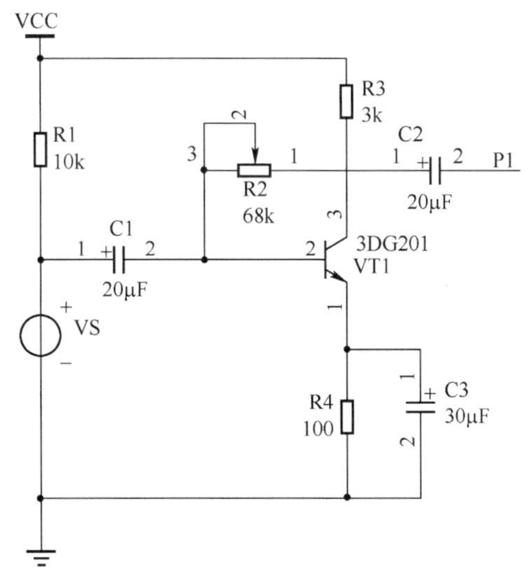

图 26-3　音频放大电路

2. 复合管放大电路

C4 用来隔直流通交流，VT2 和 VT3 组成的复合管可以增强驱动能力，放大功率，C5 是滤波电容，用于滤除高频谐波干扰。电位器 W 通过改变接入电路的阻值可以调节输出声音的大小。复合管放大电路如图 26-4 所示。

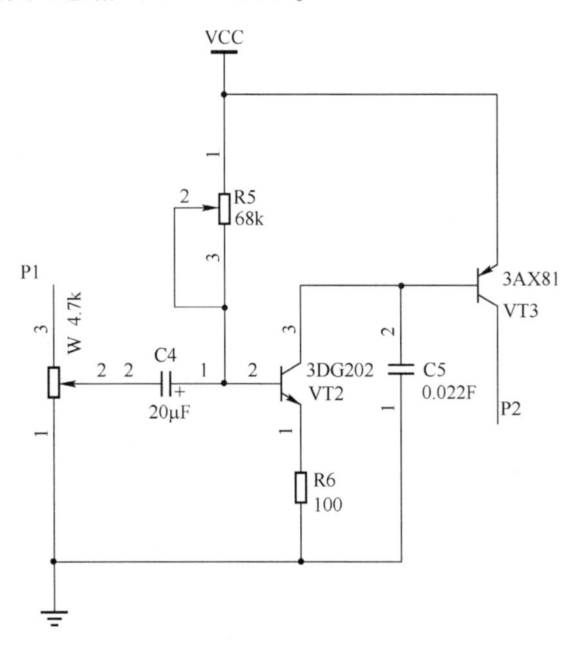

图 26-4　复合管放大电路

3. 音频输出电路

声光听诊器可以把人的心、肺、脉搏等声音信号转换成的电波信号大幅度放大，最后通过耳机或扬声器将放大了的电波还原为声波，从而得到一个放大了的人体内声波信号。如配合录音机，还可以把异常声音录下来，作为病历档案保存。T 为一般收音机的推挽式输出变压器，喇叭阻抗为 8Ω，CZ 为耳机插座。此听诊器对人体任何部位发出的声音，无论是生理性还是病理性的，均可更加清晰、真实地听到，提高了听诊的准确性。音频输出电路如图 26-5 所示。

4. 光显电路

VT4 相当于一个电子开关，是用来控制灯的闪烁的；VD 是一个二极管，它的作用是抵消变压器一次绕组的反相电动势；LED 发光二极管发光指示，它可随输入信号而闪动，以视觉的形式显示心跳的状态。用直流 6V 电源为整个电路供电。光显电路如图 26-6 所示。

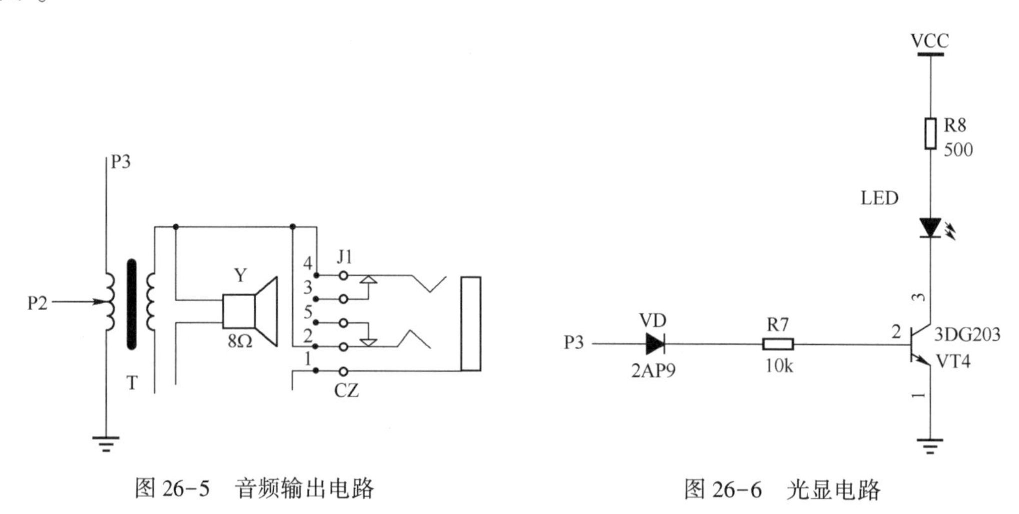

图 26-5　音频输出电路

图 26-6　光显电路

电路 PCB 设计图

电路 PCB 设计图如图 26-7 所示。

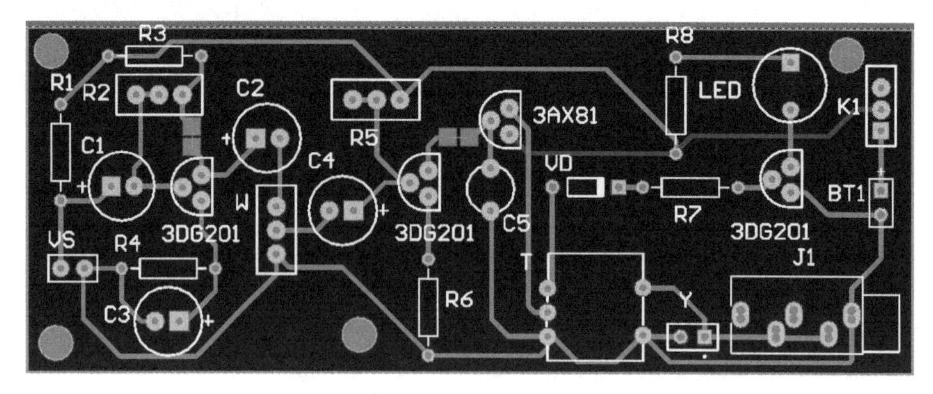

图 26-7　电路 PCB 设计图

实物测试

实物图如图 26-8 所示，测试图如图 26-9 所示。

图 26-8　实物图

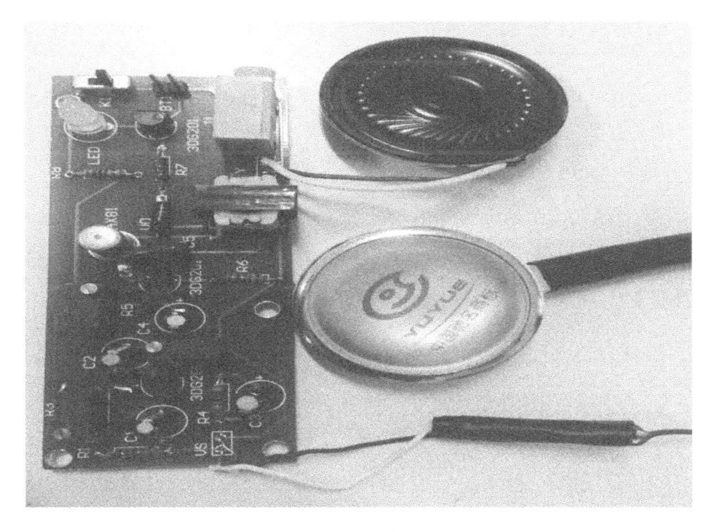

图 26-9　测试图

思考与练习

(1) 测试时怎么判断电路工作正常？

答：测试时，可以用手指轻轻触碰传感器，红色 LED 随之闪动，同时扬声器也随着发出“滴滴”的声响，说明电路工作正常。

(2) 怎样选择合适的电容？

答：电容的耐压值要适当大于可能出现在电容两端的最大电压值。

（3）电解电容在电路中的作用是什么？

答：①滤波作用，在电源电路中，整流电路将交流变成脉动的直流，而在整流电路之后接入一个较大容量的电解电容，利用其充放电特性，使整流后的脉动直流电压变成相对稳定的直流电压；②耦合作用，在低频信号的传递与放大过程中，为防止前后两级电路的静态工作点相互影响，常采用电容进行耦合。为了防止信号中的低频分量损失过大，一般总采用容量较大的电解电容。

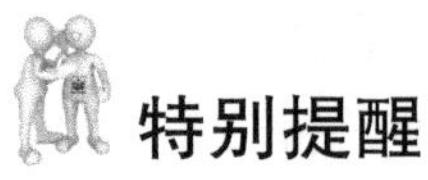

特别提醒

（1）插装电解电容时，要注意极性不可插错（长脚为正，短脚为负），一定要插到底，以免高度太高，盖不上盒盖。检查无误后进行焊接，并剪去多余部分引脚。

（2）总的装接原则是先元件（电阻、电容、电压）后器件，先小后大，先矮后高，先轻后重。

（3）调试时，将放大器 VT1 中的电流 I_c 调到微安级，放大器 VT3 中的电流 I_c 调到 6~8mA。